普通高等教育“十四五”规划教材

“十三五”江苏省高等学校重点教材（2016-2-103）

安全工程学原理

ANQUAN GONGCHENGXUE YUANLI

·第2版·

主　编　王志荣　马　超

副主编　田　宏　邢志祥　赵雪娥

主　审　蒋军成

中国石化出版社

·北京·

内 容 提 要

本书以安全科学为基础，论述人、机、环、管等四大因素的基本理论、基本原理和方法。从哲学和系统论的观点出发，详尽阐述了事故预防理论、安全科学基本原理、系统安全原理、人本安全原理、本质安全化、安全管理学原理、安全信息学原理和安全经济学原理。

本书可作为高等院校安全工程及相关工程类专业的本科生和研究生教材，也可作为安全技术及管理人员的培训教材及参考资料。

图书在版编目（CIP）数据

安全工程学原理 / 王志荣，马超主编；田宏，邢志祥，赵雪娥副主编．—2 版．—北京：中国石化出版社，2024．5
普通高等教育"十四五"规划教材
"十三五"江苏省高等学校重点教材
ISBN 978-7-5114-7493-3

Ⅰ．①安…　Ⅱ．①王…　②马…　③田…　④邢…　⑤赵…
Ⅲ．①安全工程-高等学校-教材　Ⅳ．①X93

中国国家版本馆 CIP 数据核字（2024）第 078869 号

中国石化出版社出版发行
地址：北京市东城区安定门外大街 58 号
邮编：100011　电话：（010）57512500
发行部电话：（010）57512575
http://www.sinopec-press.com
E-mail：press@sinopec.com
北京艾普海德印刷有限公司印刷
全国各地新华书店经销

*

787 毫米×1092 毫米 16 开本 19.25 印张 442 千字
2024 年 6 月第 2 版　2024 年 6 月第 1 次印刷
定价：49.00 元

第2版前言

安全生产事关人民福祉，事关经济社会发展大局，党和国家一直以来高度重视安全生产。习近平总书记指出要“坚持安全第一、预防为主，建立大安全大应急框架，完善公共安全体系，推动公共安全治理模式向事前预防转型”。安全工程学原理是研究事故的发生、发展及预防的原理，是安全科学的基础理论之一，是指导安全工作实践的基础理论。应用安全工程学原理与方法，分析、评价过程与系统中的危险有害因素，采取预防与控制措施以防止重大事故的发生。

《安全工程学原理》对安全科学与工程的基础知识和基本原理作了较全面的介绍，吸纳了安全科学理论的研究成果，紧密结合安全生产实际。近年来，《安全工程学原理》已被多所大专院校安全工程及相关工程类专业选作教材，同时也成为专业技术人员和安全管理人员的重要学习资料。

随着科学技术的快速发展，一些新的安全理论、方法和标准应运而生，编者结合教学经验、学生反馈、研究进展和读者建议，对第1版《安全工程学原理》进行了全面修订。第2版增加了紧跟时代发展的安全信息学原理(第9章)、安全大数据方法(1.4.6)，增加了部分现代事故致因理论(3.1.8和3.1.9)，删除了弃用标准，采用了现行标准(8.3.2)，修正了文字和图表中的错误，对全部内容重新审视，使之更加完善、更适应时代的发展(如应急管理部成立带来的内容变化)。第2版《安全工程学原理》主要由南京工业大学王志荣、马超修编完成，王志荣主要负责第1~5章的修编，马超主要负责第6~10章的修编，王志荣负责统稿，全书由蒋军成审阅。本次修订在内容选材和文字叙述上仍然力求做到概念准确、原理简明，以便于读者学习和掌握。

第2版《安全工程学原理》在修编过程中参阅了大量的相关资料，在此谨对原作者表示最诚挚的谢意。由于水平有限、时间仓促，错误和不当之处在所难免，恳请读者批评指正。

第1版前言

随着现代科学技术的高速发展，工业生产规模日趋扩大，重大安全生产事故时有发生，造成了严重人员伤亡和巨大财产损失，给工业生产带来了较大影响。在过去较长的一段时期内，人们对安全生产的认识大多数停留在表象阶段，不能全面揭示事物安全本质规律，因此不能对灾害性事故进行准确的预测和有效防治。后来，人们开始研究事故发生的内在规律、预测原理和方法，安全工程学原理逐步形成并不断得以发展。安全工程学原理是研究事故的发生、发展及预防的原理，是安全科学的基础理论之一，是指导安全工作实践的基础理论。应用安全工程学原理与方法，分析、评价过程与系统中的危险有害因素，采取预防与控制措施，防止重大事故的发生。安全工程学原理在我国的研究和运用已有很多年，得到了较快的发展和广泛的推广应用，已成为企业安全管理和科学研究与开发工作的一个重要组成部分。

本书对安全科学与工程的基础知识和基本原理作了较全面的介绍，内容翔实，充分吸纳了安全科学理论的研究成果，紧密结合安全生产，可以作为高等院校安全工程及相关工程类专业本科生或研究生的教学用书，同时也可作为专业技术人员和安全管理人员的参考资料。

全书共分9章，内容主要包括事故预防理论、安全科学基本理论、安全科学基本原理、系统安全原理、人本安全原理、本质安全化原理、安全管理学原理和安全经济学原理。其中，第1、4、5章由王志荣编写，第2、3、7章由田宏编写，第6章由邢志祥编写，第8、9章由赵雪娥编写，全书由蒋军成审阅。本书在内容选材和文字叙述上力求做到概念准确、原理简明，以便于学生学习和掌握。

本书在编写过程中得到了南京工业大学、郑州大学、沈阳航空航天大学、常州大学、北京理工大学、西安科技大学、东北大学、中南大学、中国矿业大学、中国安全生产科学研究院、中国石化青岛安全工程研究院等单位有关专家的大力支持，在此表示衷心感谢！同时也参阅了大量的有关资料，在此谨对原作者表示最诚挚的谢意。

由于水平有限、时间仓促，错误和不当之处在所难免，恳请读者批评指正。

目 录

第3章　安全科学基本理论

第6章 人本安全原理

第 7 章　本质安全化

第 8 章　安全管理学原理

第 9 章　安全信息学原理

第10章 安全经济学原理

第1章 绪论

1.1 安全及安全属性

1.1.1 安全

安全，泛指没有危险、不出事故的状态。安全的英文为Safety，指健康与平安之意；梵文为Sarva，意为无伤害或完整无损；韦氏大词典对安全的定义为“没有伤害、损伤或危险，不遭受危害或损害的威胁，或免除了危害、伤害或损失的威胁”。生产过程中的安全，即安全生产，指的是“不发生工伤事故、职业病、设备或财产损失的状况，即指人不受伤害、物不受损失”。

世界上没有绝对安全的事物，任何事物中都包含有不安全的因素、具有一定的危险性。安全只是一个相对的概念，当危险性低于某种程度时，人们就认为是安全的。安全性（S）与危险性（D）互为补数，即：

$$S = 1 - D \tag{1-1}$$

1.1.2 安全属性

由于安全的主体是人，正如人具有自然属性和社会属性一样，安全也具有自然属性和社会属性。安全的这两个属性是紧密相关的，要从整体的、系统的角度对两者进行认识。

1.1.3 安全的自然属性

安全的自然属性是指安全运动中那些与自然界物质及其运动规律相联系的现象和过程。安全的自然属性，首先是侧重于人的自然属性在安全方面所表现出来的现象和过程，然后扩展到自然界的物质及其运动规律在安全方面表现出来的现象和过程。

人的自然属性，包括生理结构、生理机能和生理需要等，这是人性的生理基础。人对安全的需求是本能，人的自然属性的表现形态和生理需求的满足方式等方面，已注入了社会和安全文化的因素。

同时，人在生产过程中所使用的能量（能源）、设备、设施、原材料和自然环境或生产、生活环境等物质因素发生的机械的、物理的、化学的和生物学的运动、变化及由此带来的对人的不利影响，以及人们为控制危险因素所采取的物质技术措施，都遵循物质的自然规律。安全的自然属性也反映了人与物在自然关系中物质的自然属性和规律。

1.1.4 安全的社会属性

安全的社会属性主要包括与人的社会属性相关的安全特征以及与社会安全相关的安全内涵。人的社会属性是在改造自然和社会的实践活动中逐渐形成和发展起来的。人的社会属性主要表现在以下几个方面：人类共生关系中的依存性，社会生活中的道德性，生产活动中的合作性和人际关系中的社会交往性。人的社会属性揭示了社会生活的本质以及人与社会的关系，同时也揭示了安全是人的社会属性的共性内容。因为依存性、道德性、合作性、社会交往性都是以社会人的共同安全为基础，都有着各自的安全内涵和要求。

（1）以人为本的安全的社会属性

人与人的依存性、道德性、合作性、社会交往性等都是以共同安全为基础的人的社会属性，而且人的本质和人的价值主要取决于人的社会属性，所以“以人为本”的社会属性的内涵主要源于人的社会属性。

同时，从社会学的角度来分析，社会的人是一定劳动生产力的承担者，一定生产关系的承载者，一定政治关系和意识形态的体现者。这些体现为一定的社会经济利益关系，并通过经济基础反映到社会意识、政治上层建筑和一般社会生活在社会结构众多层面形成的与安全紧密相关的社会活动、社会关系中。这些社会活动、社会关系是整个社会结构的组成部分，也受社会运动规律的制约。而且从社会发展的总趋势来看，生产力运动的安全需要是不断向前发展的，安全的经济利益关系，安全观和和谐的政治上层建筑也必然要进行相应的调整。

（2）安全的社会生活属性

安全的社会生活属性是指在普通社会学意义上的社会因素和社会过程。人们常用“安居乐业”表达对幸福生活的基本要求。“安居乐业”就是安定地生活、愉快地劳动。而生活安定，除战乱、治安、经济危机等影响因素外，还涉及生产、生活中的技术安全问题。而现代社会生活中，安全已成为社会生活质量的重要标志，成为影响社会关系和稳定社会秩序的重要因素。

现代社会中，交通、公共设施事故和生产事故成为破坏家庭生活和家庭关系的重要杀手。事故伤亡者多数是家庭的“顶梁柱”或主要劳动力。发生事故不仅使家庭亲情和经济遭受严重损失，而且给家庭成员的心理和身体健康以及婚姻、老人和子女赡养等带来很多负面影响。年轻人的伤亡，特别是独生子女的伤亡，更是老年人难以承受的心理压力和实际困难。

（3）安全的文化属性

安全文化属性是与经济、政治并列的狭义文化概念，即安全精神文化。安全作为一种社会生活内容，是由有意识、受一定思想支配的人的活动体现的。安全活动，不仅包括人们的物质关系和经济技术活动，而且包括人们的思想、观念、意识的活动，这体现了安全活动的精神方面和人们的思想意识关系，构成了安全文化属性的主要内涵。

安全文化表现为有关安全的哲学、伦理道德、科学、艺术和政治法律思想即构成的思想观念系统及相关制度设施。安全思想观念是社会意识的一部分，即人们对安全活动所依存的社会生活过程和条件在观念上的反映。它是历史的、具体的、随着社会文明的进步而不断进步的。

(4) 安全的政治属性

政治是建立在一定的经济基础之上，并为经济基础服务的上层建筑，表现为国家权力机构、政党和个人在国家内政和国际关系方面的活动。现代政治文明的核心是民主与法制。安全涉及广大人民群众的切身利益，涉及社会和谐和政治稳定，自然也就成为事关国计民生的政治性问题。

国家要维护人民的安全，必须要把安全工作和要求法律化、制度化。由国家法规明确各方的安全职责、权利、义务，形成由法律所规定的安全工作秩序。安全工作法律化和制度化是现代国家运用政治力量，维持经济基础、提供公共服务、调节社会矛盾、促进社会稳定和经济发展的重要活动。

(5) 社会安全

安全的社会属性之一就是社会安全。社会安全是众多利益关系的平衡点，换句话说，社会要处于整体安全状态，仅追求利益最大化是不可能达到的，甚至会破坏整体的社会安全。

社会安全，就是社会要利益和社会要安全的矛盾的结合。社会安全是社会众多利益关系的共同取向，是趋于利益与安全的双赢，也就是说，社会安全体现社会众多利益关系的平衡点。

1.2 安全观

1.2.1 安全价值观

在商品社会里，一切事物本身的价值决定了它的社会地位，价值越高则社会地位越高，反之则越低，这是商品社会主观意志无法改变的价值规律的客观作用。

安全和安全工作也同其他事物一样，在生产经营活动中的地位由它们本身价值所决定。安全在生产经营活动中到底有多大价值，目前尚难以计算。由于没有价值指标，在商品社会以经济效益为中心的生产经营活动中就没有它的地位。尽管党和国家十分重视安全工作，将其纳入国家宪法，又在发展生产的同时，先后颁布了各种安全法规和标准规范，建立了各种专业机构和安全科学与技术科研机构，研究开发改善安全生产条件的技术和方法。在商品社会里，安全工作的价值必须得到充分的体现，并被大家所接受，才能真正推动安全工作的开展。

(1) 安全价值工程的定义及内容

安全价值作为安全经济学的重要组成部分，与安全经济学本身一样仍处在探索阶段。

安全价值工程是一种运用价值工程的理论和方法，依靠集体智慧和有组织的活动，通过对某些安全措施进行安全功能分析，力图用最低的安全寿命周期投资，实现必要的安全功能，从而提高安全价值的安全技术的经济方法。其主要内容包括：

①降低安全寿命周期投资

任何一项安全措施，总要经过构思、设计、实施和使用，直到它基本上丧失了必要的安全功能而需要进行新的投资为止的过程，这就是一个安全寿命周期。而在这一周期的每个阶段所需费用就构成了安全寿命周期投资。安全价值分析活动的目的，就是使安全寿命周期投资达到最低、安全功能达到最适宜的水平。

②安全功能分析

安全价值不是直接研究“安全”与“投资”本身，而是从研究安全功能入手，找出实现所需功能的最优方案。以安全功能分析为核心，是安全价值独特的研究方法。

③实现必要的安全功能

所谓必要的安全功能就是为保证劳动者的安全与健康以及避免财产的意外损失，决策人对某项安全投资所要求达到的安全功能。安全功能分析的目的，就是确保实现必要的安全功能，消除不必要的功能，从而达到降低安全投入、提高安全价值之目的。

④集体智慧和有组织的活动

安全价值中一个最基本的观点是，目标是一定的，而实现目标的手段是可以选择的。这就要求开展安全价值活动的组织者要依靠集体的智慧，广泛选择最优的方案，并发动群众，有计划、有步骤、有组织地实施各项工作。

安全价值可以用一个简单的式子来表达：

$$V = \frac{F}{C} \tag{1-2}$$

式中 V——安全价值；

F——安全功能；

C——安全投入。

从中可以看出，提高安全价值的途径主要有以下几种：

①F 提高，C 下降；

②F 提高，C 不变；

③C 略有提高，F 有更大的提高；

④F 不变，C 降低；

⑤F 略有下降，C 大幅度下降。

由于人们对安全程度的要求在逐步提高，因此，前三种途径是寻求提高安全价值的主要途径，后两种途径则只能在某些特殊情况下使用。

从以上的分析中可知：要提高安全价值并不是单纯追求降低安全投入，或片面追求提高安全功能；而是要求改善两者之间的比值。实际上，如果由于降低安全投入而引起安全功能的大幅度下降，这显然违背安全投资的初衷，并不可取。相反，如果不顾一切片面追求安全功能以致安全投资大幅度上升，导致国家和企业难以承受，同样也不可取。

（2）安全价值与生产价值的关系

生产活动是人类赖以生存和发展的基本条件。人类通过各种形式的生产活动创造出人类生存与发展所需要的各种物质财富。在商品社会，对这些财富的另一种说法是生产价值。追求生产价值是商品社会生产经营活动的主要目的，这是任何制度和任何形式的生产活动都无例外的。自古以来，所有从事生产活动的人们都尽一切努力争取获得较高的生产价值，而获得价值的高低，主要取决于生产活动过程中的效益系数和安全系数。其计算公式如下：

$$生产价值 = 生产活动 \times 效益系数 \times 安全系数 \tag{1-3}$$

生产活动是指从事生产的人们通过某种组织形式（人），在特定的环境（环）里，操纵工具设备（机），按照规定的工艺方法（法）对原材料（料）进行加工制造，得到具有使用价值的产品（商品），销售给用户，再从原材料单位采购回生产所需要的各种原材料供生产需要。这一整个过程称为生产活动，也就是生产活动的五因素（人、机、环、料和法）相互作业的过程。

不同的生产过程，五因素的基本状况也各不相同，对生产效益（价值）的影响也就不同，概括起来有两大作用：一是对生产的正作用，也就是有利作用，可创造生产价值，作用大小用效益系数表示；二是对生产的负作用，即有害作用，也就是发生事故造成的经济损失，作用大小用危险系数表示。

效益系数是表示在生产过程中创造价值的效率，是生产资本对生产价值（净产值）的比值，它的大小取决于生产活动过程中的五因素的素质，即正作用的大小决定于：素质越好，正作用越大，效益越高，效益系数越大，反之则小。

安全系数表示生产过程中的安全程度，它的大小取决于生产活动过程中五因素的缺陷程度，即负作用的大小，决定于：缺陷越多、越大，负作用就越大，发生事故的机会就越多、越大，事故的经济损失也随之增大，安全系数就越小，反之则大。

安全系数等于1减去生产过程中的事故损失价值与生产投资（生产资本）的比值。当事故损失价值低于净产值时，可采用式（1-4）简易算法：

$$安全系数 = 1 - (事故损失价值/净产值) \tag{1-4}$$

安全系数在0～1之间变化，安全系数等于1的生产过程，是绝对安全的生产过程。这时的生产效益（价值），只随效益系数变化，安全给予了充分的保证，不过这种情况极为少见，但这是安全工作追求的目标。安全系数小于1的生产过程，生产效益（价值）不仅随效益系数变化，更随安全系数变化而变化。安全系数等于0的生产过程，生产过程没有丝毫安全保证，在这种情况下的生产活动无法进行，有生产活动就会发生事故，生产效率再高，生产效益（价值）也小于0，即出现负效益。

例如，1994年8月5日深圳市清水河安贸危险品公司4号仓库内硫化铵、硝酸铵、高锰酸钾、过硫酸铵等物品混存接触爆炸，死亡15人，受伤873人（重伤136人），直接经济损失25亿元；2000年6月30日广东省江门市烟花厂发生特大爆炸事故，死亡35人，失踪2人，伤121人；2000年9月27日贵州省水城矿务同木冲沟煤矿四采区41114机巷发生的特别重大瓦斯煤尘爆炸事故，造成162人死亡，37人受伤，其中重伤14人，直接经济损失1227万元。

实践告诉我们，安全孕育在生产活动之中。生产离不开安全的保证，这是一个生产过程中不可分割的两个方面，相互依存。安全不仅是生产价值形成的重要组成部分，还是生产价值好坏的决定因素。实践证明：有安全，就有效益；没有安全，就没有效益。安全不但要保证新创生产价值的安全实现，还要保证原有生产资本不受损失。

1.2.2 大安全观

人们习惯上将生产领域中的安全技术称为是安全。如果将以生产领域为主的技术安全扩展到生活安全与生存安全领域，形成生产、生活、生存的大安全，将仅由科技人员具备的安全意识提高到全民的安全意识，这就是科学的大安全观。

安全是人类发展和社会文明的重要标志，保护人类的身心安全与健康是每个人、每个群体、每个地区、每个国家乃至全球的最基本需求，也是社会和公众崇高的伦理和公德。从本质上看，没有人类的安全就没有世界的和平，也就不可能造就人类的幸福乐园。安全的程度和质量，可以用安全科技和安全文化的水平来衡量。安全科技与文化的进步和繁荣，又取决于安全文化建设的投入及大安全观的确立。我国的安全和减灾界专家认为，树立新世纪的大安全观，是推动我国社会主义建设持续发展的重要保障之一。

大安全观的目的就是动员全社会、全民族、各行各业上上下下，通过安全减灾的国家战略和系统工程，不仅要保证实现国家和企业的安全生产，更为了追求人类的安全生存，社会的和谐、稳定。

（1）树立大安全观

①树立“人人要安全，安全为人人”的全民安全意识

“安全第一，预防为主，综合治理”是安全工作的指导方针，要坚定不移地贯彻到各行各业的工作中，同时要扩展到全社会、全民族，乃至全世界。倡导大众牢固树立“人人要安全，安全为人人”的全民安全意识，提高安全文化素质和树立科学的大安全观，营造人民安全、社会稳定的环境和条件，将灾害和意外伤亡事故降到最低限度，形成生产、生活、生存的大安全观氛围，实现国泰民安。

②树立全民安全文化素质的教育观

宣传和教育是普及公众和社会安全意识的重要手段，树立大安全观，当务之急是培养和造就幼儿和中小学生树立起科学的大安全观，使他们具有安全文化知识、职业伦理道德、安全行为规范、自救互救和应急逃生的技能。要用安全文化知识启迪人、教育人、造就人，形成全国安全文化氛围的大气候，呈现安全、卫生、舒适的文明环境。

③坚持科教减灾的科学观

应用安全科学及高新技术，对灾害和意外伤害事故进行评估、预测、减灾、防灾，培养超前预防的安全意识和安全思维，依靠科学方法和全民参与的行动来实现“安全第一，

预防为主，综合治理”的宗旨，保护大众的身心安全与健康。要有远虑，更要注意力排近忧，对灾害的预防时刻不容放松和怠慢。

④全力发展科学减灾的信息观

美国为提高对灾害的预报能力和减轻灾害影响，采取了多部门之间开展紧密合作和部门间互相协调的方式进行减灾工作。联邦政府、州政府、社区、科研院所、民间团体和私人机构之间的协作，对有效开展减灾至关重要。减灾工作中还必须综合利用研究人员、预报人员、决策人员和规划人员，使这种综合减灾得以实现。尤其需要在受灾地区加强协作和信息交流，需要加强数据和信息交换，提高灾害信息的获取时效，这是减灾工作取得成效的重要因素。

（2）大安全观学科体系

①安全科学技术学科仍需要完善

安全科学的诞生是以职业安全科学技术体系为基础，以实现安全生产为目的，逐步扩展而提出的，科学、系统地认识和揭示安全的本质和运动规律还显得有些粗糙和不足，认识和揭示安全的本质缺乏多层次、多领域、多方位的探索和研究，特别是安全科学的社会科学部分及安全系统、安全设备等领域需要补充和拓展。

②安全科学技术应考虑自然灾害与人为灾害

安全科学的基础学科中有灾害物理学、灾害化学、灾害学、灾害毒理学，这仅仅是灾害科学的一部分。自然灾害科学的大量研究工作，有地质、地球物理、气象海洋、农业等领域的专家、学者在攻克和探索，但人为灾害学研究不够。

③灾害科学应把自然的和人为的灾害作为研究对象

从事研究灾害科学的专家和学者，总结了本学科发展的经验和防灾减灾的成果，不断扩大探索的视角和灾害的领域。他们不但研究自然灾害的致因，也研究人为灾害的致因，并采用综合减灾的对策，发展了综合减灾的工程与技术，应将工业灾害、城市灾害、自然灾害、环境灾害作为减灾科学的重点研究内容，从而构建灾害科学的学科体系，把自然灾害和人为灾害作为研究的对象。

④环境科学与安全科学及减灾科学本质上存在着协同和交叉

环境直接影响着人类的生存与健康，工业产生的污染导致了灾害。要保护自然的生态平衡，首先要控制人类对自然环境的破坏，还要控制人造环境对自然环境的影响。工业污染源、生活污染源、社会公害污染源已成为严重致灾源。发挥环境科学、安全科学、减灾科学的巨大威力，为保护人类的身心安全与健康进行协同、交叉，已是学科发展的新趋势。

⑤大安全学科框架

从当代世界文明和工业发展趋势看，各国人民关注的焦点集中在能源、资源、环境、安全问题上。这四个问题称为人类可持续发展中的四大支柱，也是当代世界面临的四大难题。例如，在采矿行业，要真正发挥其支柱作用，首先要做到安全开采、安全运转、安全操作、环境卫生、消灾免难、高效舒适地工作和生活，这样才能有效地保护人类的身心安全与健康，保障社会的安全和稳定。根据科学及学科结构体系的有关理论，可以构建安全减灾和环保科学即大安全的新兴学科框架，如图 1-1 所示。

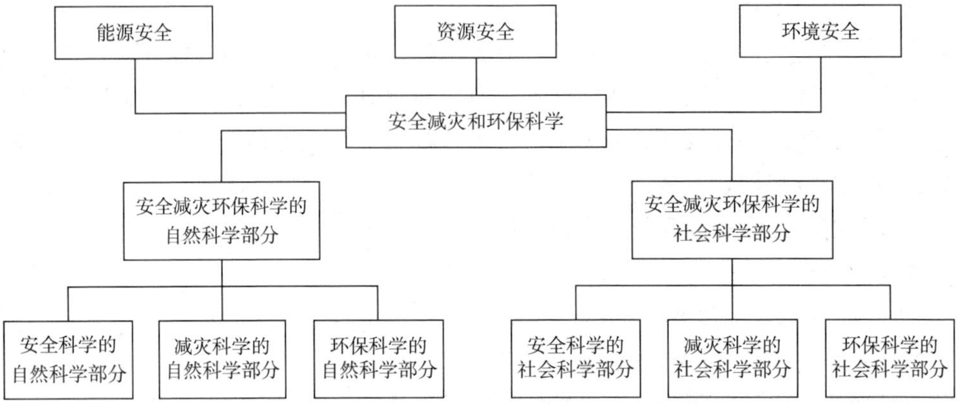

图 1-1　大安全学科框架

1.3 安全工程的认识论

认识论是哲学的一个组成部分，指研究人类认识的本质及其发展过程的哲学理论，亦称知识论。其研究的主要内容包括认识的本质，认识与客观存在的关系，认识的前提和基础，认识发生、发展的过程及其规律，认识的真理性标准等。安全科学的认识论是探讨人类与安全、危险、事故等现象关系的本质，揭示和阐述人类的安全观，是安全哲学的主体内容，是安全科学建设和发展的基础和引导。

1.3.1 危险是绝对的

人类发展安全科学技术是基于技术系统的客观危险性，辨识、认知、分析、控制危险是安全科学技术的最基本任务和目标。危险的客观性是指社会生活和工业生产过程中来自技术与自然系统的危险因素是客观存在的。危险因素的客观性决定了安全科学技术需要的必然性和发展的长远性。

(1) 危险是客观必然的

人类社会发展进程中始终面临着各种各样的危险。危险无处不在，无处不有，存在于一切系统的任何时间和空间中。危险是独立于人的意识之外的客观存在。不论我们的认识多么深刻、技术多么先进、设施多么完善，人—机—环—管综合功能的残缺始终存在，危险始终不会消失。人们的主观努力只能在一定时间和空间内改变危险存在和发生的条件，降低危险发生的可能性和严重后果，但从总体上说，危险是不可能被消除的。

核能的开发和利用给能源危机带来了新的希望，但是在缓解能源危机的同时，也给人类和环境带来了很大的灾难。在核工业中，辐射物的放射性可以杀伤动植物的细胞分子，破坏人体的 DNA 分子并诱发癌症，同时也会给下一代留下先天性的缺陷。在化工行业中，由于化工产品大部分是高温高压做出来的，所以很多时候比较容易发生爆炸。无论人类的科学技术处于什么水平，这种危险是时刻客观存在的，不以人的意志为转移。

在自然中，地震、滑坡、泥石流等自然灾害是客观存在的，人们只能采取一定的措施降低危险发生所造成的严重后果。现实生活以及工业生产中，危险是客观存在的，为了降低危险导致事故发生的可能性和减轻其造成的后果，人们不断地以本质安全为目标，致力于系统改进。

(2) 危险导致事故的不确定性和规律性

危险虽然是不以人的意志为转移的客观存在，但是具体到某一危险事故来说，事故的发生是偶然的，不可知的，它具有空间、时间和结果上的不确定性。但是观察大量事故会发现明显的规律性。例如，美国的安全工程师海因里希早在20世纪30年代就研究了事故发生频率与事故后果严重度之间的关系。他统计了55万件机械事故，得出了一个重要结论，即在机械事故中，发生伤害的事故比为：发生严重伤害：轻微伤害：没有伤害 =1：29：300。在其他行业中也有相似的规律，这些规律帮助我们对事故进行分析，进而采取有效的措施预防事故发生。

1.3.2　安全是相对的

安全相对性指人类创造和实现的安全状态和条件是动态的、变化的，是指安全的程度和水平是相对法规与标准要求、社会与行业需要存在的。安全没有绝对，只有相对；安全没有最好，只有更好；安全没有终点，只有起点。安全的相对性是安全社会属性的具体表现，是安全的基本而重要的特性。

(1) 绝对安全是一种理想化的安全

理想的安全或者绝对的安全，是一种纯粹完美、永远对人类的身心无损、无害，绝对保障人能安全、舒适、高效地从事一切活动的一种境界。绝对安全是安全性的最大值，即“无危则安，无损则全”。理论上讲，当风险等于“零”时，安全等于“1”，即达到绝对安全或本质安全。

事实上，绝对安全、风险等于“零”是安全的理想值，要实现绝对安全是不可能的，但是却是社会和人们努力追求的目标。无论从理论上还是实践上，人类都无法制造出绝对安全的状况，这既有技术方面的限制，也有经济成本方面的限制。由于人类对自然的认识能力是有限的，对万物危害的机理或者系统风险的控制也在不断地研究和探索中；人类自身对外界危害的抵御能力也是有限的，调节人与物之间的关系的系统控制和协调能力也是有限的，难以使人与物之间实现绝对和谐并存的状态，这就必然会引发事故和灾害，造成人和物的伤害和损失。

客观上，人类发展安全科学技术不能实现绝对的安全境界，只能达到风险趋于“零”的状态，但这并不意味着事故不可避免。恰恰相反，人类通过安全科学技术的发展和进步，实现了“高危-低风险”“无危-无风险”“低风险-无事故”的安全状态。

（2）相对安全是客观的现实

既然没有绝对的安全，那么在安全科学技术理论指导下，设计和构建的安全系统就必须考虑到最终的目标：多大的安全度才是安全的？这是一个很难回答但必须回答的问题，就是通过相对安全的概念来实现可接受的安全度水平。安全科学的最终目的就是应用现代科学技术将所产生的任何损害后果控制在绝对的最低限度，或者至少使其保持在可容许的限度内。

安全性具有明确的对象，有严格的时间、空间界限，但在一定的时间、空间条件下，人们只能达到相对的安全。人—机—环均充分实现的那种理想化的“绝对安全”，只是一种可以无限逼近的“极限”。

作为对客观存在的主观认识，人们对安全状态的理解，是主观和客观的统一。伤害、损失是一种概率事件，安全度是人们生理上和心理上对这种概率事件的接受程度。人们只能追求“最适安全”，就是在一定的时间、空间内，在有限的经济、科技能力状况下，在一定的生理条件和心理素质条件下，通过控制事故、灾害发生的条件来减小事故、灾害发生的概率和规模，使事故、灾害的损失控制在尽可能低的限度内，求得尽可能高的安全度，以满足人们的接受水平。对不同的民族、不同的群体而言，人们能够承受的风险度是不同的。社会把能满足大多数人安全需求的最低危险度定为安全指标，该指标随着经济、社会的发展而不断提高。

不同的时期、不同的客观条件下提出的满足人们需求的安全目标，即相对的安全标准，也就是说安全的相对性决定了安全标准的相对性。所以，可以从另一个方面来理解安全这一概念，可以理解为安全是人们可接受风险的程度。当实际状况达到这一程度时，人们就认为是安全的，低于这一程度时就认为是危险的，这一程度就叫作安全阈值。

（3）做到相对安全的策略和智慧

相对安全是安全实践中的常态和普遍存在。做到相对安全有如下策略：

相对于规范和标准。一个管理者和决策者，在安全生产管理实践中，最基本的原则和策略就是实现“技术达标”“行为规范”，使企业的生产状态及过程是规范和达标的。“技术达标”是指设备、装置等生产资料达到安全标准要求；“行为规范”是指管理者的安全决策和管理过程是符合国家安全规范要求的。安全规范和标准是人们可接受的安全的最低程度，因此说“相对的安全规范和标准是符合的，则系统就是安全的”。在安全活动中，人人应该做到行为规范，事事做到技术达标。因此，安全的相对性首先是体现在“相对于规范和标准”方面。

相对于时间和空间。安全相对于时间是变化和发展的，相对于作业或活动的场所、岗位，甚至行业、地区或国家，都具有差异和变化。在不同的时间和空间里，安全的要求和可接受的风险水平是变化的、不同的。这主要是在不同时间和空间，人们的安全认知水平不同、经济基础不同，因而人们可接受的风险程度也是不相同的。所以，在不同的时间和空间里，安全标准不同，安全水平也不相同，在从事安全活动时，一定要动态地看待安全，才能有效地预防事故发生。

相对于经济及技术。在不同时期，经济的发展程度是不同的，那么安全水平也会有所差异。随着人类经济水平的不断提高和人们生活水平的提高，对安全的认识也应该不断深化，对安全的要求提出更高的标准。因此，要做到安全认识与时俱进，安全技术水平不断提高，安全管理不断加强，应逐步降低事故的发生率，追求"零事故"的目标。人类的技术是发展的，因此安全标准和安全规范也是变化发展的，随着技术的不断变化，安全技术要与生产技术同行，甚至领先和超前于生产技术的发展和进步。

(4) 安全相对性与绝对性的辩证关系

安全科学是一门交叉科学，既有自然属性，也有社会属性。因此，从安全的社会属性角度，安全的相对性是普遍存在的，而针对安全的自然属性，从微观和具体的技术对象而言，安全也存在着绝对性特征。如从物理或化学的角度，基于安全微观的技术标准而言，安全技术标准是绝对的。因此，认识安全相对性的同时，也必须认识到自然属性安全技术标准的绝对性。

1.3.3 事故是可以预防的

事故是技术风险、技术系统的不良产物。技术系统是"人造系统"，是可控的。可以从设计、制造、运行、检验、维修、保养、改造等环节，对技术系统加以管理、监测、调适等，对技术进行有效控制，从而实现对技术风险的管理和控制，实现对事故的预防。

事故的可预防性指从理论上和客观上讲，任何事故的发生是可预防的，其后果是可控的。事故的可预防性和事故的因果性、随机性和潜伏性一样都是事故的基本性质。认识这一特性，对坚定信念、防止事故发生有促进作用。人类应该通过各种合理的对策和努力，从根本上消除事故发生的隐患，降低风险，把事故的发生及其损失降低到最小限度。

事故可预防性的理论基础是"安全性"理论。由安全科学的理论有：

$$\text{安全性}\ S = F(R) = F(p, l)$$

式中 R——系统的风险；

p——事故的可能性（发生的概率）；

l——可能发生事故的严重性。

$$\text{事故的可能性}\ p = F(4\mathrm{M}) = F(\text{人，机，环，管})$$

式中 人（Men）——人的不安全行为；

机（Machine）——机的不安全状态；

环境（Medium）——生产环境的不良；

管理（Management）——管理的欠缺。

$$\text{可能发生事故的严重性}\ l = F(\text{危险性，环境，应急})$$

式中 危险性——系统中危险的大小，由系统中含有能量决定；

环境——事故发生时所处的环境状态或位置；

应急——发生事故后应急的条件及能力。

事故的发生与否和后果的严重程度是由系统中的固有风险和现实风险决定的，所以控制了系统中的风险就能够预防事故的发生。而风险是指特定危害事件（不期望事故）发生的概率与后果严重程度的结合。一个特定系统的风险是由事故的可能性（p）和可能发生事故的严重性（l）决定的，因此可以通过采取必要的措施控制事故的可能性来预防事故的发生，同时利用必要的手段控制可能发生事故后果的严重性，即可以利用安全科学的基本理论和技术，在事故发生之前就采取措施控制事故的发生可能性和事故的后果严重性，从而实现事故的可预防性。

因此，利用安全科学的基本理论和技术，采取适当的措施，避免事故的发生，控制事故的后果是可行的。也就是说，事故是可以预防的，事故后果是可以控制的，事故具有可预防性。事故的可预防性决定了安全科学技术存在和发展的必要性。

1.3.4 安全与事故的关系

安全与事故是对立统一、相互依存的关系，即有了事故发生的可能性，才需要安全，有了安全的保证，才可能避免事故的发生，某一安全性在特定条件下是安全的，但在其他条件下就不一定是安全的，甚至可能很危险；绝对的安全，即100%的安全性是安全的最大值，这很难，甚至不可能达到，但却是社会和人们努力追求的目标。在实践中，人们或社会客观上自觉或不自觉地认可或接受某一安全性（水平），当实际状况达到这一水平，人们就认为是安全的，低于这一水平，则认为是危险的。此外，安全与事故的关系还具有如下特征：

（1）安全的极向性

安全的极向性有三层含义：①安全科学的研究对象（事故、危害与安全保障）是一种“零－无穷大”事件，或称“稀少事件”。即事故或危害事件具有如下特点：一是事故发生的可能性很小（或趋向零），而一旦发生后果却十分严重（趋向无穷大），例如煤矿瓦斯爆炸、烟花爆竹厂的爆炸等；二是危害事件的作用强度有时很小，但具有累积效应，主要表现为对人体健康的危害，危害涉及的范围或人数却广而多，例如煤矿井下粉尘、水泥厂的粉尘等。②描述安全特征的两个参量——安全性与危害性具有互补关系，即：安全性＝1－危害性。当安全性趋于极大值时，危害性趋于最小值，反之亦然。③人类从事的安全活动总是希望以最小的投入获得最大的安全。

（2）避免事故或危害有限性

避免事故或危害有限性包含两层含义：①各种生产和生活活动过程中事故或危害事件可以避免，但难以完全避免；②各种事故或危害事件的不良作用、后果及影响可能避免，但难以完全避免。因此，安全与事故密切相关，有了事故，才需要安全，安全是为了不发生事故。要认识安全的规律，首先必须了解事故的基本特征、事故原理及事故的预防原则。

1.3.5 事故的统计规律

事故的统计规律即海因里希事故法则，又称1∶29∶300法则，即在每330个事故中，会造成死亡、重伤事故1次，轻伤事故29次，无伤事故300次。消除1次死亡事故，必须首先消除30起有伤事故，消除300次无伤事故。即防止灾害的关键，不在于防止伤害，而是要从根本上防止事故。

1.3.6　经验论

经验论就是人们基于事故经验改进安全的一种方法论。显然，经验论是必要的，但是事后改进型的方式，是传统的安全方法论。

17世纪前，人类对安全的认识论是宿命论，方法论是被动承受型的，这是人类古代安全文化的特征。17世纪末期至21世纪初，由于事故与灾害类型的复杂多样和事故严重性的扩大，人类进入了局部安全认识阶段。哲学上反映出：建立在事故与灾难的经历上来认识人类安全，有了与事故抗争的意识，人类的安全认识论提高到经验论水平，方法论有了“事后弥补”的特征。

经验论是事故学理论的方法论和认识论，主要是以实践得到的知识和技能为出发点，以事故为研究的对象和认识的目标，是一种事后经验型的安全哲学，是建立在事故与灾难的经历上来认识安全，是一种逆式思路（从事故后果到原因事件，见图1-2）。主要特征在于被动与滞后、凭感觉和靠直觉，是“亡羊补牢”的模式，突出表现为一种头痛医头、脚痛医脚、就事论事的对策方式。当时的安全管理模式是一种事后经验型的、被动式的安全管理模式。

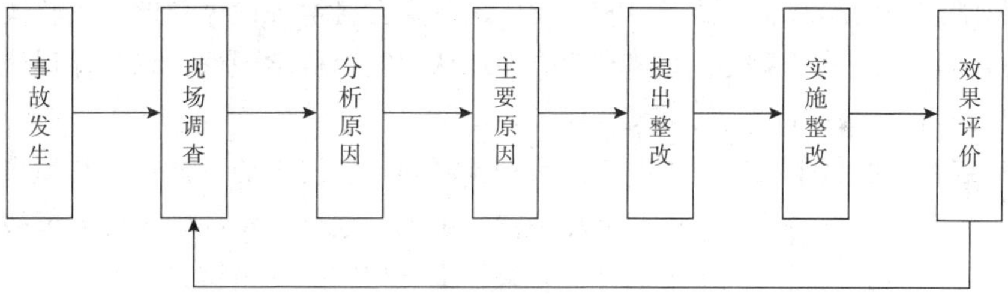

图1-2　事后经验型安全管理模式

从被动的接受事故的“宿命论”到可以依靠经验来处理一些事故的“经验论”，是一种进步，经验论具有一些“宿命论”无法比的优点。首先经验论可以帮助我们处理一些常见的事故，使我们不再是听天由命的状态；其次经验论有助于我们不犯同样的错误，减少事故的发生。即使在安全科学已经得到充分发展的今天，经验论也有其自身的价值，比如我们可以从近代世界大多数发达国家的发展进程中来寻求经验。一些国家的经历表明，随着人均GDP的提高（到一定水平），事故总体水平在降低，如美国、日本等一些发达国家发展过程表明，当人均GDP在5000美元以下，事故水平处于不稳定状态；人均GDP达到1万美元，事故率稳定下降。这是发达国家安全与经济因素关系的现实情况。但是，影响安全的因素是多样和复杂的，除了经济因素（这是重要的因素之一）外，还与国家制度、社会文化（公民素质、安全意识）、科学技术（生产方式和生产力水平）等有关。而我国的国家制度、公民安全意识、现代生产力水平，总体上说已“今非夕比”，我们今天的社会总体安全环境（影响因素）：生产和生活环境（条件）、法制与管理环境、人民群众的意识和要求，都有利于安全标准的提高和改善。当然，安全科学的发展已经告诉我们只凭经验是不行的，经验论也有其缺点和不足，经验论具有预防性差、缺乏系统性等问题，并且经验的获得往往需要惨痛的代价。应该掌握正确的安全认识论与方法论，从理性与原理出发，通过“沉思”来防范和控制职业事故和灾害，至少要选择“模仿”之路，学会向先进的国家和行业学习，这才是正确的思想方法。

经验论多用“事后诸葛亮”的手段，采取头痛医头、脚痛医脚的对策方式。如事故分析（调查、处理、报告等）、事故规律的研究、事后经验型管理模式、三不放过的原则（即发生事故原因不明、当事人未受到教育、措施不落实三不放过）；建立在事故统计学上致因理论研究；事后整改对策；事故赔偿机制与事故保险制度等。

1.4 安全工程的方法论

方法论，就是人们认识世界、改造世界的方式方法，是人们用什么样的方式、方法来观察事物和处理问题。概括地说，认识论主要解决世界“是什么”的问题，方法论主要解决“怎么办”的问题。人类防范事故的科学已经历了漫长的岁月，从事后型的经验论到预防型的本质论；从单因素的就事论事到安全系统工程；从事故致因理论到安全科学原理，工业安全科学的理论体系在不断发展和完善。追溯安全科学理论体系的发展轨迹，探讨其发展的规律和趋势，对于系统、完整和前瞻性地认识安全科学理论，以指导现代安全科学实践和事故预防工程具有现实的意义。

多少年来，人们总想找到一些办法来事先预测到事故发生的可能性，掌握事故发生的规律，作出定性和定量的评价，以便能在设计、施工、运行、管理中对发生事故的危险性加以辨识，并且能够根据对危险性的评价结果，提出相应的安全措施，达到控制事故的发生与发展，提高安全水平的目的。目前，可采取的安全方法主要有：本质安全化方法、人机匹配法、生产安全管理一体化方法、系统方法、以人为本的安全教育方法等。

1.4.1 本质安全化方法

本质论就是人们从本质安全角度改进安全的一种方法论。目前从安全科学技术角度来讲，本质安全（Inherent Safety）有以下3种理解，其中有一种狭义理解，两种广义理解。定义1（狭义）：本质安全是指设备、设施或技术工艺含有内在的能够从根本上防止发生事故的功能。本质安全是从根源上消除或减小生产过程中的危险。本质安全方法与传统安全方法不同，即不依靠附加的安全系统实现安全保障。定义2（广义）：本质安全是指安全系统中人、机、环境等要素从根本上防范事故的能力及功能。本质安全的特征表现为根本性、实质性、主体性、主动性、超前性。定义3（广义）：本质安全，就是通过追求企业生产流程中人、物、系统、制度等诸要素的安全可靠和谐统一，使各种风险因素始终处于受控制状态，进而逐步趋近本质型、恒久型安全目标。物本——技术设备设施工具的本质安全性能；人本——人的意识观念态度等人的根本性安全素质；失误——安全功能（Fool-Proof），指操作者即使操作失误，也不会发生事故或伤害。故障——安全功能（Fail-Safe），指设备、设施或技术工艺发生故障或损坏时，还能暂时维持正常工作或自动转变为安全状态。

20 世纪 50 年代到 20 世纪末，由于高技术的不断涌现，如现代军事、宇航技术、核技术的利用以及信息化社会的出现，人类的安全认识论进入了本质论阶段，超前预防型成为现代安全哲学的主要特征，这样的安全认识论和方法论大大推进了现代工业社会的安全科学技术和人类征服意外事故的手段和方法。

进入了信息化社会，随着高新技术的不断应用，人类在安全认识论上有了自组织思想和本质安全化的认识，方法论上讲求安全的超前、主动。保障安全生产要通过有效的事故预防来实现。在事故预防过程中，涉及两个系统对象，一是事故系统，其要素是：人——人的不安全行为是事故的最直接因素；机——机的不安全状态也是事故的最直接因素；环境——生产环境的不良影响人的行为和对机械设备产生不良的作用；管理——管理的欠缺。二是安全系统，其要素是：人——人的安全素质（心理与生理，安全能力，文化素质）；物——设备与环境的安全可靠性（设计安全性，制造安全性，使用安全性）；能量——生产过程能的安全作用（能的有效控制）；信息——充分可靠的安全信息流（管理效能的充分发挥）是安全的基础保障。认识事故系统要素，对指导我们从打破事故系统来保障人类的安全具有实际的意义，这种认识带有事后型的色彩，是被动、滞后的，而从安全系统的角度出发，则具有超前和预防的意义。因此，从建设安全系统的角度来认识安全原理更具有理性的意义，更符合科学性原则。

本质论的具体表现：从人与物和环境的本质安全入手，人的本质安全指不但要提高人的知识、技能、意识素质，还要从人的观念、伦理、情感、态度、认知、品德等人文素质入手，从而提出安全文化建设的思路；物和环境的本质安全化就是要采用先进的安全科学技术，推广自组织、自适应、自动控制与闭锁的安全技术；研究人、物、能量、信息的安全系统论、安全控制论和安全信息论等现代工业安全原理；技术项目中要遵循安全措施与技术设施同时设计、施工、投产的“三同时”原则；企业在考虑经济发展、进行机制转换和技术改造时，安全生产方面要同时规划、同时发展、同时实施，即所谓“三同步”原则；进行不伤害他人、不伤害自己、不被别人伤害的“三不伤害活动”；整理、整顿、清扫、清洁、素养“5S”活动，生产现场的工具、设备、材料、工件等物流与现场工人流动的定置管理，对生产现场的“危险点、危害点、事故多发点”的“三点控制工程”等超前预防型安全活动；推行安全目标管理、无隐患管理、安全经济分析、危险预知活动、事故判定技术等安全系统工程方法。

千百年来，随着人们认识水平的提高，人类对自然界也有更深刻的了解，总结出了许多有现实意义和深远影响的有关本质论的安全术语，下面列举了一些：

（1）居安思危，有备无患——《左传·襄公十一年》：“居安思危，有备无患。”“安不忘危，预防为主。”孔子也说：“凡事预则立，不预则废。”即安全工作预防为主的方针。

（2）防微杜渐——《元史·张桢传》：“有不尽者亦宜防微杜渐而禁于未然。”这就是我们常说的从小事抓起，重视事故苗头，使事故或灾害刚一冒出就能及时被制止，把事故消灭在萌芽状态。

（3）未雨绸缪——《诗·豳风·鸱》：“适天之未阴雨，遮彼桑土，绸缪牖户。”尽管天未下雨，也需要修好窗户，以防雨患。这也体现了安全的本质论重于预防的基本策略。

本质论是必需的，它表明了安全科学的进步，是一种超前预防型的方法。只有建立在超前预防的基础上，才能做到防患于未然，真正实现零事故目标。

1.4.2 人机匹配法

事故的发生往往由人的不安全行为和物的不安全状态造成。因此，为了防止事故的发生，主要应当防止出现人的不安全行为和物的不安全状态。人机匹配方法需要充分考虑人和机的特点，使之在工作中相互匹配，对防止事故的发生十分有益。

（1）防止人的不安全行为

首先要对人员的结构和素质情况进行分析，找出容易发生事故的人员层次和个人以及最常见的人的不安全行为。然后，在对人的身体、生理、心理进行检查测验的基础上，合理选配人员。从研究行为科学出发，加强对人的教育、训练和管理，提高生理、心理素质，增强安全意识，提高安全操作技能，从而最大限度地减少、消除不安全行为。

（2）防止物的不安全状态

为了消除物的不安全状态，应把重点放在提高技术装备（机械设备、仪器仪表、建筑设施等）的安全化水平上。技术装备安全化水平的提高也有助于改善安全管理和防止人的不安全行为。可以说，技术装备的安全化水平在一定程度上，决定了工伤事故和职业病的发生概率。为了提高技术装备的安全化水平，必须大力推行本质安全技术，主要包括两方面的内容：①失误安全功能，指操作者即使操纵失误也不会发生事故和伤害，或者说设备、设施或工艺技术具有自动防止人的不安全行为的功能；②故障安全功能，指设备、设施发生故障或损坏时还能暂时维持正常工作或自动转变为安全状态。

（3）人机相互匹配

随着科学技术的进步，人类的生产劳动越来越多地为各种机器所代替。例如，各类机械取代了人的手脚，检测仪器代替了人的感官，计算机部分代替了人的大脑。用机器代替人，既减轻了人的劳动强度，又有利于安全健康。

1.4.3 生产安全管理一体化方法

建立和运行生产安全管理一体化体系的主要指导思想：充分认识人的生命价值和人力资源的重要性，避免和减少经济损失，加强事故和职业病预防及其安全管理。生产安全管理一体化方法主要通过全面安全管理和安全目标管理来实现。

(1) 全面安全管理

全面安全管理就是在总结传统的劳动安全管理的基础上，应用现代管理方法并通过全体人员确认的全面安全目标，对全生产过程和企业的全部工作，进行统筹安排和协调一致的综合管理。

(2) 安全目标管理

安全目标管理就是在一定的时期内（通常为一年），根据企业经营管理的总目标，从上到下确定安全工作目标，并为达到这一目标制定一系列对策措施，开展一系列的组织、协调、指导、激励和控制活动。

1.4.4 系统方法

人类的安全系统是人、社会、环境、技术、经济等因素构成的大协调系统。无论从社会的局部还是整体来看，人类的安全生产与生存需要多因素的协调与组织才能实现。安全系统的基本功能和任务是满足人类安全生产与生存，以及保障社会经济生产发展的需要，安全活动要以保障社会生产、促进社会经济发展、减低事故和灾害对人类自身生命和健康的影响为目的。为此，安全活动应当与社会发展、科学技术背景和经济条件相适应和相协调，安全活动的进行需要经济和科学技术等方面的支持。安全活动既是一种消费活动（以生命和健康安全为目的），也是一种投资活动（以保障经济生产和社会发展为目的）。

为有效地解决生产中的安全问题，人们需要采用系统工程方法来识别、分析、评价系统中的危险性，并根据其结果，调整工艺、设备、操作、管理、生产周期和投资等因素，使系统可能发生的事故得到控制，并使系统安全性达到最好的状态。

(1) 使用系统工程方法可以识别出存在于各个要素本身、要素之间的危险性

危险性存在于生产过程的各个环节，例如原材料、设备、工艺、操作、管理之中，这些危险性是产生事故的根源。安全工作的目的就是要识别、分析、控制和消除这些危险性，使之不致发展成为事故，利用系统可分割的属性，可以充分地、不遗漏地揭示存在于系统各要素（元件和子系统）中存在的所有危险性。然后，对危险性加以消除，对不协调的部分加以调整，从而消除事故的根源并使安全状态达到优化。

(2) 使用系统工程方法可以了解各要素间的相互关系，消除各要素由于互相依存、互相结合而产生的危险性

要素本身可能并不具有危险性，但当进行有机的结合构成系统时，便产生了危险性，这种情况往往发生在子系统的交接面或相互作用时。

人机交接面是事故多发的场所。最突出的例子，如人和压力机、传送设备等的交接面，对交接面的控制，在很大程度上可以减少伤亡事故。

危险物的质量、能量储积都是构成重大恶性事故的物质根源。适当地调整加工量和处理速度，可以大量降低事故的严重性。例如，炸药研磨由吨位级数改为公斤级数，加工速度相应增大，这样做虽然并不能减少事故发生，但能使事故严重性大大降低。现代化的大型石油化工生产，也存在着能量储积和加工速度之间的安全优化问题。

（3）系统工程所采用的一些手段都能用于解决安全问题

系统工程几乎使用了各种学科的知识，但其中最重要的有运筹学、数学、控制论。系统工程方法所解决的问题，几乎都适用于解决安全问题。例如，利用决策论，在安全方面可以预测发生事故可能性的大小；利用排队论，可以减少能量的储积危险；使用线性规划和动态规划，可以采取合理的防止事故的手段；数理统计、概率论和可靠性则可广泛地用于预测风险、分析事故。因此，使用系统工程方法可以使系统的安全状态达到最佳。

1.4.5 以人为本的安全教育方法

人的生存依赖于社会的生产与安全，显然，安全条件是很重要的一个方面。安全条件是由人的安全活动实现的，安全教育又是安全活动的重要形式，因此，安全教育是人类生存活动中基本而重要的活动。

教育是人类所特有的一种社会现象，是人类运用其智慧培养人的一种社会活动，对人的发展具有必要性和主导性，这是由于人靠劳动改造自然和进行生产来维持生命并且使之延续下去，而要安全地生产，就必须结合一定的社会关系，并在其中创造和运用安全生产手段和安全生产的技术以及与此相适应的各种制度、习惯、文化等复杂体系来进行活动。人的生活现状以及文化体系不是固定地维持下去，特别是在生活受到灾害威胁时，人们要不断地加以变革，并创造出更安全的生活和文化环境。这种创造和变革的活动是人类发展的前提，而教育对这种活动起主导作用。因为教育是有目的、有计划的社会活动过程，它对人的影响最为深刻。安全教育作为教育的重要部分，显然对人类的发展起着重要的作用。

教育的方法多种多样，各种方法都有各自的特点和作用，在应用中应当结合实际的知识内容和学习对象，灵活采用。比如，对于大众的安全教育，多采用宣传娱乐法和演示法；对于中小学生的安全教育，多采用参观法、讲授法和演示法；对于各级领导的安全教育，多采用研讨法和发现法等；对于企业职工的安全教育，则多采用讲授法、谈话法、访问法、练习与复习法、外围教育法、奖惩教育法等；对于安全专职管理人员的安全教育，则应采用讲授法、研讨法、读书指导法、全方位教育法、计算机多媒体教育法等。

1.4.6 安全大数据方法

安全大数据是指在进行与安全有关的活动过程中通过一定方式获取的反映安全问题本质、特性、规律的安全数据集，以及对数据进行加工所使用的安全数据思维和安全数据技术。安全大数据的特征之一是数据规模大，以总体为样本，处理方式从原来的抽样统计转变为“全样本”模式，这是安全大数据与传统安全统计最根本的区别。应用安全数据全样本原理，可大幅提高解决安全问题的效率和准确率。同时海量数据间存在混杂，随着数据的增加，错误率也会相应增加，但当数据体足够大时，数据生成足够多，可以弥补这些小错误。提高解决安全问题效率是目标，则调整容错标准是根本途径。安全数据全样本原理需要接受模糊性，调整对容错的标准，实现安全数据共享，以快速全面获得安全问题大概轮廓和发展脉络。

进行安全大数据活动就是要研究安全数据间的数量表现和数量关系，既包括隐患、已发生事故等安全现象的数量表现和数据关系，也包括安全生产、社会、经济等领域的安全现象及其各种安全现象与社会、经济等领域相互影响的数量关系，安全数据是整个安全活动的基石和核心。安全数据不仅是对安全现象的记录与描述，还是挖掘安全规律的基础。安全数据本身价值密度低，只有对其存储、分析、挖掘并应用才能将其隐藏价值显现出来。安全大数据价值遵循“飞轮效应”规律，即在安全数据量规模小的情况下价值密度低，只有当安全数据积累到一定程度才能达到质变并体现安全规律。

传统安全抽样统计主要用于解决实际的安全问题，一般不具有可预测性。而安全大数据可实现超前预测。从事故发展过程（事前预测、事中应急、事后恢复）的角度看，应用安全大数据，可通过实时监控、趋势分析等对事故隐患进行风险规避，超前预测危险源的发展动态以提前预警；通过模拟仿真事故发生全过程并将各措施的结果可视化，提供科学的安全决策以防止事故后果恶化。安全大数据的超前预测不仅可以实现对风险规避与控制，防患于未然，还可以对人们的生产与生活行为具有指导作用。例如，“12·13”上海踩踏事件发生后，百度研究院大数据实验室基于百度数据和大数据智能分析技术，从不同的角度对当时的情况进行了数据化描述发现，相关地点的地图搜索请求峰值会早于人群密度高峰几十分钟出现，至少可能提前几十分钟预测出人流量峰值的到来。

安全资源包括安全数据、安全技术、安全思维以及相关人员、设备、资金等各资源要素，安全资源融合要求各资源要素间有效互联，形成安全和谐系统。安全资源融合以大数据技术为依托，结合云计算、物联网等新一代信息技术，实现各资源应用融合，如利用模拟、仿真、可视化等技术。通过安全数据表现和关系，可逼真、形象、多维度地反映出各类安全生产、生活规律，有利于智慧城市建设、智能公共管理等建设，为安全活动的开展提供便利。

思考题

1. 什么是安全？请简述安全的自然属性和社会属性。
2. 简述安全与事故的关系。
3. 简述大安全观的核心思想。
4. 安全工程包括哪些方面的方法论？
5. 为什么说事故是可以预防的？预防事故的基本对策是什么？

第2章 事故预防理论

2.1 事故、事故隐患及分类

2.1.1 事故及事故特点

事故（Accident）是发生在人们的生产、生活活动中的意外事件。在《辞海》中事故被定义为“意外的变故或灾祸”；在《职业安全卫生术语》（GB/T 15236—2008）中事故被定义为“造成死亡、职业病、伤害、损伤或者其他损失的意外情况”；而在美军标MIL-STD-882D中，事故（Mishap）被定义为“事故是造成伤亡、职业病、设备或财产的损坏或损失或环境危害的一个或一系列意外事件”，类似的定义还有很多。在诸多的事故定义中，以伯克霍夫（Berckhoff）的定义较为著名，该定义对事故作了较为全面的描述。按伯克霍夫的定义，事故是人（个人或集体）在为实现某种意图而进行的活动过程中，突然发生的、违反人的意志的、迫使活动暂时或永久停止的事件。结合上述定义，人们可以总结出事故具有如下特点：

（1）事故是一种发生在人类生产、生活活动中的特殊事件，人类的任何生产、生活活动过程中都可能发生事故。因此，人们若想按自己的意图把活动进行下去，就必须采取措施防止事故。

（2）事故是一种突然发生的、出乎人们意料的意外事件。这是由于导致事故发生的原因非常复杂，往往是由许多偶然因素引起的，因而事故的发生具有随机性质。在一起事故发生之前，人们无法准确地预测何时、何地发生何种事故。由于事故发生的随机性质，使得认识事故、弄清事故发生的规律及防止事故发生成为一件非常困难的事情。

（3）事故是一种迫使进行着的生产、生活活动暂时或永久停止的事件。事故造成中断、终止人们正常活动的进行，必然给人们的生产、生活带来某种形式的影响。因此，事故是一种违背人们意志的事件（Event），是人们不希望发生的事件。

（4）事故这种意外事件除了影响人们的生产、生活活动正常进行之外，往往还可能造成人员伤害、财物损坏或环境污染等其他形式的后果。

2.1.2 事故分类

(1) 以人为中心来进行事故分类

当以人为中心来考察事故后果时，人们通常将事故划分为伤亡事故和一般事故。

①伤亡事故

伤亡事故（Injury)，简称伤害，是个人或集体在行动过程中接触了与周围环境有关的外来能量，致使人体生理机能部分或全部丧失。在生产区域中发生的和生产有关的伤亡事故，叫工伤事故。

在《企业职工伤亡事故分类》（GB 6441—1986）中，将伤亡事故分为20类：物体打击、车辆伤害、机械伤害、起重伤害、触电、淹溺、灼烫、火灾、高处坠落、坍塌、冒顶片帮、透水、放炮、火药爆炸、瓦斯爆炸、锅炉爆炸、容器爆炸、其他爆炸、中毒和窒息、其他伤害。

②一般事故

一般事故（Incident）是指人身没有受到伤害或受伤轻微，停工短暂或不影响人的生理机能障碍的事故。由于传给人体的能量很小，尚不足以构成伤害，习惯上称为微伤；另一种是对人身而言的未遂事故，也称为无伤害事故。许多学者研究表明，事故之中无伤害的一般事故占90%以上，比伤亡事故的概率大十到几十倍。

(2) 以物为中心来进行事故分类

以客观的物质条件为中心来考察事故现象时，可以将事故分为两种情况。

①物质遭受损失的事故

由于火灾、爆炸等，以致迫使生产过程停顿，并造成财产的损失的事故。

②物质没有受到损失的事故

有些事故虽然物质没受损失，但因人—机系统中，不论人或机哪一方面停止工作，另一方也得停顿下来。

(3) 按照人员伤亡或者直接经济损失来进行事故分类

根据《生产安全事故报告和调查处理条例》（国务院令第493号），生产安全事故造成的人员伤亡或者直接经济损失，事故可以进行如下分类：

①特别重大事故

指造成30人以上死亡，或者100人以上重伤（包括急性工业中毒，下同），或者1亿元以上直接经济损失的事故。

②重大事故

指造成10人以上30人以下死亡，或者50人以上100人以下重伤，或者5000万元以上1亿元以下直接经济损失的事故。

③较大事故

指造成3人以上10人以下死亡，或者10人以上50人以下重伤，或者1000万元以上5000万元以下直接经济损失的事故。

④一般事故

指造成 3 人以下死亡，或者 10 人以下重伤，或者 1000 万元以下直接经济损失的事故。

2.1.3 事故隐患及其特点

隐患是指各类危险、有害因素可能造成的潜藏祸患。安全生产领域事故隐患是指各类危险、有害因素可能造成的潜在的危险和危害，是由人的不安全行为、物的不安全状态、不良作业环境及安全管理缺陷等 4 个方面的因素综合作用造成的。

①人的因素是指人的不安全行为，它是导致事故发生的直接原因。该因素主要有操作失误、安全装置失效、使用不安全设备等。

②物的因素是指物的不安全状态，主要有防护、保险、信号和装置缺乏。

③环境因素是指不良作业环境，如温度湿度、照明、粉尘、辐射等。其中，人的不安全行为可以导致物的不安全状态，物的不安全状态又营造了不良的作业环境，不良的作业环境又会引起人的不安全行为，三者环环相扣，紧密联系。

④安全管理因素是指管理方面的缺陷，涉及对物的性能控制、对人的失误控制以及违反安全人机工程原理控制等 6 个方面。该缺陷将直接导致“人失误”“物故障”及不良作业环境，进而引发安全生产事故，是构成事故隐患的重要因素。

事故隐患具有如下特性：

（1）隐蔽性

人的不安全行为和物的不安全状态以及管理上的缺陷，往往具有隐蔽、藏匿、潜伏的特点，使人难以意识和感觉到它们的存在。

（2）突发性

任何事都存在量变到质变，渐变到突变的过程，隐患也不例外。集小变而为大变，集小患而为大患是一条基本规律。

（3）连续性

实践中，常常遇到一种隐患掩盖另一种隐患，一种隐患与其他隐患相联系而存在的现象。例如，在产品运转站，如果装卸搬运机械设备、工具发生隐患故障，就会引起产品堆放超高、安全通道堵塞、作业场地变小，并造成调整难、堆放难、起吊难、转运难等方面的隐患。这种连带的、持续的、发生在生产过程中的隐患，对安全生产构成的威胁很大。

（4）意外性

这里所指的意外性不是天灾人祸，而是指超出现有安全、卫生标准的要求和规定的事故隐患。这些隐患潜伏于人—机系统中，有些隐患超出人们的认识范围，或在短期内很难为人们所辨识，因而容易导致一些意想不到的事故发生。

2.2 事故的机理和特征

2.2.1 事故的机理

事故致因理论是对事故原因的说明，也是对事故机理的阐述。由于人们对事故本质认识的深入程度和观察问题的角度不同，形成了事故致因理论的不同观点和学说。目前，人们倾向于认为事故是多种原因造成的，单一的事故可能有很多的原因，多种原因组合造成了事故发生。

2.2.2 事故的特征

事故表面现象是千变万化的，并且渗透到了人们的生活和每一个生产领域，几乎可以说事故是无所不在的，同时事故结果又各不相同，所以说事故也是复杂的。但事故是客观存在的，客观存在的事物发展过程本身就存在着一定的规律性，这是客观事物本身所固有的本质的联系；同样，客观存在的事故必然有着其本身固有的发展规律，这是不以人的意志为转移的。研究事故不能只从事故的表面出发，必须对事故进行深入调查和分析，由事故特性入手寻找根本原因和发展规律。大量的事故统计结果表明，事故具有以下 3 个特性：

(1) 因果性

事故因果性是说一切事故的发生都是由一定原因引起的，这些原因就是潜在的危险因素，事故本身只是所有潜在危险因素或显性危险因素共同作用的结果。在生产过程中存在着许多危险因素，不但有人的因素（包括人的不安全行为和管理缺陷），而且也有物的因素（包括物的本身存在着不安全因素以及环境存在着不安全条件等）。所有这些在生产过程中通常被称为隐患，它们在一定的时间和地点相互作用就可能导致事故的发生。事故的因果性也是事故必然性的反映，若生产过程中存在隐患，则迟早会导致事故的发生。

因果关系具有继承性，即第一阶段的结果可能是第二阶段的原因，第二阶段的原因又会引起第二阶段的结果，它们的关系如图 2-1 所示。

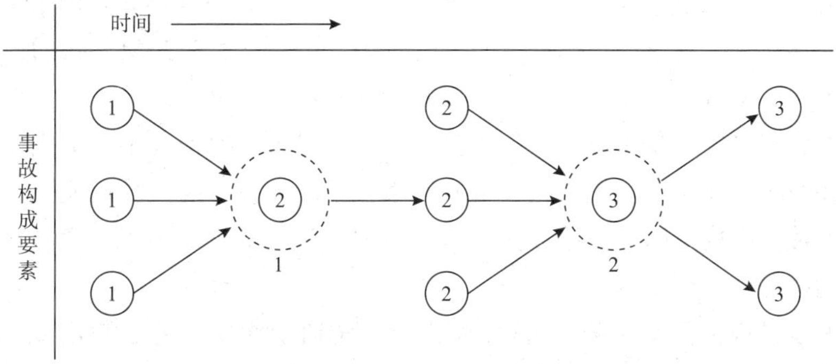

图 2-1 因果关系示意图

因果继承性也说明了事故的原因是多层次的。有的和事故有着直接联系，有的则是间接联系，决不是某一个原因就能造成事故，而是诸多不利因素相互作用共同促成。因此，不能把事故简单地归结为一点，在识别危险过程中是要把所有的因素都找出来，包括直接的、间接的，甚至更深层次的。只要把危险因素都识别出来，事先对其加以控制和消除，事故本身才可以预防。

（2）偶然性与必然性

偶然性是指事物发展过程中呈现出来的某种摇摆、偏离，是可以出现或不出现，可以这样出现或那样出现的不确定的趋势。必然性是客观事物联系和发展的合乎规律的、确定不移的趋势，是在一定条件下的不可避免性。事故的发生是随机的。同样的前因事件随时间的进程导致的后果不一定完全相同。但偶然中有必然，必然性存在于偶然性之中。随机事件服从于统计规律，可用数理统计方法对事故进行统计分析，从中找出事故发生、发展的规律，从而为预防事故提供依据。

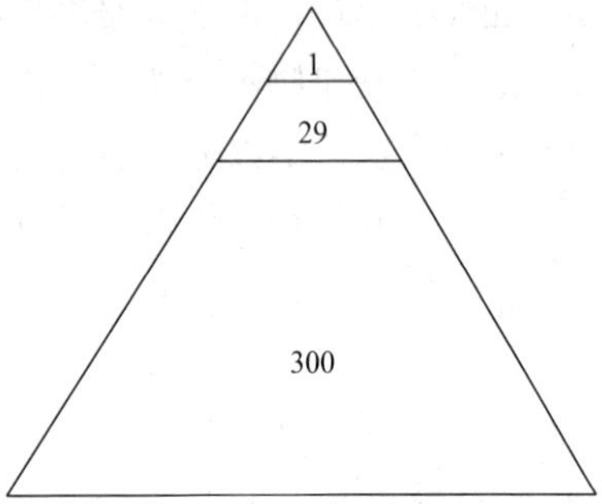

图2-2　海因里希事故法则

美国安全工程师海因里希曾统计了55万件机械事故，其中死亡、重伤事故1666件，轻伤48334件，其余则为无伤害事故。进而得出一个重要结论，即在机械事故中，重伤或死亡、轻伤和无伤害事故的比例为1∶29∶300，其比例关系见图2-2。

国际上把这一法则叫事故法则。对于不同行业，不同类型事故，无伤害事故、轻伤、重伤或死亡的比例不一定完全相同，但是统计规律告诉人们，在进行同一项活动中，无数次意外事件必然导致重大伤亡事故的发生，而要防止重大伤亡事故必须减少或消除无伤害事故。所以要重视事故隐患和未遂事故，把事故消灭在萌芽状态，否则终究会酿出大祸。

用数理统计的方法还可得到事故其他的一些规律性的东西，如事故多发时间、地点、工种、工龄、年龄等。这些规律对预防事故都起着十分重要的作用。

（3）潜伏性

事故的潜伏性是说事故在尚未发生或还未造成后果之时，是不会显现出来的，好像一切还处在“正常”和“平静”状态。但在生产中的危险因素是客观存在的，只要这些危险因素未被消除，事故总会发生的，只是时间的早晚而已。事故的这一特征要求人们消除盲目性和麻痹思想，要常备不懈，居安思危，在任何时候任何情况下都要把安全放在第一位来考虑。要在事故发生之前充分辨识危险因素，预测事故可能发生的模式，事先采取措施进行控制，最大限度地防止危险因素转化为事故；定制事故防治和应急救援方案，使事故发生产生的损失降低到最低。

事故的发展过程往往是由危险因素的积聚逐渐转变为事故隐患，再由事故隐患发展为事故。事故是危险因素积聚发展的必然结果。

2.2.3 事故发生频率与后果严重度

事故发生频率是单位时间内发生的事故的次数，即：

事故发生频率 = 事故发生次数/活动进行时间

事故后果严重度是事故发生后其后果带来的损失大小的度量。事故后果带来的损失包括人员生命健康方面的损失、财产损失、生产损失或环境方面的损失等可见损失，以及受伤害者本人、亲友、同事等遭受的心理冲击，事故造成的不良社会影响等无形损失。

2.3 事故的预防理论

2.3.1 事故预防基本原则

(1) 事故是可以预防的原则

事故有自然事故和人为事故之分。前者是由自然灾害造成，如地震、洪水、山崩、滑坡、龙卷风等。这类事故在目前条件下还不能做到完全防止，只能通过研究预测、预报技术，尽量减轻灾害所造成的破坏和损失。后者是由人为因素造成的事故，是可以预防并且避免的。因为，按照海因里希的事故致因理论，只要消除了人的不安全行为和物的不安全状态，就可以切断事故链锁，防止事故发生。

从“事故可以预防”这一原则出发，一方面要考虑事故发生后减少或控制事故损失的应急措施；另一方面更要考虑消除事故发生的根本措施。前者称为损失预防措施，属于消极的对策；后者称为事故预防措施，属于积极的预防对策。

(2) 防范于未然的原则

事故与损失是偶然性的关系。任何一次事故的发生都是其内在因素作用的结果，但事故何时发生以及发生以后是否造成损失、损失的种类、损失的程度等都是由偶然因素决定的。

由于事故与后果存在着偶然性关系，唯一的、积极的办法是防患于未然。因为只有完全防止事故出现，才能避免由事故所引起的各种程度的损失。从预防事故的角度考虑，绝对不能以事故是否造成伤害或损失作为是否应当预防的依据。对于未发生伤害或损失的险肇事故，如果不采取及时、有效的防范措施，则以后也必然会发生具有伤害或损失的偶然性事故。因此，人们对于已发生伤害或损失的事故及未发生伤害或损失的险肇事故，均应全面判断隐患，分析原因。只有这样，才能准确地掌握发生事故的倾向及频率，提出比较切合实际的预防对策。

(3)“事故的可能原因必须予以根除”的原则

事故与原因之间存在着必然性的因果关系。按照海因里希的事故致因理论，事故发生的经过为：基础原因→间接原因→直接原因→事故→损失。为了使预防事故的措施有效，首先应当对事故进行全面的调查和分析，准确地找出直接原因、间接原因以及基础原因。然后，针对各种原因采取相应的预防措施，而不是仅仅消除直接原因。因为只要间接原因还存在，就会重新导致直接原因的出现。所以，有效的事故预防措施来源于深入的原因分析，对于事故的可能原因必须予以根除。

2.3.2 事故预防理论

（1）海因里希工业安全理论

海因里希在20世纪二三十年代总结了当时工业安全的实际经验，在《工业事故预防——一种科学方法》一书中提出了“工业安全公理（Axioms of Industrial Safety）”，该公理包括10项内容：

①工业生产过程中人员伤亡的发生，往往是处于一系列因果连锁的末端的事故结果；而事故常常起因于人的不安全行为和（或）机械、物质（统称为物）的不安全状态。

②人的不安全行为是大多数工业事故的原因。

③由于不安全行为而受到了伤害的人，几乎重复了300次以上没有造成伤害的同样事故。即人在受到伤害之前，已经经历了数百次来自物方面的危险。

④在工业事故中，人员受到伤害的严重程度具有随机性。大多数情况下，人员在事故发生时可以免遭伤害。

⑤人员产生不安全行为的主要原因：不正确的态度；缺乏知识或操作不熟练；身体状况不佳；物的不安全状态或不良的环境。这些原因是采取措施预防不安全行为的依据。

⑥防止工业事故的4种有效的方法：工业技术方面的改进；对人员进行说服、教育；人员调整；惩戒。

⑦防止事故的方法与企业生产管理、成本管理及质量管理的方法类似。

⑧企业领导者有进行事故预防工作的能力，并且能把握进行事故预防工作的时机，因而应该承担预防事故工作的责任。

⑨专业安全人员及车间干部、班组长是预防事故的关键，他们工作的好坏对能否做好事故预防工作有重要影响。

⑩除了人道主义动机之外，下面两种强有力的经济因素也是促进企业事故预防工作的动力：安全的企业生产效率高，不安全的企业生产效率低；事故后用于赔偿及医疗费用的直接经济损失，只不过占事故总经济损失的1/5。

（2）事故预防工作五阶段模型

海因里希定义事故预防是为了控制人的不安全行为、物的不安全状态而开展的以某些知识、态度和能力为基础的综合性工作，一系列相互协调的活动。很早以来，人们就通过图2-3所示的一系列努力来防止工业事故的发生。事故预防工作包括以下5个阶段的努力：

①建立健全事故预防工作组织，形成由企业领导牵头的，包括安全管理人员和安全技术人员在内的事故预防工作体系，并切实发挥其效能。

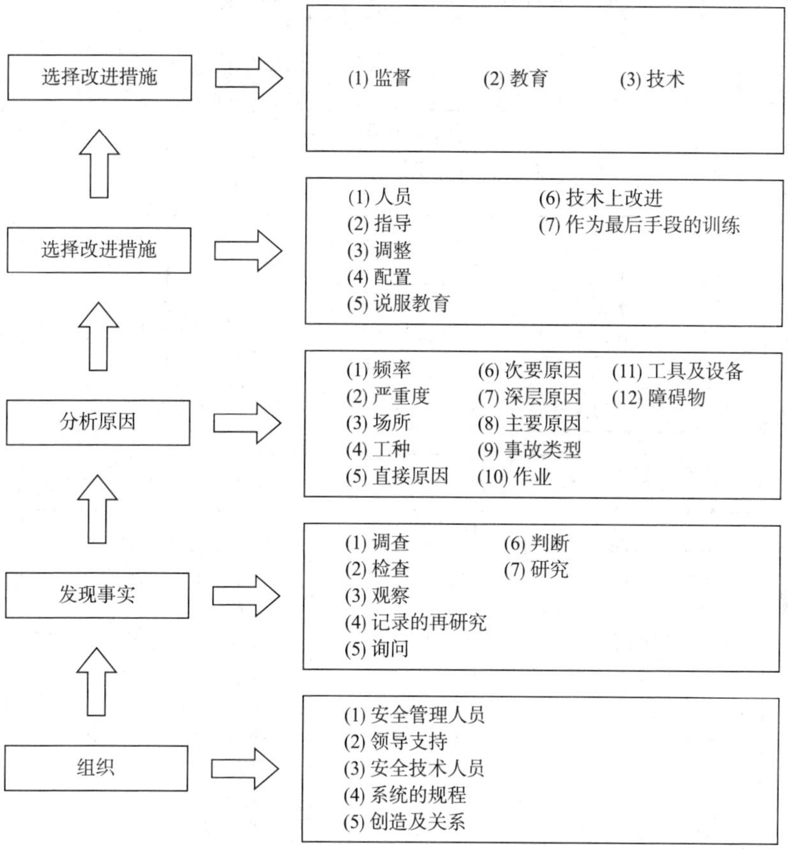

图 2-3　事故预防五阶段模型

②通过实地调查、检查、观察及对有关人员的询问，加以认真的判断、研究，以及对事故原始记录的反复研究，收集第一手资料，找出事故预防工作中存在的问题。

③分析事故及不安全问题产生的原因。它包括弄清伤亡事故发生的频率、严重程度、场所、工种、生产工序、有关的工具、设备及事故类型等，找出其直接原因和间接原因、主要原因和次要原因等。

④针对分析事故和不安全问题得到的原因，选择恰当的改进措施。改进措施包括工程技术方面的改进、对人员说服教育、人员调整、制定及执行规章制度等。

⑤实施改进措施。通过工程技术措施实现机械设备、生产作业条件的安全，消除物的不安全状态；通过人员调整、教育、训练，消除人的不安全行为。在实施过程中要进行监督。

以上对事故预防工作的认识被称作事故预防工作五阶段模型。该模型包括了企业事故预防工作的基本内容。但是，它以实施改进措施作为事故预防的最后阶段，不符合“认识—实践—再认识—再实践”的认识规律以及事故预防工作永无止境的客观规律。因此，对事故预防五阶段模型进行改进，得到图 2-4 所示的模型。

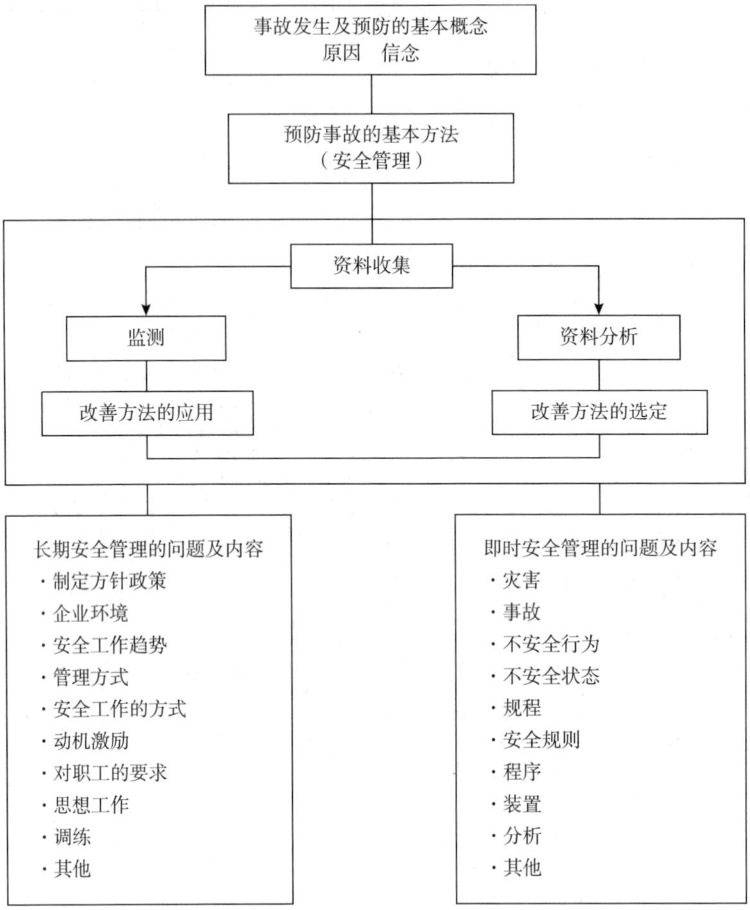

图2-4　改进的事故预防模型

2.3.3　事故预防的对策

海因里希提出了防止工业事故的3种有效的方法，后来被归纳为3E对策，即：

①工程技术（Engineering）　运用工程技术手段消除不安全因素，实现生产工艺、机械设备等生产条件的安全；

②安全教育（Education）　利用各种形式的教育和训练，使职工树立“安全第一”的思想，掌握安全生产所必需的知识和技能；

③安全管理（Enforcement）　借助于规章制度、法规等行政和法律手段来约束人们的行为。

安全技术对策着重解决物的不安全状态方面的问题，安全教育对策主要着眼于人的不安全行为，通过安全教育使人知道应该怎么做，而安全管理则是依靠法律法规、制度、标准等要求人必须怎么做。安全技术和安全管理水平是实现系统本质安全化的条件，但因为生产过程、生产技术是在不断变化和发展的，所以要保证系统的安全，安全教育是不可忽视的环节。

(1) 工程技术对策

工程技术对策是保证安全的重要对策，它以设备和工艺过程的本质安全化为目标，通过应用新的技术工艺和设备，推行先进的安全设施和装置，强化安全检验、检测、警报、监控、应急救援系统等工程技术手段，来提高系统的安全可靠性。由于生产现状、技术水平及资金的影响，使工程技术措施的应用和水平受到限制，在采用具体的技术措施时依据的技术原则主要有以下几方面：

①本质安全的设计原则

本质安全设计是从项目规划、工艺开发、过程控制等源头消除或降低危险、危害因素，从而实现安全生产的目的，因此，必须遵守以下设计原则：

a. 预防为主的原则。本质安全设计以危险源辨识为基础，风险预控为核心，以管理人的不安全行为为重点，以切断事故发生的因果链为手段，旨在从过程设计、工艺开发等源头消除或降低危险源。

b. 设备优先的原则。海因里希在其著作《工业事故预防——一种科学方法》中指出，88% 的事故是由于人的不安全行为造成的；特里 · E. 麦克斯温在其著作《安全管理：流程与实施》中指出，96% 的事故是由于人的不安全行为造成。因此，要保障安全生产，工艺技术、工具设备、控制系统和建筑设施等应具有预防人为失误和设备故障引发事故的功能，最低限度也要做到即使发生事故，人员不应受伤或能安全撤离，降低事故严重程度。这就是本质安全设计的设备优先原则。

c. 故障安全原则。故障安全包括失误安全和故障安全。失误安全系指误操作不会导致装置事故发生或自动阻止误操作的能力；故障安全即为设备、设施、工艺发生故障时装置还能暂时正常工作或自动转变为安全状态的功能。冗余、容错是实现故障安全的本质安全设计方法。

d. 本质较安全的原则。本质安全设计应遵循本质较安全原则，主要包括：强化、替代、改变工艺路线、减缓、能量限制、简单化、避免连锁效应、避免组装错误、状态清晰和容错性等原则。

②合理选择外加防护措施的原则

鉴于任何物质或工艺过程从本质上来讲都存在一定的危险有害因素，想要完全消除一切危险和有害因素是不切实际的。为此，在本质安全设计的基础上，还要外加一些安全防护措施，这些防护措施的选择应遵循如下一些原则。

a. 隔离原则。对于无法消除的危险有害因素，应采取隔离措施，把人员与这些危险有害因素隔开，如设置护栏、屏障、屏蔽、安全罩等。

b. 联锁原则。通过设置联锁装置，使某些元件相互制约，当出现危险时机器设备可立即停止运行或不能启动。如起重机的行程开关、防风装置、超载限制器。

c. 薄弱原则。在系统中设置薄弱环节，当出现危险时，薄弱环节首先被破坏，从而保证系统整体安全，如保险丝、安全销、安全联轴器。

d. 时间、距离原则。在有毒有害环境下作业时，缩短人与有毒有害物的接触时间或增加两者间的距离，以减轻或消除有毒有害物质对人的危害。

（2）安全教育对策

安全教育是企业为提高职工安全技术水平和防范事故能力而进行的教育培训工作，是企业安全管理的重要内容。安全教育承担着传递安全生产经验的任务，内容主要包括安全知识教育、安全技术教育和安全思想教育。安全知识教育的内容主要是企业的有关安全规程、规定、安全常识以及事故案例等。安全技术教育是一种对作业者个人进行的技能教育和训练。其主要内容是操作技术和安全操作规程。在教育中要说明应该怎么做，为什么这么做，如果不这么做将会导致怎样的后果。安全思想教育包括安全生产意义、安全意识和劳动纪律教育。

（3）安全管理对策

“3E”对策中的“Enforcement”的原意是“强制”的意思，是指利用法律法规、标准条例等约束人的行为，指导企业安全管理工作。安全法制对策就是利用法律的强制性，通过建立、健全劳动安全健康法律、法规，约束人们的行为，通过劳动安全卫生监督、监察，保证法律、法规的有效实施，从而达到预防事故发生的目的。

2.4 事故隐患治理理论

近年来，我国每年发生的重特大事故不仅造成了巨大的生命财产损失而且产生了严重的社会影响，因此加强重大事故隐患治理，预防和控制重大、特大事故的发生，是安全生产工作当务之急。特别是企业安全生产已引起广泛关注，《国务院关于进一步加强企业安全生产工作的通知》（国发〔2010〕23号）中第4条明确规定“企业要经常开展安全隐患排查，建立以安全生产专业人员为主导的隐患整改效果评价制度，确保整改到位”。生产企业遏制事故发生的前提是治理隐患，隐患治理的途径主要包括行政力量手段和技术手段。

2.4.1 事故隐患辨识

事故隐患识别方法可以粗略地分为经验对照分析和系统安全分析两大类。

（1）经验对照分析

在生产、生活中人们对诱发能量物质或载体意外释放能量的因素有了不断认识和大量的经验积累，因而人们可以依据这些经验去识别事故隐患。为了控制事故发生，人们往往提出控制事故隐患的法规和标准要求，这也为识别事故隐患提供了比照依据。与法规、标准和经验相对照来识别危险因素的方法称为对照法。对照法是一种基于经验的方法，适用于有以往经验可供借鉴的情况。早期人们在事故预防方面，基本上是“从事故学习事故”，即分析、研究以往事故发生的原因和总结控制事故的经验，相应地，人们运用这种经验来识别事故隐患。

运用对照法识别事故隐患，常以如下形式体现：询问、交谈；头脑风暴；现场观察；

测试分析；查阅有关记录；获取外部信息；工作任务分析；安全检查表。

(2) 系统安全分析

系统安全分析是通过分析系统中可能导致事故的各种因素及相互关联的过程实现系统的危险因素识别。

2.4.2 事故隐患治理体系

(1) 建立隐患治理体系的意义

事故隐患治理工作是一项技术性强、长期又复杂的工作，其主要措施和程序应该遵循客观规律，综合运用行政和技术措施，采取多种方式推动开展隐患排查治理，提高安全生产水平。目前部分企业在隐患治理工作上没有一套完整的体系，而部分安全生产监管部门对于企业上报的隐患又难以分级，从而导致企业责任不清，监管不明，因此建立事故隐患治理体系（以下简称体系），明确企业开展事故隐患排查、治理的步骤和程序，建立安全生产事故隐患治理长效机制，强化安全生产主体责任，加强事故隐患监督管理，不仅有利于安全生产监督管理部门的分级管理，而且可以防止和减少事故，从而保障人民群众生命财产安全。

(2) 隐患治理体系的组成部分

企业安全生产事故隐患治理体系主要包括5个要素：隐患排查、隐患评估、隐患分级、隐患治理、治理效果评价。其中，安全生产事故隐患控制预案是体系的保障要素，各要素的相互关系详见企业安全生产事故隐患治理体系流程，如图2-5所示。

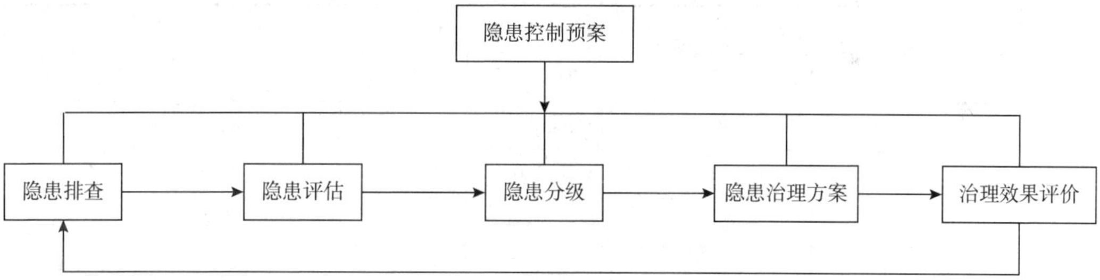

图2-5 企业安全生产事故隐患治理体系流程图

①隐患排查

隐患评估之前首先是进行隐患的排查。首先是编制事故隐患排查表；然后对生产经营单位安全管理人员进行隐患排查的专项培训，详细深入地讲解基础知识、具体方法、典型案例等，使企业人员提高认识，提升具备落实隐患排查工作的组织和实施的能力水平。通常隐患排查的范围应包括所有与生产经营相关的场所、环境、人员、设备设施和活动，因此企业应根据安全生产的需要和特点，采用综合检查、专业检查、季节性检查、节假日检查、日常检查等手段进行隐患排查。对于危害和整改难度较大的隐患，应当全部或者局部停产停业，并经过一定时间整改治理方能排除的隐患，或者因外部因素影响致使生产经营单位自身难以排除的隐患应报送政府或安监部门。

②隐患评估

在隐患排查的基础上，应该对隐患的程度进行评估，隐患的评估主要包括以下方面：a. 隐患的现状描述：包括隐患存在地点，隐患的历史成因，周边情况，目前的控制措施及控制效果，隐患发展的趋势，设备、设施的硬件检测情况等；b. 评估隐患的危害：包括隐患发生事故的可能性大小、发生事故后的人员伤亡、财产损失、社会影响，运用道化法（DOW）、事故后果模拟（火灾、中毒、爆炸等）等定量的方法评估事故发生的可能性大小和发生事故后的人员、财产损失等事故后果，这些方法可以定量预测事故波及的半径大小、事故的灾难程度等；c. 形成隐患评估的文字报告。

③隐患分级

根据企业安全生产隐患评估结果，采用专家小组打分制，最终确定隐患级别。根据原国家安监总局《安全生产事故隐患排查治理暂行规定》（安全监管总局令第16号），隐患分为一般事故隐患和重大事故隐患。依据《生产安全事故报告和调查处理条例》，可将重大隐患分为四级：一级为国家级（实际上也是省级督办），二级为省级，三级为市级，四级为县级。只有分级明确，才能权责分明，从而落实各级事故隐患的督办。目前针对分级标准，存在很多方法，建议使用“打分制”，具体做法如下：a. 隐患导致事故发生的可能性、伤亡人数、财产损失、社会等因素按其重要性赋予不同的权重，并依据权重给予打分；b. 将事故各要素的分值累计求和（表2-1）；c. 依据总分大小及其范围设置相应的隐患级别（表2-2）。

表2-1　企业安全生产事故隐患要素分值表

分值	要素					
	发生事故的可能性	人员死亡/人	财产损失/万元	社会影响	整改经费/万元	整改时间/月
7	非常可能	>30	>10000	巨大	>5000	>12
5	可能	11~30	5001~10000	大	1001~5000	7~12
3	一般可能	3~10	1000~5000	中	100~1000	3~6
1	很小可能	<3	<1000	小	<100	<3

表2-2　企业安全生产事故隐患要素分级表

隐患级别	一级重大隐患	二级重大隐患	三级重大隐患	四级重大隐患
对应分值/分	34~42	26~33	16~25	6~15

表2-1中每个要素的分值范围为1~7，均采用累加制，故最高分值不超过42分，最低分值不低于6分。

④隐患治理方案

企业应根据隐患排查、评估的结果，制定隐患治理方案，通过实施相应方案，才能及时治理隐患。隐患治理方案的内容包括：目标和任务、方法和措施、经费和物资、机构和人员、时限和要求。其中隐患治理措施由工程技术措施、管理措施、教育措施、防护措施和应急措施等组成。

⑤隐患治理效果评价

隐患治理完成后，应对治理情况进行验证和效果评价，运用隐患评估中采用的道化、事故后果模拟（火灾、中毒、爆炸等）等定量的方法对整改后的隐患进行事故后果评估，据此判断事故隐患发生的概率是否降低，以及事故后果是否在可接受范围之内。

⑥隐患控制预案

应急救援预案或计划是重大事故预防措施的重要组成部分之一，重大事故隐患在治理前应制定应急预案。企业负责制定现场应急救援预案，定期检验和评估现场应急救援预案和程序控制的有效程度，在必要时宜进行修订。政府主管部门根据企业提供的安全评价报告和有关材料制定场外应急救援预案，鉴于应急救援预案的目的是抑制突发事件，减少事故对工人、居民和环境的影响，所以要求应急救援预案提出详尽、实用和有效的技术与组织措施。政府主管部门应宣传事故发生时宜采取的安全措施并把正确做法的有关材料送至可能受事故影响的公众，并确保公众尽量获悉发生重大事故时应采取的安全措施。

思考题

1. 简述事故隐患的特点。
2. 论述事故的机理以及特征。
3. 简述事故预防的基本原则。
4. 简述事故隐患识别的方法。

第3章 安全科学基本理论

3.1 事故致因理论

为了有效地预防事故，必须弄清楚伤亡事故发生机理，查明事故原因，也就是事故致因因素，通过消除、控制事故致因因素，防止事故发生。导致伤亡事故原因的理论研究已经有一百多年历史。

在科学技术落后的古代，由于人们对自然界缺乏认识，往往把事故和灾害的发生看作人类无法违抗的“天意”或“命中注定”，而祈求神灵保佑。天意论是对事故原因的不可知论。随着社会的发展、科学技术的进步，特别是工业革命以后，工业事故频繁发生，人们在与各种工业事故斗争的实践中不断总结经验，探索事故发生的规律，事故致因理论应运而生。

事故致因理论的研究主要集中在人、物、环境、管理等方面。随着生产力的发展，生产方式的改变，以及人们对事故本质认识的不断深入，形成了事故致因理论的不同观点和学说。归纳起来，事故致因理论的发展主要经历了四个历史时期，如图3-1所示。

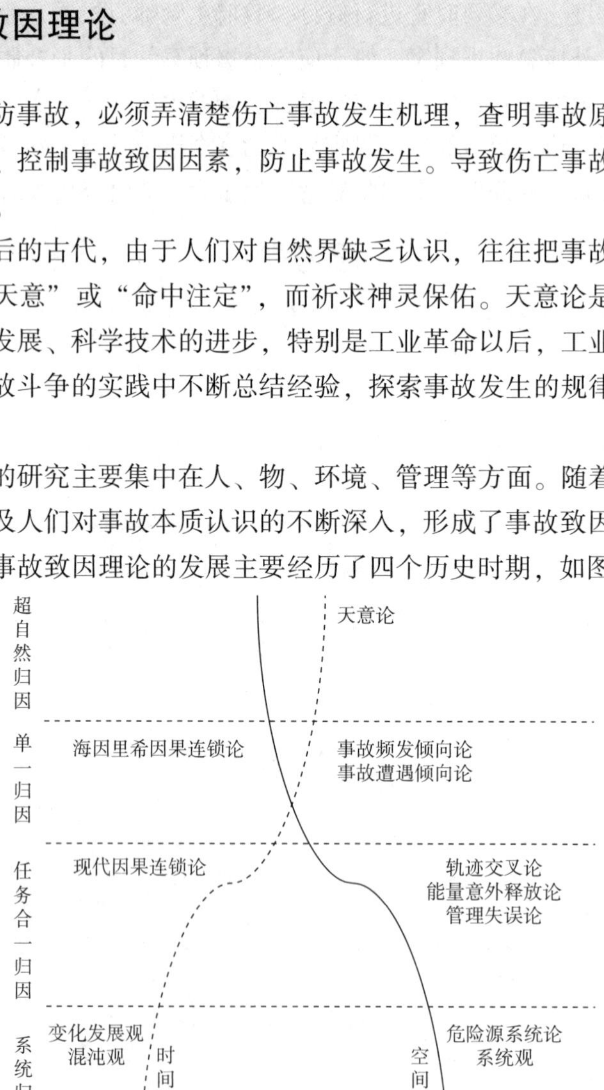

图3-1 事故致因理论的发展和体系结构

3.1.1　事故因果论

（1）事故因果继承性原则

如图3-2所示，造成事故的直接原因叫一次原因，是在时间上最接近事故发生的原因；造成事故直接原因的原因叫二次原因（间接原因）；造成间接原因的更深层原因叫基础原因。直接原因是在时间上最接近事故发生的原因，又称为一次原因，它可分为：

①物的原因，指设备、物料、环境的不安全状态。

②人的原因，指人的不安全行为。

间接原因指引起事故原因的原因，主要有以下6种：

①技术的原因，指主要装置（设备）的设计、安装、保养等技术方面不完善，工艺过程和防护设备存在技术缺陷。

②教育的原因，指对职工的安全知识教育不足、培训不够。职工的安全知识和经验不足，对作业过程中的危险性及其安全运行方法不理解、训练不足、坏习惯及没有经验等。

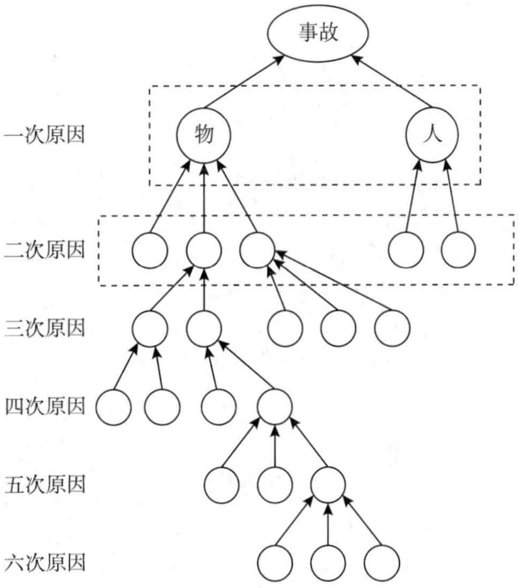

图3-2　因果继承性示意图

③身体的原因，指操作者身体有缺陷，如视力和听力有障碍，由于睡眠不足而疲劳等。

④精神的原因，指焦燥、紧张、恐怖、心不在焉等精神状况，以及心理障碍或者智力缺陷。

⑤管理的原因，指企业主要领导人对安全的责任心不强，缺乏检查制度，劳动组织不合理以及决策失误等。

⑥社会及历史的原因，指体制、政策、条块关系，机构、体制和产业发展历史等。

在上述6项间接原因中，技术、教育和管理是极其重要的间接原因。在①～⑥项间接原因中，①～④为二次原因，⑤～⑥为基础原因；在二次原因中，①是物的原因，②～④是人的原因；⑤和⑥是最为基础的原因。在进行事故调查时，从事故开始，由一次原因、二次原因顺序查找。

（2）事故因果类型

事故的发生，系一连串事件在一定时序下相继产生的结果。发生事故的原因与结果之间，关系错综复杂，因与果的关系类型分为集中型、连锁型、复合型。单纯的集中型或连锁型均较少，事故的因果关系多为复合型。

几个原因各自独立共同导致某一事故发生，即多种原因在同一时序共同造成一个事故后果的，叫集中型，如图 3-3（a）所示。

某一原因要素促成下一要素发生，下一原因要素再造成更下一要素发生，因果相继连锁发生的事，叫连锁型，如图 3-3（b）所示。

某些因果连锁，又有一系列原因集中、复合组成伤亡事故后果，叫复合型，如图 3-3（c）所示。

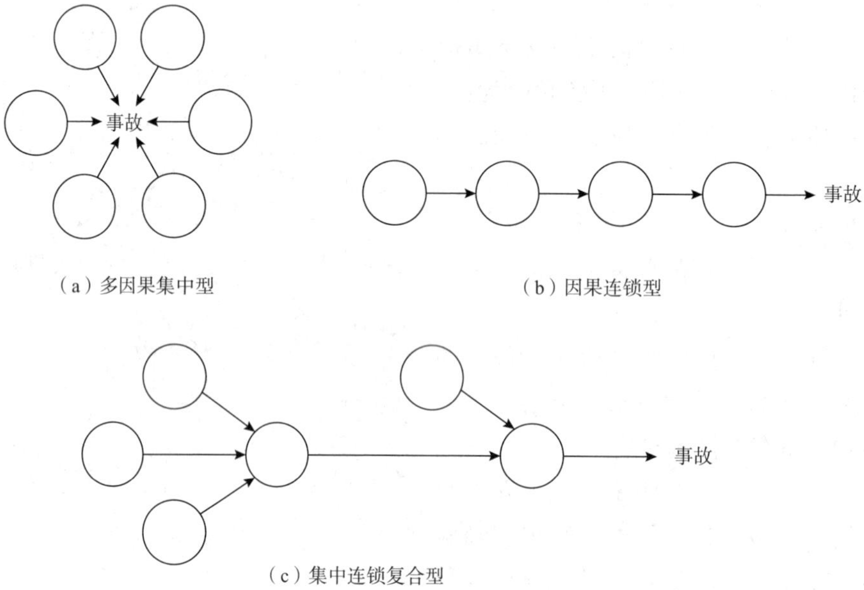

图 3-3 事故因果类型

（3）事故因果连锁论

1931 年，海因里希首次提出因果连锁理论，用以阐述导致伤亡事故各种原因因素间及各因素与伤害间的关系。海因里希认为伤亡事故的发生并不是一个孤立的事件，尽管伤害可能在某瞬间突然发生，它是一系列相互作用的原因事件相继发生的结果。

在事故因果连锁论中，以事故为中心，事故的结果是伤害。

海因里希把工业伤害事故的发生和发展过程描述为具有一定因果关系的事件的连锁，即：

①人员伤亡的发生是事故的结果；

②事故发生的原因是人的不安全行为或物的不安全状态；

③人的不安全行为或物的不安全状态是由于人的缺点造成的；

④人的缺点是由不良环境诱发，或者是由先天的遗传因素造成的。

海因里希将事故因果连锁过程概括为以下 5 个因素：

①遗传及社会环境。遗传及社会环境因素是造成人的性格上缺点的原因。遗传因素可能形成鲁莽、固执等不良性格；社会环境因素可能妨碍教育、助长性格的先天缺点发展。

②人的缺点。人的缺点是使人产生不安全行为或造成物的不安全状态的原因，它包括鲁莽、固执、过激、神经质、轻率等性格上的先天缺点，以及缺乏安全生产知识和技能等

后天的缺点。

③人的不安全行为或物的不安全状态。所谓人的不安全行为或物的不安全状态是指那些曾经引起过事故，可能再次引起事故的人的行为或机械、物质的状态，它们是造成事故的直接原因。例如，在起重机的吊物下停留、不发信号就启动机器、工作时间打闹、拆除安全防护装置等都属于人的不安全行为；没有防护的传动齿轮、裸露的带电体、照明不良等属于物的不安全状态。

④事故。事故是由于物体、物质、人或环境的作用或反作用，使人员受到伤害或可能受到伤害，出乎意料的、失去控制的事件。

⑤伤害。由于事故直接产生的人身伤害。

海因里希用多米诺骨牌来形象地描述这种事故因果连锁关系，如图3-4所示。在多米诺骨牌系列中，一颗骨牌被碰倒了，则将发生连锁反应，其余的几颗骨牌相继被碰倒。如果移去中间的一颗骨牌，则连锁被破坏，事故过程被中止。海因里希认为，企业安全工作的中心是防止人的不安全行为，消除机械或物质的不安全状态，中断事故连锁的进程而避免事故的发生。

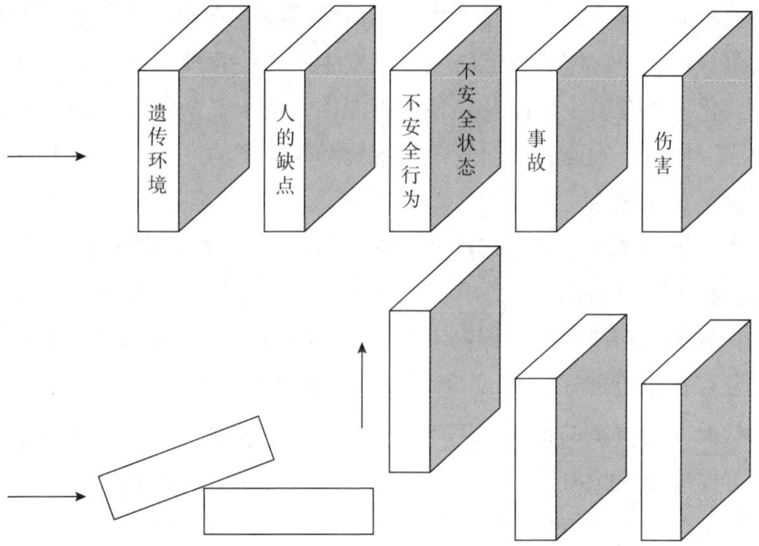

图3-4　海因里希的事故因果连锁模型

3.1.2　管理失误论

(1) 博德的事故因果连锁理论

海因里希最早提出事故因果连锁理论，并用该理论阐明导致伤亡事故的各种因素之间以及这些因素与伤害之间的关系。美国学者小弗兰克·博德在海因里希的基础上提出加强管理观点的事故因果连锁理论，见图3-5。

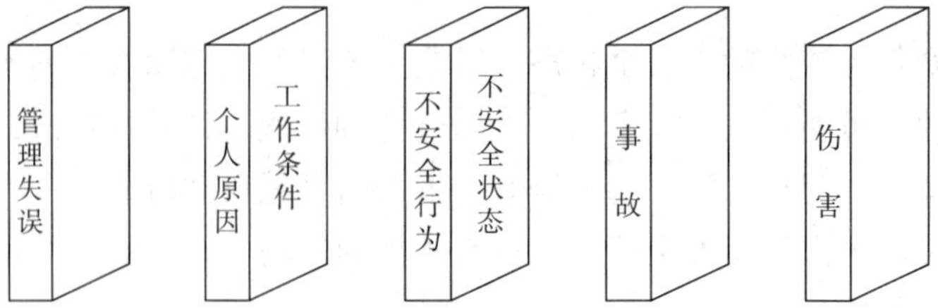

图 3-5　博德的事故因果连锁模型

博德的事故因果连锁过程同样由 5 个因素构成，但每个因素的含义与海因里希事故因果连锁论都有所不同。

①控制不足——管理缺陷

安全管理是企业生产管理的重要组成部分，是一门综合性的系统科学。安全管理是对生产中一切人、物、环境的状态管理与控制，安全管理是一种动态管理。控制是管理机能（计划、组织、指导、协调及控制）中的一种。安全管理中的控制是指损失控制，包括对人的不安全行为及物的不安全状态的控制，它是安全管理工作的核心。

对于大多数企业而言，完全依靠工程技术措施预防事故既不经济也不现实，只能通过加强和完善安全管理工作，才有可能防止事故发生。企业管理者必须认识到，只要生产没有实现本质安全化，就有发生事故及伤害的可能性。由于安全管理上的缺陷，致使能够造成事故的其他原因出现。因此，安全管理系统要随着生产的发展变化而不断调整完善。

②基本原因——起源论

为了从根本上预防事故，必须查明事故的基本原因，并针对查明的基本原因采取对策。基本原因包括个人原因及与工作有关的原因。个人原因包括缺乏安全知识或技能，行为动机不正确，生理或心理有问题等；工作条件原因包括安全操作规程不健全，设备、材料不合适，以及存在温度、压力、湿度、粉尘、静电、有毒有害气体、噪声、通风、照明、工作场地状况（如打滑的地面、障碍物、不可靠支撑物、有危险的物体）等有害作业环境因素。这方面的原因是由于管理缺陷造成的。只有找出并控制这些原因，才能有效地防止后续原因的发生，从而防止事故的发生。所谓起源论就是在于找出问题的基本、背后的原因，而不仅停留在表面的现象上。

③直接原因——征兆

人的不安全行为或物的不安全状态是事故的直接原因。这种原因是安全管理中必须重点加以追究的原因。但是，直接原因只是一种表面现象，是深层次原因（基本原因）的表征。在实际工作中，不能停留在这种表面现象上，而要追究其背后隐藏的管理上的缺陷原因，并采取有效的控制措施，从根本上杜绝事故的发生。

④事故——接触

从实用的角度出发，人们通常把事故定义为最终导致人员肉体损伤和死亡、财产损失的不希望的事件。近些年来，越来越多的安全人士从能量的观点出发，将事故看作人体或物体（建筑、设备和装置等）与超过其承受阈值的能量接触，或人体与妨碍正常生理活动的物质的接触。因此，防止事故就是防止接触。可以通过对装置、材料、工艺等方面加以改进来防止能量的释放，或者操作者提高识别和规避危险的能力，佩戴个人防护用具等来防止接触。

⑤伤害——损失、损坏

博德的模型中的伤害，包括了工伤、职业病以及对人员精神方面、神经方面或全身性的不利影响。人员伤害及财物损坏统称为损失。在许多情况下，可以采取恰当的措施使事故造成的损失最大限度地减少。例如，企业应按照《生产经营单位生产安全事故应急预案编制导则》（GB/T 29639—2020）来编制应急救援预案，并定期进行演练，有效地进行事故应急处置，可以将事故的损失大大减少。

(2) 亚当斯的事故因果连锁理论

亚当斯（Edward Adams）提出了一种与博德事故因果连锁理论类似的因果连锁模型，如表3-1、图3-6所示。

表3-1 亚当斯事故因果连锁理论

管理体制	管理失误		现场失误	事故	伤害或损失
目标	领导者在下述方面决策失误或者没做决策	安技人员在下述方面管理失误或疏忽		伤亡事故	对人
	政策	行为	不安全行为		
	目标	责任			
组织	规范	权限范围		损坏事故	
	责任	规则			
	职级	指导	不安全状态		对物
	考核	主动性			
机能运转	权限授予	积极性		无伤害事故	
		业务活动			

亚当斯把事故的直接原因、人的不安全行为及物的不安全状态称作现场失误。不安全行为和不安全状态是操作者在生产过程中的错误行为及生产条件方面的问题。采取现场失误这一术语，其主要目的在于提醒人们注意不安全行为及不安全状态的性质。

该理论的核心在于对现场失误的背后原因进行了深入的研究。操作者的不安全行为及生产作业中的不安全状态等现场失误是由于企业领导者及安全工作人员的管理失误造成的。管理人员在管理工作中的差错或疏忽、企业领导人决策错误或没有作出决策等失误对企业经营管理及安全工作具有决定性的影响。管理失误反映企业管理系统中的问题，它涉及管理体制，即如何有组织地进行管理工作，确定怎样的管理目标，如何计划、实现确定的目标等方面的问题。管理体制反映作为决策中心的领导人的信念、目标及范围，决定着各级管理人员安排工作的轻重缓急、工作基准及指导方针等重大问题。

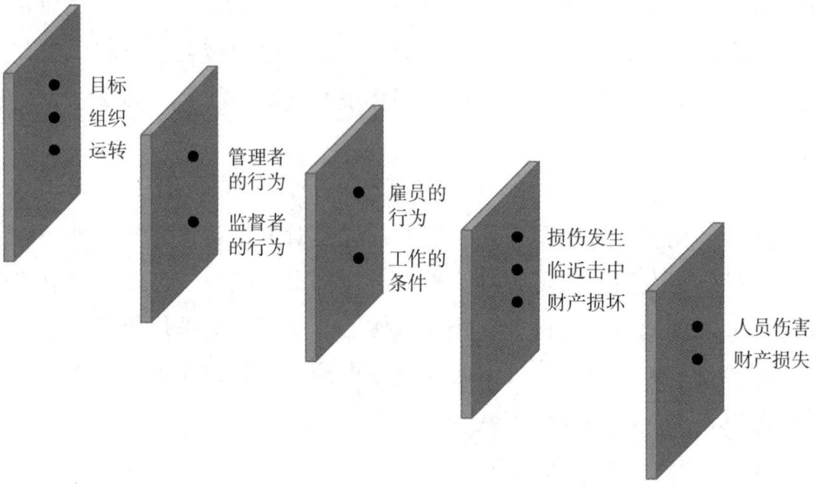

图3-6　经亚当斯修改过的博德的多米诺理论

（3）北川彻三的因果连锁理论

海因里希因果连锁论、博德事故因果连锁理论、亚当斯的事故因果连锁理论把考察的范围局限在企业内部。日本横滨国立大学的北川彻三教授认为，工业伤害事故发生的原因是很复杂的，企业是社会的一部分，一个国家、一个地区的政治、经济、文化、科技发展水平等诸多社会因素，对企业内部伤害事故的发生和预防有着重要的影响。正是基于这种考虑，北川彻三对海因里希的理论进行了一定的修正，提出了另一种事故因果连锁理论。该模型以表格的形式给出，如表3-2所示。

表3-2　北川彻三的因果连锁理论

基本原因	间接原因	直接原因	事故	伤害和损害
学校教育的原因 社会的原因 历史的原因	技术的原因 教育的原因 身体的原因 精神的原因 管理的原因	不安全行为 不安全状态		

事故的基本原因是学校教育、社会和历史的原因。学校教育原因指教育部门对从小学、中学到大学整个成长过程中应贯穿的安全教育重视不够。社会和历史的原因是指政府部门、群众团体整个社会的力量对产业发展和公共安全宣传教育不够，缺乏应有的安全文化氛围的熏陶，人们的安全观念落后、安全法规不全、政府监管不力等。

事故的间接原因包括技术、教育、身体、精神、管理的原因。技术原因指机械设备、计测装置、建筑设施、工具护具等设计不当，维护保养与检修不够，工作场所的环境不适，危险部位防护、警示存在缺陷等。教育原因指对相关人员的安全培训不够，从而造成了他们缺乏与自己的岗位、职责相适应的必要安全意识、安全知识、安全技能、安全经验、安全作风、应变能力等安全素质。身体原因指作业者身体缺陷，身体不适和疲劳等。

精神原因指人员的不良态度、不良性格、不稳定情绪。管理原因指包括企业最高领导人的安全责任心不强，规章制度不明确、不健全，维护保养、监督检查不力，人事与劳动纪律组织管理缺陷等。在北川彻三的因果连锁理论中，基本原因中的各个因素，已经超出了企业安全工作的范围。但是，充分认识这些基本原因，对综合利用可能的科学技术、管理手段来改善间接原因，达到预防伤害事故发生的目的是十分重要的。

（4）以管理失误为主因的事故模型

以管理失误为主因的事故模型，侧重研究管理上的责任，强调管理失误是构成事故的主要原因。事故之所以发生，是因为客观上存在着生产过程中的不安全因素。此外，还有众多的社会因素和环境条件。

事故的直接原因是人的不安全行为和物的不安全状态。但是，造成“人失误”和“物故障”的这一直接原因的原因却常常是管理上的缺陷。后者虽是间接原因，但它却是背景因素，而又常是发生事故的本质原因。

人的不安全行为可以促成物的不安全状态；而物的不安全状态又会在客观上造成人有不安全行为的环境条件，如图 3-7 中虚线所示。“隐患”来自物的不安全状态即危险源，而且和管理上的缺陷或管理人员失误共同耦合才能形成；如果管理得当、及时控制，变不安全状态为安全状态，则不会形成隐患。客观上一旦出现隐患，主观上人又有不安全行为，就会立即显现为事故。

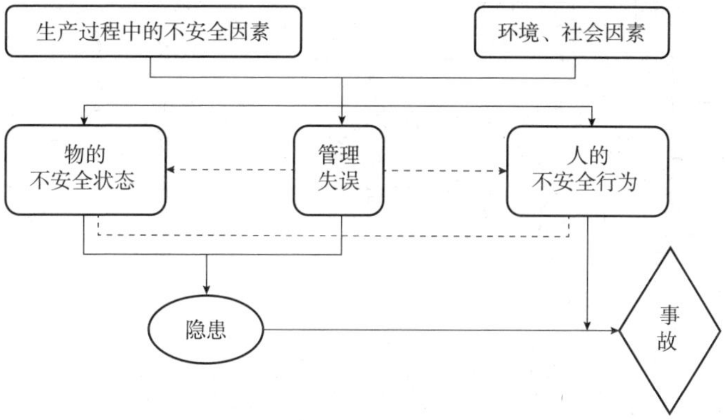

图 3-7　管理失误为主的事故模型

3.1.3　扰动起源论

1972 年，班纳（Benner）提出了解释事故致因的综合概念和术语，同时把分支事件链和事故过程链结合起来，并用逻辑图加以显示。他指出，从调查事故起因的目的出发，把一个事件看成某种发生过的事物，是一次瞬时的重大情况变化，是导致下一事件发生的偶然事件。一个事件的发生势必由有关人或物所造成。将有关人或物统称为“行为者”，其举止活动则称为“行为”。这样，一个事件就可用术语“行为者”和“行为”来描述。“行为者”可以是任何有生命的机体，或者任何非生命的物质。“行为”可以是发生的任何事，如运动、故障、观察或决策。事件必须按单独的行为者和行为来描述，以便把事故过程分解为若干部分加以分析、综合。

1974 年，劳伦斯（Lawrence）利用上述理论提出了扰动起源论。该理论认为“事件”是构成事故的因素。任何事故当它处于萌芽状态时就有某种非正常的“扰动”，此扰动为起源事件。事故形成过程是一组自觉或不自觉的，指向某种预期的或不可测结果的相继出现的事件链。这种事故进程包括外界条件及其变化的影响。相继事件过程是在一种自动调节的动态平衡中进行的。如果行为者行为得当或受力适中，即可维持能流稳定而不偏离，从而达到安全生产；如果行为者行为不当或发生过故障，则对上述平衡产生扰动，就会破坏和结束自动动态平衡而开始事故进程，一事件继发另一事件，最终导致“终了事件”，即事故和伤害。这种事故和伤害或损坏又会依次引起能量释放或其他变化。扰动起源论把事故看成从相继事件过程中的扰动开始，最后以伤害或损坏而告终，这又称为“P 理论”（Perturbation Theory）。依照上述对事故起源、发生发展的解释，可按时间关系描绘出事故现象的一般模型，如图 3-8 所示。

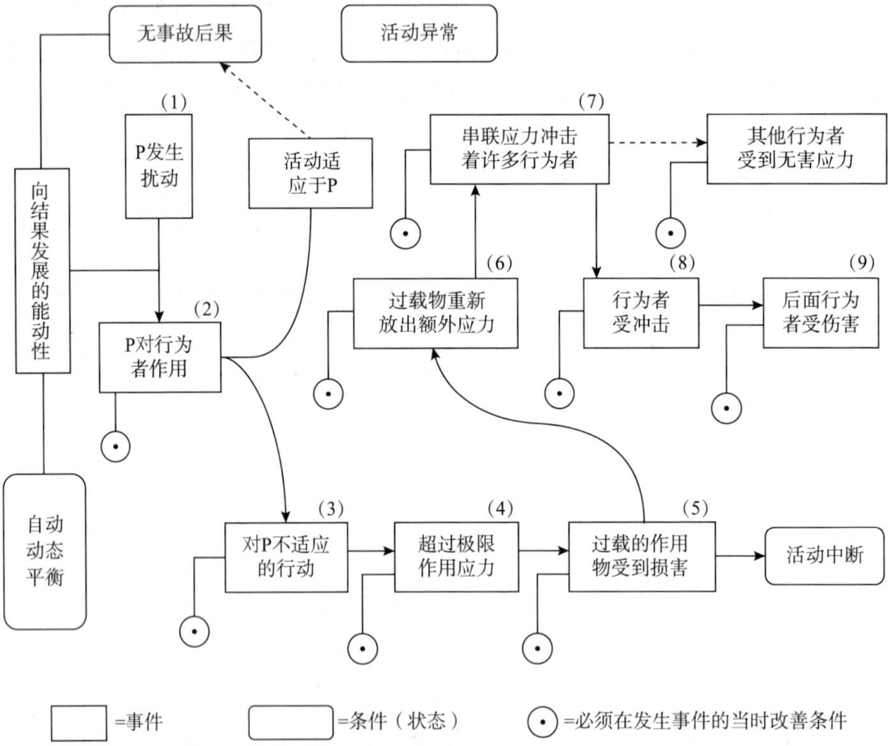

图 3-8　解释事故的“P 理论”模型

图 3-8 中由（1）发生扰动到（9）伤害组成事件链。（1）扰动称为起源事件，（9）伤害称为终了事件。该图外围是自动平衡，无事故后果，只使生产活动异常。该图还表明，如果在发生事件的第一时间改善条件，亦可使事件链中断，制止事故进程发展下去而转化为安全。图中事件用语采用了“应力”这样广义的术语，以适应各种状态。

3.1.4 能量转移论

(1) 能量和事故

1961年，吉布森（Gibson）提出了解释事故发生物理本质的能量意外释放论。他认为，事故是一种不正常的或不希望的能量释放，各种形式的能量是构成伤害的直接原因。因此，应该通过控制能量或控制作为能量达及人体媒介的能量载体来预防伤害事故。

1966年，在吉布森的研究基础上，美国运输部安全局局长哈登（Haddon）完善了能量意外释放理论，提出人受伤害的原因只能是某种能量的转移，并提出了能量逆流于人体造成伤害的分类方法，将伤害分为两类：第一类伤害是由施加了局部或全身性损伤阈值的能量引起的；第二类伤害是由影响了局部或全身性能量交换引起的，主要指中毒、窒息和冻伤。

生产、生活活动中经常遇到各种形式的能量，如机械能、电能、热能、化学能、电离及非电离辐射、声能、生物能等，它们的意外释放都可能造成伤害或损坏。其中前几种形式的能量引起的伤害最为常见：

①机械能。意外释放的机械能是导致事故时人员伤害或财物损坏的主要的能量类型。机械能包括势能和动能。位于高处的人体、物体、岩体或结构的一部分相对于低处的基准面而言，具有较高的势能。当人体具有的势能意外释放时，会发生坠落或跌落事故；当物体具有的势能意外释放时，物体自高处落下可能发生物体打击事故；岩体或结构的一部分具有的势能意外释放时，发生冒顶、片帮、坍塌等事故。运动着的物体都具有动能，如各种运动中的车辆、设备或机械的运动部件、被抛掷的物料等。它们具有的动能意外释放并作用于物体，则可能发生车辆伤害、机械伤害、物体打击等事故。

②电能。现代化工业生产中广泛利用电能，如果电能意外释放就会造成各种电气事故。意外释放的电能可能使电气设备的金属外壳等导体带电而发生所谓的“漏电”现象。当人体与带电体接触时会发生触电事故而受到伤害；电火花会引燃易燃易爆物质而发生火灾、爆炸事故；强烈的电弧可能灼伤人体，造成电伤。

③热能。在人类的生产、生活中到处都在利用热能，失去控制的热能可能灼烫人体、损坏财物、引起火灾。火灾是热能意外释放造成的最典型的事故。值得注意的是，电能、机械能或化学能与热能之间可以相互转化，所以在利用机械能、电能、化学能等其他形式的能量时也可能产生热能的意外释放而造成伤害。

④化学能。有毒有害的化学物质使人员中毒，是化学能引起的典型伤害事故。在众多的化学物质中，相当多的物质具有的化学能会导致人员急性、慢性中毒，致病、致畸、致癌。火灾中化学能转变为热能，爆炸中化学能转变为机械能和热能。

⑤电离及非电离辐射。电离辐射主要指放射性物质、X射线装置、γ射线装置等产生的辐射危害，它们会造成人体急性、慢性损伤。非电离辐射主要为紫外线、可见光、红外线、激光和射频辐射等。工业生产中常见的电焊、熔炉等高温热源放出的紫外线、红外线等有害辐射会伤害人的视觉器官。

另外，人体自身也是个能量系统。人的新陈代谢过程是吸收、转换、消耗能量、与外界进行能量交换的过程；人进行生产、生活活动时消耗能量，当人体与外界的能量交换受到干扰时，即人体不能进行正常的新陈代谢时，人体将受到伤害，甚至死亡。正如麦克法兰特（McFarland）在解释事故造成的人身伤害或财物损坏的机理时说："……所有的伤害事故（或损坏事故）都是因为：接触了超过机体组织或结构抵抗力的某种形式的过量的能量；有机体与周围环境的正常能量交换受到了干扰（如窒息、淹溺等）。因而，各种形式的能量是构成伤害的直接原因"。

表3-3为人体受到超过其承受能力的各种形式能量作用时受伤害的情况；表3-4为人体与外界的能量交换受到干扰而发生伤害的情况。

表3-3　能量类型与伤害

能量类型	产生的伤害	事故类型
机械能	刺伤、割伤、撕裂、挤压、骨折、内部器官损伤等	物体打击、坠落、爆炸、冒顶等
热能	皮肤烧伤、烧焦	灼烫、火灾
电能	干扰神经、电伤	触电
化学能	烧伤、致癌、致畸形、遗传突变	中毒、窒息、火灾

表3-4　干扰能量交换与伤害

影响能量交换类型	产生的伤害	事故类型
氧的利用	局部或全身生理伤害	中毒或窒息
其他	局部或全身生理伤害	—

该理论阐明了伤害事故发生的物理本质，指明了防止伤害事故就是防止能量意外释放，防止人体接触能量。根据这种理论，人们要经常注意生产过程中能量的流动、转换，以及不同形式能量的相互作用，防止发生能量的意外释放或逸出。

（2）防护能量逆流于人体的措施

哈登认为，在一定条件下某种形式的能量能否产生伤害、造成人员伤亡事故取决于能量大小、接触能量时间长短和频率以及能量的集中程度。根据能量意外释放理论，可以利用各种屏障来防止意外的能量转移，从而防止事故的发生。按能量大小可建立单一屏障或多重的冗余屏障。防护能量逆流于人体的"屏障"系统分为以下12种类型：

①限制能量，例如限制行车的速度，规定安全电压。

②用较安全的能源代替危险性大的能源，例如在火灾爆炸危险场所使用液压和气压驱动来代替电动装置。

③防止能量蓄积，例如控制爆炸性气体的浓度，防止其在空气中的含量达到爆炸极限。

④控制能量释放，例如在石化企业中，将控制室和装置之间利用防爆墙来加以分隔，以便消除和减弱爆炸的影响。

⑤延缓能量释放，例如采用安全阀、逸出阀、吸振装置等。

⑥开辟释放能量的渠道，例如采取安全接地防止触电；进行探放水，防止突水；预先

抽放煤体内瓦斯，防止瓦斯积聚爆炸。

⑦在能源上设置屏障，例如设置原子辐射防护屏、机械防护罩等。

⑧在人、物与能源之间设置屏障，例如设防火门、密闭门等。

⑨在人与物之间设置屏障，例如佩戴安全帽、防尘毒口罩、防护服等。

⑩提高防护标准，例如采用双重绝缘工具防止高压电能触电事故，对瓦斯连续监测和遥控遥测。

⑪改变工艺流程。变不安全流程为安全流程，用无毒低毒物质代替剧毒有害物质。

⑫修复或急救。治疗、矫正，以减轻伤害程度或恢复原有功能；搞好紧急救护，进行自救教育；限制灾害范围，防止事态扩大，如设置岩粉棚局限煤尘爆炸范围。

（3）能量观点的因果连锁理论

调查伤亡事故原因发现，大多数伤亡事故都是因为过量的能量，或干扰人体与外界正常能量交换的危险物质的意外释放引起的，并且这种过量能量或危险物质的释放都是由人的不安全行为或物的不安全状态造成的。即人的不安全行为或物的不安全状态使得能量或危险物质失去了控制，是能量或危险物质释放的导火线。美国矿山局的札别塔基斯（Michael Zabetakis）依据能量意外释放理论，建立了能量观点的事故因果连锁模型，如图3-9所示。

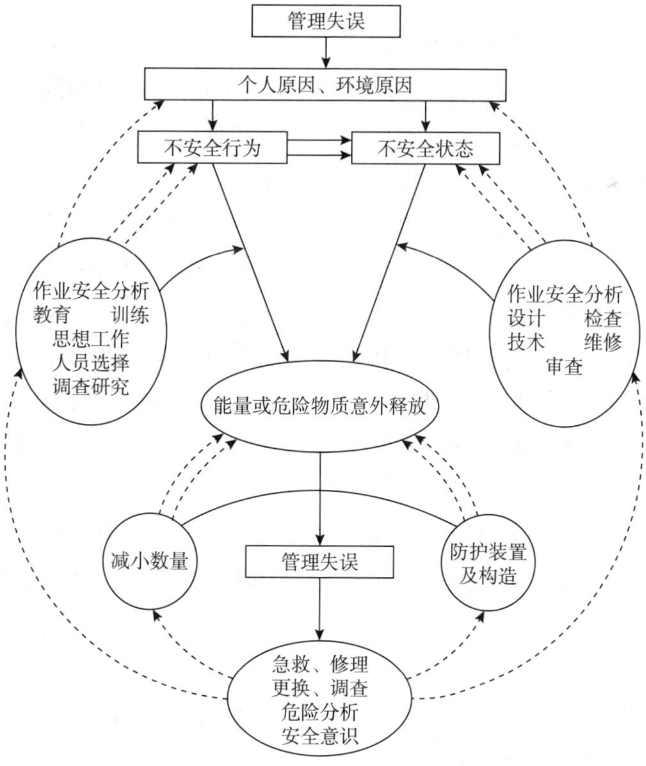

图3-9　能量观点的事故因果连锁模型

①事故

事故是能量或危险物质的意外释放，是伤害的直接原因。为防止事故发生，可以通过技术措施来防止能量意外释放，通过教育训练提高职工识别危险的能力，佩戴个体防护用品来避免伤害。

②不安全行为和不安全状态

人的不安全行为和物的不安全状态是导致能量意外释放的直接原因，它们是管理缺陷、控制不力、缺乏知识、对存在的危险估计错误，或其他个人因素等基本原因的征兆。

③基本原因

基本原因包括 3 个方面的问题：

a. 企业领导者的安全政策及决策。它涉及生产及安全目标，职员的配置，信息利用，责任及职权范围、职工的选择、教育训练、安排、指导和监督，信息传递、设备、装置及器材的采购、维修，正常时和异常时的操作规程，设备的维修保养等。

b. 个人因素。包括能力、知识、训练，动机、行为，身体及精神状态，反应时间，个人兴趣等。

c. 环境因素。包括影响事故发生的环境因素等。

3.1.5 轨迹交叉理论

随着生产技术的进步以及事故致因理论的发展完善，人们对人和物两种因素在事故致因中地位的认识发生了很大变化。一方面是由于在生产技术进步的同时，生产装置、生产条件不安全的问题越来越引起了人们的重视；另一方面是随着对人的因素研究的深入，人们能够正确地区分人的不安全行为和物的不安全状态。

约翰逊（W. G. Jonson）认为，判断到底是不安全行为还是不安全状态，受研究者主观因素的影响，取决于其认识问题的深刻程度。许多人由于缺乏有关失误方面的知识，把由于人失误造成的不安全状态看作不安全行为。一起伤亡事故的发生，除了人的不安全行为之外，一定存在着某种不安全状态，并且不安全状态对事故发生作用更大些。

斯奇巴（R. Skiba）提出，生产操作人员与机械设备两种因素都对事故的发生有影响，并且机械设备的危险状态对事故的发生作用更大些，只有当两种因素同时出现，才能发生事故。

上述理论被称为轨迹交叉理论，该理论主要观点是，在事故发展进程中，人的因素运动轨迹与物的因素运动轨迹的交点就是事故发生的时间和空间，即人的不安全行为和物的不安全状态发生于同一时间、同一空间或者说人的不安全行为与物的不安全状态相遇，则将在此时间、此空间发生事故。

轨迹交叉理论作为一种事故致因理论，强调人的因素和物的因素在事故致因中占有同样重要的地位（图 3-10）。按照该理论，可以通过避免人与物两种因素运动轨迹交叉，即避免人的不安全行为和物的不安全状态同时、同地出现，来预防事故的发生。

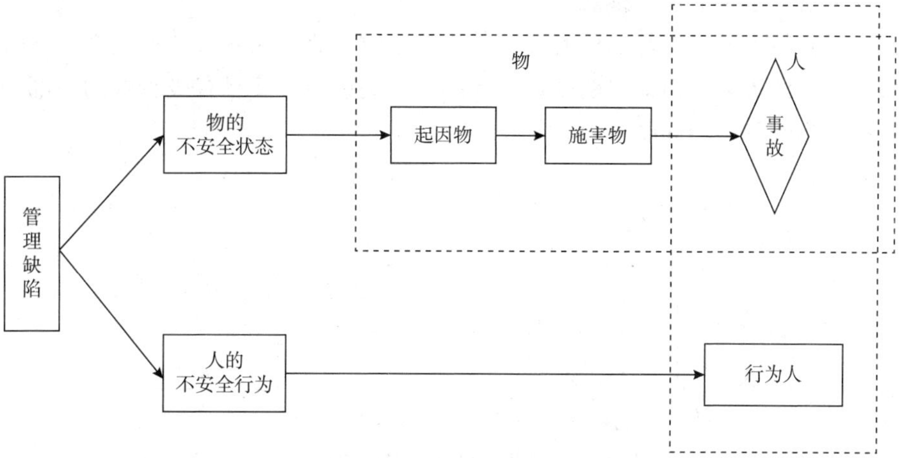

图 3-10 轨迹交叉论模型

轨迹交叉理论（图 3-10）将事故的发生发展过程描述为：基本原因→间接原因→直接原因→事故→伤害。从事故发展运动的角度，这样的过程被形容为事故致因因素导致事故的运动轨迹，具体包括人的因素运动轨迹和物的因素运动轨迹。

在生产过程中，人的因素运动轨迹按照“生理、心理缺陷”→“社会环境、企业管理上的缺陷”→“后天的身体缺陷”→“视、听、嗅、味、触等感官能量分配上的差异”→“行为失误”的顺序进行，物的因素运动轨迹按“设计上的缺陷”→“制造、工艺流程上的缺陷”→“维修保养上的缺陷”→“使用上的缺陷”→“作业场所环境上的缺陷”的方向进行。人、物两轨迹相交的时间与地点，就是发生伤亡事故“时空”，也就导致了事故的发生。

人的因素和物的因素互为因果，有时物的不安全状态诱发了人的不安全行为，反之，人的不安全行为又促进了物的不安全状态发展，或导致新的不安全状态出现。因而人和物两条轨迹交叉呈现非常复杂的因果关系。

在安全工程中，首先应考虑的就是实现生产工艺过程，即机械设备、工艺和环境的本质安全。设置有效的安全防护装置，即使人员工作和操作失误也不致酿成事故。即使在采取了安全技术措施，增设了安全防护装置，减少、控制了物的不安全状态的情况下，仍然要强化安全教育、加强安全培训、开展工人和干部的安全心理学的咨询，严格执行安全规程和操作标准化等来规范人的行为，防止人失误。总之，根据轨迹交叉论的观点，为了有效地防止事故发生，必须同时采取措施消除人的不安全行为和物的不安全状态。

3.1.6 “变化-失误”理论

“变化-失误”理论是由约翰逊在对管理疏忽与危险树（MORT）的研究中提出并贯彻其理论之中的。主要观点：运行系统中与能量和失误相对应的变化是事故发生的根本原因。没有变化就没有事故。人们能感觉到变化的存在，也能采用一些基本的反馈方法去探测那些有可能引起事故的变化。而且对变化的敏感程度，也是衡量各级企业领导和安全管理人员的安全管理水平的重要标志。

当然，必须指出的是，并非所有的变化均能导致事故。在众多的变化中，只有极少数的变化会引起人的失误，而众多的变化引起的人的失误中，又只有极少数的一部分失误会导致事故的发生。其模型如图 3-11 所示。

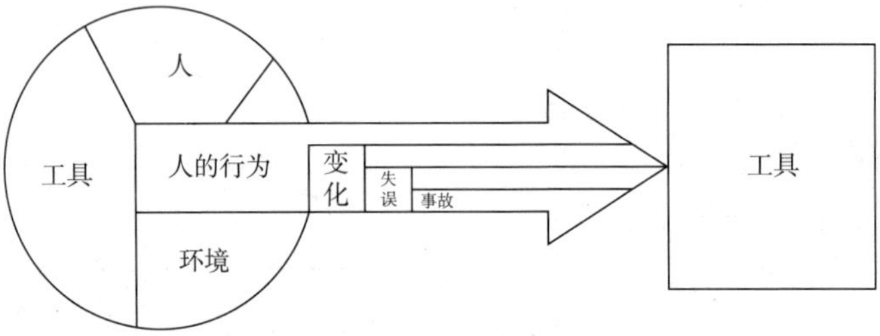

图 3-11　变化、失误和事故的相互关系

而另一方面，并非所有主观上有着良好动机而人为造成的变化都会产生较好的效果。如果不断地调整管理体制和机构，使人难以适应新的变化进而产生失误，必将事与愿违、事倍功半，甚至造成重大损失。

在系统安全研究中，人们注重作为事故致因的人的失误和物的故障。按照变化的观点，人的失误和物的故障的发生都与变化有关。例如，新设备经过长时间的运转，即时间的变化，逐渐磨损、老化而发生故障；正常运转的设备由于运转条件突然变化而发生故障等。

约翰逊认为，事故的发生往往是多重原因造成的，包含着一系列的变化－失误连锁。例如，企业领导者的失误、计划人员失误、监督者的失误及操作者的失误等，如图 3-12 所示。

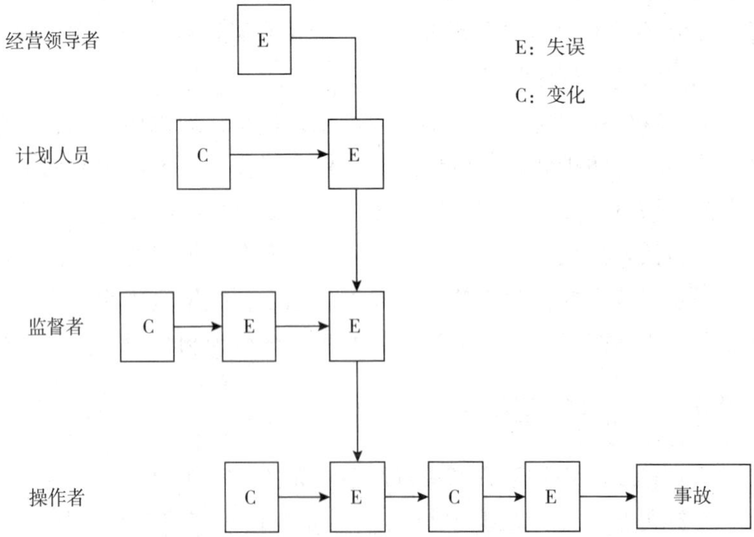

图 3-12　变化－失误连锁模型

在变化－失误理论的基础上，约翰逊提出了变化分析的方法。即以现有的、已知的系统为基础，研究所有计划中和实际存在的变化的性质，分析每个变化单独地和若干个变化结合地对系统产生的影响，并据此提出相应的防止不良变化的措施。

应用变化分析方法主要有两种情况：

一种情况是当观察到系统发生某些变化时，探求这种变化是否会产生不良后果。如果是，则寻找产生这种变化的原因，进而采取相应的控制措施，如图3－13所示。

另一种情况则是当观察到某些不良后果后，先探求哪些变化导致了这种后果的产生，进而寻找产生这种变化的原因、采取相应的控制措施，如图3－14所示。

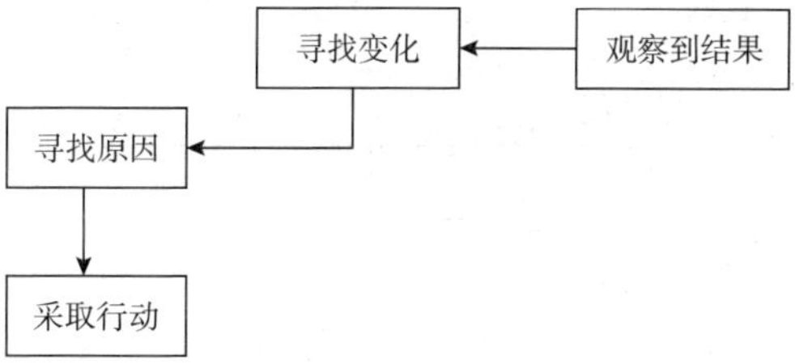

图3－13 观察到变化时的变化分析过程

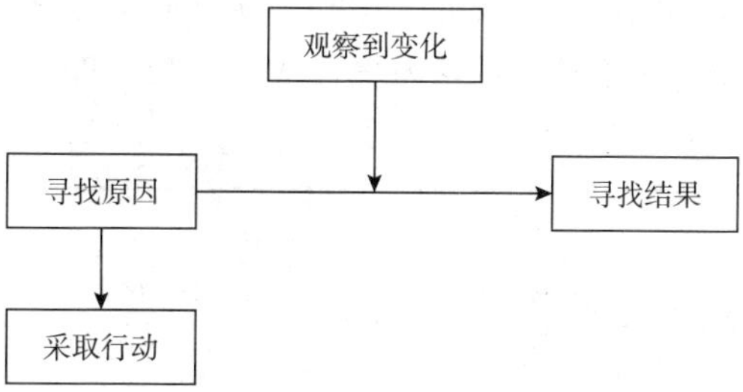

图3－14 观察后果时的变化分析过程

应用变化分析方法最大的困难在于如何在数量庞大的各类变化中，找出那些有可能导致严重事故后果的变化并能够采取相应的控制措施。这需要调查分析人员有较高的理论水平和实际经验。

作为安全管理人员，应该注意下述的一些变化：①时间的变化。随时间的流逝，设备性能低下或劣化，并与其他方面的变化相互作用。②技术上的变化。采用新工艺、新技术或开始新的工程项目，人们可能因不熟悉而发生失误。③人员的变化。人员的各方面变化影响人的工作能力，引起操作失误及不安全行为。④劳动组织的变化。劳动组织方面的变化，交接班不好造成工作的不衔接，进而导致人失误和不安全行为。⑤操作规程的变化。

并非所有的变化都是有害的，关键在于人们是否能够适应客观情况的变化。另外，在事故预防工作中也经常利用变化来防止发生人失误。例如，按规定用不同颜色的管路输送不同的气体；把操作手柄、按钮做成不同形状防止混淆等。

应用变化的观点进行事故分析时，可由下列因素的现在状态、以前状态的差异来发现变化：①对象物、防护装置、能量等；②人员；③任务、目标、程序等；④工作条件、环境、时间安排等；⑤管理工作、监督检查等。

现以某化工装置事故发生经过为例来加以说明。

变化前：装置安全地运行了多年；

变化1：引进了一套新型装置；

变化2：老设备停用，部分被拆除；

变化3：新设备达不到设计要求；

变化4：对产品的需求量剧增；

变化5：重新启用老设备；

变化6：要求尽可能快地恢复老设备的操作控制并投产；

失误1：没有做全面的危险分析和充分的准备工作；

变化7：一些冗余安全控制装置没有起到作用；

变化8：设备爆炸，人员伤亡。

表3-5是为了调查以变化为基础的事故分析表。表中须调查的主要原因有八项，主要包括与事故有关的变化和失误性质，分别为：①变化后的状态；②变化前的状态；③变化前后的差异；④由差异造成的结果，即“变化”。

表3-5　基于变化的观点事故分析表

对象：

主要原因	1 变化后	2 变化前	3 差异	4 变化
（1）方向：对象物 能量 缺陷 防护装置				
（2）地点：对象物上 过程之中 具体场所				
（3）时间				
（4）人员：操作者 同事 监督者				
（5）任务：目的 程序 特性				
（6）工作状况：环境 程序表				
（7）触发事件				
（8）管理方面：危险性分析 控制关键				

现以因管道焊接的缺陷而引起燃气厂火灾事故的分析为例来阐明瓦斯管路事故的连续过程，如图3-15所示。

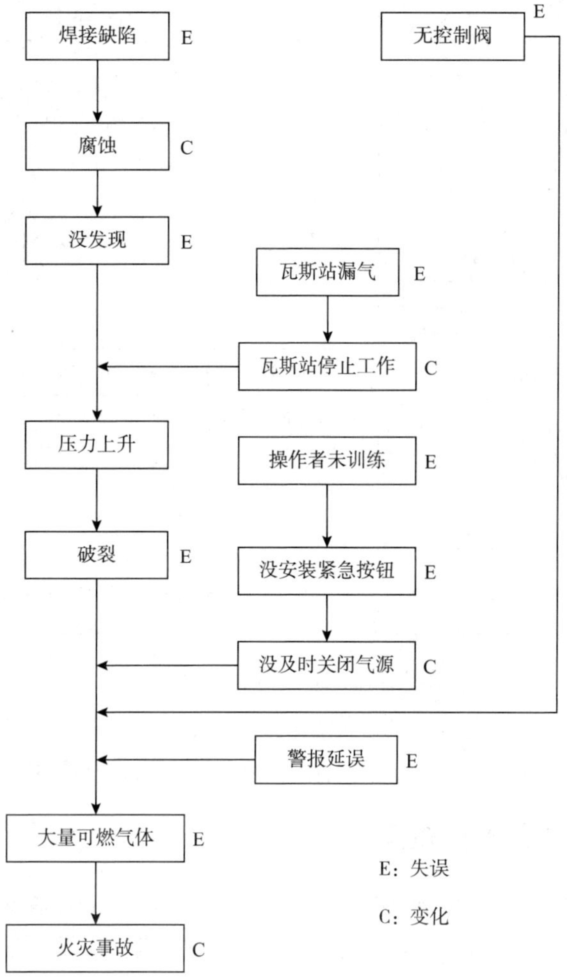

图 3-15　瓦斯管路事故的 C-E 连锁例

3.1.7　综合原因论

尽管事故致因理论很多，但目前大多数安全专家认为，事故的发生绝不是单一因素造成的，也不是个人偶然失误或单纯设备故障所造成的，而是各种因素综合作用的结果。

综合原因论认为，事故是社会因素、管理因素和生产中危险因素被偶然事件触发所造成的结果。综合原因论的事故模型如图 3-16 所示。

综合原因论认为，事故是由起因物和肇事人触发加害物作用于受伤害人而形成的灾害现象。偶然事件的触发是由于生产环境中存在的物的不安全状态和人的不安全行为共同造成的，它们构成了事故的直接原因。

事故的直接原因（物质的、环境的以及人的因素）是由于管理上的失误、缺陷和管理责任所导致。形成间接原因的因素包括经济、文化、教育、民族习惯、社会历史、法律等基础原因，统称为社会因素。

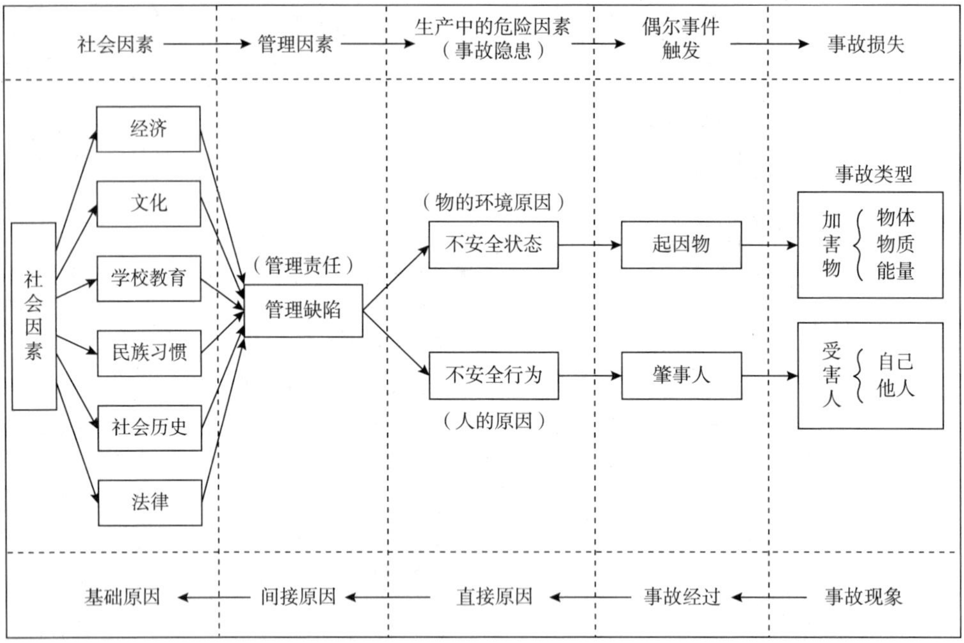

图3-16　综合原因论事故模型

事故的产生过程可以表述为由基础原因的“社会因素”产生“管理因素”，进而产生“生产中的危险因素”，通过人与物的偶然因素触发发生伤亡和损失。

3.1.8　信息流事故致因模型

信息流事故致因模型是一个现代事故致因链。除了人，任何系统都由物质、能量与信息三者及其关联关系构成，这种关联关系通过“流通”表征，即物质流、能量流与信息流（以下简称“三流”），可通过评价系统“三流”的运行情况表征系统安全的动态演化过程。其中信息流在“三流”中起到传带链接作用，物质流和能量流的流通是通过信息流的形式表现的，在系统安全控制中信息流的作用越来越重要。

（1）安全信息内涵

安全信息是系统安全与危险运动状态的外在表现形式。

①安全信息不仅包括物、环境、管理、系统和组织等的信息，还包括人的各种信息（安全生理、安全心理、安全意识、安全技能、安全教育、应变能力和管理能力等）。

②安全信息反映系统安全状态，可指导人们的生产活动，有助于确认和控制生产活动中存在的危险隐患和意外事件的发生与发展态势，从而达到改进安全工作、消除现场生产危险隐患、预防和控制事故发生的目的。

③安全信息的本质是安全管理和安全文化的载体。安全管理就是为了实现预定目标而对安全信息进行获取、传递、变换、处理与利用的过程。安全文化主要是通过安全信息的传播形成社会安全氛围和安全意识。

④安全信息还是事故链式演化的载体反映，事故预防与控制的本质就是通过安全信息

的标示、导向、观测、警戒和调控作用对系统中物质流、能量流和人流等进行控制、调节和管理（正作用），而错误地反映系统中物质流和能量流状态的安全信息则会触发事故或导致事故处置失败（负作用）。因此，要充分发挥和正确利用安全信息流对物质流和能量流的引导和控制作用。

（2）安全信息流内涵及其分类与结构

在安全信息沿一定的信息通道（信道）从发送者（信源）到接收者（信宿）的流动过程中，产生信息的收集、传递、加工、存储、传播、利用、反馈等活动从而形成安全信息流。广义的安全信息流是指安全信息的传递与流通过程；狭义的安全信息流是指在空间和时间上向同一方向运动过程中的一组安全信息，即由信息源向接受源传递的具有一定功能、目标和结构的全部安全信息的集合，其分类见表3-6。在任何一个安全信息流结构中，均包含信息的输入、输出过程，即信息源、信息加工反应系统与信息传输系统。系统安全信息流结构简图如图3-17所示。

表3-6　安全信息流的分类

分类	释义
人-物信息流	信源是人（如各种操作人员、驾驶人员、管理人员、调度人员、指挥人员），信宿为各种机器、设备；在大型系统中，通常是“多人-多物”信息流
人-人信息流	信源是“人”或“人群”，信宿也是“人”或“人群”，如风险沟通中的信息流动、安全教育培训中的信息流动、安全会议中的安全信息流动
物-物信息流	信源是“物”（各种控制装置或控制设备），包括控制器、调节器、测量装置、执行机构、控制计算机等，信宿也是“物”（各种生产机器或设备、交通运输设备等），如温度、流量、压力、转速、水位、行程、料位、成分、浓度、粒度

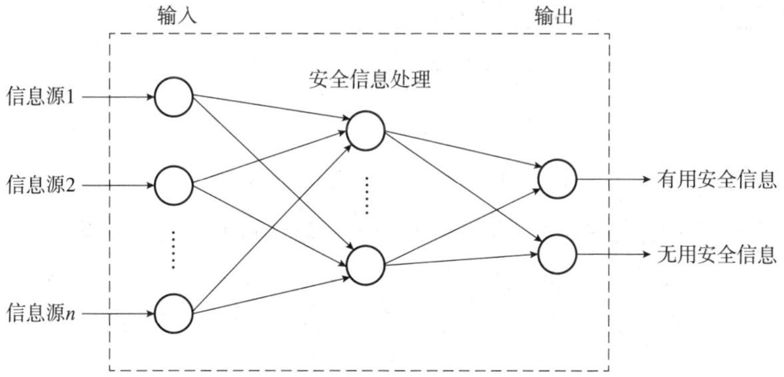

图3-17　系统安全信息流结构简图

（3）信息流事故致因模型及其内涵解析

基于安全信息流的事故致因模型的内涵解析如下。

①微观层面的安全信息流事故致因分析

事故是系统的涌现属性，因此，可称为系统事故。任何事故都是发生在特定的微系统范围内的，如特定的生产车间、港口、码头，而微系统事故背后还涉及深层的中观和宏观层面的事故致因。因此，事故致因分析需要寻求系统事故涌现的突破口。

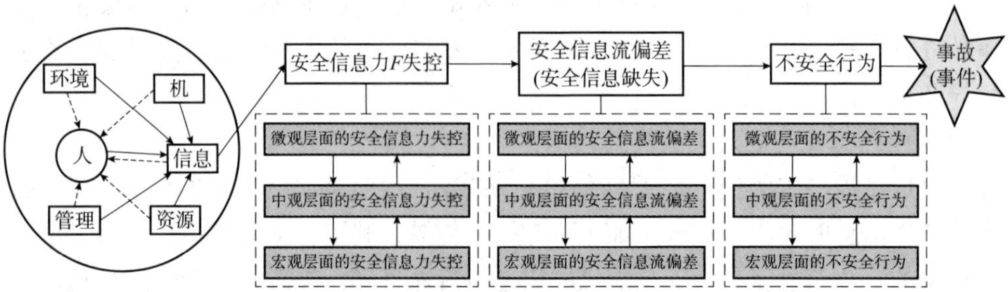

图 3-18　基于安全信息流的事故致因的概念模型

人的行为失误其实质是人的信息处理过程的失误，即人对信息的获取、分析和利用的失误。人的失误构成了所有类型的伤害事故的基础，它把人失误定义为“错误地或不适当地回答一个外界刺激”。在生产过程中，各种刺激不断出现，若操作者对刺激做出正确的反应，则事故不会发生；如果操作者的反应不恰当或不正确，即发生失误，则可能造成事故。因此，在微观层面，基于安全信息流进行事故致因分析时，可以以人的安全信息获取、分析和利用过程为主线，构建人的安全信息处理模型，如图 3-19 所示。

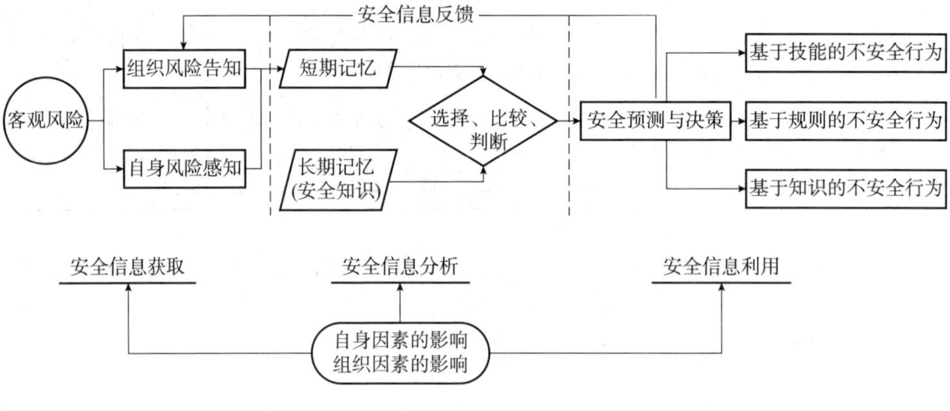

图 3-19　人的安全信息处理模型

在安全信息的获取过程中，由于自身风险感知能力的不足（包括安全心理、安全生理等因素的影响）和组织风险告知的缺失（没有告知、告知有误等），导致个人感知到的风险（主观风险）和客观风险存在偏差，即风险感知偏差，进而影响安全信息分析和安全信息利用。

在安全信息分析过程中（风险认知），针对感知到的风险（储存于短期记忆中），需要从长期记忆中找回以前存储的有关信息（安全知识、安全经验等）并储存于短期记忆中，与进入短期记忆中的风险感知信息进行选择、比较和判断，然后做出安全预测与决策，并发出行为。对于接收到的大量安全信息，由于大脑的信息处理能力有限（客观原因）和安全知识、安全技能等的不足（主观原因），导致在信息处理过程中出现“瓶颈”现象。为了解决大脑信息处理“瓶颈”现象，在安全信息的预处理阶段需对信息进行取舍、压缩及变形等处理。这导致人在安全信息处理过程中具有下述失误倾向：简单化，即把安全信息简单化，在工作中把自己认为与当前操作无关的步骤省去，如拆掉安全防护装置、不戴安全帽；选择性，对感知到的安全信息进行迅速的扫描并选择，按安全信息的轻重缓急排队处理和记忆，这使得人们的注意力过分地集中于某些特定的因素（操作、规程或显示装置）而忽视其他因素；经验与熟悉，人对于某项操作达到熟练以后，可以不经大脑处理而下意识地直接行动，一方面，这有利于熟练、高效地工作，另一方面，这种条件反射式的行为在一些情况下（如紧急情况）是有害的；简单推断，当获取的安全信息与记忆中的过去的经验相符时，就认为安全信息将按照经验那样发展下去，对其余的可能性不加考虑而排斥，进而遗漏一些关键的安全信息。

在安全信息利用过程中，主要是根据安全信息的分析结果，进行安全预测与决策，并转为执行行为。

②中观层面的安全信息流事故致因分析

中观层面组织的安全信息获取主要有三种模式：上级组织告知、下级组织告知和自身分析获取。在组织进行安全信息获取、分析与利用的过程中，受外部因素（如安全法律法规、安全方针政策、经济压力）和自身因素（如安全理念、安全资源、安全技术）的影响，导致安全信息流偏差。

组织外部因素方面，涉及宏观政治、经济、文化等因素的影响（超出本节研究范围）。对组织外部与组织内部之间的安全信息流有直接影响的因素有：宏观层面（如直属安全监管机构、所属辖区政府）的安全监管监察缺陷和行政审批缺陷导致的组织安全信息流失去法制约束而出现安全信息缺失、安全信息不对称（此处主要指偏离法定方向），如监管监察缺陷导致组织内部安全信息流混乱，违规审批竣工验收导致组织内部安全信息流处于失真状态；中观层面的外部组织输出的安全信息缺失导致内部组织（直接涉事组织）安全信息流偏差，如安全评价机构提供的安全评价报告、职业卫生服务机构给出的职业卫生评价报告弄虚作假，故意隐瞒不符合安全条件的关键问题，安全规划机构提供的安全规划服务（如工业布局、应急疏散规划）不符合法律法规要求，安全设计机构的安全设计不合理，供应商、承包商等提供的安全信息缺失。上述因素都可导致组织安全信息流通的不完全性、非对称性。

组织自身因素主要有：传统安全习惯锁定，组织中安全工作的程序、方式与方法等往往是长期实践的结果，容易形成比较固定的路径依赖；安全责权匹配错位，组织上下级的责权分配、岗位职责分配、部门职责分配不合理；安全信息渠道拥塞，组织体系确立的信息层次结构和信息沟通准则不合理，或者不同层次组织成员对信息获取、分析与利用程度各异，导致组织的信息反馈渠道不畅；安全知识结构落差，由于组织成员间教育程度、专业技能的不对称等原因形成的安全知识结构落差也会产生信息阻力；安全价值观念冲突，例如企业在面临生存压力时，“安全优于生产”与“生产优于安全”的博弈、安全投入与安全效益的博弈。

③宏观层面的安全信息流事故致因分析

从组织定义的视角分析，中观层面的事故致因和宏观层面的事故致因都属于组织维度的事故致因。因此，宏观层面与中观层面的安全信息流分析过程相类似。

3.1.9 行为安全“2－4”模型

行为安全“2－4”模型也是一个现代事故致因链，如图3－20所示。链中事故的直接原因仍然是海因里希提出的事故引发者的不安全动作和物的不安全状态，事故的间接原因为事故引发者的安全知识不足、安全意识不高和安全习惯不佳，事故的根本原因为事故引发者所在组织的安全管理体系缺欠，事故的根本原因为事故引发者所在组织的安全文化欠缺。安全管理体系指的是安全管理方案，可以是按照管理体系标准建立的，也可以不是按照管理体系标准建立而自然形成的，包含体系文件和运行过程；安全文化则是从根本原因分解出来的、指导安全管理体系形成的指导思想。在这个事故致因链中，把事故的主要直接原因（不安全动作）看作事故引发者个人的一次性行为，把事故的间接原因安全习惯、安全知识、安全意识三者一起看作事故引发者个人的习惯性行为，把安全管理体系文件及其执行过程、安全文化看作事故引发者所在组织的组织行为，这样就可以把这个事故致因链描述为事故引发者的“一次性行为来自习惯性行为，习惯性行为来自其所在组织安全管理体系的运行行为，运行行为为其组织的安全文化指导行为所导向”。事故的发生是组织和个人两个层面上的指导、运行、习惯性、一次性四个阶段的行为发展的结果，因此该模型叫作行为安全“2－4”模型。

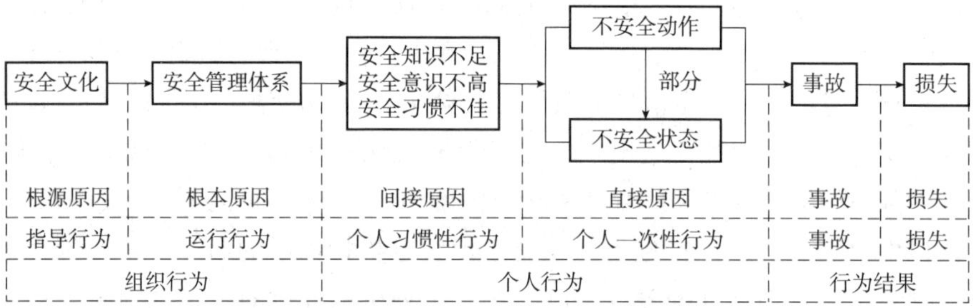

图3－20 行为安全“2－4”模型

3.2 系统安全理论

系统安全是指在系统生命周期内应用安全系统工程和系统安全管理方法，辨识系统中的危险源，并采取有效控制措施使其危险性最小，从而使系统在规定的性能、时间和成本范围内达到最佳的安全程度。系统安全理论是人们为解决复杂系统的安全问题而开发、研究出来的安全理论、方法体系。复杂的系统往往由数以千万计的元素组成，元素之间由非常复杂的关系相连接，在被研究制造或使用过程中往往涉及高能量，系统中微小的差错就会导致灾难性的事故。大规模复杂系统安全性问题受到了人们的关注，于是，出现了系统安全理论和方法。

3.2.1　系统论

系统论是基于系统思想防范事故的一种方法论。系统思想即体现出综合策略、系统工程、全面防范的方法和方式。显然，系统论是先进和有效的安全方法论。20 世纪初至 50 年代，随着工业社会的发展和技术的不断进步，人类的安全认识论和方法论进入了系统论阶段。系统理论是指把对象视为系统进行研究的一般理论。其基本概念是系统、要素。系统是指由若干相互联系、相互作用的要素所构成的有特定功能与目的的有机整体。系统按其组成性质，分为自然系统、社会系统、思维系统、人工系统、复合系统等；按系统与环境的关系分为孤立系统、封闭系统和开放系统。

从安全系统的动态性出发，人类的安全系统是人、社会、环境、技术、经济等因素构成的大协调系统。无论从社会的局部还是整体来看，人类的安全生产与生存需要多因素的协调与组织才能实现。安全系统的基本功能和任务是满足人类安全的生产与生存，以及保障社会经济生产发展的需要，因此安全活动要以保障社会生产、促进社会经济发展、降低事故和灾害对人类自身生命和健康的影响为目的。为此，安全活动首先应与社会发展基础、科学技术背景和经济条件相适应和相协调。安全活动的进行需要经济和科学技术等资源的支持，安全活动既是一种消费活动（以生命与健康安全为目的），也是一种投资活动（以保障经济生产和社会发展为目的）。

从安全系统的静态特性看，安全系统论原理要研究两个系统对象，一是事故系统（图 3-21），二是安全系统（图 3-22）。

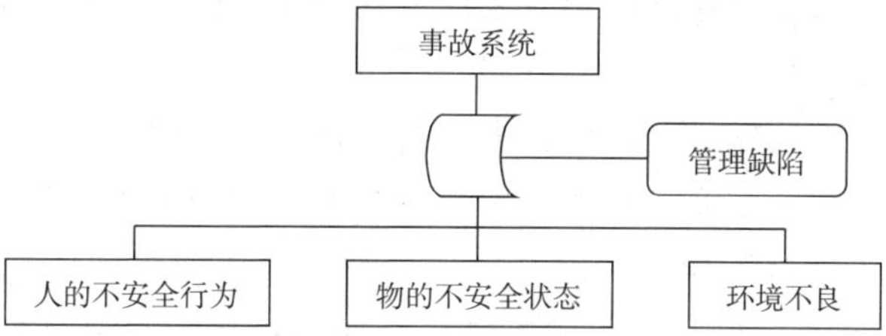

图 3-21　事故系统要素

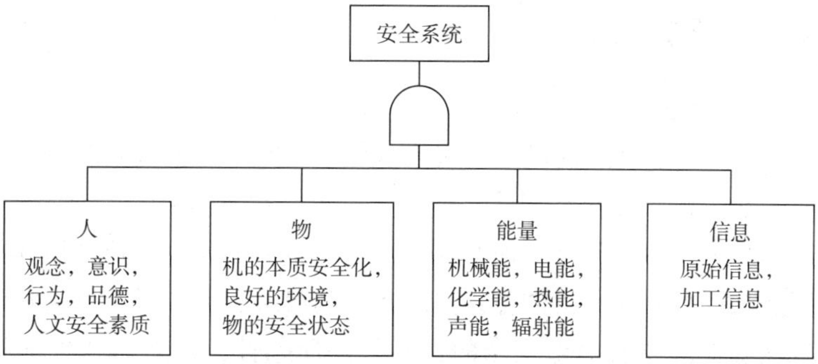

图 3-22　安全系统要素

事故系统涉及4个要素，见图3-21，事故要素涉及4个方面，即：人因——人的不安全行为；物因——物的不安全状态；环境因素——生产环境的不良；管理因素——管理的欠缺。其中，人、机、环境与事故关系是逻辑“或”，而管理与事故关系是逻辑“与”。因此管理因素非常重要，因为管理对人、机、环境都会产生作用和影响。认识事故系统因素，使我们对防范事故有了基本的目标和对象。建立了对事故系统的综合认识，认识到了人、机、环境、管理为事故的综合要素，主张工程技术硬手段与教育、管理软手段结合的综合措施。具体思想和方法：全面安全管理的思想；安全与生产技术统一的原则；讲求安全人机设计；推行系统安全工程；企业、国家、公会、个人综合负责的体制；生产与安全的管理中要遵循同时计划、布置、检查、总结、评比的“五同时”原则；企业各级生产领导在安全生产方面向上级、向职工、向自己的“三负责”制；安全生产过程中要查思想认识、查规章制度、查管理落实、查设备和环境隐患，构建定期与非定期检查相结合，普查与专查相结合，自查、互查、抽查相结合等安全监察系统工程。

安全系统是更具现实意义的系统对象。其要素是：人——人的安全素质（心理与生理、安全能力、文化素质）；物——设备与环境的安全可靠性（设计安全性；制造安全性；使用安全性）；环境——决定安全的自然、人工环境因素及状态；信息——充分可靠的安全信息流（管理效能的充分发挥）是安全的基础保障。

认识事故系统要素，可以指导我们通过控制、消除事故系统来保障安全，这种认识是必要的，并且可以通过事故规律（即原因）的认识，来促进预防。但更有意义的是从安全系统的角度，通过研究安全系统规律，应用超前、预防方法论来建立创造安全系统，实现本质安全。因此，从建设安全系统的角度来认识安全原理更具有理性的意义，更符合科学性原则。

从对事故系统和安全系统的分析中，人、机、环境3个因素具有三重特性，即：一是三者都是安全的保护对象，二是事故的因素，三是安全的因素。如果对人、机、环境仅仅认识到是事故因素是不够的，比如人因，从事故因素的角度想到的是追责、查处、监督、检查，从安全因素的角度，我们就应该激励、自律、自责，变“要他安全”为“他要安全”。

3.2.2 系统本质安全理论

（1）系统本质安全含义

本质安全源于20世纪50年代世界宇航技术界，主要是指电气系统具备防止可能导致可燃物质燃烧所需能量释放的安全性。

在我国交通体系中，本质安全化理论认为由于受生活环境、作业环境和社会环境的影响，人的自由度增大，可靠性比机械差，因此要实现交通安全，必须有某种即使存在人为失误的情况下也能确保人身及财产安全的机制和物质条件，使之达到“本质的安全化”。在我国电力行业中，对本质安全是这样定义的：本质安全可以分解为两大目标，即“零工时损失，零责任事故，零安全违章”的长远目标与“人、设备、环境和谐统一”的终极目标。我国石油行业对本质安全最具有代表性的定义是：所谓本质安全是指通过追求人、机、环境的和谐统一，实现系统无缺陷，管理无漏洞、设备无故障。在我国煤炭行业中所说的“本质安全”，其实是指安全管理理念的变化。即，煤矿发生事故是偶然的，不发生事故是必然的，这就是“本质安全”。

上述关于本质安全的定义大多是从系统自身及其构成要素的零缺陷上来阐述本质安全的，对于技术系统来说是合适的。由于技术系统的构成元素间的关系是线性的、确定的，系统的本质安全性等于所有元器件本质安全性的乘积，只要能够保证所有元器件的本质安全性，整个技术系统也就是本质安全的。但是上面提到的各个行业所涉及的系统都不是单纯的技术系统，而是复杂的社会技术系统，是由其构成要素（人、物、信息、文化）通过复杂的交互作用形成的有机整体，系统具有自组织性，系统构成部分之间是一种非线性关系，系统的大部分构成要素是一种智能体，客观地讲，这些智能体是无法达到本质安全性的，对于这些智能体来说，安全性本身就是一个具有相对性的概念，会随着时代发展和技术进步而不断得到提升。虽然复杂社会技术系统的构成要素也许永远达不到本质安全性要求，但这并不意味着系统作为一个整体无法达到本质安全性。这里需要特别强调的一点是，对于复杂的社会技术系统，系统的本质安全性并不代表系统的构成要素是本质安全的，由于系统本身及其要素都具有一定的容错性和自组织性，只要在保证系统的构成元素是相对可靠的条件下，完全可以通过系统的和谐交互机制使系统获得本质安全性。

(2) 本质安全理论的现实意义

首先，它给人们带来了安全管理理念的变化，使得人们认识到事故不是必然存在的，只是偶然发生的，不发生事故才是必然的，即使是复杂社会技术系统的事故也是可以绝对预防的，只不过这种绝对是指对系统可控事故的长效预防。其次，该理论的出现改变了人们对事故预防模式的认识，从过去建立在功能分割和经验判断基础之上的事故预防模式转变为从系统和谐即系统整体交互作用的匹配性来重新思考复杂系统安全问题的控制模式。由于过去建立在功能分割基础之上的事故预防模式过分强调职能分工和经验判断在预防事故过程中的重要作用，通过对系统层层分解，试图从事故源头入手，将事故隐患扼杀在摇篮里，但由于缺乏有效系统集成技术，虽然能够找到事故源头，但仍然缺乏对事故成因的整体认识，最终导致“只见树木不见森林”，无法把握事故成因的整体交互机制，最终还是难以有效预防事故。

(3) 系统本质安全的实现

系统本质安全实现是有前提条件的。第一，系统必须具备内在可靠性。即要达到内在安全性，能够抵抗一定的系统性扰动，也就是说能够应付系统内部交互作用波动引起的系统内部不和谐性。第二，系统能够适应环境变化引起的环境性扰动，即要具备抵御系统与外部交互作用的不和谐性能力。第三，本质安全必须能够合理配置系统内外部交互作用的耦合关系，实现系统和谐，涉及技术创新、规范制度、法律完善、文化建设等方方面面。第四，本质安全概念体现了事故成因的整体交互机制，因此，事故预防应该从系统整体入手，最终实现全方位的系统安全。由此可见，本质安全是一个动态演化的概念，也是一个具有一定相对性的概念，它会随着技术进步、管理理论创新而演化；它是安全管理的终极目标，最终达到对可控事故的长效预防；其主要措施是理顺系统内外部交互关系，提高系统和谐性；实现方式是对事故进行超前管理，从源头上预防事故。

（4）本质安全模式及技术方法

技术系统的本质安全具有如下两种基本模式：①失误-安全功能（Fool-Proof），指操作者即使操作失误，也不会发生事故或伤害；②故障-安全功能（Fail-Safe），指设备、设施或技术工艺发生故障或损坏时，还能暂时维持正常工作或自动转变为安全状态。本质安全有如下基本的技术方法：

①最小化（Minimize）或强化（Intensify）：减少危险物质库存量，不使用或最少量使用危险物质；在必须使用危险物质的情况下，应尽可能减小危险物质的数量。强化工艺设备、减小设备尺寸，使其更有效、更经济、更安全。系统内存在的危险物质的量越少，发生事故所造成的后果越小。在生产的各个环节都应考虑减少危险物质的量。

②替代（Substitute）：用安全的或危险性小的物质或工艺替代或置换危险的物质或工艺。例如用不可燃物质替代可燃性物质、用不使用危险材料的方法替代使用危险材料的方法。使用危险性小的物质或不含危险物质的工艺代替使用危险物质的工艺，也包括设备的替代。该措施可以减去附加的安全防护装置，减少设备的复杂性和成本。

③稀释（Attenuate）或缓和（Moderate）：采用危险物质的最小危害形式或最小危险的工艺条件（如在室温、常压、液相条件下）；在进行危险作业时，采用相对更加安全的工艺条件，或者用相对更加安全的方式（溶解、稀释、液化等）存储、运输危险物质。

④简化（Simplify）：通过设计，简化操作，减少使用安全防护装置，以减少人为失误的机会，简单的工艺、设备比复杂的更加安全，简单的工艺、设备所包含的部件较小，可以减少失误，节约成本。

⑤限制危害后果（Limitation of Harmful Effects）：通过改进设计和操作，限制或减小故障可能造成的损坏程度，例如安全隔离或者使所涉及的设备即使在发生泄漏时，也只能以小的流速进行，以便容易阻止或控制。开发新的或改进已有工艺、设备，使其即使发生事故，所造成的损失也最小。

⑥容错（Error Tolerance）：使工艺、设备具有容错功能。如使设备坚固，装置可承受倾翻，反应器可承受非正常反应等。

⑦改进早期化（Change Early）：在工艺、设备设计过程中，尽可能早地使用各种安全评价方法对其中存在的危险因素进行辨识，为改进或选择新的工艺、新设备提供决策依据。

⑧避免碰撞效应（Avoiding Knock-on Effect）：设备、设施布局宽敞，采用失效保险系统，使所设计的工艺、设备即使在发生故障时，也不会产生碰撞或多米诺骨牌效应。例如，在机器设备的各部件之间设置隔板，使其在发生火灾时，可以阻止火焰蔓延，或者将设备置于室外，从而使泄漏的有毒物质可以依靠自然通风进行扩散。

⑨状况清楚（Making Status Clear）：对作业中存在的物质进行清晰的解释说明，有利于操作者对可能存在的危险进行辨识和控制。

⑩避免组装错误（Making Incorrect Assembly Impossible）：通过设计，使阀门或管线等系统标准化，减少人为失误，使设备无法依据错误的形式组装而避免失效，如设计标准化，使用特定的工序、阀门、管线等。

⑪容易控制（Ease of Control）：减少手动控制装置和附加的控制装置；使用容易理解的计算机软件；如果一个过程很难控制，应该在投资建造复杂的控制系统之前设法改变工艺或控制原理。

⑫管理控制/程序（Management Control/Procedure）：人失误是导致生产事故的主要原因之一。因此，要对员工进行严格培训和上岗资格认证。

（5）本质安全的应用

在不同的技术系统或行业领域，本质安全具体应用举例如下：

①电气本质安全系统：安全电压（或称安全特低电压），自动闭锁系统，接零、接地保护系统，漏电保护系统，绝缘系统，电气隔离，屏护和安全距离，联锁保护系统等。

②机械本质安全系统：自动闭锁系统，联锁保护系统，超载保护装置，端站极限开关，限位开关，越程开关，限速器，缓冲器等。

③消防本质安全系统：自动喷淋系统，阻燃材料，防爆电气，消除可燃可爆系统，控制引燃能源等。

④汽车本质（主动）安全系统：ABC 主动车身控制系统，ABD 自动制动力分布系统，ABS 防抱死制动系统，ASC + T 自动稳定及牵引力控制系统，ASR 防打滑修正系统，BA 制动助力器等。

3.2.3　人本安全理论

（1）“人本”安全与“物本”安全

任何系统仅仅依靠技术来实现全面的本质安全是不可能的，“没有最安全的技术，只有最安全的行为”。科学的本质安全概念是全面的安全、系统的安全、综合的安全。任何系统既需要物的本质安全，也需要人的本质安全，“人本”与“物本”的结合，才能构建全面本质安全的系统。

“物本”是安全的硬实力，“人本”是安全的软实力、硬道理。根据安全科学“3E 对策理论”为基础的研究，安全软实力具有重要的作用，例如，针对特种设备安全系统的分析，得到的研究结论是：安全科技对特种设备安全的贡献率为 58%，安全管理为 27%，安全文化为 15%，软实力的贡献率接近一半。显然，对于不同行业或地区处于不同的发展阶段和发展背景基础，安全对策 3E 要素的贡献或作用是不一样的，比如，劳动密集型的建筑行业，安全文化的贡献率就相对要大一些。但可以肯定的是，目前在我国多数地区和行业企业，应有的安全管理和安全文化软实力的贡献和作用还处于缺乏不足的状态，还有发展和提升的空间。

（2）人本安全原理

基于安全文化学理论，人们提出了“人本安全原理”，其基本理论规律见图 3-23。即人本安全的目标是塑造“本质安全型人”。本质安全型人的标准：时时想安全的安全意识，处处要安全的安全态度，自觉学安全的安全认识，全面会安全的安全能力，现实做安全的安全行动，事事成安全的安全目的。塑造和培养本质安全型人，需要从安全观念文化和安全行为文化入手，同时需要创造良好的安全物态及环境文化。

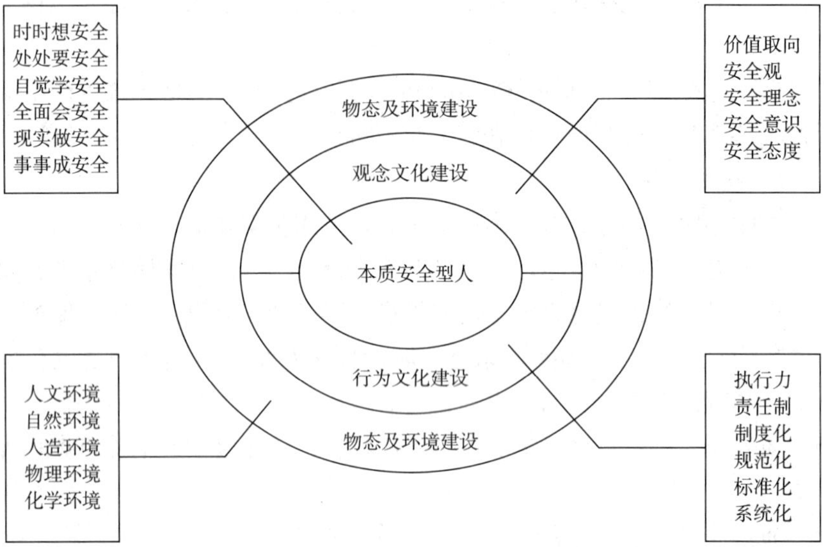

图 3-23　安全文化建设“人本安全原理”示意图

依据人本安全理论，在安全生产领域提出了企业安全文化建设的策略，即安全文化建设的范畴体系：安全观念文化建设，安全行为文化建设，安全制度文化建设，安全物态文化建设。

(3) 人员安全素质

人员安全素质是安全生理素质、安全心理素质、安全知识与技能要求的总和。其内涵非常丰富，主要包括：安全意识、法制观念、安全技能知识、文化知识结构、心理应变能力、承受适应能力和道德、行为规范约束力。

3.2.4　系统全过程管理理论

(1) 过程安全管理

过程安全（Process Safety）是指可避免任何处理、使用、制造及贮存危险性化学物质工艺过程所产生重大意外事件的操作方式，须考虑技术、物料、人员与设备等动态因素，其核心是一个化工过程得以安全操作和维护，并长期维持其安全性。

过程安全管理是利用管理的原则和系统的方法，来辨识、掌握和控制化工过程的危害，确保设备和人员的安全。从过去的事故案例看，单一的管理或技术途径无法有效地避免安全事故的发生。对一个复杂的石化生产过程而言，涉及化学品安全、工艺安全、设备安全和作业环境安全多个方面，要防止因单一的事故演变成重大灾难事故，就必须从过程控制、人员操控、安全设施、应急响应等多方面构筑安全防护体系，即建立完备的“保护层”，并维持其完整性和有效性。

（2）设备完整性管理

过程安全管理极其重要的一环是相关设备的设计、制造、安装及保养，不符合规格或规范的设备是造成化学灾害及安全事故的主要原因之一。设备完整性管理技术对应于过程安全管理（Process Safety Management，简称 PSM）中的第八条，是从设备上保障过程安全。设备完整性管理技术是采取技术改进和规范设备管理相结合的方式，来保证整个装置中关键设备运行状态的完好性。其特点：①设备完整性具有整体性，是指一套装置或系统的所有设备的完整性；②单个设备的完整性要求与设备的装置或其在系统内的重要程度有关（即运用风险分析技术对系统中的设备按风险大小排序，对高风险的设备需要加以特别的照顾）；③设备完整性是全过程的，从设计、制造、安装、使用、维护，直至报废；④设备资产完整性管理是采取技术改进和加强管理相结合的方式来保证整个装置中设备运行状态的完好性，其核心是在保证安全的前提下，以整合的观点处理设备的作业，并保证每一作业的落实与品质；⑤设备的完整性状态是动态的，设备完整性需要持续改进。

设备完整性管理是以风险为导向的管理系统，以降低设备系统的风险为目标，在设备完整性管理体系的构架下，通过基于风险技术的应用而达到目的，见图 3-24。

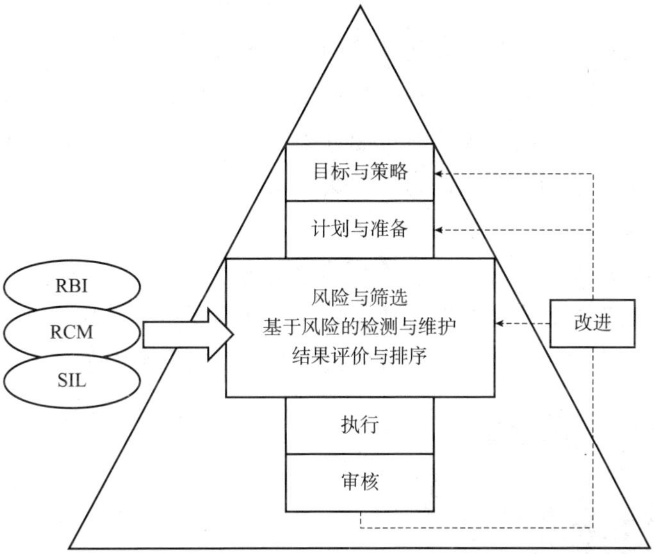

图 3-24　设备完整性安全管理体系

设备完整性管理包括基于风险的检验计划和维护策略，即基于时间的、基于条件的、正常运行情况或故障情况下的维护。其核心是利用风险分析技术识别设备失效的机理、分析设备失效的可能性与后果，确定其风险的大小；根据风险排序制定有针对性的检维修策略，并考虑将检维修资源从低风险设备向高风险设备转移。以上各环节的实施与维修用体系化的管理加以保证。因此，设备完整性管理的实施包括管理和技术两个层面，即在管理上建立设备完整性管理体系；在技术上以风险分析技术作为支撑，包括针对静设备、管线的基于风险的检验技术（Risk Based Inspection，RBI），针对动设备的以可靠性为中心的维修技术（Reliability Centered Maintenance，RCM）和针对安全仪表系统的安全完整性等级技术（Safety Integrity Level，SIL）等。

3.2.5 安全细胞理论

安全细胞理论是针对组织（企业）安全管理系统提出的一种形象化方法论。一般认为班组是企业的细胞，模仿生命细胞特征和形象的规律，指导企业安全建设。

（1）班组是企业的细胞

班组是企业组织生产经营活动的基本单位，是企业最基层的生产管理组织。企业的所有生产活动都是在班组中进行，班组工作的好坏直接关系着企业经营的成败。

细胞是由膜包围着含有细胞核的原生质所组成，细胞能够通过分裂而增殖，是生物体个体发育和系统发育的基础。细胞或是独立地作为生命单位，或是多个细胞组成细胞群体或组织、器官和机体。班组在企业所处的地位，人们一般都形象地用表现生命现象的基本结构和功能等单位的细胞来形容。班组处于增强企业活力的源头、精神文明建设的前沿阵地、企业生产活动和推进技术进步的基本环节的地位上，它在形式上与细胞构成生命的现象有些相似。

机体的坏死是从一个个细胞的坏死开始的，要想机体健康成长，就要着眼于细胞，同样地，“班组细胞”是企业这个“有机体”杜绝违章操作和人身伤亡事故的主体。只有人体的所有细胞全部健康，人的身体才有可能健康，才能充满旺盛的活力和生命力。所以说班组是增强企业安全活力和安全生命力的源头。

（2）“细胞理论”模型

企业安全基础管理工作的好坏与3个要素密切相关，它们分别是员工、岗位和现场。企业要取得安全基础管理的成功，关键要在这3个基本要素上下功夫，使其可以健康运行和动态整合。这三大要素相互联系所构成的模型就是班组安全细胞理论模型，见图3-25。

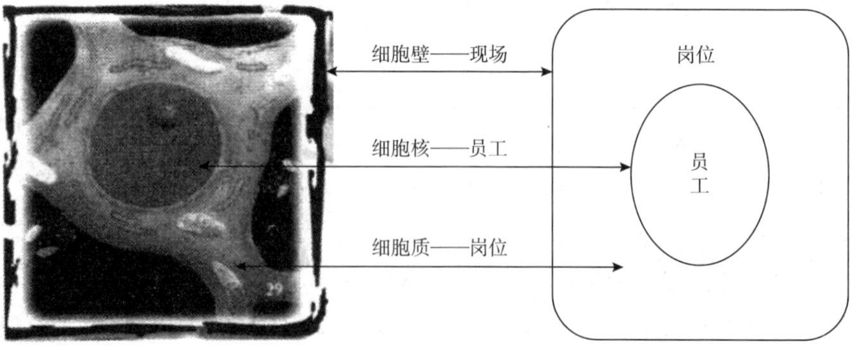

图3-25 班组安全细胞理论模型

（3）班组安全细胞健康工程

实施班组安全细胞健康工程要从以下方面入手：

①细胞核——员工素质工程。细胞核是细胞的控制中心，在细胞的代谢、生长、分化中起着重要作用，是遗传物质的主要存在部位。一般来说真核细胞失去细胞核后，很快就会死亡。安全管理大师海因里希认为，88%的事故都是由人的原因引起的，人因是安全系统的首要保障和关键因素，是班组细胞中的细胞核。强健有力的细胞核是细胞成长的核心。

强化教育培训、提高员工的素质是增强企业“细胞核”生命力的最有效途径。加强教育培训，主要是指对班组进行技能、安全生产、岗位职责和工作标准等方面的教育培训，同时将培训成绩计入个人档案，与个人的工资、奖金、晋级、提拔挂钩。

②细胞质——岗位安全标准化。班组管理的好坏直接影响着企业的管理效果，班组管理的关键体现在工作岗位上，员工是班组的细胞核，岗位则是班组细胞的细胞质。而大多数生命活动都在细胞质里面完成，提供细胞代谢所需的营养。细胞质的营养“程度”决定了细胞核的成长。因此，在企业中实行岗位安全责任制，保证了岗位的“营养”。岗位安全责任制就是对企业中所有岗位的每个人都明确地规定在安全工组中的具体任务、责任和权利，以便使安全工作事事有人管、人人有专责、办事有标准、工作有检查，职责明确、功过分明，从而把与安全生产有关的各项工作同全体职工联结、协调起来，形成一个严密、高效的安全管理责任系统。实行岗位安全责任制的主要意义在于：是组织集体劳动、保证安全生产、确保安全管理的基本条件；是把企业安全工作任务落实到每个工作岗位的基本途径；是正确处理人们在安全生产中的相互关系，把职工的创造力和科学管理密切结合起来的基本手段；是把安全管理建立在广泛的群众基础之上、使安全生产真正成为全体职工自觉行动的基本要求。

③细胞壁——现场安全规范化。继20世纪30年代海因里希的事故多米诺骨牌理论之后，70年代哈登提出了能量意外释放的事故致因理论，认为所有事故的发生都是由于能量的意外释放，可采用减少能量或以安全能量代替不安全能量、设置屏蔽等方式阻止事故的发生。能量理论是事故致因理论的另一个重要分支，而企业又是一个集热能、动能、势能、化学能于一体的场所，避免事故发生的重要手段是对能量的控制，而控制能量的关键在班组，班组的重心在现场，现场是班组细胞的细胞壁，现场管理是班组细胞成长的屏障。如同细胞壁在细胞中起着保护和支撑的作用一样，现场同样也在“班组细胞”中起着相似的作用。据统计，90%以上的工伤事故发生在生产作业现场，70%以上的事故是由于职工违章作业和思想麻痹而造成的。首先，现场是班组员工进行各种作业活动的区域范围，现场硬件条件和软件条件的好坏直接关系到员工的生命安全。其次，现场是提高职工队伍建设、提高职工素质的基本场所。现代社会是学习型社会，终身学习和终身职业培训已是现代企业建设的重要标志，提倡建立学习型企业，便要鼓励员工在工作中学习，使工作场所成为员工学习提高的场所，那么现场就在其中起到了细胞壁一样的支撑作用。

3.2.6 两类危险源理论

在系统安全研究中，认为危险源的存在是事故发生的根本原因，防止事故就是消除、控制系统中的危险源。危险源为可能导致人员伤害或财物损失的事故的潜在不安全因素。按此定义，生产、生活中的许多不安全因素都是危险源。根据危险源在事故发生、发展中的作用，把危险源划分为两大类，即第一类危险源和第二类危险源。

（1）第一类危险源

根据能量意外释放论，事故是能量或危险物质的意外释放，作用于人体的过量的能量或干扰人体与外界能量交换的危险物质是造成人员伤害的直接原因。于是，把系统中存在的、可能发生意外释放的能量或危险物质称作第一类危险源。

一般来说，能量被解释为物体做功的本领。做功的本领是无形的，只有在做功时才显现出来。因此，实际工作中往往把产生能量的能力源或拥有能量的能力载体看作第一类危险源，例如带电的导体、奔驰的车辆等。表3-7列举了常见的第一类危险源。

表3-7　伤害事故类型与第一类危险源

事故类型	能量源或危险物的产生、储存	能量载体或危险物
物体打击	产生物体落下、抛出、破裂、飞散的设备、场所、操作	落下、抛出、破裂、飞散的物体
车辆伤害	车辆、使车辆移动的牵引设备、坡道	运动的车辆
机械伤害	机械的驱动装置	机械的运动部分、人体
起重伤害	起重、提升机械	被吊起的重物
触电	电源装置	带电体、高跨步电压区域
灼烫	热源设备、加热设备、炉、灶、发热体	高温物体、高温物质
火灾	可燃物	火焰、烟气
高处坠落	高差大的场所、人员借以升降的设备、装置	人体
坍塌	土石方工程的边坡、料堆、建筑物、构筑物	边坡土（岩）体、物料、建筑物、构筑物、载荷
冒顶片帮	矿山采掘空间的围岩体	顶板、两帮围岩
放炮、火药爆炸	炸药	—
瓦斯爆炸	可燃性气体、可燃性粉尘	—
锅炉爆炸	锅炉	蒸汽
压力容器爆炸	压力容器	内容物
淹溺	江、河、湖、海、池塘、洪水、储水容器	水
中毒窒息	产生、储存、聚集有毒有害物质的装置、场所、容器	有毒有害物质

（2）第二类危险源

在生产和生活中，为了利用能量、让能量按照人们的意愿在系统中流动、转换和做功，必须采取措施约束、限制能量，即必须控制危险源。约束、限制能量的屏障应该可靠地控制能量，防止能量意外释放。实际上，绝对可靠的控制措施并不存在。在许多因素的复杂作用下，约束、限制能量的控制措施可能失效，能量屏障可能被破坏而发生事故。导致约束、限制能量措施失效或破坏的各种不安全因素称为第二类危险源。

人的不安全行为和物的不安全状态是造成能量或危险物质意外释放的直接原因。从系统安全的观点来考察，使能量或危险物质的约束、限制措施失效、破坏的原因，即第二类危险源，包括人、物、环境3个方面的问题。

在系统安全中涉及人的因素问题时，采用术语“人失误”。人失误是指人的行为的结果偏离了预定的标准，人的不安全行为可被看作人失误的特例。人失误可能直接破坏对第一类危险源的控制，造成能量或危险物质的意外释放。例如，合错了开关使检修中的线路带电；误开阀门使有害气体泄放等。人失误也可能造成物的故障，物的故障进而导致事故。例如，超载起吊重物造成钢丝绳断裂，发生重物坠落事故。

物的因素问题可以概括为物的故障。故障是指由于性能低下不能实现预定功能的现象，物的不安全状态也可以看作一种故障状态。物的故障可能直接使约束、限制能量或危险物质的措施失效而发生事故。例如，电线绝缘损坏发生漏电；管路破裂使其中的有毒有害介质泄漏等。有时一种物的故障可能导致另一种物的故障，最终造成能量或危险物质的意外释放。例如，压力容器的泄压装置故障，使容器内部介质压力上升，最终导致容器破裂。物的故障有时会诱发人失误；人失误会造成物的故障，实际情况比较复杂。

环境因素主要指系统运行的环境，包括温度、湿度、照明、粉尘、通风换气、噪声和振动等物理环境，以及企业和社会的软环境。不良的物理环境会引起物的故障或人失误。例如，潮湿的环境会加速金属腐蚀而降低结构或容器的强度；工作场所强烈的噪声影响人的情绪，分散人的注意力而发生人失误。企业的管理制度、人际关系或社会环境影响人的心理，可能引起人失误。

第二类危险源往往是一些围绕第一类危险源随机发生的现象，它们出现的情况决定事故发生的可能性。第二类危险源出现得越频繁，事故发生的可能性越大。

3.3 安全生命周期理论

安全生命周期理论是安全科学的基本理论之一，主要包括事故生命周期理论、设备生命周期理论和应急管理生命周期理论。事故生命周期理论对事故的发生过程进行详细说明，对控制事故的发生有着非常重要的指导意义；设备生命周期理论从技术、经济和管理3方面对设备生命周期进行了阐释；应急管理生命周期理论对危机发生的不同阶段进行了分析，并提出了相应的指导策略。

3.3.1 事故生命周期理论

一般事故的发展可归纳为4个阶段：孕育阶段、成长阶段、发生阶段和应急阶段。

(1) 事故的孕育阶段

孕育阶段是事故发生的最初阶段，是由事故的基础原因所致的，如前述的社会历史原因、技术教育原因等。在某一时期由于一切规章制度、安全技术措施等管理手段遭到破坏，使物的危险因素得不到控制和人的素质变差，加上机械设备在设计、制造过程中的各种不可靠性和不安全性，使其先天潜伏着危险性，这些都蕴藏着事故发生的可能，都是导致事故发生的条件。事故孕育阶段具有如下特点：①事故危险性看不见，处于潜伏和静止状态；②最终事故是否发生处于或然和概率的领域；③没有诱发因素，危险不会发展和显现。

根据以上特点，要根除事故隐患，防止事故发生，这一阶段是很好的时机。因此，从防止事故发生的基础原因入手，将事故隐患消灭在萌芽状态中，是安全工作的重要方面。

（2）事故的成长阶段

如果由于人的不安全行为或物的不安全状态，再加上管理上的失误或缺陷，促使事故隐患的增长，系统的危险性增大，那么事故就会从孕育阶段发展到成长阶段，它是事故发生的前提条件，对导致伤害的形成起媒介作用。这一阶段具有如下特点：①事故危险性已显现出来，可以感觉到；②一旦被激发因素作用，即会发生事故，造成伤害；③为使事故不发生，必须采取紧急措施；④避免事故发生的难度要比前一阶段大。

因此，最好的情况是不让事故发展到成长阶段，尽管在这一阶段还有消除事故发生的机会和可能。

（3）事故的发生阶段

事故发展到成长阶段，再加上激发因素作用，事故必然发生。这一阶段必然会给人或物带来伤害或损失，机会因素决定伤害和损失的程度，这一阶段的特点：①机会因素决定事故后果的程度；②事故的发生是不可挽回的；③只有吸取教训、总结经验、提出改进措施，以防止同类事故的发生。

事故的发生是人们所不希望的，避免事故的发展进入发生阶段是我们极力争取的，也是安全工作所追求的目标和安全工作者的职责和任务。

（4）事故的应急阶段

事故应急阶段主要包括紧急处理和善后恢复两个阶段。紧急处理是在事故发生后立即采取的应急与救援行动，包括事故的报警与通报、人员的紧急疏散、急救与医疗、消防和工程抢险措施、信息收集与应急决策和外部救援等；善后恢复应在事故发生后立即进行，首先应使事故影响区域恢复到相对安全的基本状态，然后逐步恢复到正常状态。应急目标是尽可能地抢救受害人员，保护可能受威胁的人群，尽可能控制并消除事故，尽快恢复到正常状态，减少损失。这一阶段的特点：①应急预案是前提；②现场指挥很关键；③紧急处理越快，损失越小；④善后恢复越快，综合影响越小。

3.3.2 设备生命周期理论

（1）生命周期理论

生命周期理论的基本含义可以通俗地理解为“从摇篮到坟墓”的整个过程。对于某个产品而言，就是从自然中来、回到自然中去的全过程，也就是既包括制造产品所需原材料的采集、加工等生产过程，也包括产品储存、运输等流通过程，还包括产品的使用过程以及产品报废或处置等回归自然的过程，这个过程构成了一个完整的产品的生命周期。

设备生命周期管理内容包括从产品的设计制造到设备的规划、选型、安装、使用、维护、更新、报废整个生命周期的技术和经济活动，其核心与关键在于正确处理设备可靠性、维修性与经济性的关系，保证可靠性，正确确定维修方案，建立设备生命周期档案，提高设备有效利用率，发挥设备的高性能，以获取最大的经济利益。

大多数产品失效率随着使用时间的变化情况如图3-26所示，故障率的变化模式可分为3个时期，这3个时期综合反映了产品在整个寿命期的故障特点，有时也称为浴盆曲线。曲线的形状呈两头高、中间低，具有明显的阶段性，可划分为3个阶段：

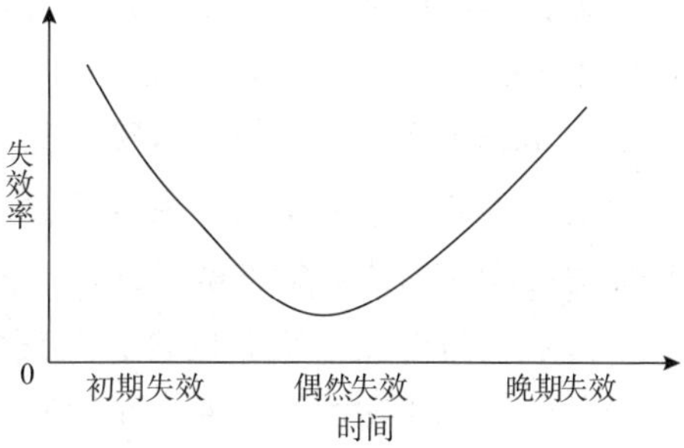

图3-26 设备安全失效浴盆曲线

①初期失效：在设备开始使用的阶段，一般故障率较高，但随着设备使用时间的延续，故障率明显降低，此阶段称为初期故障期，又称磨合期。这个期间的长短因设备系统的设计与制造质量不同而异。

②偶然失效：设备使用进入该阶段，故障率大致趋于稳定状态，趋于一个较低的定值，表明设备进入稳定的使用阶段。在此期间，故障一般是随机突发的，并无一定规律，故称此阶段为偶发故障期。

③晚期失效：设备使用进入后期阶段，经过长期使用，故障率再一次上升，且故障带有普遍性和规模性，设备的使用寿命接近终了，此阶段成为损耗故障期。在此期间，设备零部件经长时间的频繁使用，逐渐出现老化、磨损以及疲劳现象，设备寿命逐渐衰竭，因而处于故障频发状态。

起始与末尾期失效率很高，这就要求在起始期严格筛选、确定保修策略，而在末尾期及时维修甚至大修，改善系统状况并制定合理的报废期限。

（2）设备生命周期管理理论

现代设备管理强调设备生命周期一生的管理，设备生命周期管理理论是根据系统论、控制论和决策论的基本原理，结合企业的经营方针、目标任务，分析和研究设备生命周期3个方面的理论，具体如下：

①设备生命周期的技术理论　依靠技术进步加强设备的技术载体作用，研究寿命周期的故障性和维修性，提高设备有效利用率，采用新技术和诊断修复技术，从而改进设备的可靠性和维修性。

②设备生命周期的经济理论　研究磨损的经济规律，掌握设备的技术寿命和经济寿命，对设备的投资、修理和更新改造进行技术经济分析，力争投入少、产出多、效益高，从而达到寿命周期费用最经济和提高设备综合效率的目标。

③设备生命周期的管理理论　强调设备一生的管理和控制，由于设备设计、制造和使用各阶段的责任者和所有者往往不是单一的，故其经营管理策略和利益会有很大区别。因

此，需要研究和控制三者相结合的动态管理，建立相应的模型和模拟，并实现适时的信息反馈，从而实现设备系统的全面综合管理，不断提高设备管理的现代化水平。

(3) 设备生命周期管理理论的指导意义

设备生命周期管理理论分别从技术、经济和管理3个层面上提出对设备在其生命周期当中的管理内容和管理要求，对提高设备的生命和加强整个设备管理方面有着重要的意义。

①设备生命周期技术理论对设备管理的重要意义

设备的技术生命就是指新设备投入使用以后，由于科技进步出现了性能更好的新设备，其使用起来更简单方便、故障率低、产品质量好，老设备显得技术落后，如继续使用则不经济、不合算、划不来，而需要提前淘汰更新所经历的时间，简言之：设备由于技术落后而提前淘汰所决定的性能寿命的时间就是设备的技术寿命。运用设备的技术寿命理论来加强企业设备的技术形态管理，对保证设备的技术先进性以适应企业生产有着重要作用。设备的技术生命和物质寿命是紧密相连的，设备的技术形态管理是物质形态管理的发展，技术管理来源于物质管理，高于物质管理。因此，设备的技术管理既要考虑设备的物质形态，更要考虑设备技术含量所体现出来的高新技术的发展。

②设备生命周期经济理论对设备管理的重要意义

设备的经济寿命是指设备从投入使用到由于继续使用不再经济而淘汰所经历的时间，它主要受到有形磨损和无形磨损共同影响而产生。设备有形磨损使得其维修费用增加，使用成本提高，继续使用已经不能保证产品质量；无形磨损使得设备的使用在经济上已不合算，在大修理或改装费用又太大的情况下，其经济寿命也就到了终点，这时就必须进行设备更新。设备经济寿命的确定对生产性企业的费用核算有一定的关系，进而会对产品成本产生影响，影响企业经济效益。设备的经济寿命理论是把生产设备作为一种投资行为，企业运用生产手段来取得最高的经济效益，因此，正确地运用设备生命周期的经济理论，把其作为设备管理的基本指导思想可以优化资产、补偿费用、提高效应、控制投入产出，从而使设备寿命周期费用最低和综合经济效益最高。要想科学地运用设备生命周期的经济理论，应该做到：对设备投资进行必要的可行性研究和经济性论证；设备的物质替换需要价值补偿；运用设备寿命周期费用来指导和评价设备的经济效益，以加强企业的设备管理。

③设备生命周期管理理论对设备管理的重要意义

通常设备的设计制造过程由设计制造部门管理，而设备的使用过程由使用部门管理，有的设备还有专门的设计部门、制造部门、使用部门三分离的流程，甚至还有更多流程。作为设计制造部门不能只顾降低设备成本而忽略设备可靠性、耐久性、维修性、环保性、安全性和节能性等。要了解使用单位的工艺要求和使用条件，要考虑到设备运行阶段的运营费用，使研制出来的设备既符合用户要求，又有用户采购使用。在设备制造出厂后，研制人员要根据实际情况参加设备安装、调试、使用，并做好技术服务工作。用户应及时地把安装、调试和使用中发现的问题向设计制造部门进行信息反馈，以便改进设备的设计、制造方法。只有各部门互通信息，设计、制造、使用相结合才能相互促进，使产品设计制造部门开发更优质的、更适合用户使用的设备，使设备使用部门能采购到更优质的设备，享受到更优质的服务。因此，这就需要针对这三个部门建立专业的管理团队，正确运用设备寿命的管理理论，建立合理的管理机制，从而实现三者管理的动态结合。

3.3.3　应急管理生命周期理论

（1）应急管理各阶段的主要任务

根据危机的发展周期，突发事件应急管理生命周期可以分为以下几个过程阶段：①危机预警及准备阶段。其目的在于有效预防和避免危机的发生。②识别危机阶段。监测系统或信息监测处理系统是否能够辨识出危机潜伏期的各种症状是识别危机的关键。③隔离危机阶段。要求应急管理组织有效控制突发事态的蔓延，防止事态进一步升级。④管理危机阶段。要求采取适当的决策模式并进行有效的媒体沟通，稳定事态，防止紧急状态再次升级。⑤善后处理阶段。要求在危机管理阶段结束后，从危机处理过程中总结分析经验教训，提出改进意见，如图 3-27 所示。

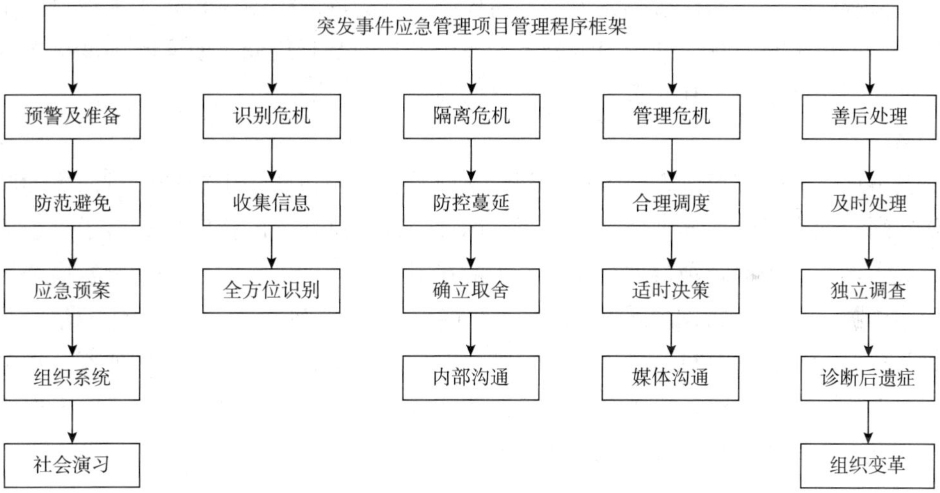

图 3-27　应急管理各阶段的主要任务

（2）突发事件应急管理实施控制

对突发事件应急管理体系进行控制，关键是制定完善的突发事件应急预案，在建立健全突发事件管理机制上下功夫。该预案的工作过程大致包括以下几个步骤：①清晰定义突发事件应急管理项目目标，此目标必须尽可能与我国经济社会发展和社会平稳进步的目标相符。②通过工作分解结构，明确组织分工和责任人，使看似复杂的过程变得易于操作，有效克服应急工作的盲目性（图 3-28）。③为了实现应急管理的目标，必须界定每项具体工作内容。④根据每项任务所需要的资源类型及数量，明确辨认不同阶段相互交织、循环往复的危机事件应急管理特定生命周期，采取不同的应急措施。

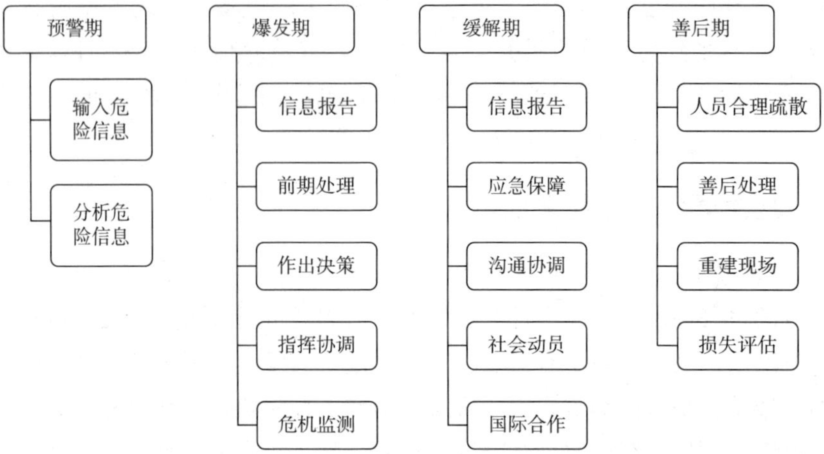

图 3-28　突发事件应急管理工作分解结构

(3) 突发事件应急管理进度控制

进度控制的主要目标是通过完善以事前控制为主的进度控制体系来实现项目的工期或进度目标。通过不断地总结进行归纳分析，找出偏差，及时纠偏，使实际进度接近计划进度。进度控制包括事前控制、事中控制和事后控制。

①事前控制

突发事件应急管理想从事后救火管理向事前监测管理转变，由被动应对向主动防范转变，就必须建立完善的突发事件预警机制。因此，控制点任务的按时完成对于整个事前控制起着决定作用。预警级别根据突发事件可能造成的危害程度、紧急程度和发展势态，一般划分为4级：Ⅰ级（特别严重）、Ⅱ级（严重）、Ⅲ级（较重）和Ⅳ级（一般）。只有在信息收集和分析的基础上对信息进行全面细致的分类鉴别，才能发现危机征兆，预测各种危机情况，对可能发生的危机类型、设计范围和危害程度作出估计，并想办法采取必要措施加以弥补，从而减少乃至消除危机发生的诱因。

②事中控制

有效进度控制的关键是定期、及时地检测实际进程，并把它和计划进程相比较。危机发生时，政府逐级信息报告必须及时，要根据特殊情况适时调整预案处置，及时掌握危机进展状况和严重程度，并根据危及演化的方向作出分析判断，妥善处理危机。在情况不明、信息不畅的情况下，要积极发挥媒体的作用，及时向公众公开危机处理进展情况，保障群众的知情权，减少主观猜测和谣言传播的负面影响。

③事后控制

事后控制的重点是认真分析影响突发事件应急管理进度关键点的原因，并及时加以解决。通过有效的资源调度和社会合作，对突发事件应急管理预案的执行情况、实施效果进行评估。在调查分析和评估总结的基础上，详尽地列出危机管理中存在的问题，提出突发事件应急管理改进的方案和整改措施。

3.4 安全对策理论

安全对策理论是安全科学的基本理论，是安全防护的重要保障，是安全管理和事故管理的基本对策，主要包括3E对策理论、3P策略理论、安全分级控制匹配理论、球体斜坡力学理论、安全强制理论和安全责任稀释理论。

3.4.1 安全3E对策理论

通过人类长期的安全活动实践，在国际范围内，安全界确立了3大安全战略对策理论。所谓“3E”，一是指安全工程技术对策（Engineering），这是技术系统本质安全化的重要手段；二是指安全管理对策（Enforcement），这一对策既涉及物的因素，即对生产过程设备、设施、工具和生产环境的标准化、规范化管理，也涉及人的因素，即作业人员的行为科学管理等；三是指安全文化对策（Education），这是人因安全素质的重要保障措施。

安全生产“3E”对策理论是横向的安全保障体系，是形式逻辑，也称为安全生产的3大支柱，或简称为“技防”“管防”“人防”。

（1）安全工程技术对策（Engineering）

安全工程技术对策是指通过工程项目和技术措施，实现生产的本质安全化，或改善劳动条件提高生产的安全性。例如，对于火灾的防范可以采用防火工程、消防技术等技术对策；对于尘毒危害，可以采用通风工程、防毒技术、个体防护等技术对策；对于电气事故，可以采取能量限制、绝缘、释放等技术方法；对于爆炸事故，可以采取改良爆炸器材、改进炸药等技术对策等。在具体的工程技术对策中，可采用如下技术对策措施。

①消除潜在危险的对策措施。即在本质上消除事故隐患，是理想、积极、进步的事故预防措施。其基本的做法是以新的系统、新的技术和工艺代替旧的不安全系统和工艺，从根本上消除发生事故基础。例如，不可燃材料代替可燃材料；以导爆管技术代替导火绳起爆方法；改进机器设备，消除人体操作对象和作业环境的危险因素，排除噪声、尘毒对人体的影响等，从本质上实现职业安全健康。

②降低潜在危险因素数值的措施。即在系统危险不能根除的情况下，尽量地降低系统的危险程度，使系统一旦发生事故，所造成的后果严重程度最小。如手电钻工具采用双层绝缘措施，利用变压器降低回路电压，在高压容器中使用安全阀、泄压阀抑制危险发生等。

③系统的冗余性对策措施。就是通过多重保险、后援系统等措施，提高系统的安全系数，增加安全余量。如在工业生产中降低额定功率；增加钢丝绳强度；飞机系统使用双引擎；系统中增加备用装置或设备等措施。

④系统闭锁对策。在系统中使用一些元器件的机器连锁或电气互锁，作为保证安全的条件。如冲压机械的安全互锁器，金属剪切机室安装出入门互锁装置，电路中的自动保安器等。

⑤系统能量屏障对策措施。在人、物与危险之间设置屏障，防止意外能量作用到人体和物体上，以保证人和设备的安全。如高处作业的安全网、核反应堆的安全壳等，都起到了屏障作用。

⑥系统距离防护对策措施。当危险和有害因素的伤害作用随距离的增加而减弱时，应尽量使人与危险源距离远一些。针对噪声源、辐射源等危险因素可采用这一原则减小其危害。化工厂远离居民区、爆破作业时的危险距离控制，均是这方面的例子。

⑦时间防护对策措施。使人暴露于危险、有害因素的时间缩短到安全程度之内。如开采放射性矿物或进行有放射性物质的工作时，缩短工作时间；粉尘、毒气、噪声的安全指标，应随工作接触时间的增加而减少。

⑧系统薄弱环节对策措施。即在系统中设置薄弱环节，以最小的、局部的损失换取系统的总体安全。如电路中的保险丝、锅炉的熔栓、煤气发生炉的防爆膜、压力容器的泄压阀等。它们在危险情况出现之前就发生破坏，从而释放或阻断能量，以保证整个系统的安全性。

⑨系统坚固性对策措施。这是与薄弱环节原则相反的一种对策。即通过增加系统强度来保证其安全性。如加大安全系数、提高结构强度等措施。

⑩个体防护原则。根据不同作业性质和条件配备相应的保护用品及用具。采取被动的措施，以减轻事故和灾害造成的伤害或损失。

⑪代替作业人员的对策措施。在不可能消除和控制危险、有害因素的条件下，以机器、机械手、自动控制器或机器人代替人或人体的某些操作，摆脱危险和有害因素对人体的危害。

⑫警告和禁止信息对策措施。采用光、声、色或其他标志等作为传递组织和技术信息的目标，以保证安全。如宣传画、安全标志、板报警告等。

安全工程技术对策是实现“本质安全”的重要战略对策，因此应将工程技术对策的思想和方法融入安全生产管理战略当中。但是，工程技术对策需要安全技术及经济投入作为基本前提，因此，在实际工作中，要充分地研发和利用安全技术，合理地增加安全经费投入，才能保障安全生产管理战略得到切实、有效的落实和贯彻。

（2）安全管理对策（Enforcement）

管理就是创造一种环境和条件，使置身于其中的人们能协调地进行工作，从而完成预定的使命和目标。安全管理是通过制定和监督实施有关安全法令、规程、规范、标准和规章制度等，规范人们在生产活动中的行为准则，使劳动保护工作有法可依、有章可循，用法制手段保护职工在劳动中的安全和健康。安全管理对策是工业生产过程中实现职业安全健康的基本的、重要的、日常的对策。

工业安全管理对策具体由管理的模式、组织管理的原则、安全信息流技术等方面来实现：法制手段，监督；行政手段，责任制；科学手段，推进科学管理；文化手段，进行安全文化建设；经济手段，伤亡赔偿、工伤保险、事故罚款等。

安全管理也是一门现代科学。企业生产作业的各个环节，要实现安全保障，必须从科学管理、规范管理、标准化管理上下功夫。采用先进的管理思想和管理理念，采用先进、高效的管理模式组织生产，完善安全管理制度和标准化体系等，不断追求生产安全管理模式和体系的科学化、现代化。只有政府和企业实施了科学、高效的安全管理，才能有效地预防安全生产事故的发生，最终实现安全生产管理战略。

(3) 安全文化对策（Education）

安全文化对策就是要对企业各级领导、管理人员以及操作员工进行安全观念、意识、思想认识、安全生产专业理论知识和安全技术知识的宣教、培训，提高全员安全素质，防范人为事故。安全文化意识培训的内容包括国家有关安全生产、劳动保护的方针政策、安全生产法规法纪、安全生产管理知识、事故预防和应急的策略技术等。通过教育提高各级领导和广大职工的安全意识、政策水平和法制观念，牢固树立“安全第一”的思想，自觉贯彻执行各项安全生产法规政策，增强保护人、保护生命力的责任感。

安全技术知识培训包括一般生产技术知识、一般安全技术知识和专业安全生产技术知识的教育，安全技术知识寓于生产技术知识之中，在对职工进行安全教育时必须把二者结合起来。一般生产技术知识包括企业的基本概况、生产工艺流程、作业方法、设备性能及产品的质量和规格。一般安全技术知识教育包括各种原料、产品的危险、危害特性，生产过程中可能出现的危险因素，形成事故的规律，安全防护的基本措施和有毒有害的防治方法，异常情况下的紧急处理方案，事故时的紧急救护和自救措施等。专业安全生产技术知识教育是针对特别工种进行的专门培训教育，例如锅炉、压力容器、电气、焊接、化学危险品的管理、防尘防毒等专门安全技术知识的培训教育。安全技术知识的教育应做到应知应会，不仅要懂得方法原理，还要学会熟练操作和正确使用各类防护用品、消防器材及其他防护设施。

安全文化的对策是应用启发式教学法、发现法、讲授法、谈话法、读书指导法、演示法、参观法、访问法、实验实习法、宣传娱乐法等，对政府官员、社会大众、企业职工、社会公民、专职安全人员进行意识、观念、行为、知识、技能等方面的教育。安全教育的对象通常有政府有关官员、企业法人代表、安全管理人员、企业职工、社会公众等。教育的形式有法人代表的任职上岗教育、企业职工的三级教育、特殊工种教育、企业日常性安全教育、安全专职人员的学历教育等。安全文化意识提升的内容涉及专业安全科学技术知识、安全文化知识、安全观念知识、安全决策能力、安全管理知识、安全设施的操作技能、安全特殊技能、事故分析与判断的能力等。

(4)“3E”的“三角”关系原理

安全生产“3E”中的各个要素不是简单独立关系，它们具有非线性关系，具有相互的作用和影响，可用“三角”关系和原理来表示，见图3-29。在3个对策要素中，安全文化对策具有基础性的作用，对安全工程技术功能和安全管理制度的作用的发挥具有根本的影响。因此，可以说安全文化是安全工程技术和安全管理的“因变量”。

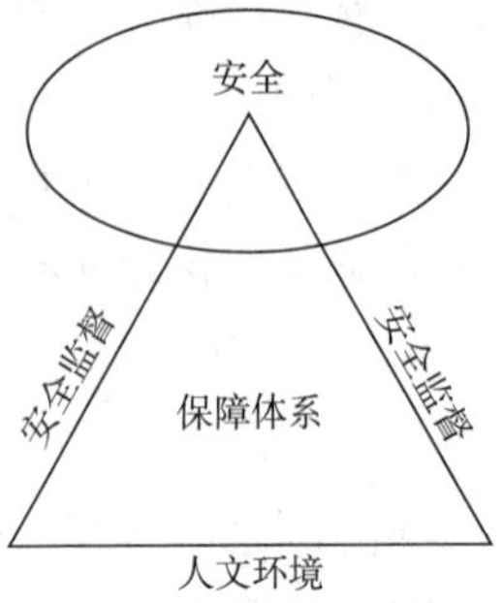

图3-29　安全生产“3E”对策的“三角”关系原理图

3.4.2　安全3P策略理论

基于事故防范战略的思维，人们提出了事故预防的3P策略理论，即：先其未然——事前预防策略，发而止之——事中应急策略，行而责之——事后惩戒策略。3P是事故防范体系，也是纵向的安全保障体系，是时间逻辑，是事故防范的3个层面的防范体系。简称为“事前”“事中”和“事后”，“事前”是上策，“事中”是中策，“事后”是下策。

（1）事前预防策略

在安全保障体系中预防有两层含义：一是事故的预防工作，即通过安全管理和安全技术等手段，尽可能地防止事故的发生，实现本质安全；二是在假定事故必然发生的前提下，通过预先采取的预防措施，来达到降低或减缓事故的影响或后果严重程度的目的，如加大建筑物的安全距离、工厂选址的安全规划、减少危险物品的存量、设置防护墙，以及开展公众教育等。从长远观点看，低成本、高效率的预防措施，是减少事故损失的关键。

事故预防措施：一是应用工程技术手段实现“物本”安全（即物的本质安全），二是强化法制监管，三是推进科学管理，四是推进安全文化建设。在上述系统的战略对策中，针对现代安全管理对策，要实行预防为主、超前管理、关口前移的战略，做到“七个强化”：

①基础管理——强化“三同时”和风险预评价；

②制度建设——强化安全制度和规程的有效执行；

③科学管理——强化安全生产管理的科学性和有效性，实现安全生产持续改进；

④安全监督——强化高危行业、关键行业、重点岗位和高风险作业的监督和监控；

⑤风险监管——强化对隐患、缺陷、危险源和生产作业风险的动态监控及监管；

⑥协同管理——强化作业员工合同和承包商合同管理；

⑦文化建设——强化人的安全观念文化、安全行为文化的建设，提高全员安全素质。形成“人人、事事、时时、处处”保安全的氛围。

（2）事中应急策略

事中应急策略包括3个方面的内容：应急准备、应急响应和应急恢复，是应急管理过程中一个极其关键的过程。应急准备是针对可能发生的事故，为迅速有效地开展应急行动而预先所做的各种准备，包括应急体系的建立，有关部门和人员职责的落实，预案的编制，应急队伍的建设，应急设备（施）、物资的准备和维护，预案的演习，与外部应急力量的衔接等，其目标是保持重大事故应急救援所需的应急能力。

应急响应是在事故发生后立即采取的应急与救援行动。包括事故的报警与通报、人员的紧急疏散、急救与医疗、消防和工程抢险措施、信息收集与应急决策和外部救援等，其目标是尽可能地抢救受害人员、保护可能受威胁的人群，尽可能控制并消除事故。应急响应可划分为两个阶段，即初级响应和扩大应急。初级响应是在事故初期，企业应用自己的救援力量，使事故得到有效控制。但如果事故的规模和性质超出本单位的应急能力，则应请求增援和扩大应急救援活动的范围，以便最终控制事故。

恢复工作应该在事故发生后立即进行，它首先使事故影响区域恢复到相对安全的基本状态，然后逐步恢复到正常状态。要求立即进行的恢复工作包括事故损失评估、原因调查、清理废墟等，在短期恢复中应注意的是避免出现新的紧急情况。长期恢复包括厂区重建和受影响区域的重新规划和发展，在长期恢复工作中，应吸取事故和应急救援的经验教训，开展进一步的预防工作和减灾行动。

（3）事后惩戒策略

基于事故教训的安全策略，即所谓“亡羊补牢”“事后改进”的策略，通过分析事故致因，制定改进措施，实施整改，坚持“四不放过”的原则。做到同类事故不再发生。具体的策略：全面的事故调查取证，科学的原因分析；合理的责任追究；充分的措施改进；有效的整改完善。

3.4.3　安全分级控制匹配理论

安全分级控制匹配理论是指基于风险分级而采取相应级别的安全监控管理措施的合理性匹配原理，简称“分级控制原理”。这一原理基于对系统或对象的风险分级，遵循“安全分级监控”的合理性、科学性原则，能够保障和提高安全监控和监管的效能，是现代安全科学控制与管理的发展潮流。

基于风险分级的监控监管匹配原理的方法机制一般采取4个风险级别，分别为“Ⅰ”级、“Ⅱ”级、“Ⅲ”级和“Ⅳ”级，对应的预警颜色分别用“红色”“橙色”“黄色”和“蓝色”的安全色表征；相应安全监管措施也分为4个防控级别，分别为“高”级预控、“中”级预控、“较低”级预控和“低”级预控，对应的预控颜色同样分别用“红色”“橙色”“黄色”和“蓝色”的安全色表征。风险分级预控的“匹配原理”见表3-8。这一原理有3种监控监管模式。

（1）当风险防控措施等级低于风险预警级别时：这种状态属于“控制不足”的情况，例如对于“Ⅰ级”的风险预警等级，当采用低于其对应预控级别的“中”“较低”或“低”级的风险防控措施时，企业所投入的风险控制资源有限，达不到有效控制风险的绩效，此时企业生产的安全性不能得到保证，因此，这种匹配情况在理论上不合理，实际情况也不能接受，故匹配的结果为“不合理、不可接受”。

（2）当风险防控措施等级高于风险预警级别时：这种状态属于“控制过量”的情况，例如对于“Ⅱ级”“Ⅲ级”或“Ⅳ级”的风险预警等级，如果采用高于其对应预控级别的“高”级风险防控措施，此时理论上能够有效地控制风险，企业生产的安全性能够得到保证，这种匹配情况在理论上“可接受”，但是此时显然造成了企业资源的过量投入以及浪费，即从实际情况来看，这种匹配结果“不合理”，故匹配的结果为“不合理、可接受”。

（3）当风险防控措施等级对应于风险预警级别时：这种状态属于“当量控制”的情况，例如对于“Ⅰ级”的风险预警等级，如果采用对应于其预警等级的“高”级风险防控措施，此时理论上能够有效地控制风险，企业生产的安全性能够得到保证，这种匹配情况在理论上“可接受”，而且，此时企业资源的投入量为“当量值”，属于“恰好是足以有效控制风险”的状态，即从实际情况来看，这种匹配结果“合理”。因此，只有当采取匹配于风险预警等级的相应级别的风险防控措施时，才能够达到企业资源投入与安全绩效的最优配比，此时的匹配结果为“合理，可接受”。科学的监管模式期望推行这种模式，这也是最优的安全监控或控管方式。

表 3-8　基于风险分级的安全监管匹配原理

风险分级	风险分级监管或预控匹配规律			
	高	中	较低	低
Ⅰ（高）	合理 可接受	不合理 不可接受	不合理 不可接受	不合理 不可接受
Ⅱ（中）	不合理 可接受	合理 可接受	不合理 不可接受	不合理 不可接受
Ⅲ（较低）	不合理 可接受	不合理 可接受	合理 可接受	不合理 不可接受
Ⅳ（低）	不合理 可接受	不合理 可接受	不合理 可接受	合理 可接受

3.4.4　安全保障体系“球体斜坡力学原理”

安全保障体系“球体斜坡力学原理”见图 3-30。这一原理的含义是：组织或系统的安全状态就像一个停在斜坡上的“球”，物的固有安全、安全措施和安全保护装备，以及各单位或组织的安全制度和安全监管措施，是“球”的基本“支撑力”，对安全的保证发挥基本性的作用。但是仅有这一支撑力是不能够使系统安全这个“球”得以稳定和保持在应有的标准和水平上，这是因为在组织或单位的系统中，存在一种“下滑力”。这种不良的“下滑力”是由于如下原因造成的：一是事故特殊性和复杂性，如事故的偶然性、突发性，人的不安全行为或安全措施不到位，不一定会发生事故，使得人们无意或故意地放弃安全措施，对“系统安全”这一个“球”产生不良的下滑作用力；二是人的趋利主义，稳定安全或提高安全水平需要增加安全成本，反之可以将安全成本变为利润，因此当安全与发展、安全与速度、安全与生产、安全与经营、安全与效益发生冲突时，人们往往放弃前者；三是人的惰性和习惯，保障安全费时、费力，增加时间成本，反之，安全“投机取巧”，获得利益。这种不良的惰性和习惯是因为安全规范需要付出气力和时间，而违章可带来暂时的舒适和短期的“利益”等导致。

这种“下滑力”显然是安全基本的保障措施不能克服的。克服这种“下滑力”需要针对性的“反作用力”，这种“反作用力”就是“文化力”，即正确认识论形成的驱动力、价值观和科学观的引领力、强意识和正态度的执行力、道德行为规范的亲和力等。

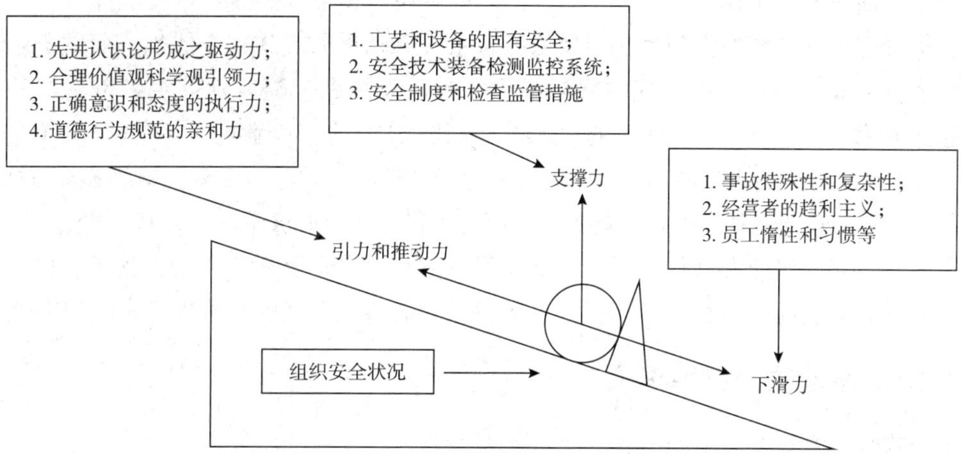

图 3-30　安全保障系统“球体斜坡力学原理”示意图

3.4.5　安全强制理论

（1）强制理论的含义

采取强制管理的手段控制人的意愿和行动，是个人的活动、行为等受到安全管理要求的约束，从而实现有效的安全管理，这就是强制理论。一般来说，管理均带有一定的强制性。管理是管理者对被管理者施加作用和影响，并要求被管理者服从其意志，满足其要求，完成其规定的任务。不强制便不能有效地将其调动到符合整体管理利益和目的的轨道上来。

安全管理需要强制性是由事故损失的偶然性、人的“冒险”心理以及事故损失的不可挽回性所决定的。安全强制性管理的实现，离不开严格合理的法律、法规、标准和各级规章制度，这些法规、制度构成了安全行为的规范。同时，还要有强有力的管理和监督体系，以保证被管理者始终按照行为规范进行活动，一旦其行为超出规范的约束，就要有严厉的惩处措施。

（2）强制理论的原则

①“安全第一”原则。“安全第一”就是要求在进行生产和其他活动的时候把安全工作放在一切工作的首要位置。当生产和其他工作与安全发生矛盾时，要以安全为主，生产和其他工作要服从安全。

“安全第一”原则可以说是安全管理的基本原则，也是我国安全生产方针的重要内容。贯彻“安全第一”原则，就是要求一切经济部门和生产企业的领导高度重视安全，把安全工作当作头等大事来抓，要把保证安全作为完成各项任务、做好各项工作的前提条件。在计划、布置、实施各项工作时首先想到安全，预先采取措施，防止事故发生。该原则强调，必须把安全生产作为衡量企业工作好坏的一项基本内容，作为一项有“否决权”的指标，不安全不准进行生产。

②监督原则。为了促使各级生产管理部门严格执行安全法律、法规、标准和规章制

度，保护职工的安全与健康，实现安全生产，必须授权专门的部门和人员进行监督、检查和惩罚，以揭露安全工作中的问题、督促问题的解决、追究和惩戒违章失职行为。

安全管理带有较强的强制性，只要求执行系统自动贯彻实施安全法规，而缺乏强有力的监督系统去监督执行，则法规的强制威力是难以发挥的。随着社会主义市场经济的发展，企业成为自主经营、自负盈亏的独立法人，国家与企业、企业经营者与职工之间的利益差别，在安全管理方面也有所体现。它表现为生产与安全、效益与安全、局部效益与社会效益、眼前利益与长期利益的矛盾。企业经营者往往容易片面追求质量、利润、产量等，而忽视职工的安全与健康。在这种情况下，必须设立安全生产监督管理部门，配备合格的监督人员，赋予其必要的强制权力，以保证其履行监督职责，保证安全管理工作落到实处。

3.4.6 安全责任稀释理论

安全责任稀释理论：安全生产，人人有责。

1957 年国家实施的《安全生产责任制度》规定“安全生产，人人有责”。“安全生产，人人有责”八字方针，就是要企业实行安全生产责任制，严格执行生产过程安全责任追究制度，生产过程中，人人对安全负责。现今很多企业遇到安全问题就归咎到安全管理部门，归咎到某个安全管理人员的头上，这是安全管理上最大的误区，所谓“管生产，管安全，生产人员即为安全人员”就是说每个生产人员对自己范围内的安全负责。

传统的安全责任观念认为，安全是领导者的责任，领导既管生产又管安全，企业的安全责任由领导或安全部门承担，普通员工只负责生产，安全与其无关，因此领导者的安全责任重于泰山，普通职工的安全责任轻于鸿毛。安全责任稀释理论认为，每一位职工既要管生产，也要管安全；既负责生产，也负责安全。企业安全既是企业领导的责任，也是部门领导的责任，更是普通职工的责任，人人都对安全负责。因此，实行“一岗双责”制度，每一位生产人员既对生产负责，也对安全负责。企业领导的安全责任不再重如泰山，普通员工的安全责任也不再轻如鸿毛，每个人都承担相应的责任，人人都对安全负责，见图 3-31。

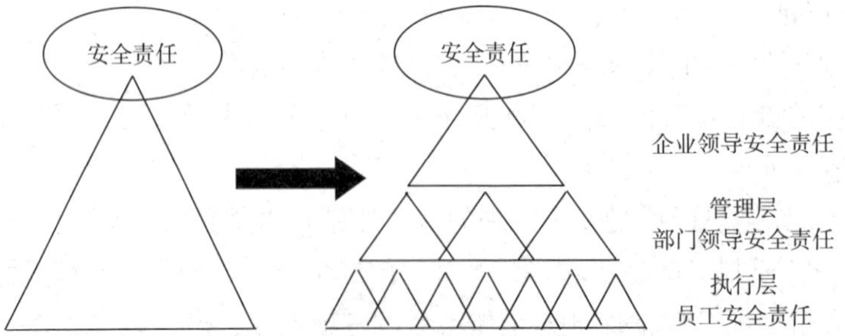

图 3-31　安全责任稀释模型

实施“安全生产，人人有责”要做到“横向到边、纵向到底”。首先是横向到边，要将所有单位和部门都纳入安全管理的体系当中。而安全管理的各项规章制度、管理活动的运行和检查、考核，本身也是一种体系化的运作，是一个综合的整体，节点就是各个单位、部门之间的各负其责、相互协调、相互配合与促进。其次是纵向到底，每一名职工都和企业安全、自身安全息息相关，安全责任落实到每一名职工。职位不分高低，责任不分大小，不管是谁，在责任面前人人平等，每一位职工都承担相应的安全责任，只要一位职工发生了伤害或事故，将使整个企业处于不利的位置。

企业是一条船，每一个人都在这条船上，众人划桨才能开大船、开快船。安全是一张网，每一个人都是网上的线，相互连接才能牢固成形。安全人人需要，这就要求人人参与，才能人人共享。因此，需要建立责任体系，实现人人有责任。表3-9是某公司建立的各级人员的安全责任权重系数表。

表3-9 企业安全管理责任权重体系矩阵表

类型系数层次（比例）	领导或负责人（20%）		业务主管人员（30%）		安全专管人员（50%）	
	角色	权重	角色	权重	角色	权重
1（40%）	班组长	8%	项目负责	12%	现场安全员	20%
2（30%）	队长或车间主任	6%	业务分管或值班经理	9%	车间安全员或负责	15%
3（20%）	分公司或分厂	4%	分公司分管领导	6%	安全环保部门负责	10%
4（10%）	公司或总厂	2%	分管领导或部门负责	3%	安全总监	5%

思考题

1. 事故致因理论有哪些？如何理解？
2. 什么是系统安全？
3. 如何做到本质安全？
4. 安全生命周期理论有哪些？如何理解？
5. 如何利用“3E”“3P”理论进行安全管理？它们有什么不同？
6. 如何认识“球体斜坡力学原理”？下滑力、支持力和阻力分别有哪些因素？
7. 第一类危险源和第二类危险源有何区别？
8. 什么是安全分级控制匹配原理？
9. 简述事故的发展阶段。

第4章 安全科学基本原理

4.1 安全科学公理

安全科学公理是安全科学技术系统中客观存在及不需要证明的命题。安全科学公理是在人们长期的安全科学技术发展和安全生产与生活工作的实践的基础上建立起来的。目前，我们认知有5大安全公理。

4.1.1 生命安全至高无上

（1）公理含义

生命安全至高无上是安全科学的第一公理，其基本含义是要树立“安全为天，生命为本”的安全理念。

（2）公理释义

生命安全至高无上也就是说无论对于个人、企业还是整个社会，人的生命安全高于一切。

对于个人生命安全为根。从个人的角度说，生命是唯一的、不可逆的，人的一切活动和价值都是以生命的存在和延续为根基的；任何一个个体的一生都在追求各种东西，无论是精神上的还是物质上的，但是所有的一切都是以生命安全的存在为前提的，如果生命没有了，则一切都将为零。所以，生命安全是一切存在的根本，生命安全高于一切，生命安全至高无上。

对于企业生命安全为天。从企业的角度说，在一切企业要素中，人是决定性因素，人是第一生产力，企业的一切活动都需要人。因此，在企业的生产管理中必须把人的因素放在首位，体现以人为本的指导思想。以人为本有两层含义：一是一切管理活动都是围绕人而展开的，人既是管理的主体，又是管理的客体，每个人都处在一定的管理层面上，离开人就无所谓管理；二是管理活动中，作为管理对象的要素和管理系统各环节，都需要人掌管、运作、推动和实施。同时，在企业中生命安全至高无上还体现在“人的生命是第一位的”“生命无价”这种基本的价值观念和价值保障上，必须要以人的生命为本。人的生命最宝贵，生命安全权益是最大的权益。发展不能以牺牲人的生命为代价，不能损害劳动者的安全和健康权益。企业在生产、效益和安全中，一定要首选安全，因为安全是其他两个的保证。把生命安全至高无上的理念落实到安全生产、管理的全过程，落实到规章制度的严格执行和监管的有效性上。

对于社会生命安全为本。从整个社会角度说，社会是共同生活的人们通过各种各样社会关系联合起来的集合，人是构成社会的基本要素。社会的发展为了人民、发展依靠人民、发展成果由人民共享。人是社会的主体，是社会的根本，社会的存在以个人的存在为基础，个人利益的实现又以个人生命存在为基础。一种社会制度是否进步，衡量的标准应该是：个人的生命和财产是否得到了保护。所以，对于一个社会而言，生命安全至高无上。

（3）公理启示

生命安全至高无上这一公理告诉我们应该有生命安全至高无上的情感观、生命无价的价值观和科学的人本观。

①应有的情感观

充分认识人的生命与健康的价值，强化“生命安全至高无上”的“人之常情”之理，是社会每一个人应建立的情感观。安全维系人的生命安全与健康，“生命只有一次”“健康是人生之本”；反之，事故对人类安全的毁灭，则意味着生存、康乐、幸福、美好的毁灭。随着社会的进步，要树立“生命安全至高无上”的观念。不同的人应有不同层次的情感体现，员工或一般公民的安全情感主要是通过“爱人、爱己”“有德、无违”来体现。而对于管理者和组织领导，则应表现出用“热情”的宣传教育激励、教育职工；用“衷情”的服务支持安全技术人员；用“深情”的关怀保护、温暖职工；用“柔情”的举措规范职工安全行为；用“绝情”的管理爱护职工；用“无情”的事故启发职工。

②正确的生命价值观

长期以来在观念上甚至法律上重视“物权”程度高于“人权”，生命是无价的这一最基本的价值观受到忽视。在公众层面上，“惜命胜金”“珍视健康”的生命价值理念，在我国的近代文化中往往被视为“活命哲学”“贪生怕死”。在社会活动甚至安全生产过程中，当事故来临时要求为“国家财产”奋不顾身，危及生命的紧急关头不能“贪生怕死”。这些“国家财产第一原则”的表现，与现代社会提倡的“生命第一原则”的观念、法律确定的“紧急避险权”的权利和科学原理主张的“科学应急”格格不入。只有树立“生命安全至高无上”这一正确的生命价值观，才能提高全民的安全素质，才能使安全科学得到更好的发展，充分体现安全科学的价值和意义。

③科学的人本观

科学全面的人本观包括依靠人、为了人、保护人、发展人等诸多内涵。“依靠人”就需要重视人的生命权和健康权，遵循“生命安全至高无上”的公理；“为了人”就要将安全目标置于全面小康的重要地位；“保护人”就要将安全纳入优先发展的战略；“发展人”就要协调好安全与经济发展的关系。无论是从业人员还是经营者乃至政府官员，都需要树立科学的人本观。从业人员自身需要有“生命安全至高无上”的意识；在处理全局利益与自身利益、眼前效益与长远效益、社会效益与经济效益的关系时，经营者需要有“生命安全至高无上”的价值观；在社会发展和经济发展中，各级政府需要正确确立“生命安全至高无上”的人本观。

4.1.2 事故是安全风险的产物

（1）公理含义

事故是安全风险的产物是指事故发生取决于安全风险的形态及程度，是风险因素的函数。

（2）公理释义

风险是事物所处的一种不安全状态，在这种状态下，将可能导致某种事故或一系列的损害或损失事件。事故都是由生产过程或系统控制不当，造成秩序或能量失控所致，事故的本质是能量的不正常转移。理论上讲事故都是来自技术系统的风险问题，能量的大小决定了系统的固有风险，影响安全风险的形态及程度，所以事故发生取决于安全风险的形态和程度。如果在生产技术、作业管理等方面未做好工作，即本质安全和防范措施无力或失效，使系统中存在技术风险，则事故的发生就是必然的；另一方面人类生存的周围环境存在着不确定的风险因素，而这些风险因素是诱发风险事故的直接因素。风险因素可分为人的不安全行为、物的不安全状态、环境因素不佳、管理措施不到位，这 4 个要素决定系统的现实风险，影响系统的安全风险的形态和程度。这 4 个要素又是构成事故系统的 4M 要素，也就是说事故的发生与否随着能够引发事故的风险因素的变化而变化。用数学上的理论可以描述为事故是事故系统的 4M 要素的函数，即事故是风险因素的函数。因此，事故是安全风险的产物。

（3）公理启示

事故是安全风险的产物告诉我们安全科学技术研究的中心和安全的本质有助于积极主动地采取措施预防和控制事故。

①表明安全的本质

事故致因理论中的“能量转移理论”告诉我们，事故的本质是能量的不正常转移，但是我们一直不清楚安全的本质是什么，事故是安全风险的产物这一公理表明安全的本质是风险而不是事故，安全科学研究的是风险而不是事故。安全就是风险能够被人们所接受的一种状态。该公理指导人们正确地认识安全科学的价值和意义，也表明了无论社会发展到什么状态，即使没有事故发生，安全科学也有其存在和发展的必要性。

②积极主动地预防事故

因为事故是安全风险的产物，所以从理论上说，消除了安全风险就可以消除事故，也就是说该定理为预防事故、控制事故提供了理论上的可能。可以利用安全科学技术消除或者降低系统的安全风险水平，从而从根源上消除事故发生的可能性。当然，由于危险的客观性，安全风险不可能完全消除的，所以只能尽可能地降低风险，使其降低到一个可接受的范围，减少事故发生。因为风险是可控的，所以事故是可预防的，就可以变被动的、事后的安全工作模式为本质的、预防的安全工作模式。

③确定安全活动的目标

该公理表明安全活动的目标就是要控制安全风险，实现“高危低风险”。在生产和生活实践中，技术的危险是客观存在的，但是风险的水平是可控的，也就是“存在客观的危险，但不一定要冒高的风险”，安全活动的目标就在于实现“高危低风险”。例如，人类要利用核能，就有核泄漏产生的辐射影响或破坏的危险，这种危险是客观固有的，但在核发电的实践中，人类采取各种措施使其应用中受辐射的风险最小化，将之控制在可接受的范围内，甚至人与之隔离，尽管它仍有受辐射的危险，但是由于无发生渠道，所以人们并没有受到辐射破坏或影响的风险。这里说明人们关心系统的危险是必要的，但归根结底应该注重的是“风险”，因为直接与系统或人员发生联系的是“风险”，而“危险”是事物客观的属性，是风险的一种前提表征。可以做到客观危险性很大，但实际承受的风险较小，即“固有危险性很大，但现实风险很低”。

4.1.3 安全是相对的

(1) 公理含义

安全是相对的，是指安全没有最好和终点，是变化发展的目标！没有绝对的安全，只有相对的安全；没有永恒的安全，只有暂时的安全；没有最好的安全，只有更好的安全。

(2) 公理释义

安全就是被判断为不超过允许极限的危险性，也就是指没有受到损害的危险或损害概率低的通用术语，所谓安全性是判明的危险性不超过允许限度。

相对于时间。在不同的时间里安全是相对的，在过去是灾害性或者灾难性的问题，随着人们知识能力和科技的发展，已经变得可靠了；而有些现在潜在的尚未得到人们认知和把握的危害，只有在未来的某个时候或某个环境中才会成为显性安全事故。随着时间的推移，人的认识也在不断变化，对安全机理和运行机制的认识不断深化，随着生产力的提高和人们对安全科学技术认识和掌握的深化，人类社会对安全的要求会越来越高，安全会朝着更好的方向不断前进。

相对于空间。在不同的空间里，安全问题的展现及其显现程度是不一样的，如煤矿矿难在一些发达国家已经得到了有效的控制，在美国、加拿大和澳大利亚，煤矿百万吨煤死亡率、事故率已经降至0.02，而一些发展中国家的煤矿矿难发生率仍居高不下，尚未从根本上解决安全问题。

相对于法规标准。在不同法律、法规和安全标准的条件下，安全并不是绝对的安全，绝对的安全即100%的安全性是一种理想化水平，只是一种可以无限逼近的极限。安全标准是相对于人类的认识和社会经济的承受能力而言的，抛开社会环境讨论安全是不现实的，安全是追求风险最小化的结果，是人们在一定的社会环境下可接受风险的程度。不同的时代，不同的生产领域，可接受的损失水平是不同的，因而衡量系统是否安全的标准也是不同的。另一方面，在安全活动中，活动场所的安全设置应略大于安全规范和标准的设置规定。

（3）公理启示

安全是相对的。安全不是瞬间的结果，而是对事物某一时期，某一阶段过程状态的描述，所以在控制风险的过程中，也应该树立过程观念。

①要树立安全发展观念

安全是相对的，今天的安全不代表明天的安全。随着时间的推移，安全水平应不断提高，所以，应树立安全发展的观念，以便应对不断更新的科学技术可能产生的事故。

②要树立过程思想

安全是相对的，危险是绝对的，生产过程中的任何作业都存在着包括人、机、物、环境等方面的危险因素，如果未进行预知，不及时消除，同样会酿成事故。这些事故的发生主要源于本人安全防范意识不够，对危险性缺乏认识。因此，预防事故的根源在于作业者本人安全防范意识的增强和自我保护能力的提高，在于其能够积极地、主动地、自觉地去消除作业中的危险因素，克服不安全行为，即具备良好的安全素质。要做到这一点，空洞的、不结合实际的教育是无济于事的，关键是要让他们在生产过程中，结合自己所在的岗位和从事的作业，经常地、反复地进行预防事故的自我训练，熟知各种危险，掌握预防对策。开展危险预知活动是达到这一目的的最有效的途径。

③要树立居安思危的思想

安全是相对的，一段时间内安全抓紧做好了，但是随着时间的推移、任务的转换、环境的变化和管理的松懈等，又会出现新的不安全因素。因此，安全工作就需要“天天从零开始”的居安思危的思想，这样就会产生高度的责任感，高标准、严要求地去落实，做到“未雨绸缪”，把事故消灭在萌芽状态。安全只有起点没有终点，要做到真正的安全，就应做到以下几点：a. 专心。学一行，专一行，爱一行，工作时要专心，不想与此无关的事。b. 细心。不管是什么工作，不管从事了多长时间，都不应该有半点马虎，粗心大意是安全的天敌。c. 虚心。“谦虚使人进步，骄傲使人落后”，部分的安全事故就是因为一些人胆子“太大”，一知半解，不懂装懂，不计后果，无知蛮干。不是怕丢面子、羞于请教，就是自以为是、自视甚高。d. 责任心。要树立“安全人人有责”观念，在安全活动中做到“严、实、细”。e. 不断提高自己的安全文化水平，提升自我素质。在安全面前，只有这样，才能做到真正的安全。

4.1.4 危险是客观的

人类发展安全科学技术是基于技术系统的客观危险，辨识、认知、分析、控制危险是安全科学技术的最基本任务和目标。在控制危险之前，应该先对危险有一个充分的认识，才能采取有效的措施。

（1）公理含义

“危险是客观的”这一公理是指社会生活、公共生活和工业生产过程中，来自技术与自然系统的危险因素是客观存在的。危险因素的客观性决定了安全科学技术需要的必然性、持久性和长远性。

安全科学的第四公理反映了安全的客观性属性。

(2) 公理释义

首先，由于任何技术能量的必须性，以及物理和化学因素的客观性，决定了危险的客观性，在生产或生活中，技术系统无处不在，如果技术系统的能量产生非常态转移，或物理、化学因素发生不正常作用，即导致事故的发生。因此，危险无处不在，无处不有，存在一切系统的任何时间和空间中。其次，危险是独立于人的意识之外的客观存在。不论认识多么深刻，技术多么先进，设施多么完善，人－机－环－管综合功能的残缺始终存在，危险始终不会消失。人们的主观努力只能在一定时间和空间内改变危险存在条件或状态，降低危险转变为事故的可能性和后果的严重度，然而，从宏观上说，危险是“客观的”，技术是一把“双刃剑”，利弊共存。

例如：核能的开发和利用给能源危机带来了新的希望，但是在缓解能源危机的同时，也给人类和环境带来了很大的灾难。在核工业中，辐射雾的放射性可以杀伤动植物的细胞分子，破坏人体的DNA分子并诱发癌症，同时也会给下一代留下先天性的缺陷。在化工行业中，由于化工产品大部分是高温高压做出来的，所以很多时候比较容易爆炸（例如管道堵塞没有及时清理和发现的情况下），危险时刻存在，无论人类科学技术处于什么水平，这种危险是时刻客观存在的，不以人的意志为转移；在自然中，地震、滑坡、泥石流等自然灾难是客观存在的，人们只能采取一定的措施降低危险发生所造成的严重后果。现实生活以及工业生产中，危险是客观存在的，为了降低危险导致事故发生的可能性和其造成的严重后果，人们不断地以本质安全为目标，致力于系统改进。

(3) 公理启示

“危险是客观的”这一公理告诉我们，首先应充分认识危险，只有在充分认识危险的基础上，才能分析危险进而控制危险。

①认识危险与事故关系。对具体的某一事故来说，虽然事故的发生是偶然的、不可知的，但它在空间、时间和结果上与危险具有必然、客观的关系，我们分析透彻危险的状态和存在规律，控制危险，就能有效地防范事故。通过观察大量事故安全，发现了明显的规律性。例如，人的不安全行为与物的不安全状态的“轨迹交叉”规律、事故是多重关口或环节失效的“漏洞”规律；事故是背景因素－基础因素－不安全状态－事故－伤害的“骨牌”规律或模型等。这些规律帮助我们对事故进行分析，进而采取有效的措施预防事故发生。

②认识了解危险才能驾驭危险。“危险是客观的”这一公理还告知我们，危险虽然是客观的，但是由于它具有可辨识性和规律性，决定了对危险的可防控性。既然危险具有可辨识性，我们就采用安全科学技术方法对危险进行识别，从安全管理的角度讲是为了将生产过程中存在的隐患进行充分的识别，并对这些隐患采取相应的措施，以达到消除和减少事故的目的；从安全评价的角度讲，是安全评价所必须要做的一项工作内容。做这项工作的意义在于，能够为安全生产提供隐患的检查手段，能够充分认识到生产过程中所存在的危险有害因素，为减少事故、降低事故损害的后果打基础。

危险辨识的方法通常有两大类，一类是直接经验法，另一类是系统安全分析法。危险辨识过程中两种方法经常结合使用。①直接经验法是对照有关标准、法规、检查表或依靠分析人员的观察分析能力，借助于经验和判断能力直观地辨识危险的方法。经验法是辨识中常用的方法，其优点是简便、易行，其缺点是受人员知识、经验和现有资料的限制，可能出现遗漏。为弥补个人判断的局限性，常采取专家会议的方式来相互启发、交换意见、集思广益。使危险、危害因素的辨识更加细致、具体。直接经验法的另一种方式是类比。利用相同或相似系统或者作业条件的经验和职业安全健康的统计资料来类推、分析以辨识危险。随着现代科技的发展和安全科学的进步，生产安全事故数据越来越少，因而大量的未遂事故数据也可加以分析以辨识危险所在。②系统安全分析是应用系统安全的分析方法识别系统中的危险所在。系统安全分析法是针对系统中某个特性或生命周期中某个阶段具体特点而形成针对性较强的辨识方法。因而不同的系统、不同的行业、不同的工程甚至同一工程的不同阶段所应用的方法各不相同。目前系统安全分析法包括几十种，但常用的主要包括以下几种：危险性预先分析、故障模式及影响分析、危险性与可操作性研究、事故树、事件树、原因后果分析法、安全检查表和故障假设分析。

4.1.5 人人需要安全

（1）公理含义

人人需要安全是指每一个正常的人都需要和期望生命安全健康！安全是人类生存、生活和发展最根本的基础，也是社会存在和发展的前提和条件，人类从事任何活动都需要安全。

（2）公理释义

安全是人类生存发展的需要，亚伯拉罕·马斯洛提出了“需要层次”理论，认为人类的需要是以层次的形式出现的，即由低级人类的需要开始逐级向上发展到高级的需要，他将人的需要分为生理的需要、安全的需要、归属的需要、尊重的需要以及自我实现的需要。而安全需要就排在人类生存本能之后，可见它的重要性。

①个人需要安全。从个人角度讲，没有安全就没有个人的生存；没有安全就没有我们的幸福生活。生命对于每个人来说只有一次，安全意味着幸福、康乐、效率、效益和财富。安全是人与生俱来的追求，是人民群众安居乐业的前提。“安全第一”是对人最基本的道德情感关怀，是对人生存权利的尊重，体现了生命至上的道德法则。人类在生存、繁衍和发展中，必须创建和保证人类一切活动的安全条件和卫生条件，没有安全，人类的任何活动都无法进行，人类是安全的需求者，安全也是珍爱生命的一种方式。首先，安全条件下的生产活动和安全和谐的时空环境能够保障人的生命不受以外的伤害和危害；其次，安全标准和安全保障制度能够促进人的身体健康和心情愉悦地生产生活；最后，安全具有人类亲情主义和团结的功能。每一个正常的社会人都期望生命安全健康，在安全的条件下，人们才能身心愉悦地幸福生活。

②企业需要安全。从企业角度讲，没有安全就没有企业的发展，就没有企业的经济效益。安全是生产的前提，安全促进生产，生产必须安全。重视安全生产会减少企业的巨大损失，促进企业的稳步发展。安全生产，事关广大人民群众切身利益，事关改革开放、经

济发展和社会稳定的大局。安全是企业的生存之本。对于现代企业来说，安全是一种责任，安全生产是企业生存之本，是企业的头等大事。

③社会需要安全。从社会角度讲，安全也是生产力，没有安全就没有社会的稳定，没有安全就没有经济的发展。社会生活中存在着各种各样的灾害威胁，这些灾害事故是突然发生的，会对人的生命和财产造成伤害和损失，面对这些威胁，人人都需要安全。安全是人类生存、生活和发展最根本的基础，也是社会存在和发展的前提和条件。

(3) 公理启示

由该公理可知，人人需要安全，在人类从事改造世界的活动中，应重视安全，树立"安全第一"的观念。社会发展是物质财富积累或经济增长的过程，而物质财富的积累是依靠人类的物质生产活动来完成的。安全生产是随着生产活动而产生的，一切生产经营活动都伴随着安全问题，要搞好生产经营活动，就必须保证安全工作。安全是人类生存发展的需要，当安全与生产产生矛盾的时候，首先要保证安全。在工作中，千万不能为了眼前的利益，不顾有关规定，致使惨剧发生。在安全生产中，必须坚持以下原则：①"管生产必须管安全"的原则，指工程项目各级领导和全体员工在生产过程中必须坚持在抓生产的同时抓好安全工作。它实现了安全与生产的统一，生产和安全是一个有机的整体，两者不能分割更不能对立。应将安全寓于生产之中。②"安全具有否决权"的原则，指安全生产工作是衡量工程项目管理的一项基本内容，它要求对各项指标进行考核，评优创先时首先且必须考虑安全指标的完成情况。安全指标没有实现，即使其他指标顺利完成，仍无法实现项目的最优化，安全具有一票否决的作用。③"三同时"原则，即基本建设项目中的职业安全、卫生技术和环境保护等措施和设施，必须与主体工程同时设计、同时施工、同时投产使用的法律制度的简称。④"五同时"原则，即企业的生产组织及领导者在计划、布置、检查、总结、评比生产工作的同时，进行计划、布置、检查、总结、评比安全工作。⑤"四不放过"原则，即事故原因未查清不放过，当事人和群众没有受到教育不放过，事故责任人未受到处理不放过，没有制订切实可行的预防措施不放过。"四不放过"原则的支持依据是《国务院关于特大安全事故行政责任追究的规定》。⑥"三个同步"原则，安全生产与经济建设、深化改革、技术改造同步规划、同步发展、同步实施。

4.2 安全科学定理

安全科学定理是基于安全科学的公理体系推理证明的和安全科学相关的命题。安全科学的定理为安全科学的发展和安全生产活动提供理论的支持和指导。

4.2.1 安全第一

(1) 基本含义

"安全第一"指时时处处人人事事必须遵守"安全第一"原则。安全第一，就是要求任何时候、任何情况下，任何组织和个人在进行任何工作时把安全工作放在一切工作的首要位置。

（2）定理释义

由生命安全至高无上公理知道人的生命是至高无上的，因此必须将安全放在第一位，也就是说“安全第一”的内涵是生命安全是人生的根本。这一口号来源于美国。1901 年在美国的钢铁工业受经济萧条的影响时，钢铁业提出“安全第一”的公司经营方针，致力于安全生产的目标，不但减少了事故，同时产量和质量都有所提高。百年之间，“安全第一”已从口号变为安全生产基本方针的重要内容，成为人类生产活动的基本准则。

“安全第一”是人类社会一切活动的最高准则。“安全第一”是在社会可接受程度下的“安全第一”，是在条件允许情况下尽力做到的“安全第一”。

（3）定理的应用

①树立“安全第一”的哲学观

“安全第一”是一个相对、辩证的概念，它是在人类活动的方式上（或生产技术的层次上）相对于其他方式或手段而言，并在与之发生矛盾时，必须遵循的原则。“安全第一”的原则通过如下方式体现：在思想认识上安全高于其他工作；在组织机构上安全权威大于其他组织或部门；在资金安排上，安全重于其他工作所需的资金；在知识更新上，安全知识（规章）学习先于其他知识培训和学习；在检查考评上，安全的检查评比严于其他考核工作；当安全与生产、安全与经济、安全与效益发生矛盾时，安全优先。安全既是企业的目标，又是各项工作（技术、效益、生产等）的基础。建立起辩证的“安全第一”的哲学观，才能处理好安全与生产、安全与效益的关系，才能做好企业的安全工作。

②做到全面的“安全第一”

长期以来，我们只从形式上提出了“安全第一”的思想要求（这是必要和重要的），但是在理论和实践上没有解决“安全第一”的思想方法和实现“安全第一”的运作手段，也就是我们的“安全第一”是残缺的、不全面的。在安全科学领域，“安全第一”是手段、原则，不是目的，“安全第一”应该是从理论到实践的全面的“安全第一”，应该有“安全第一”的思想，更要有“安全第一”的运作手段。

③处理好三大关系

实现“安全第一”要正确处理好安全与生产、安全与效益、安全与发展的关系。从思想上和实践中清楚地认识到，安全是生产的基础和前提，是效益的保障，安全要优先发展、超前发展。安全是生产的基础，所以当生产和其他工作与安全发生矛盾时，要以安全为主，生产和其他工作要服从于安全。有了安全的基础，生产才能持续、稳定发展。当生产与安全发生矛盾、危及职工生命或国家财产时，生产活动停下来整治、消除危险因素以后，生产形势会变得更好。企业追求的是效益，但是应该清楚地认识到，安全是效益的保证，安全不会降低效益，相反会增加效益。安全技术措施的实施，会改善劳动条件，调动职工的积极性和劳动热情，带来经济效益，足以使原来的投入得以补偿。从这个意义上说，安全与效益完全是一致的，安全促进了效益的增长。没有安全的保障，任何企业和团体都不能实现效益的最大化。应该认识到，在系统的发展中，安全应该具有超前性，应该优先发展安全。当需要技术革新或者机构改革时，安全工作应该优于一切因素，提前考虑，安全投资也必须得到保障。只有超前发展，才能“防患于未然”，才能实现“安全第一”。

4.2.2　事故可预防

（1）基本含义

事故可预防定理指一切事故的发生可预防，其后果程度可控。

（2）定理释义

事故是安全风险的产物，那么如果控制了安全风险，消除或减少导致事故的风险因素，打破事故系统，则可控制事故的发生及其后果的严重性。能量转移理论指出事故是能量的不正常作用或转移，因此控制能量不正常作用能够有效预防事故；4M 要素原理指出事故的人、机、环境和管理四要素的函数，告诉我们安全需要控制人机环管 4M 事故风险因素，也就是可以通过 4M 要素预防事故。

（3）定理的应用

事故可预防定理告诉我们事故的发生可预防，后果可控，为安全工作及安全科学技术的发展提供了可能性和现实性，可以得出事故预防的方法和手段。

①从风险的角度预防事故

能量是静态风险因素，决定系统固有风险，所以从固有风险角度说，我们可以通过控制能量，研究能量类型、能级规律和控制方法控制事故发生。从事故的能量作用类型出发，研究机械能（动能、势能）、电能、化学能、热能、声能、辐射能的转移规律；研究能量转移作用的规律，从能级的控制技术，研究能量转移的时间和空间规律；预防事故的本质是能量控制，可通过对系统能量的消除、限值、疏导、屏蔽、隔离、转移、距离控制、时间控制、局部弱化、局部强化、系统闭锁等技术措施来控制能量的不正常转移。

风险的具体防控见第 3 章 3.4.3 节。

②从时间逻辑上预防事故

从时间逻辑上划分安全对策有 3P 原则，3P 原则是指事先预防（Prevention）、事中应急（Pacification）、事后惩戒（Percetion）。预防是上策，事先预防最重要。

具体包括如下方面：

预警预防的事前战略。首先是技术性措施，即应用技术装备、检测检验系统、监控系统、警报系统、防护装备的本质安全对策；二是管理与培训措施，即进行风险辨识、安全评价、安全认证、人员培训、演习训练、法规制度、监督检查、操作规程、合理分工和组织优化等。

应急救援中的对策。如编制科学、有效、实用的应急救援预案；配置高性能的应急技术系统和事故灾难救援装备；安装消防设施装备，建立急救、医疗应急系统等。

事故处理补救的事后对策。即采用工程技术补救、整改措施；推行工伤保险、责任保险等综合保险策略；进行事故责任追究与处罚和采用“四不放过”等措施。

③从形式逻辑上预防事故

从形式逻辑角度划分安全对策可归纳为3E对策。3E是指工程技术（Engineering）对策、教育（Education）对策和法制（Enforcement）对策。

3E原则是从形式上提出的预防事故的三大对策。运用工程技术手段消除不安全因素，实现生产工艺、机械设备等生产条件的安全；利用各种形式的教育和训练，使员工树立“安全第一”的思想，掌握安全生产所必需的知识和技能；借助于规章制度、法规等必要的行政乃至法律的手段约束人们的行为。一般地讲，在选择安全对策时应该首先考虑工程技术措施，然后是教育培训。具体包括如下方面：

工程预防对策，实现本质安全化。工程技术对策是指通过工程项目和技术措施，实现生产的本质安全化，或改善劳动条件提高生产的安全性。例如，对于火灾的防范，可以采用防火工程、消防技术等技术对策；对于尘毒危害，可以采用通风工程、防毒技术、个体防护等技术对策；对于电气事故，可以采取能量限制、绝缘、释放等技术对策；对于爆炸事故，可以采取改良爆炸器材、改进炸药等技术对策等。通过安全设施、安全设备、安全装置、安全检测、监测、防护用品等安全工程与技术硬件的投入，实现生产技术系统的本质安全化。长期以来，我国推行的“三同时”审核制、安全预评价等措施和制度被证明是行之有效的方法。对于煤矿，要求具备基本的安全生产条件，要有瓦斯抽排放系统、瓦斯报警监控系统，配备良好的个体防护装备等。

显然，工程技术对策是治本的重要对策。但是，工程技术对策需要安全技术及经济作为基本前提，因此，在实际工作中，特别是在安全科学技术和社会经济基础较为薄弱的条件下，这种对策的采用受到一定的限制。

教育预防对策，提高人的安全素质。安全教育是指对企业各级领导、管理人员以及操作工人进行安全意识、观念、态度，以及知识和技能的教育培训，以提高人的安全素质、实现人的安全保障。通过对全民，包括各级政府官员、企业法人代表、生产管理人员、企业员工，甚至社会大众、学生等的安全培训教育，以提高全民的素质，包括意识、知识、技能、态度、观念等综合素质。

安全思想政治教育的内容包括国家有关安全生产、劳动保护的方针政策、法规法纪。通过教育提高各级领导和广大职工的安全意识、政策水平和法制观念，牢固树立“安全第一”的思想，自觉贯彻执行各项劳动保护法规政策，增强保护人、保护生产力的责任感。

管理预防对策，进行系统安全协调。安全管理是通过制定和监督实施有关安全法令、规程、标准和规章制度等，规范人们在生产活动中的行为准则，使安全生产有法可依、有章可循，用法制手段保护职工在劳动中的安全和健康。安全管理对策是工业生产过程中实现职业安全卫生的基本的、重要的、日常的对策。安全手段包括：法制手段、监督手段、行政手段、责任制等；科学管理手段；文化建设手段；经济手段，包括伤亡赔偿、工伤保险、事故罚款等。通过立法、监察、监督、检查等管理方式，保障技术的条件和环境达标，以及人员的行为规范，以实现安全生产的目的。过去在计划经济体制下，我国主要靠行政管理的手段来保障安全生产，在新的经济体制下，我国正在完善法制管理的手段，随着国家管理体制变革和创新，以及入世后面对的国际和社会经济背景，我国的安全管理应在经济手段、科学手段、文化手段上进一步完善和丰富起来。

4.2.3 安全发展

（1）基本含义

安全是人类生存和发展的永恒主题，由第三公理可知，安全是相对的，没有绝对安全，只有相对安全。由比较优势原理可知，在人类的选择过程中，安全标准、要求和水平是不断发展和进步的。在人类社会，事物是不断发展变化的，随着经济水平的不断提高，人们的需求也在不断增加，对生活质量的要求也会越来越高。在高科技迅速发展的今天，安全已成为社会的主题，所以，安全不断发展以满足人们的需求。

（2）定理释义

安全是一个长期动态的发展过程，曾经的安全并不代表未来的可靠，不能用过去式状态来肯定当前的状态。安全是发展的。

安全法规标准是发展的。安全的相对性决定了安全标准和法规的相对性，由于人类的认识能力不断提高、各类事物和周围环境在不断地变化，科技不断进步、经济不断发展、人们生活水平不断提高，加上社会安全文明氛围的形成和世界范围内先进的安全卫生立法经验的吸收，因此，安全标准是在不断变化发展的。

时间是前进的，认知是发展的。在过去是灾害性或者灾难性的问题，随着人们知识能力和科技的发展，已经变得可靠了；而有些现在潜在的尚未得到人们的认知和把握的危害，只有在未来的某个时候或某个环境中才会成为显性安全事故。所以安全是不断发展的，把可知危险变为安全，把不可知变为可知。人类的认识能力在不断提高，由于人们的安全意识、文化素质及生产能力逐渐提高，对安全或者事故的运动本质认识不断深化，需要对事物的特性和属性进行新的评价，就需要有更高层次的安全，有效地保护自己。

科学技术水平是发展的。就某一系统而言，没有永久的安全，也没有不变的危险。在一定条件下安全会转化为危险，在另一种条件下，危险则可以转化为安全。系统的发展变化规律，就是不断地由危险到安全，再由安全到危险……直至系统生命周期的结束。或者在系统生命周期内，人们如果不能容忍系统带来的风险，就会采取措施降低系统风险，这样就产生了新的系统，提高了原系统的安全水平。此时，系统又有了新的安全目标，新系统又会按照“安全→危险→安全……”这个规律去发展。

（3）定理应用

该定理告诉我们，安全是发展的，要以发展的眼光去看待安全，看待安全的各个环节。

①安全目标发展。在不同的历史时期有不同的目标和要求，安全目标是动态变化的。随着经济的发展和科学技术的进步，安全科学技术的进步提供了更加先进、精确的测试手

段、科学的洞察力和判断能力，更深刻地了解世界万物的变化和运动规律，也使人学会利用安全科技成果；随着人们生活水平的提高，人们的安全意识也越来越强。这就要求在制定安全目标时要树立发展的思想。

②安全过程发展。安全过程与安全目标是相对的，安全过程强调的是通过过程的严格控制来实现安全，而后者侧重强调“安全”这个目标，只要很好地实现这个目标，就应属于合适的方法。由于安全事故具有偶然性，从安全管理来说，过程的控制显得更重要。因为所有的目标都必须通过一系列的过程来完成，如果过程控制不好，可能就会在一些偶然因素的触发下导致事故的发生，目标也就无法实现。在安全发展的条件下，应建立过程变化的思想，对过程要素进行实时监测、实时控制，随着人们对安全认识的不断深化，能够做出发展的、动态的过程管理。

4.2.4 把握持续安全方法

系统的危险是客观的，甚至是永存的，系统再高的安全标准或水平，都有特定的约束和存在特定限制条件。

（1）基本含义

“持续安全”这一定理指安全是一个长期发展的、实践的过程，在任何时期从事安全活动，都要注重安全理念和方法的科学性、有效性和寻求安全与资源的最优化匹配组合。

（2）定理释义

由“危险是客观的”这一公理可知，在任何时期、任何条件下，危险都是客观存在的，那么安全就是永恒的话题，要实现安全的永恒性，就必须把握持续安全的方法论。

①危险的客观性决定安全的永恒性。危险是客观的，安全是永恒存在的。曾经的安全并不代表未来的可靠，不能用过去式状态来肯定当前的状态。安全是不断发展的，不同的时期不同的环境、经济水平条件下，安全的内容是不同的，因此，安全应该是持续的，只有持续安全才能在发展中不断解决安全问题，使安全水平达到人们在不同时期不同条件下可接受的程度。企业的发展，行业的壮大，使我们有条件、有能力在基础建设、设施改善、技术改进、人员培训、激励机制等事关安全的硬、软件方面加大投入，从而提高安全裕度，使持续安全得到更强有力的保障。

②危险的复杂性决定安全的艰难性。一个技术系统或生产系统涉及的危险因素常常是复杂、多样的，因此，相应的安全保障系统必须基于控制论的“等同原则”，达到优于、高于、先行的状态。对安全系统的这种要求和标准，常常使得安全系统功能的实现是艰难和复杂的。安全系统由许多子系统组成，而危险因素是客观存在的，如果某一个环节发生疏漏，其危险因素就会通过其传导机制，不断进行扩散、放大，形成事故链。如果这事故链上的关键环节的疏漏不能及时得到消除和控制，酿成事故是必然的。要想保持安全系统的长期平稳运行，就必须以科学的、有效的思想和方法论应对，要不断地进行安全系统的优化、改善和调整。因此，危险的客观性决定了安全的持续性，只有把握持续安全的方法，才能有效地控制系统危险，保证系统安全。

（3）定理应用

由该定理可知，安全是持续的，在从事安全活动时，就应该树立持续安全的理念，把握持续安全的方法来适应发展的变化和人们需求的变化。

①注重安全理念和方法的科学性、有效性和系统性。从事安全工作时，一定要注重安全理念和方法的科学性、有效性和系统性，切实树立系统安全观念、过程安全观念、全员安全观念和统筹安全观念，以指导安全工作实践。要系统地抓安全，而不是孤立地抓安全；要全面地抓安全，而不是片面地抓安全；要有计划性地抓安全，而不要起伏式地抓安全。既要突出工作重点，又要防止顾此失彼；既要追求阶段性目标，又要注重长效机制建设；既要协调各种有利因素，又要充分发挥关键因素作用；既要协调管理部门与企事业单位的关系，又要协调部门与部门之间的关系，还要协调企业与地方政府的关系。与此同时，既要保障消费者的生命财产安全，又要通过节能减排，促进行业绿色发展、可持续发展。

②寻求安全与资源的最优化匹配组合。持续安全要求人们寻求安全与资源的最优化匹配组合，以保证安全系统的高效运行，所谓的安全与资源的最优化匹配组合就是指安全与资源一致的理论。例如，在风险预警预控管理中，风险预防预控的实施原则即为匹配理论，所谓匹配理论是指风险级别与预控等级的相互匹配，即寻求安全与资源的最优化匹配组合。匹配理论的具体参照说明对照见表4-1。

表4-1　风险预警预控的匹配方法论

风险等级	风险预控				
	风险预警描述	风险预控措施（预控级别）			
		高	中	较低	低
Ⅰ（高）	不可接受风险：停止作业，启动高级别预控，全面行动，甚至风险抵消或降低后才能生产作业	合理 可接受	不合理 不可接受	不合理 不可接受	不合理 不可接受
Ⅱ（中）	不期望风险：全面限制作业，启动中级别预控，局部行动，在风险降低后才能生产作业	不合理 可接受	合理 可接受	不合理 不可接受	不合理 不可接受
Ⅲ（较低）	有限接受风险：部分限制作业，低级别预控，选择性行动，在控制措施下生产	不合理 可接受	不合理 可接受	合理 可接受	不合理 不可接受
Ⅳ（低）	预告风险：常规作业，现场应对，警惕和关注条件下生产作业	不合理 可接受	不合理 可接受	不合理 可接受	合理 可接受

③安全管理标准要不断完善和持续改善，随着社会的进步和科技的发展，安全管理的标准需要持续改善和提高。一方面，经济的发展为提高安全标准提供了基础；另一方面，安全科技的进步和发展，也为安全管理标准的提升提供了可能的条件。因此，过往的安全，并不意味着当下的安全，当下的安全更不意味着未来的安全。因此，要建立“持续安全”“持续改善”的理念，通过安全科技的发展、管理的完善、文化的优化和进步，实现

安全的持续改善和提升。

4.2.5 安全人人有责

（1）基本含义

安全人人有责是指安全需要人人参与，安全能够人人共享。权利与义务是相统一的，没有无权利的义务，也没有无义务的权利，既然人人需要安全，那么安全就人人有责。

（2）定理释义

安全，个人有责。从个人角度讲，只有当每一个人将安全意识融入血液中，自觉主动地负起自己的安全责任，工作中按章办事，严守规程，将自己当作一道安全屏障，才能够避免事故的发生。

安全，企业有责。从企业角度讲，安全不是离开生产而独立存在的，是贯穿于生产整个过程之中体现出来的。只有从上到下建立起严格的安全生产责任制，责任分明，各司其职，各负其责，将法规赋予生产经营单位的安全生产责任由大家来共同承担，安全工作才能形成一个整体，从而避免或减少事故的发生。

安全，社会有责。从社会角度讲，应帮助企业建立起“以人为中心”的核心价值观和理念，倡导以“尊重人、理解人、关心人、爱护人”为主体思想的企业安全文化。因为人的安全意识、安全态度、安全行为、安全素质决定了企业安全水平和发展方向。只有提高人的安全素质，让每一个人做到由“要我安全”到“我要安全”，直到“我会安全”的转变，推动安全生产与经济社会的同步协调发展，使人民群众的生命财产得到有效的保护，企业才能在“以人为本”的安全理念中走上全面协调的可持续发展之路。

（3）定理应用

安全问题是事关民族兴衰的重大问题，是事关国计民生的重大问题，它既涉及个人也涉及群体。

对于个人，安全与每个人都息息相关，从生活到工作都离不开安全。树立“安全第一”的意识，不小瞧任何细微的疏忽，时时刻刻以“安全无小事，责任大于天”来要求自己，对待周围有可能发生危险的事物采取谨慎科学的态度，以安全为第一原则。

对于企业，应该做到以下几点：①建立健全安全生产管理制度、狠抓安全责任制的落实，要在平时的工作中加大管理监督力度。要在全体员工中坚持安全生产分级责任制，明确各级安全职责，把安全知识化整为零，层层分解，落实到岗位，落实到个人，形成人人肩负安全职责，齐抓共管，形成合力的安全局面。狠抓生产过程中的行为控制，注重细节的监管。对于一些习惯性不安全的行为，要狠抓现场管理，要有很大的耐心和毅力抓细节，从一个小的步骤、一个细小的环节、一个小的配合抓起，注重过程的精细化、严格化监管，绝不讲人情，不心慈手软。要落实安全生产责任制，人人都是安全责任人，要针对上级和本单位年度安全工作目标、任务及要求，进行分解细化，使责任落实到组织、落实到人头，对于临时用工和新进人员，要及时签订《安全责任书》，不留死角，确保安全责任纵向到底；要与驻站有关单位签订《安全协议》，确保安全责任横向到边。要加强对员工法律、法规及规章制度的培训，只有全体员工都掌握、不折不扣地去遵守，才能真正发挥作用；同时，只有使全体员工真正熟悉和掌握了规章制度，他们才能按章操作，确保安全。要严格执行规章制度，按照“四不放过”的原则，严肃查处一切违章违规行为，切实做到有章必依、违章必究，维护规章制度的严肃性和权威性。同时，要深化安全奖惩长效机制，设立一定数额的安全奖励基金，对在保证安全生产工作中做出突出贡献的单位及个人要及时进行表彰奖励。通过严格培训、严格检查、严明奖惩等一系列有效手段，使广大员工从思想深处真正把规章、标准视为确保安全的“法”，克服思想上的惰性、操作行为上的随意性，时时守“法”，刻刻遵章。②加强安全监管队伍建设，建立应急救援体系。根据安全生产法的要求，建立完善安全生产监督管理机构。自上而下层层落实安全生产责任体系。制定安全生产指标控制体系、安全生产评价考核体系，使安全生产监督管理机构和安全生产基础和基层工作不断强化。③建立安全生产教育培训机构，使安全生产管理工作逐步走向科学化、标准化、专业化。对企业单位主要负责人和安全生产管理人员实施定期的业务培训，提高全行业领导干部的安全管理水平和职工的安全素质。④对安全生产应急演练实行督导制，使全企业的生产安全事故应急预案编制工作渐趋完善。对重大危险源进行监控。对事故应急救援演练、应急救援器材装备准备及社会应急救援力量联动工作要进一步加强，初步建立健全企业安全生产事故应急救援体系。⑤安全工作必须要讲原则，保持并维护正确的道德观念。要建立安全生产监督管理的长效机制，规范检查内容和检查方式，丰富检查手段，提高检查质量，取得监督检查的实效性；安全监管人员要敢于大胆地抓，大胆地管，一切按照规范和标准办事，不怕得罪人。从很多反面教训中可以看到，凡出了安全事故的单位都有一个共同的特点，就是安全管理者不能狠抓落实，对违章的下属单位或个人不敢及时地、严肃地处理，对违规违纪的上司更是不敢大胆抵制。正是由于他们的“慈善”，再加上一些其他原因，导致了安全隐患不能及时消除，安全事故不能得到有效遏制。

对于社会，各行各业都要加强全员、全过程、全方位质量和安全管理。要建立全员担当的安全责任制度和横向到边、纵向到顶（底）的安全责任体系，使得每个人都能围绕安全的总目标进行个体活动，做到“我的安全我负责，他的安全我有责，社会安全我尽责”。在从事任何安全活动时，以预防各类事故的发生为目标，每个人为了实现安全的总目标分解下达给自己的安全目标，就必须在日常工作等过程中，增长知识，提高自己在安全生产上的文化和技术素质，化被动为主动，做到人人参与安全，人人为安全负责。在安全活动中，应培养大家“安全第一”的文化观、重视生命的情感观。

4.3　安全科学定律

安全科学定律，也称安全法则，是被实践和事实所证明，反映事物在一定条件下发展变化的客观规律的论断。具体包括经验定律和理论定律。

4.3.1 基于经验的安全科学定律

基于经验的安全科学定律在安全科学知识体系中处于低层次的理论地位，它反映的是事物现象之间某种联系的普遍性，却并不能理解、解释这种普遍性。本节讲的基于经验的安全科学定律有海因里希法则和墨菲法则，这两个法则都是通过对事故的统计得到的。

如同一切事物一样，事故亦有其发生、发展以及消除的过程，因而是可预防的。事故的发展可以归纳为3个阶段：孕育阶段、生长阶段和损失阶段。孕育阶段是事故发生的最初阶段，此时事故处于无形阶段，人们可以感觉到它的存在，而不能指出它的具体形式；生长阶段是由于基础原因的存在，出现管理缺陷，不安全的状态和不安全行为得以发生，构成生产事故中事故隐患的阶段，此时事故处于萌芽状态，人们可以具体地指出它的存在；损失阶段是生产中的危险因素被某些偶然事件触发而发生事故，造成人员伤亡和经济损失阶段。安全工作的目的就是要避免因发生事故而造成的损失，因此要将事故消灭在孕育阶段和生长阶段。为了达到这一目的，首先就要识别事故，即在事故孕育阶段和生长阶段中明确识别事故的危险性，所以需要进行事故的分析和评价工作。

(1) 海因里希法则

①海因里希法则含义

海因里希法则定义见本书第2章2.2节。

②海因里希法则启示

海因里希告诉我们为了“万一”的事故，应付出“一万”的努力。事故案件的发生看似偶然，其实是各种因素积累到一定程度的必然结果。任何重大事故都是有端倪可查的，其发生都是经过萌芽、发展到发生这样一个过程。如果人们在安全事故发生之前，预先防范事故征兆、事故苗头，预先采取积极有效的防范措施，那么事故苗头、事故征兆、事故本身就会被减少到最低限度，安全工作水平也就提高了。由此可见，要制服事故，重在防范，要保证安全，必须以预防为主。要坚持做到“六要六不要”。

一要充分准备，不要仓促上阵。充分准备就是不仅熟知工作内容，而且熟悉工作过程的每一细节，特别是对工作中可能发生的异常情况，所有这些都必须在事前搞得清清楚楚。

二要有应变措施，不要进退失据。应变措施就是针对事故苗头、事故征兆甚至安全事故可能发生所预定的对策与办法。

三要见微知著，不要掉以轻心。有些微小异常现象是事故苗头、事故征兆的反映，必须及时抓住它，正确加以判断和处理，千万不能视若无睹，置之不理，遗下隐患。

四要鉴以前车，不要孤行己见。要吸取别人、别单位安全问题上的经验教训，作为本人、本单位安全工作的借鉴。传达安全事故通报，进行安全整顿时，要把重点放在查找事故苗头、事故征兆及其原因上，并提出切实可行的防范措施。

五要举一反三，不要固步自封。对于本人、本单位安全生产上的事例，不论是正面的还是反面的事例，只要具有典型性，就可以举一反三，推此及彼，进行深刻分析和生动教育，以求安全工作的提高和进步。绝不可以安于现状，不求上进。

六要亡羊补牢，不要一错再错。发生了安全事故，正确的态度和做法就是要吸取教训，以免重蹈覆辙。绝不能对存在的安全隐患听之任之，以免错上加错。

（2）墨菲法则

①墨菲法则含义

墨菲法则是20世纪中叶由美国上尉墨菲提出的，只要存在事故的原因，事故就一定会发生，不管其可能性多么小，但总会发生，并造成最大可能的损失。

爱德华·墨菲（Edward A. Murphy）是一名工程师，他曾参加美国空军于1949年进行的MX981实验。这个实验的目的是测定人类对加速度的承受极限。其中有一个实验项目是将16个火箭加速度计悬空装置在受试者上方，当时有两种方法可以将加速度计固定在支架上，而不可思议的是，竟然有人“有条不紊”地将16个加速度计全部装在错误的位置。于是墨菲作出了这一著名的论断：If there are two or more ways to do something, and one of those ways can result in a catastrophe, then someone will do it.

②墨菲法则启示

墨菲法则告诉我们，容易犯错误是人类与生俱来的弱点。一切事故都是可预防的，都应该预防。对任何事故隐患都不能有丝毫大意，不能抱有侥幸心理，或对事故苗头和隐患遮遮掩掩，而要想一切办法，采取一切措施加以消除，把事故案件消灭在萌芽状态。根据墨菲法则可得到如下两点启示：

a. 不能忽视小概率危险事件。由于小概率事件在一次实验或活动中发生的可能性很小，因此就给人们一种错误的理解，即在一次活动中不会发生。与事实相反，正是由于这种错觉，麻痹了人们的安全意识，加大了事故发生的可能性，其结果是事故可能频繁发生。纵观无数大小事故的原因，可以得出结论：“认为小概率事件不会发生”是导致侥幸心理和麻痹大意思想的根本原因。墨菲定律正是从强调小概率事件重要性的角度明确指出：虽然危险事件发生的概率很小，但在一次实验（或活动）中，仍可能发生，因此，不能忽视，必须引起高度重视。

b. 安全的警钟应长鸣。安全的目标是杜绝事故的发生。事故是一种不经常发生和不希望有的意外事件，这些意外事件发生的概率一般比较小，就是人们所称的小概率事件。由于这些小概率事件在大多数情况下不发生，所以往往被人们忽视，产生侥幸心理和麻痹大意思想，这恰恰是事故发生的主观原因。墨菲定律告诫人们，安全意识时刻不能放松。要想保证安全，必须从现在做起，从我做起，采取积极的预防方法、手段和措施，消除人们不希望有的和意外的事件。

海因里希法则和墨菲法则都是建立在大量的经验统计的基础上，这些规律告诉我们，事故的发生是有规律的。既然有规可循，就应该把握规律去预防事故发生。在人类生产和生活中所发生的各种事故都是可以预防。《汉书》中“曲突徙薪”的故事即说明安全就应该把功夫花在预防事故发生方面。

4.3.2 基于理论的安全科学定律

理论定律在安全科学知识体系中处于比经验法则更高层次的理论地位，它反映事物、现象之间必然的因果联系，是对经验定律的理论解释。

（1）安全度定律

安全是人们可接受风险的程度，当风险高于某一程度时，人们就认为是不安全的；当风险低于某一程度时，人们就认为是安全的。那么如何理解这一程度呢？由此引入安全度的概念。

①安全度定义

安全度是衡量系统危险控制能力的尺度，表示人员或者物质的安全避免伤害或损失的程度；风险度是指单位时间内系统可能承受的损失，是特定危害性事件发生的可能性与后果的结合，就安全而言，损失包括财产损失、人员伤亡损失、工作时间损失或环境损失等。如果某种危险发生的后果很严重，但发生的概率极低；另一种危险发生的后果不很严重，但发生的概率很高，那么有可能后者的危险度高于前者，前者比后者安全。

安全与风险，既对立又统一，共存于人们的生产、生活和一切活动中，这是不以人们愿望为转移的客观存在。用一种近似客观的方式表达这种关系时，可以这样描述：安全度 = 1 - 风险度。安全度与风险度具有互补关系。安全度高，发生事故的概率小。安全度与风险度在一项活动中总是此涨彼落或此落彼涨的。《庄子·则阳》中就有“安危相易，祸福相生”以及“祸兮福所倚，福兮祸所伏”的告诫。

②定律的应用

安全度定律告诉我们，安全与风险是一对矛盾体，一方面双方相互反对、互相排斥、互相否定，安全度越高风险度就越小，安全度越小风险度就越大；另一方面，安全与危险两者相互依存，共同处于一个统一体中，存在着向对方转化的趋势。由此可知，要想提高系统的安全度，就要着手降低风险度，事故是风险的产物，风险程度降低了，安全度就提高了。

（2）风险定律

①风险概念及特征

风险是指特定危害事件（不期望事故）发生的概率与后果严重程度的结合。风险具有4个方面的特征：第一，风险是客观存在的，它是不以人的意志为转移的，有的风险是没有办法回避的或者说是没有办法消除的。第二，风险是相对的，是可以变化的。风险不仅与风险的客体（风险事件本身所处的时间和环境）有关，而且它与风险的主体（也就是说与从事风险的人）有关。所以不同的人，由于他自身的条件、能力和所处的环境的不同，对同一个风险事件，可能他的态度也是不一样的。第三，风险是可以预测的，风险是在一个特定的时空条件下的概念，所以风险是现实环境和变动的不确定性在未来事件当中的一个反映，它是可以通过现实环境因素的观察初步加以预测的。第四，风险在一定程度上是可以控制的，风险是在特定条件下不确定性的一种表现。条件改变，风险事件的结果也就会有相应的变化。第五，风险跟目标相联系。目标越大，风险可能就越大。

②风险函数

风险是描述系统危险程度的客观量，又称风险度或者风险水平。风险度 R 具有概率 p 和后果严重度 l 的二重性。

$$R=f(p, l)=f(p, l, r)$$

式中　p——发生事故可能性（或事故概率）；

l——可能发生事故的严重度（或易损性）；

r——应对事故的能力（或应急能力）；

R——事故风险。

4.3.3　安全效率定律

（1）安全效率金字塔

安全效率定律揭示出在不同阶段进行安全投入的效率，即系统设计 1 分安全性 = 10 倍制造安全性 = 1000 倍生产安全性，见图 4-1。

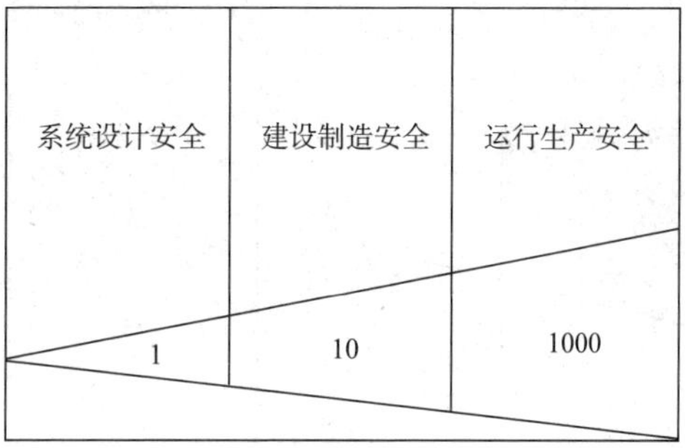

图 4-1　安全效率金字塔模型

（2）安全效率定律启示

①安全效率定律启示我们，在安全生产中安全成本投入在系统设计阶段效率提高。要重视设计阶段安全设计，加大安全投入，在设计阶段减少事故隐患，实现本质安全。就是说，在设计阶段的安全生产投入的产出是最大的。这充分说明了通过事前的安全生产投入预防安全事故的重要性。

②日常安全管理中，往往把工作重心放在运行生产阶段，在运行生产阶段投入大量人力物力进行隐患排查和安全防护。导致这种安全管理模式的原因是系统设计阶段和建设制造阶段的安全设计不够、安全投入不够，存在大量安全隐患，在运行生产阶段容易发生各类事故，所以要投入大量人力和物力进行隐患排查和安全防护，甚至为伤亡事故付出代价。

4.3.4　安全效益定律

安全具有两大效益功能：第一，安全能直接减轻或免除事故或危害事件，减少对人、社会、企业和自然造成的损害，实现保护人类财富，减少无益消耗和损失的功能。第二，安全能保障劳动条件和维护经济增值过程，实现其间接为社会增值的功能。第一种功能称为“减损功能”或“拾遗补阙”，可用损失函数 $L(S)$ 来表示；第二种功能称为“本质增益”，用增值函数 $I(S)$ 来表示。如图 4-2 所示，无论是本质增益，还是减损功能，都表明安全创造了价值。以上两种基本功能，构成了安全的综合（全部）

经济功能。可用安全功能函数 $F(S)$ 来表达（此处功能的概念等同于安全产出或安全收益）。

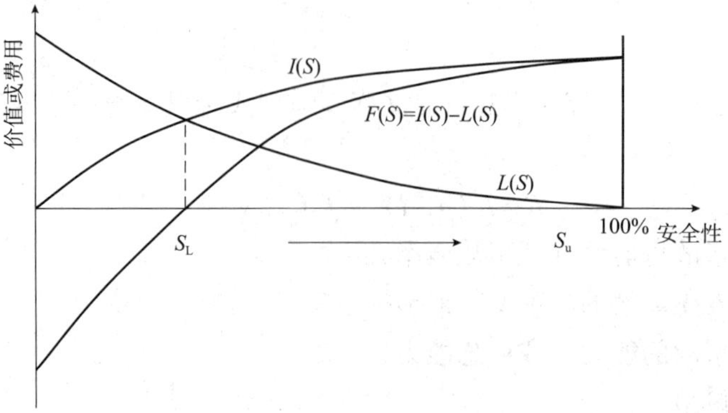

图 4－2　安全减损和增值函数

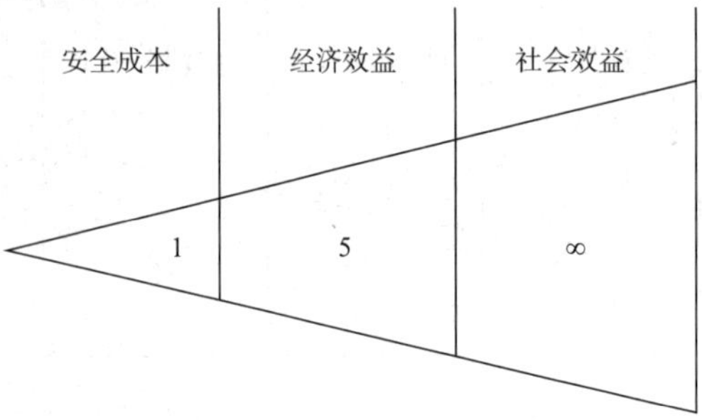

图 4－3　安全效益金字塔法则

罗云教授通过理论研究和实证研究相结合的方法，论证了安全效益定律，即罗氏法则：1：5：∞，指 1 分的安全投入，创造 5 分的经济效益，创造出无穷大的社会效益，见图 4－3。安全经济效益分为直接经济效益和间接经济效益。安全的直接经济效益是人的生命安全和身体健康的保障与财产损失的减少，这是安全的减轻生命与财产损失的功能；安全的间接经济效益可维护和保障系统功能（生产功能、环境功能等）充分发挥，这是安全效益的增值能力。安全的社会效益主要指减少事故的发生，保障人的生命安全与健康、保护环境、治理环境污染、提升企业商誉价值和丰富企业文化等。

1 分的安全成本可以是时间成本（或劳动成本）及经济成本（或物化劳动成本）。安全效益定律启示我们，安全投入是创造价值的，具体表现在有效地防止生产事故的发生并带来价值增值，从而对社会、企业和个人产生正效果。相对于生产性投入的产出，安全投入的产出具有滞后性。安全投入所产出的安全产出，不是在安全投入实施之时就能立刻体现出来的，而是在其后的保护时间内，甚至是发生事故时才发挥作用。因此，需要有超前预防的意识，注重防患于未然，才能有效防范安全风险，获得安全保障。事实上，寄希望于临时抱佛脚式的安全生产投入，或者在事故发生之后才迫不得已地进行安全投入，往往就会付出更大的代价，甚至于事无补。

思考题

1. 为什么说安全是相对的？安全是相对的给我们的启示有哪些？
2. 研究安全科学的公理、定理和定律的意义是什么？

3. 安全公理、定理和定律的基本内容是什么？

4. “安全第一”提出的理论基础是什么？

5. 如何理解“事故是安全风险的产物”这一公理？

6. 应该如何理解人人需要安全这一公理？安全人人有责，作为社会人应该如何履行这一责任？

7. 危险导致事故发生具有不确定性，但又有规律性。试阐述海因里希法则和墨菲法则的内容及其启示。

8. 安全的本质是什么？应该如何理解风险定律？

9. 什么是本质安全？本质安全定律的内容有哪些？

10. 试写出系统安全性的定量表述函数。

11. 试写出风险函数的定量表达式。

第5章 系统安全原理

5.1 系统安全

5.1.1 系统

系统是由相互作用、相互依存的若干元素组成的、具有特定功能的有机整体。一部机器是由若干零部件组成的、实现一定生产目的的有机整体，可以视为一个系统。由机器、工具、材料和人员组成的生产作业单元，可以视为一个系统。由若干生产作业单元组成班组，由若干班组组成车间，由若干车间组成工厂，也可以分别视为系统。系统的基本特征是具有整体性、层次性、目的性和适应性等。

(1) 整体性

系统的功能不是各元素功能的简单叠加，而是由元素之间相互作用产生的新的整体功能。元素在系统中的作用是由系统整体规定的，为实现系统的整体功能服务。元素一旦离开了系统就失去了它在系统中的作用，也就不再是系统的元素了。

(2) 层次性

一个系统是一个有机的整体，具有一定的功能。一个系统可以分割成若干较小的部分，这些较小的部分也是一个有机的整体，具有一定的功能，也是一个系统，它是原系统的子系统。依此类推，子系统又可分割成更小的子系统，一直分割到元素为止。例如，工厂可以划分为车间，车间是工厂这个系统的子系统；车间可以划分为班组，班组是车间的子系统等。由于系统具有层次性，在进行系统安全分析时，可以把系统分割为若干子系统再进行分析。

(3) 目的性

系统具有特定的功能，是为了实现其特定的目的而把元素组织起来形成的。

(4) 适应性

任何系统都存在于一定的环境之中，与环境进行能量、物质和信息的交换。系统的适应性是指系统通过自我调节适应环境变化的性质。研究系统需要利用系统论的方法。系统论方法的显著特征是强调整体性、综合性和最优化。

(1) 整体性

系统是具有特定功能的有机整体，系统的构成应该保证其整体功能的发挥，实现系统的整体目标，各个子系统、元素都应该为系统的整体目标服务，服从于整体目标。

（2）综合性

从系统元素、系统构造、元素间联结方式等多方面进行综合研究。

（3）最优化

根据需要和可能，定量地确定系统性能的最优目标，然后动态地协调系统与子系统、元素间的关系，使子系统、元素的性能和目标服从系统的最优目标，实现系统的最优化。

5.1.2　系统安全

系统安全是为解决复杂系统的安全性问题而开发、研究出来的安全理论、原则和方法体系。所谓系统安全，是在系统寿命期间内应用系统安全工程和管理方法，辨识系统中的危险源，并采取控制措施使其危险性最小，从而使系统在规定的性能、时间和成本范围内达到最佳的安全程度。

安全工作不仅仅是在系统运行阶段进行，而是贯穿于整个系统寿命期间，即从新系统的构思、可行性论证、设计、建造、试运转、运转、维修直到废弃的各个阶段都要辨识、评价、控制系统中的危险源。特别是在新系统的构思、可行性论证和设计阶段进行的系统安全工作，包括预测新系统中可能出现的危险源及其危害，通过良好的工程设计消除或控制它们，体现预防为主的安全工作方针。

5.1.3　系统安全原理

系统安全原理包括系统原理、整分合原理、反馈原理、弹性原理、封闭原理、能级原理、动力原理、激励原理。

（1）系统原理。现代管理对象都是一个系统，它包含若干分系统（子系统），同时又和外界的其他系统发生着横向联系。为了达到现代化管理的优化目标，就必须运用系统理论，对管理进行充分的系统分析，使之优化，这就是管理的系统原理。

（2）整分合原理。现代高效率的管理必须在整体规划下明确分工，在分工基础上进行有效的综合，这就是整分合原理。整体规划就是在对系统进行深入、全面分析的基础上，把握系统的全貌及其运动规律，确定整体目标，制定规划、计划以及各种具体规范。明确分工就是确定系统的构成，明确各个局部的功能，把整体的目标分解，确定各个局部的目标以及相应的责、权、利，使各个局部都明确自己在整体中的地位和作用，从而为实现最佳的整体效应最大限度地发挥作用。有效综合就是必须对各个局部进行强有力的组织管理，在各纵向分工之间建立起紧密的横向联系，使各个局部协调配合，综合平衡地发展，从而保证最佳整体效应的圆满实现。

（3）反馈原理。现代高效率的管理，必须有灵敏、正确、有力的反馈。管理实质就是一种控制，管理活动的过程是由决策指挥中心发出指令，由执行机构去执行，直到实现管理目标。决策指挥中心要实现既定的目标，就要随时掌握执行机构活动的情况，及时发现偏差并加以调整、控制，使之回到正确的轨道上来。决策指挥中心如何掌握执行机构活动的情况呢？这就需要反馈。把反馈信息与输出信息进行比较，用比较所得的偏差对信息的再输入产生影响，起到控制的作用，以达到预定的目的。

（4）弹性原理。管理是在系统外部环境和内部条件千变万化的形势下进行的，管理必须要有很强的适应性和灵活性，才能有效地实现动态管理。安全管理所面临的是错综复杂的环境和条件，尤其是很难完全预测和掌握事故致因，因此安全管理必须尽可能保持好的弹性。一方面不断推进安全管理的科学化、现代化，加强系统安全分析、危险性评价，尽可能做到对危险因素的识别、消除和控制；另一方面要采取全方位、多层次的事故防范对策，实行全面、全员、全过程的安全管理，从人、物、环境等方面层层设防。此外，安全管理必须注意协调好上、下、左、右、内、外各方面的关系，尽可能取得理解和支持，一旦有事，应较容易得到配合和帮助。

（5）封闭原理。任何一个系统的管理手段、管理过程等必须构成一个连续封闭的回路，才能形成有效的管理运动。但是管理封闭是相对的，从空间上讲，封闭系统不是孤立系统，它要受到系统管理的作用，与上下左右各个系统都有着输入和输出的关系，只能与它们协调平衡地发展，而不应不顾周围，各行其是；从时间上讲，事物在不断发展，不能做到完全预测未来，因此必须根据事物发展的客观需要，不断地以新的封闭代替旧的封闭，求得动态的发展，在变化中不断前进。

（6）能级原理。一个稳定而高效的管理系统是由若干具有不同能级、不同层次的子系统有规律地组合而成的，这就是能级原理。管理系统中能级的划分不是随意的，它们的组合也不是随意的，必须按照一定的要求、有规律地建立起管理系统的能级结构。

（7）动力原理。管理必须有强大的动力（这些动力包括物质动力、精神动力和信息动力），而且要正确地运用动力，才能使管理运动持续而有效地进行下去，这就是动力原理。

（8）激励原理。以科学的手段，激发人的内在潜力，充分发挥出积极性和创造性，这就是激励原理。

5.2 系统安全分析

5.2.1 系统安全分析的定义

系统安全分析是从安全角度对系统进行的分析，它通过揭示可能导致系统故障或事故的各种因素及其相互关联来辨识系统中的危险源，以便采取措施消除或控制它们。系统安全分析是系统安全评价的基础，定性的系统安全分析是定量的系统安全评价的基础。

5.2.2 系统安全分析的内容

系统安全分析的目的在于辨识危险源，以便在系统运行期间控制或根除危险源，系统安全分析一般包括以下内容：

（1）调查和分析可能出现的初始、诱发的和直接引起事故的各种危险源及其相互关系；

（2）调查和分析与系统有关的环境条件、设备、人员及其他有关因素；

（3）调查和分析利用适当的设备、规程、工艺或材料控制或根除某种特殊危险源的措施；

（4）调查和分析对可能出现的危险源的控制措施及实施这些措施的最好方法；

（5）调查和分析对不能根除的危险源的控制措施及实施这些措施的最好方法；

（6）调查和分析一旦对危险源失去控制，为防止伤害和损害所采取的安全防护措施。

5.2.3 系统安全分析方法

（1）系统安全分析方法的内容

目前人们已开发研究了数十种系统安全分析方法，适用于不同的系统安全分析过程。这些方法可按实行分析的过程的相对时间分类，也可按分析的对象、内容分类。从分析的数理方法的角度，可分为定性分析和定量分析；从分析的逻辑方法的角度，可分为归纳的方法和演绎的方法。

简单来说，归纳的方法是从原因推论结果的方法；演绎的方法是从结果推论原因的方法，这两种方法在系统安全分析中都有应用。从危险源辨识的角度，演绎的方法是从事故或系统故障出发查找与该事故或系统故障有关的危险源，与归纳的方法相比，可以把注意力集中在有限的范围内，提高工作效率；而归纳的方法是从故障或失误出发探讨可能导致的事故或系统故障，再来确定危险源，与演绎的方法相比，可以无遗漏地考察、辨识系统中的所有危险源。实际工作中可以把两类方法结合起来，以充分发挥各类方法的优点。在危险源辨识中得到广泛应用的系统安全分析方法主要有以下几种：

①安全检查表法（Checklist）

安全检查表是一份进行安全检查或出了事故进行事故诊断的项目明细表。通常是根据安全生产情况、安全标准规范及以往事故教训等进行周密考虑，将系统中需要查明的问题或需要检查的项目一一列在表上，以备安全检查和事故分析查询时使用。使用时按项可用“是”或“否”，用“√”或“×”，或用简单参数进行回答，后留一栏是处理意见，最后是检查日期或检查人签字。

②预先危害分析（Preliminary Hazard Analysis，PHA）

预先危害分析主要用于新系统设计、已有系统改造之前的方案设计、选址阶段，人们还没有掌握其详细资料的时候，用来分析、辨识可能出现或已经存在的危险源，并尽可能在付诸实施之前找出预防、改正、补救措施，以消除或控制危险源。预先危害分析的优点在于允许人们在系统开发的早期识别、控制危险因素，可以用最小的代价消除或减少系统中的危险源，它为制定整个系统寿命期间的安全操作规程提供依据。

③故障类型与影响分析（Failure Model and Effects Analysis，FMEA）

故障类型与影响分析是对系统的各组成部分、元素进行的分析。系统的组成部分或元素在运行过程中会发生故障，并且往往可能发生不同类型的故障。故障类型与影响分析是一种归纳的系统安全分析方法。最初的故障类型和影响分析只能做定性分析，后来在分析中包括了故障发生难易程度的评价或发生的概率。再进一步，把它与危险度分析（Critical Analysis）结合起来，构成故障类型和影响、危险度分析（FMECA）。这样，如果确定了每个元素的故障发生概率，就可以确定设备、系统或装置的故障发生概率，从而定量地描述故障的影响。

④危险性与可操作性研究（Hazard and Operability Analysis，HAZOP）

危险性与可操作性研究是英国帝国化学工业公司（ICI）于1974年开发的，是一种用于热力-水力系统安全分析的方法。它应用系统的审查方法来审查新设计或已有工厂的生产工艺和工程意图，以评价由装置、设备的个别部分的误操作或机械故障引起的潜在危险，并评价其对整个工厂的影响。危险性与可操作性分析需要由一组人而不是一个人进行，这一点有别于其他系统安全分析方法。通常，分析小组成员应该包括相关各领域的专家，采用头脑风暴法（Brainstorming）来进行创造性的工作。开展危险性与可操作性分析时，全面地审查工艺过程，对各个部分进行系统的提问，发现可能的偏离设计意图的情况，分析其产生原因及其后果，并针对其产生原因采取恰当的控制措施。

⑤事件树分析（Event Tree Analysis，ETA）

事件树分析是一种按事故发展的时间顺序由初始事件开始推论可能的后果，从而进行危险源辨识的方法。一起事故的发生是多种原因事件相继发生的结果，其中一些事件的发生是以另一些事件的发生为条件的。事件树以初始事件为起点，按每一事件可能的后续事件（只能取完全对立的两种状态，成功或失败、正常或故障、安全或危险等）之一的原则，逐步向结果方面发展，直到达到系统故障或事故为止。

⑥故障树分析（Fault Tree Analysis，FTA）

故障树分析又称事故树分析，是从结果到原因找出与灾害有关的各种因素之间的因果关系和逻辑关系的分析方法。这种方法是把系统可能发生的事故放在图的最上面，称为顶上事件，按系统构成要素之间的关系，分析与灾害事故有关的原因。这些原因可能是其他一些原因的结果，称为中间原因事件（或中间事件），继续往下分析，直到找出不能进一步往下分析的原因为止，这些原因称为基本原因事件（或基本事件）。图中各因果关系用不同的逻辑门连接起来，由此得到的图形像一棵倒置的树。

⑦因果分析（Cause-Consequence Analysis，CCA）

原因-结果分析是对系统装置、设备等在设计、操作时综合地运用事故树和事件树辨识事故的可能结果及其原因的一种分析方法。首先，从某一个初因事件作出事件树图；其次，将事件树的初因事件和失败的环节事件作为事故树的顶上事件，分别作出事故树图；最后，根据需要和数据进行定性或定量的分析，进而得到对整个系统的安全性评价。

⑧如果……怎么办（What If）

为了找出某一建设项目或某一工业装置在研究、设计、建设、操作、维修的开发阶段存在的危险、有害性及其程度，以寻求消除或降低其危险、有害性的对策措施，杜邦公司开发了“如果……怎么办”这种对系统进行解剖的定性分析方法。首先对所分析的系统进行全面、彻底的检查，对凡具有危险性的目标，通过提出一系列“如果……怎么办”的问题，发现存在的危险、危害性及其程度。具体分析的对象包括环境、建筑及场地布置、设备及管线系统、动力系统、工艺过程、操作和监控、物料、中间体及产品、仓库储存、物料装卸、道路运输、安全及卫生设施、防火防爆系统、安全管理等。

⑨作业条件危险性评价（LEC）

美国的K. J. 格雷厄姆（Keneth J. Graham）和G. F. 金尼（Gilbert F. Kinney）研究了人们在具有潜在危险环境中作业的危险性，提出了以所评价的环境与某些作为参考环境的对比为基础，将作业条件的危险性看作因变量 D，事故或危险事件发生的可能性 L、暴露于危险环境的频率 E 及危险严重程度 C 为自变量，确定了它们之间的函数式。根据实际经验他们给出了3个自变量的各种不同情况的分值，采取对所评价的对象根据情况进行“打分”的办法，然后根据公式计算出其危险性分值，再在按经验将危险性分值划分的危险程度等级表或图上，查出其危险程度的一种评价方法。这是一种评价作业条件危险性简单易行的方法。

(2) 系统安全分析方法的选择

在系统寿命不同阶段的危险源辨识中，应该选择相应的系统安全分析方法。例如，在系统的开发、设计早期可以应用预先危害分析方法；在系统设计或运行阶段可以应用危险性与可操作性研究、故障类型与影响分析等方法进行详细分析，或者应用事件树分析、故障树分析或因果分析等方法对特定的事故或系统故障进行详细分析。表5-1列出了系统寿命期间内各阶段适用的系统安全分析方法。

表5-1 系统安全分析方法适用情况

分析方法	开发研制	方案设计	样机	详细设计	建造投产	日常运行	改建扩建	事故调查	拆除
安全检查表		√	√	√	√	√	√		√
预先危害分析	√	√	√	√			√		
危险性与可操作性研究			√	√		√	√	√	
故障类型与影响分析			√	√		√	√	√	
故障树分析			√	√		√	√	√	
事件树分析			√			√	√	√	
因果分析			√	√		√	√	√	
如果……怎么办			√	√		√	√	√	
作业条件危险性评价	√	√	√	√	√	√		√	

5.3 系统安全预测

5.3.1 BP 神经网络模型

BP 神经网络模型具有高度的非线性映射、自组织结构、学习和适应、函数逼近和高度并行处理能力，与安全系统的非线性、自组织性等特点相匹配。因此，用 BP 神经网络模型来模拟安全系统，并预测安全系统的发展趋势具有相通性和可行性。

利用 BP 神经网络模型来解决安全系统中存在的多因素之间的复杂关系是具有其合理性的，因为 BP 神经网络模型可以正确模仿人脑神经细胞元的作用机理，具有处理多输入和多输出的复杂关系的能力，而这种能力正是其他模型所不能及的。

BP 神经网络模型是一种由一堆复杂的数学关系有机组成的纯数学网络模型，通过特定的学习训练，能够以较高的精度模仿安全系统的过去运行情况以及预测安全系统的发展趋势。

（1）BP 神经网络模型的简介

BP 神经网络模型是一种采用误差反向传播法（Back Propagational Algorithm）的神经网络模型，是神经网络模型中应用最广泛的一类。

BP 神经网络模型实现了多层网络学习的设想，当给定网络一个输入模式时，它由输入层单元传到隐含层单元，经隐含层单元处理后再传到输出层单元，由输出层单元处理后产生一种输出模式。这是一个逐层状态更新过程，称为前向传播。如果输出响应与期望输出模式有误差，不满足要求，那么就传入误差后向传播，并修改各层连接权值。对于给定的一组训练模式，不断用一个个训练模式训练网络，重复前向传播和误差后向传播，当各个训练模式都满足要求时，BP 神经网络模型就学习好了。

①人工神经网络研究的起源

1943 年，McCulloch 和 Pitts 曾提出一种“似脑机器”（Mindlike Machine）的思想，这种机器可由基于生物神经元特性的互联模型来制造，这就是神经网络的概念。他们构造了一个表示大脑基本组分的神经元模型，对逻辑操作系统表现出通用性。随着大脑和计算机研究的进展，研究目标已从“似脑机器”变为“学习机器”，为此一直关心神经系统适应律的 Hebb 提出了学习模型。

到了 20 世纪 70 年代，Grossberg 和 Kohonen 对神经网络研究作出重要贡献。以生物学和心理学证据为基础，Grossberg 提出几种具有新颖特性的非线性动态系统结构。该系统的网络动力学由一阶微分方程建模，而网络结构由模式聚集算法的自组织神经实现。基于神经元组织自己来调整各种各样的模式的思想，Kohonen 发展了他在自组织映射方面的研究工作。Werbos 在 20 世纪 70 年代开发了一种反向传播算法。Hopfield 在神经元交互作用的基础上引入一种递归型神经网络，这种网络就是有名的 Hopfield 网络。在 80 年代中期，作为一种前馈神经网络的学习算法，Parker 和 Rumelhart 等重新发现了返回传播算法。

②人工神经网络的特性

神经网络的最大特性是仅借助于样本数据，就可以实现由 R^n 空间（n 为输入层节点数）到 R^m 空间（m 为输出层节点数）的高度非线性映射，而且这种结果可以由足够的训练样本来保证。除了具有上述的特性外，还有以下几个特点。

a. 并行分布处理

神经网络具有高度的并行结构和并行实现能力，因而有较好的耐故障能力和较快的总体处理能力。这特别适于实时控制和动态控制。

b. 非线性映射

神经网络具有固有的非线性特性，这源于其近似任意非线性映射（变换）能力。这一特性给非线性控制问题带来新的希望。

c. 通过训练进行学习

神经网络是通过研究系统过去的数据记录进行训练的。一个经过适当训练的神经网络具有归纳全部数据的能力。因此，神经网络能够解决那些由数学模型或描述规则难以处理的控制过程问题。

d. 适应与集成

神经网络能够适应在线运行，并能同时进行定量和定性操作。神经网络的强适应性和信息融合能力使得网络过程可以同时输入大量不同的控制信号，解决输入信息间的互补和冗余问题，并实现信息集成和融合处理。这些特性特别适于对复杂、大规模和多变量系统的控制。

e. 硬件实现

神经网络不仅能够通过软件而且可借助硬件实现并行处理。近年来，一些超大规模集成电路实现硬件已经问世，而且可从市场上购买。这使得神经网络具有快速和大规模处理能力。

（2）BP 神经网络在安全系统中的建模

BP 神经网络的安全建模就是根据安全系统的需要，建立适当的 BP 神经网络模型，通过把安全系统各个因素的行为和特性量化，得到一定量的数学形式的数据对 BP 神经网络模型进行训练与学习，使得 BP 神经网络模型与安全系统相模仿，从而进行预测。因此，本节重在阐述 BP 神经网络的模型及其训练与学习。

①神经元及其特性

BP 神经网络的模型是由基本处理单元及其互连方法决定的。因此，先介绍基本处理单元，即神经元。连接机制结构的基本处理单元与神经生理学类比往往称为神经元。每个构造起网络的神经元模型模拟一个生物神经元。其结构如图 5-1 所示。

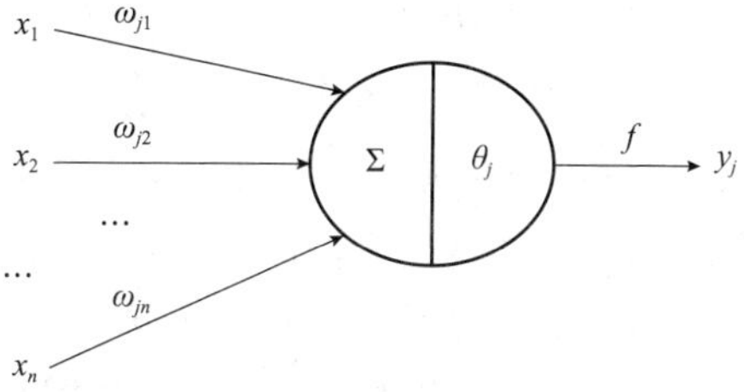

图 5-1　BP 神经网络结构

该神经元单元由多个输入 $i=1, 2, \cdots, n$ 和一个输出 y 组成。中间状态由输入信号的权和表示，而输出为：

$$y_j(t) = f\left(\sum_{i=1}^{n} \omega_{ji} x_i - \theta_j\right) \tag{5-1}$$

式中，θ_j 为神经元单元的偏置（阈值），ω_{ji} 为连接权系数（对于激发状态，ω_{ji} 取正值；对于抑制状态，ω_{ji} 取负值），n 为输入信号数目，y_j 为神经元输出，t 为时间，f 为输出变换函数，有时叫作激发或激励函数，往往采用 0 和 1 二值函数或 S 形函数，这几种函数都是连续和非线性的。

一种二值函数可由式（5-2）表示：

$$f(x) = \begin{cases} 1, x \geqslant x_0 \\ 0, x < x_0 \end{cases} \tag{5-2}$$

一种常规的 S 形函数可由式（5-3）表示：

$$f(x) = \frac{1}{1+e^{-ax}}, \quad 0 < f(x) < 1 \tag{5-3}$$

常用双曲正切函数来取代常规 S 形函数，因为 S 形函数的输出均为正值，而双曲正切函数的输出值可为正或负。双曲正切函数如式（5-4）所示：

$$f(x) = \frac{1-e^{-ax}}{1+e^{-ax}}, \quad -1 < f(x) < 1 \tag{5-4}$$

以上 3 种函数对应的图像如图 5-2 所示。

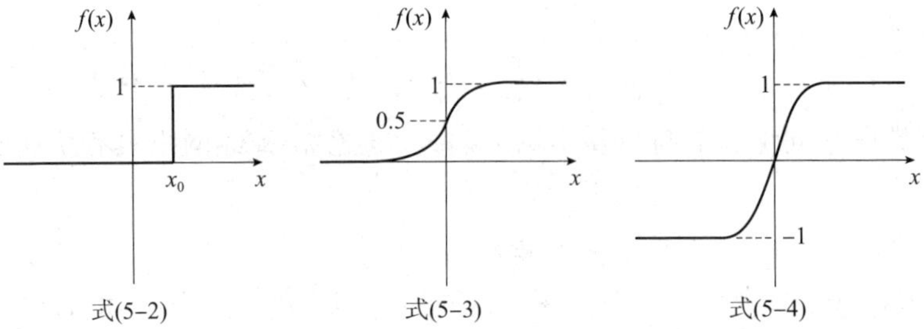

图 5-2　三种函数对应图

②BP 神经网络模型的结构

BP 神经网络模型的结构由神经元模型构成。这种由许多神经元组成的信息处理网络具有并行分布结构。每个神经元具有单一输出，并且能够与其他神经元连接；存在许多（多重）输出连接方法，每种连接方法对应一个连接权系数。严格地说，人工神经网络是一种具有下列特性的有向图。

a. 对于每个节点 i 存在一个状态变量 x_i；

b. 从节点 j～节点 i，存在一个连接权系数 ω_{ji}；

c. 对于每个节点 j，存在一个阈值 θ_j；

d. 对于每个节点 j，定义一个变换函数 $f_j(x_i, \omega_{ji}, \theta_j)$，$i \neq j$，对于最一般的情况，此

函数取 $f_j\left(\sum_{i=1}^{n}\omega_{ji}x_i-\theta_j\right)$。

BP 神经网络模型的基本结构本质上就是前馈网络。前馈网络具有递阶分层结构，由一些同层神经元间不存在互连的层级组成。从输入层至输出层的信号通过单向连接流通；神经元从一层连接至下层，不存在同层神经元间的连接，如图 5-3 所示。

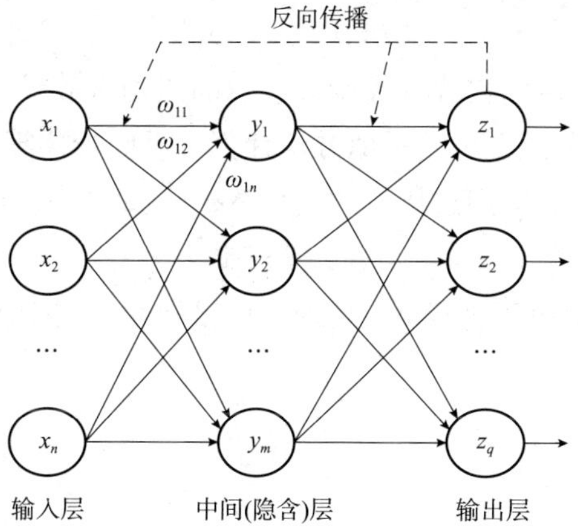

图 5-3 BP 神经网络模型

图5-3 中，实线指明实际信号流通方向而虚线表示反向传播。前馈网络的例子有多层感知器（MLP）、学习矢量量化（LVQ）网络、小脑模型连接控制（CMAC）网络和数据处理方法（GMDH）网络等。

从前馈网络的构造图中可以很清楚地看出，BP 神经网络是多点输入与多点输出的数学网络关系，适用于安全系统中多个影响因素与多个主行为因素的关系。这样就可以比较轻松地克服灰色系统模型的多输入与单输出的关系。

③BP 神经网络模型的主要学习算法

人工神经网络模型主要通过两种学习算法进行训练，即指导式（有师）学习算法和非指导式（无师）学习算法。

a. 有师学习

有师学习算法能够根据期望的和实际的网络输出（对应于给定输入）间的差来调整神经元间连接的强度或权。因此，有师学习需要有老师或导师来提供期望或目标输出信号。

b. 无师学习

无师学习算法不需要知道期望输出。在训练过程中，只要向神经网络提供输入模式即可。

④BP 神经网络模型的训练算法

BP 神经网络模型的算法是采用误差反向传播法，最初由 Werbos 开发的反向传播训练算法是一种迭代梯度算法，用于求解前馈网络的实际输出与期望输出间的最小均方差值。BP 网是一种反向传递并能修正误差的多层映射网络。当参数适当时，此网络能够收敛到较小的均方差，是目前应用最广的网络模型。BP 网的缺点是训练时间较长，且易陷于局部极小值。

前面提到的前馈网络的例子很多，但用得最广泛的是多层感知器（MLP）。前馈网络结构图给出一个3层MLP，即输入层、中间（隐含）层和输出层。输入层的神经元只起到缓冲器的作用，把输入信号 x_i 分配至隐含层的神经元。隐含层的每个神经元 j 在对输入信号加权 ω_{ji} 之后，对其进行求和并计算出该和的 f 函数，即：

$$y_j = f(\sum \omega_{ji}x_i) \tag{5-5}$$

式中，f 可为一个简单的阈值函数或S形函数、双曲正切函数或径向基函数。

在输出层神经元的输出量也可用类似方法计算。反向传播算法是一种最常采用的MLP训练算法，它给出神经元 i 和 j 间连接权的变化 $\Delta\omega_{ji}$，如式（5-6）所示：

$$\Delta\omega_{ji} = \eta\delta_j x_i \tag{5-6}$$

式中，η 为学习速率，δ_j 取决于神经元 j 是否为输出神经元或隐含神经元的系数。

对于输出神经元：

$$\delta_j = \left(\frac{\partial f}{\partial net_j}\right)(y_j^{(t)} - y_j) \tag{5-7}$$

对于隐含神经元：

$$\delta_j = \left(\frac{\partial f}{\partial net_j}\right)\sum_q \omega_{qj}\delta_q \tag{5-8}$$

在上述两式中，net_j 表示所有输入信号对神经元 j 的加权总和，$y_j^{(t)}$ 为神经元 j 的目标输出。

对于所有问题（多数平凡问题除外），为了适当地训练MLP需要几个信号出现时间。一种加速训练的方法就是在原来的基础上再加上个“动量”项，以便使前面的权变化有效地影响新的权值变化，即：

$$\Delta\omega_{ji}(k+1) = \eta\delta_j x_i + \mu\Delta\omega_{ji}(k) \tag{5-9}$$

式中，$\Delta\omega_{ji}(k+1)$ 和 $\Delta\omega_{ji}(k)$ 分别为信号出现时刻（$k+1$）和 k 的权值变化，μ 为动量系数。

这就是一整套BP神经网络模型的建模过程及其数学表达关系。在构造神经网络模型时，是参考了人体神经网络的作用机理建立起来的，但是对于后面的学习与训练算法，却是数学的误差修正阶段，如果不是借助于今天的计算机的运算能力，神经网络是不可能发展起来的。

5.3.2 多重原因论和分支事件链

（1）多重原因的观点

如前所述，只要深入探讨一下在人—机—环境系统中关于“事故”和“事故预防”的概念就会清楚地发现，没有一种单一的通用原因能够为解决事故的预防问题提供依据。这个观点可作为一个公理来叙述：“事故是多重因素决定的，任何特定事故都具有若干事件和情况联合存在或同时发生的特点”。

构成事故的最基本因素有人、物、自然环境和社会环境。

关于人的最基本特点之一是人与人有差异，构成人的差异又有 3 个明显而重要的原因：遗传、生理上的差异；后天的经验、知识、技能及观念上的差异；行为上的自由性。

物的因素更为复杂而繁多，工具、仪器、器械、机器或设备更是千差万别。

事故不是发生在真空状态之中，它们总是与某种自然环境、劳动条件、社会因素以及各级管理机构等有关诸因素紧密相连的。这些因素以及它们之间所有的复杂相互关系，都是值得按具体情况分别的，每一类问题构成事故致因的一个分支。

在实际生产活动中，促成事故发生的因素不是一个，而是许多；因果关系有继承性，即原因是有层次的，一阶段的结果往往又是下一阶段的原因。当分析已经发生过的事故或者预测将来有可能发生的事故时，要从主次因素多方面去分析，即统计大量随机现象进行定性或定量的数学处理，寻求到发生事故的规律，并可预测事故发生的可能程度。多重原因的观点便是分支事件链的依据。

（2）归纳和演绎

①从结果去推论原因

这是一种分支事件链的归纳法。它适用于分析发生过的事故，从特殊到一般作出推理。

一个现象包含着多种原因。例如，事故调查分析中涉及人（设计者、操作者和通行的人等），还涉及物（建筑物、工具、机械、材料等）。人和物的一次原因多属于直接原因，而它还有间接的原因和更本质的原因，或者说是由管理上的缺陷或管理失误造成的。不挖到深层（即二次、三次……多次原因），就不能杜绝再次发生同类事故。利用归纳法可得到预防一般事故的结论。

图 5-4 表示用归纳法层层推论的分支事件链，用以追查事故发生的深层本质原因。图中仅表示追到三、四层，具体应用时还可追到五层甚至多层。

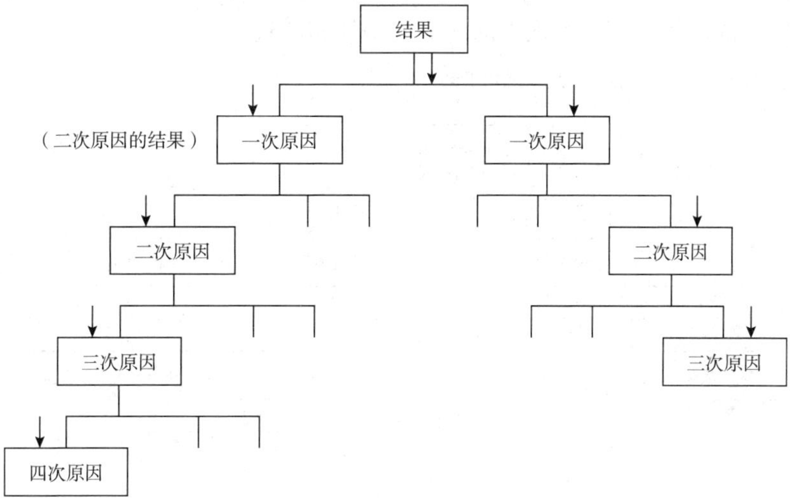

图 5-4　从结果推论到原因的过程

例如，瓦斯爆炸事故，它有两个一次原因：可燃性气体与空气混合达到了爆炸界限；有引火火源。

再深一层分析，为什么达到爆炸界限？其二次原因：a. 可燃气体（瓦斯）从管道或巷道中渗漏；b. 因通风不良，可燃气体（瓦斯）蓄积；c. 未测定瓦斯浓度，或检测不足。引火源又可分支为：a. 电机的火花；b. 焊接作业；c. 明火；d. 香烟；e. 静电。

再分支到三次原因，例如工厂造成管道渗漏的原因：法兰部位连接不良；管道腐蚀。火源的三次原因又分支为：a. 采用了非防爆型电机；b. 设了刀闸开关形成了电弧；c. 由于未采用防爆照明电灯，移动长材时碰碎了灯泡。

把各层次的原因一一列入原因分析表，然后进一步审查表内各类原因：a. 推论得是否正确，是否能充分说明；b. 是否还有其他原因也可以产生同一结果；c. 有无其他原因同时作用。

②用演绎法阐明故障的主要原因

这是在查明为完成既定目标（如规划、计划的安全指标）所遇到的障碍（或故障）的主要原因时所采用的分支事件链。从一般原则去推论个别事件。

就是说，基于安全原理和实践的经验，去追求一个既定目标，检查会遇到什么障碍或可能发生什么故障。例如，拟定一个“大幅度降低多发性事故”的安全目标。基于过去的经验是青年员工肇事的多，如把青年员工看成障碍的主要原因就是不恰当的。因为“青年员工没经验”是对特定的人来说的，这不是一般原则。找障碍主要的原因应当从一般原则出发，“技术不熟练”，才是“一次障碍”，再从为什么青年员工技术不熟练来找“二次障碍”。这可能是教育训练不足，此外还必须从管理、环境条件、身体素质等方面去找原因。

这种分析必须注意以下两点：作为推论的前提，其经验和一般原则必须是正确的，符合实际情况的；推论的对象要和推论的前提、条件相一致。

图 5-5 列出了这种方法的分支事件链。

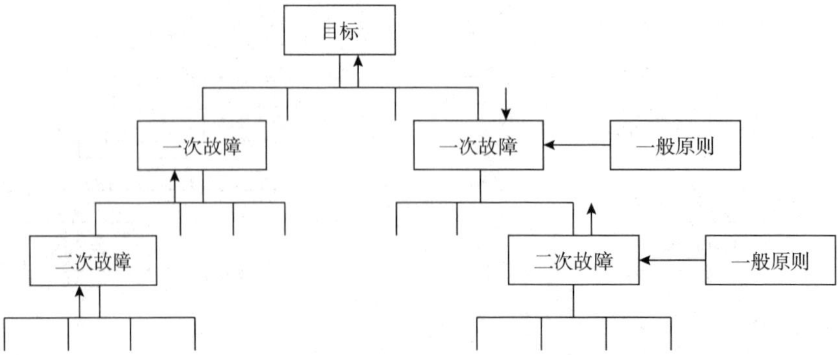

图 5-5　演绎故障原因的分支事件链

(3) 系统安全分析与分支事件链

系统安全分析是制订系统安全大纲的核心。它按照实施大纲的阶段可分为初步危害分析（PHA）、子系统事故分析（SSHA）、系统危险分析（SHA）、运行事故分析（OSA）等。最常用的按分支事件链方法进行的系统安全分析有鱼刺图或树枝图、事件树、故障树、管理失误和危险树等。

分支事件链本质上也是一种因果分析，它是寻找问题、缺陷及查明事故原因的有效方法。因其形状类似树枝或鱼刺，故又称树枝图或鱼刺图。

5.3.3 多重线性事件过程链

(1) 关于事故的机理（扰动论）

Lawrence 曾对伤亡事故提出过几个假定：设事故是含有产生不希望的伤害的一组相继发生的事件；进一步假设这些事件发生在某些活动的进程中，并伴随有人员伤害和物质损失以外的其他结果。在深入研究这两个假设时，自然会得出另外的假设。例如，认为“事件”是导致事故的因素；则每个事件的含义应该清楚，以便调查者能正确地描述每个事件。

Benner 提出了解释事故的综合概念和术语，同时把分支事件链和事故过程链结合起来而用图表显示的方法。他指出，从调查事故的目的出发，把一个事件看成某种发生了的事物；是一次瞬间的或重大的情况变化；是一次已避免了的或导致另一次事件发生的偶然事件。一个事件的发生势必由有关的人或物所造成。将有关的人或物统称为“行为者”，其举止活动（运动）则称为“行为”。

这样，一个事件即可用术语“行为者”和“行为”来描述。行为者可以指任何有生命的东西，如司机、车工、厂长，或者任何非生命的物质，如机械、洪水、车轮。行为可以是发生的任何事，如运动、故障、观察或决策。对于行为者和行为必须正确地或定量地描述，而不能用定性的词汇。

事件必须按单独的行为者和行为来描述，以便把过程分解为几部分分别阐述。任何事故处于萌芽状态时就有某种扰动（活动），称为起源事件。事故形成过程是一组自觉或不自觉的，指向某种预期的或未知结果的相继出现的事件链，这种进程包括外界条件及其变化的影响。相继事件过程是在一种自动调节的动态平衡中进行的。如果行为者行为得当，即可维持能流稳定而不偏离，从而实现安全生产；如果行为者的行为不当或发生故障，则对上述平衡产生扰动，就会破坏和结束自动动态平衡而开始事故的进程，导致终了事件——伤害或损坏。这种伤害或损坏又会依次引起其他变化或能量释放。于是，可以把事故看成由相继的事故事件过程中的扰动而开始，最后以伤害或损坏而告终。这可称之为事故的 P 理论，又称扰动论。依上述对事故的解释，可按时间关系描绘出事故现象的一般模型，见第 3 章 3.1.3 节。

(2) 事故事件过程的多重线性及其应用

可根据事件的次序要求与事故的有关因素和同其他事件的相互关系进行多重线性事件过程的图解分析。当与 P 理论提供的上述模型相结合时，对调查和分析事故是更加有效的工具。

长方形框表示事件，而用椭圆形表示条件。图 5-6 表示构成一种活动的事件和对一个行为者进行这种活动的结果。当两个或更多行为者产生结果时，如图 5-7 所示。图中每个事件的间隔可以用于表示该事件相对于其他事件的时序。包括条件的两个行为者活动事件和结果见图 5-8。

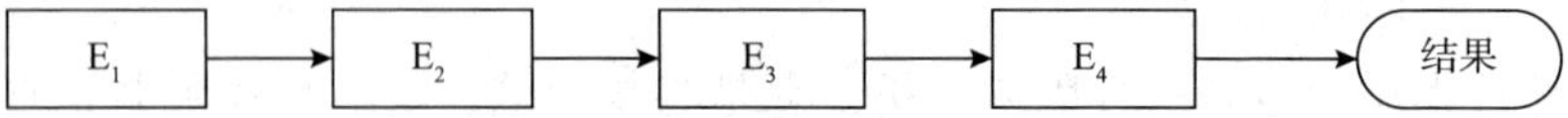

图 5-6　一个行为者的活动事件和结果

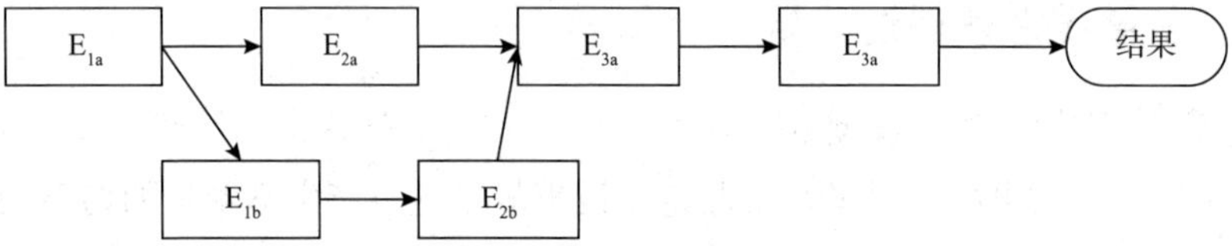

图 5-7　两个行为者的活动事件和结果

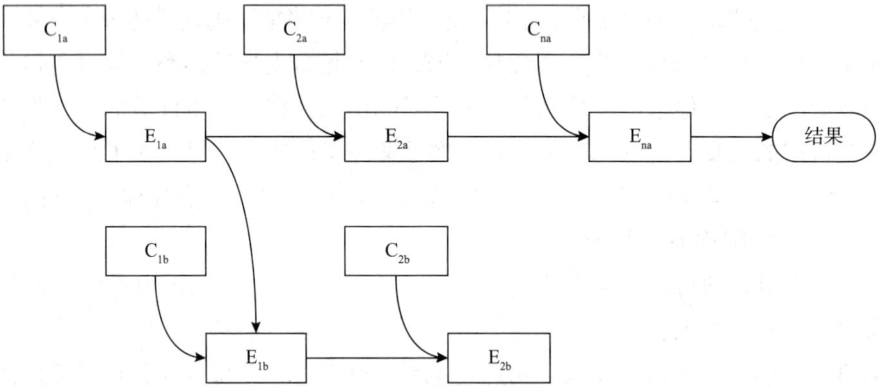

图 5-8　包括条件的两个行为者活动事件和结果

图 5-9 指出了事故进程中出现事件的时间顺序和逻辑顺序。这种方法允许分析者探求一个或几个需要改善的条件，而把条件改变过程从被调查的事件中分立出来。一个行为者的条件与事件分立程序如图 5-10 所示。

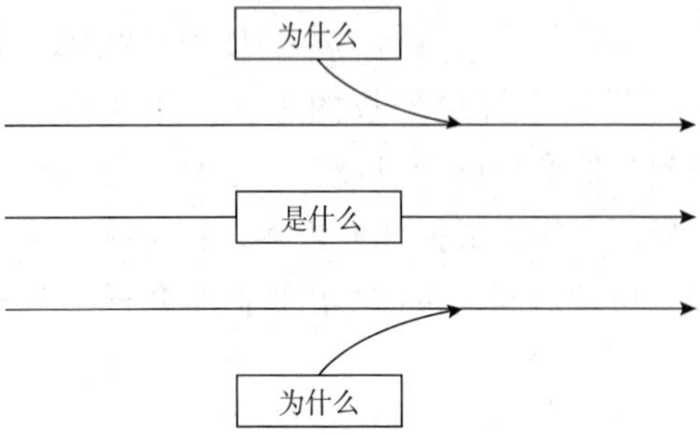

图 5-9　简单方法的描述

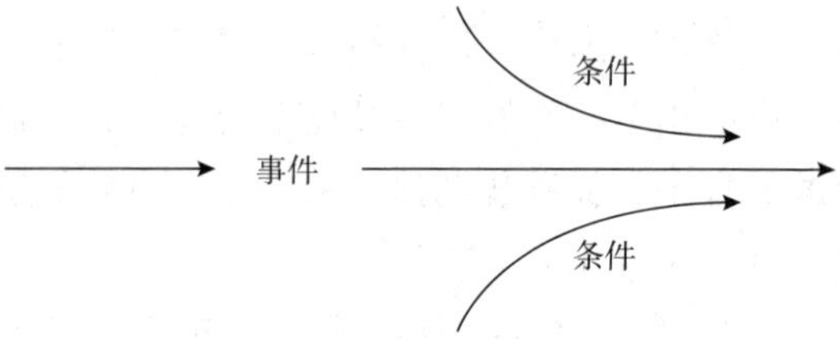

图 5-10　一个行为者的条件与事件分立程序

综上所述，事故现象的一般模型能满足调查研究伤亡事故的基本要求。多重线性事件过程图表法提供了事故调查中交流知识和观点的方式，在解释事故致因上可有共同的认识。如将 MORT 与发展了的 P 理论相结合，可望创造出一种适用于一切事故类型的有理论基础的研究方法。采用 P 理论及其图表可加强对事故现象的解释，有助于克服其他事故模型存在的弱点。

5.3.4 马尔柯夫预测模型

马尔柯夫预测模型是根据俄国数学家 A. 马尔柯夫（A. Markov）的随机过程理论提出来的，它主要是通过研究系统对象的状态转移概率来进行预测的。作为一种预测技术，马尔柯夫预测模型已广泛应用于各个领域。

（1）马尔柯夫过程

马尔柯夫预测是从状态及状态转换的概念出发的。若对研究对象考虑一系列随机试验，其中每次试验的结果如果出现在有限个两两互斥的事件集 $E=\{E_1, E_2, \cdots, E_n\}$ 中，且仅出现其中一个，则称事件 $E_i \in E$ 为系统的状态。若事件 E_i 出现，则称系统处在状态 E_i。即状态是研究对象随机试验样本空间的一个样本。例如，机器设备在 $t=t_0$ 时刻，处于正常运行状态，那在任何 $t_1>t_0$ 时刻可能转变成故障而不能运转，也可能继续保持正常运行。令 E_1 表示正常状态，E_2 表示故障状态。同样，若在 t_0 时刻设备为故障状态，而 $t_1>t_0$ 时，设备可能已修复好，变为正常运行，也可能未修复，继续处于故障状态。

马尔柯夫在 20 世纪初，经过多次试验研究发现，现实中有这样一类随机过程，在系统状态转移过程中，系统将来的状态只与现在的状态有关，而与过去的状态无关。这种性质叫作无后效性，符合这种性质的状态转移过程，称为马尔柯夫过程（Markov Process）。

（2）马尔柯夫链

如果马尔柯夫过程的状态和时间参数都是离散的，则这样的过程称为马尔柯夫链。这里“链”的含义是指，只有在顺序相邻的两个随机变量之间具有相关关系。因而只要表达这两个随机变量之间的联合分布或条件分布，就足以说明该随机过程的性质和特征，从而避免对过程中所有随机变量相关性的分析。但是这种简化并不妨碍对实际生活中各类问题的描述和研究。例如，对于某地区每年的气候按一定的指标可分为旱、涝两种状态，这样根据多年记录的气候资料就可形成一个以年为时间单位，每一时间只出现旱、涝两种状态之一的时间离散、状态离散的随机状态序列，即马尔柯夫链。当然在实际问题中，时间可以以年、月、日等为单位，状态也可能有多种形式。对于本例，也可以按一定的指标将每年的气候划分为大旱、旱、轻旱、正常、轻涝、涝、大涝 7 种状态。

在马尔柯夫链中，一个重要的概念就是状态的转移。如果过程由一个特定的状态变化到另一个特定的状态，就说过程实现了状态转移。

（3）状态转移概率矩阵及其基本性质

既然状态的转移是一种随机现象，那么为了对状态转移过程进行定量描述，必须引入状态转移概率的概念。假设系统有 n 个状态，所谓状态转移概率是指由状态 i 转移到状态 j

的概率，记为 p_{ij}。p_{ij} 只与 i 和 j 有关，即只与转移前后的状态有关，这个概率也称为马尔科夫链的一步转移概率。若令正常状态为1，故障状态为2，则由正常转为正常的概率可记为 p_{11}。故障状态转移为正常的概率可记为 p_{21}，故障转移为故障的概率可记为 p_{22}。一步状态转移概率可以用矩阵表示为：

$$\boldsymbol{P}=\begin{bmatrix} p_{11} & p_{12} \\ p_{21} & p_{22} \end{bmatrix} \tag{5-10}$$

则矩阵 $\boldsymbol{P}$ 称为一步状态转移概率矩阵，简称概率矩阵。若系统有 n 个状态，则一步状态转移概率矩阵可表示为：

$$\boldsymbol{P}=\begin{bmatrix} p_{11} & p_{12} & \cdots & p_{1n} \\ p_{21} & p_{22} & \cdots & p_{2n} \\ \vdots & \vdots & \vdots & \vdots \\ p_{n1} & p_{n2} & \cdots & p_{nn} \end{bmatrix} \tag{5-11}$$

式中，$0 \leqslant p_{ij} \leqslant 1$，$i$、$j=1$，2，…，$n$，且 $\sum_{j=1}^{n} p_{ij}=1$。第 i 行的向量 $\boldsymbol{p}_i=(p_{i1},\ p_{i2},\ \cdots,\ p_{in})$ 称为概率向量。

概率矩阵具有如下一些特点：

①若矩阵 $\boldsymbol{A}$ 和 $\boldsymbol{B}$ 都是概率矩阵，则 $\boldsymbol{A}$ 和 $\boldsymbol{B}$ 的乘积也是概率矩阵。同样 $\boldsymbol{A}$ 的 n 次幂 A^n 也是概率矩阵。

②若概率矩阵 $\boldsymbol{P}$ 的 m 次幂 $\boldsymbol{P}^m$ 的所有元素皆为正，则该概率矩阵 $\boldsymbol{P}$ 称为正规概率矩阵（此处 $m \geqslant 2$）。

③当任一非零向量 $\boldsymbol{u}=(u_1,\ u_2,\ \cdots,\ u_n)$ 左乘某一方阵 $\boldsymbol{A}$ 后，其结果仍为 $\boldsymbol{u}$，即不改变 $\boldsymbol{u}$ 中各元素的值，则称 $\boldsymbol{u}$ 为 $\boldsymbol{A}$ 的固定向量（或不动点）。即

$$\boldsymbol{uA}=\boldsymbol{u} \tag{5-12}$$

④正规概率矩阵具有如下性质：

a. 正规概率矩阵 $\boldsymbol{P}$ 有一个固定概率向量 $\boldsymbol{u}$，且 $\boldsymbol{u}$ 的所有元素皆为正，此向量叫做特征向量。

b. 正规概率矩阵 $\boldsymbol{P}$ 的各次幂序列 $\boldsymbol{P}^1$、$\boldsymbol{P}^2$、$\boldsymbol{P}^3$……，趋近于某一方阵 $\boldsymbol{U}$，且 $\boldsymbol{U}$ 的每一行均为其固定概率向量 $\boldsymbol{u}$。

c. 若 $\boldsymbol{T}$ 为任一概率向量，则向量序列 $\boldsymbol{T}_{\mathrm{P1}}$、$\boldsymbol{T}_{\mathrm{P2}}$、$\boldsymbol{T}_{\mathrm{P3}}$……，将趋近于 $\boldsymbol{P}$ 的固定概率向量 $\boldsymbol{u}$。

⑤某事物状态转移概率可以表达为正规概率矩阵，则该马尔柯夫链就是正规的，通过若干步转移，最终会达到某种稳定状态，即其后再转移一次、三次……结果也不再变化。这时稳定状态可以用行向量 $\boldsymbol{u}$ 来表示：

$$\boldsymbol{u}=(u_1,\ u_2,\ \cdots,\ u_n) \tag{5-13}$$

$$\sum u_i=1 \tag{5-14}$$

行向量 $\boldsymbol{u}$ 即为此正规概率转移矩阵的固定概率向量。例如某事物的状态转移概率矩阵为一正规概率矩阵：

$$\boldsymbol{P}=\begin{bmatrix} 0.5 & 0.25 & 0.25 \\ 0.5 & 0 & 0.5 \\ 0.25 & 0.25 & 0.5 \end{bmatrix} \tag{5-15}$$

则若干步转移后达到稳定状态时的特征向量 $\boldsymbol{u}=(u_1, u_2, u_3)$，可如式（5-16）求解：

$$\begin{cases} (u_1 \quad u_2 \quad u_3)\begin{bmatrix} 0.5 & 0.25 & 0.25 \\ 0.5 & 0 & 0.5 \\ 0.25 & 0.25 & 0.5 \end{bmatrix}=(u_1 \quad u_2 \quad u_3) \\ u_1+u_2+u_3=1 \end{cases} \tag{5-16}$$

解此方程组可得：$\boldsymbol{u}=(0.4, 0.2, 0.4)$。

事物经过 k 步由状态 i 转移至状态 j 的概率称为 k 步转移概率，记为 $p_{ij}^{(k)}$，其概率矩阵为：

$$\boldsymbol{P}=\begin{bmatrix} p_{11}^{(k)} & p_{12}^{(k)} & \cdots & p_{1j}^{(k)} \\ p_{21}^{(k)} & p_{22}^{(k)} & \cdots & p_{2j}^{(k)} \\ \vdots & \vdots & \vdots & \vdots \\ p_{i1}^{(k)} & p_{i2}^{(k)} & \cdots & p_{ij}^{(k)} \end{bmatrix} \tag{5-17}$$

称为 k 步转移矩阵，在数学上可以证明：

$$\boldsymbol{p}^{(k)}=\boldsymbol{p}^{k} \tag{5-18}$$

即 k 步转移概率矩阵为一步转移概率矩阵的 k 次幂。

5.4 系统安全评价

5.4.1 安全与危险

（1）自然的与人为的危险

自然界中充满着各种各样的危险，人类的生产、生活过程中也总是伴随着危险。表5-2和表5-3所列分别为典型的来自自然的危险和人为的危险。

表5-2　自然的危险

自然灾害	推测的频率（每100年）	死亡人数/人
山崩	6.74	400~4000
洪水泛滥、海啸	37.3	200~900000
龙卷风、飓风	37.5	137~250000
地震	330	5~700000
火山爆发	2500	1~28000

表 5-3　人为的危险

事故类型	推测的频率	死亡人数/人
药物中毒及污染	20 年中 10 次以上	0 ~ 6000
溃坝	92 年中 14 次以上	60 ~ 2118
火灾	90 年中 40 次以上	20 ~ 1700
化学爆炸和火灾	156 年中 19 次以上	17 ~ 1600
矿山灾害	70 年中 27 次以上	11 ~ 1549
海难	30 年中 25 次以上	17 ~ 1953
火车倾覆	22 年中 7 次以上	12 ~ 800
飞机坠毁	63 年中 39 次以上	128 ~ 570
体育场群集事故	14 年中 24 次以上	40 ~ 400
交通事故	每年死亡 25 万人，伤 750 万人（1971 年）	

生活在现实世界里的每个人都面临大量的危险。例如，1969 年美国人的癌症死亡率为 2×10^{-4}，事故死亡率为 6×10^{-4}，所有原因的死亡率为 10^{-2}。

（2）可接受的危险

面对众多的危险，人们努力抗争而追求安全。按一般的理解，安全是没有伤害、损害或危险，不遭受危害或损害的威胁，或免除了伤害的威胁。然而世界上没有绝对的安全，洛伦斯（W. W. Lowrance）将安全定义为“没有超过允许限度的危险”。按此定义，安全也是一种危险，只不过其危险性很小，人们可以接受它。这种没有超过允许限度的危险称为可接受的危险。

可接受的危险是来自某种危险的实际危险，但是它不威胁有安全知识而又谨慎的人。例如，在交通拥挤的道路上骑自行车虽然会发生交通事故，但是人们仍然很愿意以车代步，这就是一种可接受的危险。又如，1973 年美国军火工业部门工人的事故死亡率为 2.8×10^{-3}，该行业的大多数人仍然认为这是可接受的危险。

所谓系统安全评价，实际上是对系统危险性的评价，即评价系统的危险性是否可以被接受，因此往往又把系统安全评价叫做系统危险性评价。

安全是一个相对的、主观的概念，安全是一种心理状态。对同一事物是安全还是危险的认识，不同的人或同一个人在不同的心理状态下是不相同的。也就是说，不同的人、在不同的心理状态下，其可接受的危险水平是不同的。一般来说，人们随着立场、目的的变化，对安全与危险的认识也会变化。

研究表明，许多因素影响人们对危险的认识。一般人们进行某项活动可能获得的利益越多，所能承受的危险越高。例如，在图 5-11 中处于 A 处的人认为是安全的，而获得较多利益的处于 B 处的人也认为是安全的。美国原子能委员会曾引用利益与危险关系图来说明人们从事非自愿的活动所获得的利益与承受的危险之间的关系（图 5-12）。

影响可接受危险水平的因素还包括人们是否自愿从事某项活动，以及危险的后果是否立即出现、是否有进行该项活动的替代方案、认识危险的程度、共同承担还是独自承担危险、事故的后果能否被消除等。

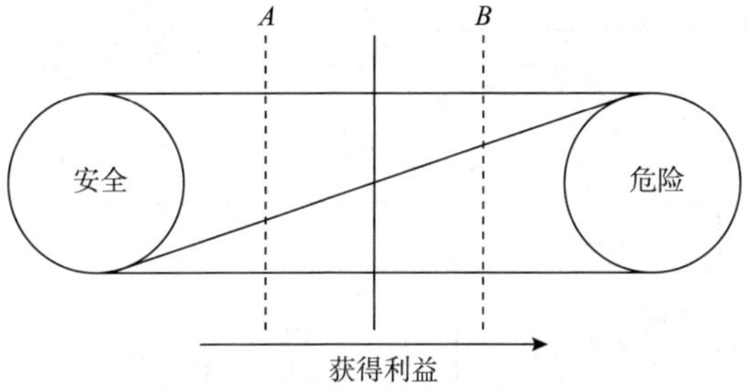

图 5-11　安全与利益之间的关系

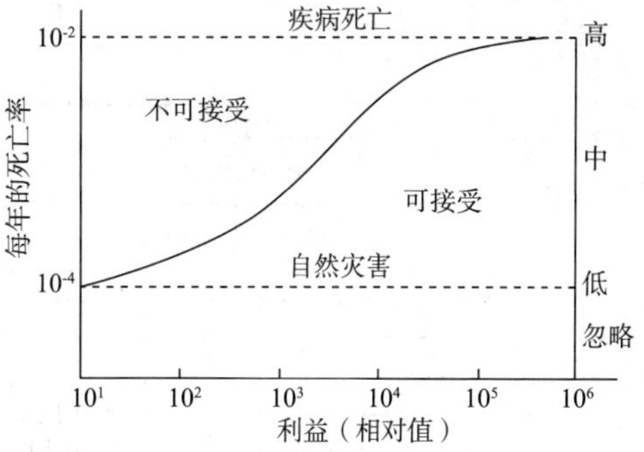

图 5-12　利益与承受的危险之间的关系

被社会公众所接受的危险称为“社会允许危险”。在系统安全评价中，社会允许危险是判别安全与危险的标准。有人研究公众认识的危险与实际危险之间的关系，得到了以下的结果：

①公众认为疾病死亡人数低于交通事故死亡人数，而实际上前者是后者的若干倍；

②低估了一次死亡人数少但大量发生的事件的危险性；

③过高估计了一次死亡人数多但很少发生的事件的危险性。

公众的心目中每天死亡 1 人的活动没有 1 年中只发生 1 次死亡 300 人的活动危险，出现这种情况的主要原因是一些精神的、道义的和社会心理的因素在起作用。因此，在系统安全评价中确定安全评价标准时，必须充分考虑公众对危险的认识。

5.4.2　系统安全评价内容

人类为了保证生产、生活活动顺利地进行和自身不受伤害，必须努力控制危险源，以消除和减少危险。然而危险的存在是绝对的，人们不断努力消除和减少危险，而为此付出的代价也越来越昂贵。于是，人们需要进行安全评价，判断所承受的危险是否可接受，是否值得付出高昂的代价去消除或减少危险。

系统安全评价是对系统危险程度的客观评价，它通过对系统中存在的危险源及其控制措施的评价，客观地描述系统的危险程度，从而指导人们先行采取措施，降低系统的危险性。

W. D. Rowe 对安全评价所下的定义如图 5-13 所示。安全评价包括确认危险性和评价危险程度两个方面的问题。前者在于辨识危险源，定量描述来自危险源的危险性；后者在于控制危险源，评价采取控制措施后仍然存在的危险源的危险性是否可以被接受。在实际安全评价过程中，这些工作不是截然分开、孤立进行的，而是相互交叉、相互重叠的。

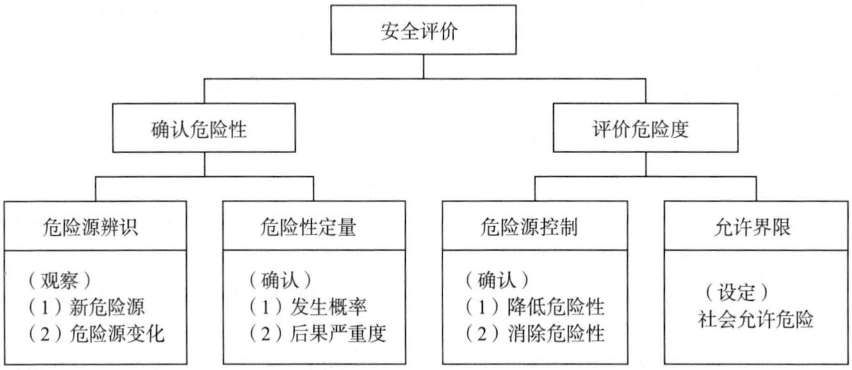

图 5-13　W. D. Rowe 对安全评价的定义

5.4.3　实例分析

在冶金、化工等行业，煤气系统是常见和高危作业区。本实例针对冶金转炉煤气作业区进行安全评价，方法采用了我国的易燃易爆有毒类危险源的评价方法。

（1）转炉煤气的储量

A-02 号危险源危险物质基本情况如表 5-4 所示。

表 5-4　A-02 号危险源危险物质基本情况

作业区危险物质系数	最大量/m^3
煤气	20000

（2）转炉煤气的物化特性

转炉煤气的气体组成如表 5-5 所示。转炉煤气的物化特性如表 5-6 所示。

表 5-5　转炉煤气的气体组成

种类	CO/%	CO_2/%	H_2/%	N_2/%	O_2/%	CH_4/%	C_mH_n/%
转炉煤气	60～70	15～20	<1.5	10～20	<2	—	—

表 5-6　转炉煤气的物化特性

种类	热值/（kJ/m^3）	着火温度/℃	爆炸极限/%	理论燃烧温度/℃
转炉煤气	7117～8373	530	18～83	2000

注：若已知危险物质成分，则其物化特性可从《工业安全卫生基本数据手册》及其他相关的书籍中查出对应的值。

（3）A-02 号危险源危险物质事故易发性评价

A-02 号危险源物质事故易发性评价如表 5-7 所示。

表 5-7 A-02 号危险源危险物质事故易发性评价

性质		转炉煤气现有值	分级等级	得分
气体易燃性	爆炸极限/%	18~83	H≥20	20
	最小点燃电流/A	0.6	0.45~0.8	15
	最小点燃能量/mJ	0.019	0.1~0.3	17
	引燃温度/℃	530	>450	5
	总分 G_1			57
易发性系数 α_1	气体	—	1.0	1
危险系数 $\alpha_1 \times G_1$				57
毒性	物质毒性系数	Ⅱ	30	30
	物质密度修正系数	1.5	15	15
	物质气味修正系数	气味淡	气味淡	5
	物质状态修正系数	气体	气体	15
	毒性部分合计 G_2			65
毒性易发性系数 α_2	毒性气体	—	1.0	1
危险系数 $\alpha_2 \times G_2$				65

(4) A-02 号危险源工艺过程事故易发性评价

A-02 号危险源工艺过程事故易发性评价如表 5-8 所示。

表 5-8 A-02 号危险源工艺过程事故易发性评价

性质		现在状态	分级等级	得分	$W_{ij}B_{112}$
火灾爆炸危险系数	物料处理系数 B_{112-3}	混合危险	指工艺中两种或两种以上物质混合或相互接触时能引起火灾、爆炸或急剧反应的危险	30	0.9
	粉尘系数 B_{112-6}	故障性烟雾	发生故障时装置内外可能形成爆炸性粉尘或烟雾	100	0.2
	高温系数 B_{112-8}	高温工作	操作温度≈熔点，B_{112-8}取 15	10	0.7
	高压系数 B_{112-10}	工作压力：2MPa	75	70×1.3=91	0.9
	泄漏系数 B_{112-13}	操作时可能使可燃气体逸出	20	20	0.9
	设备系数 B_{112-14}	临近设备寿命周期和超过寿命周期	75	75	0.9
	密闭单元系数 B_{112-15}	密闭单元 B_{112-15}取 40		40	0.9
	工艺布置系数 B_{112-16}	单元高度为 5~10m 时		20	0.9
	明火系数 B_{112-17}	有明火		80	0.9
$\sum B_{112-i}$				466	
毒物系数	腐蚀系数 b_{112-1}	腐蚀速率<0.5mm/年时		10	
	输送系数 b_{112-6}	气体压送		60	
$\sum b_{112-i}$				70	

事故易发性 B_{11} 计算：

$$
\begin{aligned}
B_{11} &= \sum_{i=1}^{n}\sum_{j=1}^{m}(B_{111})_i W_{ij}(B_{112})_j \\
&= 57\times(30\times0.9+100\times0.2+10\times0.7+91\times0.9+20\times0.9+75\times0.9+40\times \\
&\quad 0.9+20\times0.9+80\times0.9)+65\times(10+60) \\
&= 243518
\end{aligned}
$$

（5）煤气伤害模型及伤亡半径

煤气燃烧爆炸选用蒸气云爆炸模型（VCM）。

20000m^3煤气对应的 TNT 当量：

爆源总能量：

$$E=20000\times7745=154900000\ (\mathrm{kJ})$$

$$W_{\mathrm{TNT}}=\alpha W_{\mathrm{f}}Q_{\mathrm{f}}/W_{\mathrm{TNT}}=0.02\times20000\times7745\div4520=685.4\ (\mathrm{kg})$$

式中，α 为蒸气云当量系数，取标准值 0.02。

因此，死亡半径 R_1：

$$R_1=13.6\times(W_{\mathrm{TNT}}/1000)^{0.37}=11.8\ (\mathrm{m})$$

重伤半径 R_2 由下式确定：

$$
\begin{cases}
\Delta p_{\mathrm{s}}=44000/p_0=44000/101289=0.4344\\
\Delta p_{\mathrm{s}}=0.137Z^{-3}+0.119Z^{-2}+0.269Z^{-1}-0.019\\
Z=R_2\left(\dfrac{p_0}{E}\right)^{1/3}=\left(\dfrac{101289}{154900000}\right)^{1/3}R_2=0.0868R_2
\end{cases}
$$

解上述方程组，得：

$$R_2=14.3\ (\mathrm{m})$$

轻伤半径 R_3 由下式确定：

$$
\begin{cases}
\Delta p_{\mathrm{s}}=17000/p_0=17000/101289=0.1678\\
\Delta p_{\mathrm{s}}=0.137Z^{-3}+0.119Z^{-2}+0.269Z^{-1}-0.019\\
Z=R_3\left(\dfrac{p_0}{E}\right)^{1/3}=\left(\dfrac{101289}{154900000}\right)^{1/3}R_3=0.0868R_3
\end{cases}
$$

解上述方程组，得：

$$R_3=22.5\ (\mathrm{m})$$

对于爆炸破坏，财产破坏半径：

$$R_{\mathrm{A}}=\frac{K_{\mathrm{II}}W_{\mathrm{TNT}}^{1/3}}{\left[1+\left(\dfrac{3175}{W_{\mathrm{TNT}}}\right)^2\right]^{1/6}}=\frac{5.6\times685.4^{1/3}}{\left[1+\left(\dfrac{3175}{685.4}\right)^2\right]^{1/6}}=29.4$$

式中，K_{II} 为财产的二级破坏系数，取 5.6。

煤气爆炸的伤亡半径如表 5-9 所示。

表 5-9　煤气爆炸时的伤亡半径

死亡半径/m	重伤半径/m	轻伤半径/m	财产破坏半径/m
11.8	14.3	22.5	29.4

(6) 事故严重度的计算

事故严重度包括财产损失和人员伤亡折算来的损失：

$$B_{12} = C + 20\ (N_1 + 0.5N_2 + 105N_3/6000)$$

式中，B_{12}为事故严重度，C 为财产损失半径内的财产损失，N_1为死亡半径内的人员死亡个数，N_2为重伤半径内的重伤人数，N_3为轻伤半径内的受轻伤人数。这些参数依据相应半径内的正常工作人数和财产总价值估算出来。

经估算 29.4m 以内的财产价值约为 500 万元，死亡 1 人，重伤 3 人，轻伤 5 人，则总损失：

$$B_{12} = 500 + 20\ (1 + 0.5 \times 3 + 105 \times 5/6000) = 551.75$$

(7) 固有危险性分级

$$B_1 = B_{11} \times B_{12} = 24351.8 \times 551.75 = 13436105.65$$

危险性等级：

$$A = \lg\ (B_1/10^5) = \lg\ (13426105.65/10^5) = 2.12$$

根据冶金企业危险源分级标准（表 5-10），应将其归入第一类中，即属于一级危险源。

表 5-10　危险源分级标准

重大危险源级别	一级	二级	三级	四级
国家级	≥3.5	2.5～3.5	1.5～2.5	<1.5
公司级（暂定）	≥2	1～2	<1	

5.5 系统风险管理

5.5.1 风险与危险、隐患

(1) 风险概念

天有不测风云，人有旦夕祸福，生产和生活中充满了来自自然和人为（技术）的风险。风险是通过事故现象和损失事件表现出来的。为理解风险的概念，可以分析事故的形成过程。事故的形成过程可用图 5-14 表达。

图 5-14　事故的形成过程

所谓危险就是事物所处的一种不安全状态，在这种状态下，将可能导致某种事故或一系列的损害或损失事件。事故链上的最终事故会引起某些损失或损害，包括人员伤害、财产损失或环境破坏等。

危险的出现概率、发生何种事故及其发生概率、导致何种损失及其概率都是不确定的。这种事故形成过程中的不确定性，就是广义上的风险，可写为：

$$R=(H,\ P,\ L) \tag{5-19}$$

式中，R 为风险（Risk），H 为危险（Hazard），P 为危险发生的概率（Probability），L 为危险发生导致的损失（Loss）。

在实际的风险分析工作中，人们主要关心事故所造成的损失，并把这种不确定的损失的期望值叫做风险，这可谓狭义的风险，也可写为：

$$R=E(L) \tag{5-20}$$

式中，L 为危险发生导致的损失。

在工业系统，风险是指特定危害事件发生的概率与后果的结合。风险是描述系统危险程度的客观量，又称风险度或危险性。风险 R 具有概率和后果的二重性，风险可用损失程度 c 和发生概率 p 的函数来表示：

$$R=f(p,\ c) \tag{5-21}$$

（2）与风险相关的重要术语

①危险

危险的定义是可能产生潜在损失的征兆。它是风险的前提，没有危险就无所谓风险。风险由两部分组成：一是危险事件出现的概率；二是一旦危险出现，其后果严重程度和损失的大小。如果将这两部分的量化指标综合，就是危险的表征，称为风险。危险是客观存在、无法改变的，而风险却在很大程度上随着人们的意志而改变，亦即按照人们的意志可以改变危险出现或事故发生的概率和一旦出现危险由于改进防范措施从而改变损失的程度。

②隐患

隐患是指任何能直接或间接导致伤害或疾病、财产损失、工作场所环境破坏或其组合的对工作标准、实务、程序、法规、管理体系绩效等的偏离。当危险暴露在人类的生产活动中时就成为风险。如在群山中有一摇摇欲坠的巨石，这是一个隐患，是客观存在的不安全状态，但它不是风险，当它周围没有人员从事生产活动（即它没有暴露在人的生产活动中），即使它从山上坠落下来，也不会对人员和设备造成任何伤害和损坏。而当一名地质勘探人员在它周围从事地质勘探作业时，就成为风险，因为巨石可能伤害这位地质勘探人员。

隐患与风险是一对既有区别也有联系的概念。隐患是指任何能直接或间接导致伤害或疾病、财产损失、工作场所环境破坏或其组合的对工作标准、实务、程序、法规、管理体系绩效等的偏离。隐患、风险、事故的关系如图 5-15 所示。

图 5-15 隐患、风险、事故的关系

③风险与危险

在通常情况下，“风险”的概念往往与“危险”或“冒险”的概念相联系。危险是与安全相对立的一种事故潜在状态，人们有时用“风险”来描述与从事某项活动相联系的危险的可能性，即风险与危险的可能性有关，它表示某事件产生事故的概率。事件由潜在危险状态转化为伤害事故往往需要一定的激发条件。风险与激发事件的频率、强度以及持续时间的概率有关。

严格地讲，风险与危险是两个不同的概念。危险只是意味着一种现在的或潜在的不希望事件状态，危险出现时会引起不幸事故。而风险用于描述未来的随机事件，它不仅意味着不希望事件状态的存在，更意味着不希望事件转化为事故的渠道和可能性。因此，有时虽然有危险存在，但并不一定要冒此风险。例如，人类要应用核能，就有受辐射的危险，这种危险是客观存在的，仅在生活实践中人类采取各种措施使其应用中受辐射的风险小些，甚至人绝对与之相隔离，尽管仍有受辐射的危险，但由于无发生的渠道，所以并没有受辐射的风险。这里也说明了人们更应该关心的是“风险”，而不仅仅是“危险”，因为直接与人发生联系的是“风险”，而“危险”是事物客观的属性，是风险的一种前提表征。我们可以做到客观危险性很大，但实际承受的风险较小。

根据 ISO 13702—2015 的定义，风险是衡量危险性的指标，风险是某一有害事故发生的可能性与事故后果的组合。

通俗地讲，风险就是发生不幸事件的概率，即一个事件产生我们所不期望的后果的可能性。风险分析就是去研究风险发生的可能性和风险所产生的后果。

5.5.2 风险管理理论体系

根据风险的定义，可得出风险分析（Risk Analysis）的主要内容。所谓风险分析，就是在特定的系统中进行危险辨识、频率分析、后果分析的全过程，如图 5-16 所示。

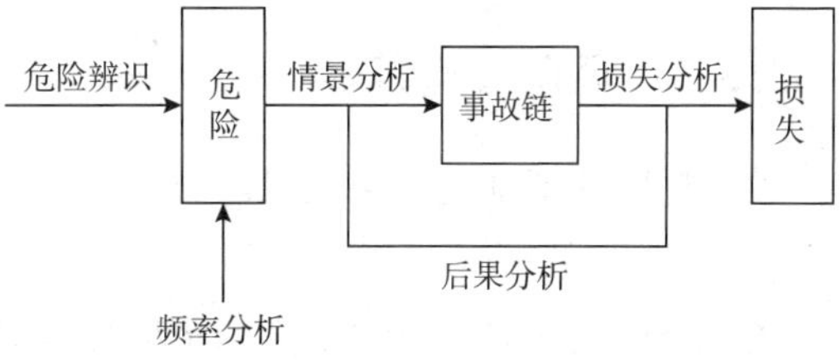

图 5-16 风险分析的内容

危险辨识（Hazard Identification）：在特定的系统中确定危险并定义其特征的过程。

频率分析（Frequency Analysis）：分析特定危险发生的频率或概率。

后果分析（Consequence Analysis）：分析特定危险在环境因素下可能导致的各种事故后果从而可能造成的损失，包括情景分析和损失分析。

情景分析（Scenario Analysis）：分析特定危险在环境因素下可能导致的各种事故后果。

损失分析（Loss Analysis）：分析特定后果对其他事物的影响，进一步得出其某一部分的利益造成的损失，并进行定量化。

频率分析和后果分析合称风险估计（Risk Estimation）。

通过风险分析，得到特定系统中所有危险的风险估计。在此基础上，需要根据相应的风险标准判断系统的风险是否可以接受，是否需要采取进一步的安全措施，这就是风险评价（Risk Evaluation）。风险分析和风险评价合称风险评估（Risk Assessment）。

在风险评估的基础上，采取措施和对策降低风险的过程，就是风险控制（对策）（Risk Control）。而风险管理（Risk Management）是指包括风险评估和风险控制的全过程，它是一个以最低成本最大限度地降低系统风险的动态过程。

风险管理的内容及相互关系用图5-17说明。它是风险分析、风险评价和风险控制的整体。

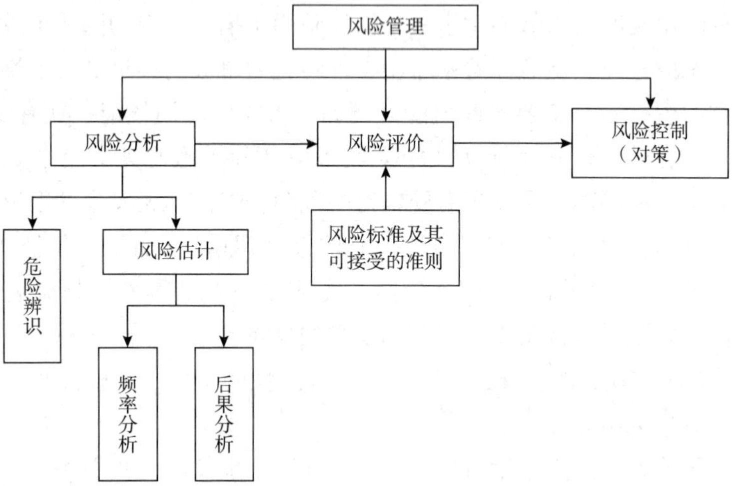

图5-17　风险管理的内容及相互关系

5.5.3　风险管理范畴

风险管理的基础范畴包括风险分析、风险评价和风险控制，简称风险管理三要素。

(1) 风险分析

风险分析就是研究风险发生的可能性及其产生的后果和损失。现代管理对复杂系统未来功能的分析能力日益提高，使得风险预测成为可能，并且采取合适的防范措施可以把风险降低到可接受的水平。风险分析应该成为系统安全的重要组成部分，它既是系统安全的补充，又与系统安全有所区别，风险分析比系统安全的范围或许要稍广一些。例如，衡量安全程序的标准，在很大程度上是事件发生的可能性，还有后果或损失的期望值，这两者都属于“风险”的范围。

风险由风险原因、风险事件和风险损失三要素构成。

风险原因：在人们有目的的活动过程中，由于存在偶然性、不确定性，或因多种方案存在的差异性而导致活动结果的不确定性。因此不确定性和各种方案的差异性是风险形成的原因。不确定性包括物方面的不确定性（如设备故障）以及人方面的不确定性（如不安全行为）。

风险事件：是风险原因综合作用的结果，是产生损失的原因。根据损失产生的原因不同，企业所面临的风险事件分为生产事故风险（技术风险）、自然灾害风险、企业社会风险、企业风险与法律、企业市场风险等。

风险损失：是风险事件所导致的非故意的和非预期的收益减少。风险损失包括直接损失（包括财产损失和生命损失）和间接损失。

风险分析的主要内容：

①危险辨识　主要分析和研究哪里（什么技术、什么作业、什么位置）有危险，后果（形式、种类）如何以及有哪些参数持征；

②风险估计　确定风险率多大、风险的概率大小分布以及后果程度大小。

(2) 风险评价

风险评价是分析和研究风险的边际值应是多少，风险－效益－成本分析结果怎样，如何处理和对待风险。

因为事故及其损失的性质是复杂的，所以风险评价的逻辑关系也是复杂的。

风险评价逻辑模型至少有5个因素：基本事件（低级的原始事件）；初始事件（对系统正常功能的偏离，例如铁路运输风险评价时列车出轨就是初始事件之一）；后果（初始事件发生的瞬时结果）；损失（描述死亡、伤害及环境破坏等的财产损失）；费用（损失的价值）。

结合故障树分析，低级的原始事件可看作故障树中的基本事件，而初始事件则相当于故障树的一组顶上事件。对风险评价来说，必须考虑系统可能发生的一组顶上事件和总损失。

设每暴露单位费用为 Ct_n，其概率为 $P(Ct_n)$，n 为损失类型，则每暴露单位的平均损失可用式（5-22）计算：

$$E(Ct_p) = \sum_n P(Ct_n)Ct_n \tag{5-22}$$

总的风险可通过估算求所有暴露单位损失的期望值而获得，即：

$$风险 = \sum_n P(Ct_p) \tag{5-23}$$

从理论上讲，由式（5-23）即可计算出系统风险精确期望值。但一般这种计算相当难，有时甚至是不可能的。而且风险的期望值也并非表示风险的最好形式，可以寻求更好的、简便易行的风险表示形式。

关于风险评价的范围，主要是对重要损失进行评价，即把主要精力放在研究少数较重大的意外事件上。例如，一个完全关闭的核电站就不必再研究其可能的故障和损失，其残留危险是否应当忽略，要根据具体情况而定。

关于后果和损失，如在核发电厂核芯熔化事故中，人员伤亡数将明显地随环境条件以及熔化性质和程度而变化。损失则包括死亡、伤害、放射病以及环境污染等方面内容。

风险是现代生产与生活实践中难以避免的。从安全管理与事故预防的角度分析，关键的问题是如何将风险控制在人们可以接受的水平之内。

风险管理最为重要的前提是对风险进行识别与评估。

①风险识别模式

识别风险，具体讲就是找出风险，也就是说判断在生产作业中可能会出什么错。由于隐患是成为风险的前提条件，所以要识别风险，首先要查找出在生产作业中的各种隐患。在实际生产过程中，通过组织相关人员进行项目调查或开展安全大检查查找隐患，在此基础上，根据生产方法、设备和原材料等因素尽可能地找出所有隐患，查找出来的隐患如果暴露在企业的生产活动中，那么这些隐患就成为风险。识别出来的所有风险都应进行登记，作为对风险进行管理的主要依据。如对于勘探作业（钻井、物探、测井等野外作业），可运用表5-11所示的“风险登记表”进行风险识别登记。

表5-11　风险登记表

风险登记索引号码：No.
作业环境：（野外、室内等）
风险类型：（坠落、触电、中毒、火灾、爆炸、淹溺等）
关键字：
风险描述：
可能发生情况：
最终结果：（受伤、死亡、环境破坏、财产损失、设备损坏等）
登记人：
修改日期：

②风险分析模式

风险分析的内容实际上就是回答下列问题：a. 企业生产、经营活动到底有些什么风险？b. 这些风险造成损失的概率有多大？c. 若发生损失，需要付出多大的代价？d. 如果出现最不利情况，需要付出多大的代价？e. 如何才能减少或消除这些可能的损失？f. 如果改用其他方案，是否会带来新的风险？将上述问题进一步细化，可得到如图5-18所示的安全风险分析流程。

③风险评估模式

评估风险就是判定风险发生的可能性和可能的后果。风险发生的可能性和可能的后果决定了风险的程度，风险程度分为高风险、中等风险和低风险。对于低风险，通过作业（生产）程序进行管理；中等风险需要坚决的管理；而高风险是在生产作业中无法容忍的，必须在生产作业前采取措施降低它的风险程度。对风险进行评估可采取定量分析和定性分析两种方法。定量分析需要各类专业人员合作参加，一般过程复杂，适用于对重大风险进行准确评估。定性分析主要通过人的主观判断、人的习惯进行评估，方法相对简单，适用

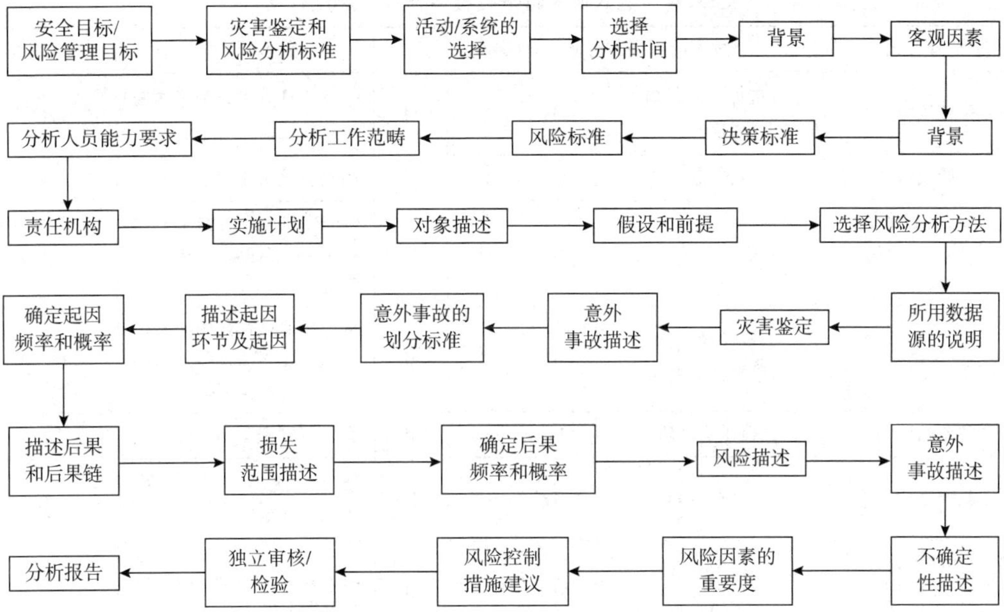

图 5-18 安全风险分析流程

于对各种风险进行评估。目前在国际上是通过“风险矩阵图”对风险进行定性评估的，见图 5-19。如果评估出来的风险程度是在“风险矩阵图”的红色（高风险）和黄色（中等风险）区域，那么这种危险是主要风险，必须采取措施降低这些风险的程度，使这些风险的程度在生产作业前至少要在“风险矩阵图”中的黄色（中等风险）区域。

可能性 P/等级 严重度 L/等级	1 不可能发生	2 几乎不发生	3 很少发生	4 偶尔发生	5 可能发生	6 经常发生
1（无影响）	Ⅳ	Ⅳ	Ⅳ	Ⅳ	Ⅳ	Ⅲ
2（轻微的）	Ⅳ	Ⅳ	Ⅲ	Ⅲ	Ⅲ	Ⅱ
3（较小的）	Ⅳ	Ⅲ	Ⅲ	Ⅱ	Ⅱ	Ⅱ
4（较大的）	Ⅳ	Ⅲ	Ⅱ	Ⅱ	Ⅱ	Ⅰ
5（重大的）	Ⅳ	Ⅲ	Ⅱ	Ⅱ	Ⅰ	Ⅰ
6（特大的）	Ⅲ	Ⅱ	Ⅱ	Ⅰ	Ⅰ	Ⅰ

图 5-19 风险矩阵图

在实际的风险管理过程中，要对第一种有风险的作业进行系统的风险评估。如表 5-12 是石油行业进入储油罐进行检查作业的风险评估。

表 5-12　进入储油罐进行检查作业的风险评估

危害形式	危害的后果 × 可能性 = 风险度				减少风险方法	剩余风险
硫化氢释放	有毒气体影响（可能致死）	M	L	M	带一个具有声音警报的硫化氢检测器	L
含磷残留物	可能起火	M	L	M	用水浇湿工作现场	L
剧烈运动导致气体从残留物中释放	可燃性气体释放	H	H	H	带一个具有声音警报的可燃气体检查器，戴上呼吸器	L
较差的进出逃生口	突起的气体装置妨碍逃生	M	M	M	从工作地点人孔用绳子做起逃生线路，人孔外边的守护人员拉响警报	L、M
较差的照明	碰了头、脚	L	M	M	安装“安全”灯	L
工具产生的火花	火灾、爆炸	H	H	H	使用“无火花”工具，例如木铁锹	L
较差的通风，氧气不充分或者气体积聚	窒息、麻痹、气体释放	M	M	M	安装强有力的通风装置，打开所有的人孔、开口	L
很滑的油污地板	身体受伤	M	M	M	难以阻止，两个值班人员和外面的守护人员相互配合拉响警报	M
评价结果，可以安全进行这项工作，总风险：L/M。						

注：表中 M——中等风险，H——高风险，L——低风险。

（3）风险控制

①风险控制概述

在风险分析和风险评价的基础上，就可作出风险决策，即风险控制。对于风险分析研究，其目的一般分两类：一是主动地创造风险环境和状态，如现代工业社会就有风险产业、风险投资、风险基金之类的活动；二是对客观存在的风险作出正确的分析判断，以求控制、减弱乃至消除其影响作用。显然，从系统安全和事故预防的角度讲，我们所分析研究的是后一种风险。

风险识别、风险评价是风险管理的基础，风险控制才是风险管理的最终目的。风险控制就是要在现有技术和管理水平上以最少的消耗达到最优的安全水平。其具体控制目标包括降低事故发生频率、减少事故的严重程度和事故造成的经济损失程度。

风险控制技术有宏观控制技术和微观控制技术两大类。宏观控制技术以整个研究系统为控制对象，运用系统工程原理对风险进行有效控制。采用的技术手段主要有：法制手段（政策、法令、规章）、经济手段（奖、罚、惩、补）和教育手段（长期的、短期的、学校的、社会的）。微观控制技术以具体的危险源为控制对象，以系统工程原理为指导，对风险进行控制。所采用的手段主要是工程技术措施和管理措施，随着研究对象不同，控制措施也完全不同。宏观控制技术与微观控制技术互相依存，互为补无，互相制约，缺一不可。

②风险控制原则

为了控制系统存在的风险，必须遵循以下基本原则。

a. 闭环控制原则　系统应包括输入、输出、通道信息反馈进行决策并控制输入这样一个完整的闭环控制过程。显然，只有闭环控制才能达到系统优化的目的。搞好闭环控制，最重要的是必须要有信息反馈和控制措施。

b. 动态控制原则　充分认识系统的运动变化规律，适时正确地进行控制，才能收到预期的效果。

c. 分级控制原则　根据系统的组织结构和危险的分类规律原则，使得目标分解，责任分明，最终实现系统总控制。

d. 多层次控制原则　多层次控制可以增加系统的可靠程度。通常包括6个层次：根本的预防性控制、补充性控制、防止事故扩大的预防性控制、维护性能的控制、经常性控制以及紧急性控制。各层次控制采用的具体内容随事故危险性质不同而不同。在实际应用中，是否采用6个层次以及究竟采用哪几个层次，则视具体危险的程度和严重性而定。表5－13是控制爆炸危险的多层次方案。

表5－13　控制爆炸危险的多层次方案

顺序	1	2	3	4	5	6
目的	预防性	补充性	防止事故扩大	维护性能	经常性	紧急性
分类	根本性	耐负荷	缓冲、吸收	强度与性能	防误操作	紧急撤离、人身防护
内容提要	不产生爆炸事故	保持防爆强度、性能，抑制爆炸	使用安全防护装置	对性能做预测监视及测定	维护正常运转	撤离人员
具体内容	①物质性质 a. 燃烧 b. 有毒 ②反应危险 ③起火、爆炸条件 ④固有危险、人为危险 ⑤危险状态改变 ⑥消除危险源 ⑦抑制失控 ⑧数据监测 ⑨其他	①材料性能 ②缓冲材料 ③结构构造 ④整体强度 ⑤其他	①距离 ②隔离 ③安全阀 ④安全装置的性能检查 ⑤材质退化否 ⑥防腐蚀管理	①性能是否降低 ②强度是否退化 ③耐压 ④安全装置 ⑤材质是否退化 ⑥防腐蚀管理	①运行参数 ②工人技术教育 ③其他条件	①危险报警 ②紧急停车 ③撤离人员 ④个体防护用具

③风险控制的策略性方法

风险控制就是对风险实施风险管理计划中预定的规避措施。风险控制的依据包括风险管理计划、实际发生了的风险事件和随时进行的风险识别结果。风险控制的手段除了风险管理计划中预定的规避措施外，还应有根据实际情况确定的规避措施。

a. 减轻风险　该措施就是降低风险发生的可能性或减少后果的不利影响。

对于已知风险，在很大程度上企业可以动用现有资源加以控制；对于可预测或不可预测风险企业必须进行深入细致的调查研究，减少其不确定性，并采取迂回策略。

b. 预防风险　包括：工程技术法、教育法和程序法；增加可供选用的行动方案。

c. 转移风险　借用合同或协议，在风险事故发生时将损失的一部分转移到第三方的身上。转移风险的主要方式有：出售、发包、开脱责任合同、保险与担保。其中保险是企业和个人转移事故风险损失的重要手段和最常用的一种方法，是补偿事故经济损失的主要方式。无论是商业保险还是社会保险，与企业的安全问题都有着千丝万缕的联系。保险的介入对于控制事故经济损失，保证企业的生存发展，促进企业防灾防损工作和事故统计、分析乃至管理决策过程的科学化、规范化都是相当重要的。近年来，我国大力推广和健全工伤保险机制，利用这一手段实施对企业安全的宏观调控并取得成效就是一个很好的范例。

d. 回避　回避是指当风险潜在威胁发生可能性太大，不利后果太严重，又无其他规避策略可用，甚至保险公司亦认为风险太大而拒绝承保时，主动放弃或终止项目或活动，或改变目标的行动方案，从而规避风险的一种策略。

避免风险是一种最彻底的控制风险的方法，但与此同时企业也失去了从风险源中获利的可能性。所以回避风险只有在企业对风险事件的存在与发生、对损失的严重性完全有把握的基础上才具有积极的意义。

e. 自留　即企业把风险事件的不利后果自愿接受下来。如在风险管理规划阶段对一些风险而制定风险发生时的应急计划，或风险事件造成的损失数额不大、不影响大局而将损失列为企业的一种费用。自留风险是最省事的风险规避方法，在许多情况下也最省钱。当采取其他风险规避方法的费用超过风险事件造成的损失数额时，可采取自留风险的方法。

f. 后备措施　有些风险要求事先制定后备措施，一旦项目或活动的实际进展情况与计划不同，就动用后备措施。主要有费用、进度和技术后备措施。

④风险控制的技术性方法

风险控制是指采取风险控制方法降低风险程度，使风险降到生产作业中可以接受的程度，并对风险进行有效控制。风险控制方法主要分为以下 7 种。

a. 排除　排除风险是消除作业中的隐患。如一个漏电的插座，在生产过程中要经常触摸，通过评估，风险程度是高风险，是无法容忍的。如果用一个绝缘良好的插座换掉这个漏电的插座，就消除了风险。

b. 替换　当隐患无法消除时，可采用替换的方法降低风险程度。替换是指用无风险替代低风险，用低风险代替高风险的风险控制方法。如以无毒材料代替有毒材料、以低毒材料代替高毒材料降低有毒材料对人体伤害的方法，这是一个简单的控制方法。

c. 降低　是指采取工程设计等措施降低风险程度，如在木材加工厂工作的职工每天都在噪声值接近 90dB（A）的环境中工作，通过评估，风险程度是高风险，是无法容忍的。通过在木材加工机械上加装噪声消除设备，使噪声值降低到 60 ~ 70dB（A），再通过评估，风险程度降低到中等风险。

d. 隔离　是指将人的生产作业活动与隐患隔开的风险控制方法。

e. 程序控制　指针对风险制定工作程序，使企业生产活动严格在工作（作业）程序控制下。如地震作业小队在野外施工时制定了车辆行驶控制程序，要求所有乘车人员必须系安全带，车辆行驶时速不超过60km/h，降低车辆的风险程度。

f. 保护　是指对人员进行保护，如给职工配备劳保用品等。在木材加工厂，如果给职工配备防噪声耳罩，就可以使风险降到低风险。

g. 纪律　指加强劳动纪律，对违反劳动纪律的人员进行必要的处罚。如对串岗、睡岗和酒后驾驶人员的纪律处罚。

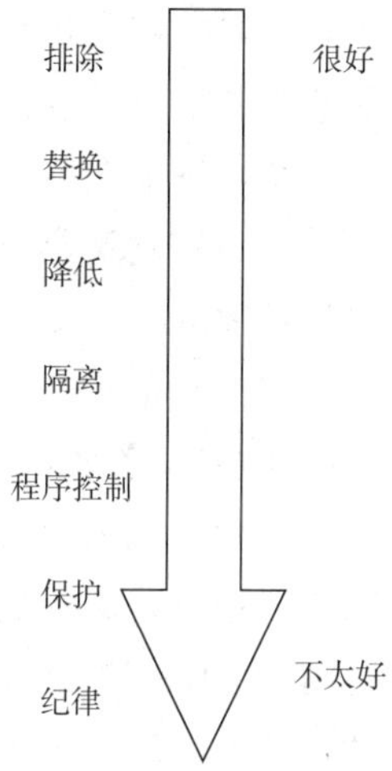

图 5-20　7 种风险控制方法的控制效果

图 5-20 说明了以上 7 种方法的控制效果。在对风险控制的过程中，根据企业的能力和效益，应尽可能地采取较高级的风险控制方法，并多级控制，在企业能力范围内将风险降至最低。对风险进行控制后，要对风险控制过程进行必要的报告（表 5-14）。

表 5-14　风险控制报告

风险索引号：No.（对应《风险登记表》内索引号）	
日期：	报告人：
类型：人员伤害　环境治安	
输入风险水平：可能性　后果　风险程度　高　中　低	
控制：消除　替换　降低　隔离　程序控制　保护　纪律 具体描述：	
输出风险水平：可能性　后果　风险程度　高　中　低	

⑤固有危险控制技术

固有危险控制是指生产系统中客观存在的危险源的控制。它包括物质因素及部分环境因素的不安全状况及条件。

a. 固有危险源分类

化学危险源　包括引起火灾爆炸、工业毒害、大气污染、水质污染等危险因素。

电气危险源　引起触电、着火、电击、雷击等事故的危险源。

机械危险源　以速度和加速度冲击、振动、旋转、切割、刺伤、坠落等形式造成的伤害。

辐射危险源　有效射源、红外射线源、紫外射线源、无线电辐射源等伤害形式。

其他危险源　主要有噪声、强光、高压气体、高温物体、温度、生物危害等形式的危险源。

b. 对固有危险源的控制方法

对上述固有危险源的控制，总的来说，就是要求尽可能地做到工艺安全化。即要求尽可能地变有害为无害、有毒为无毒、事故为安全。要减少事故的发生频率，减轻事故的严重程度及经济损失率。要从技术、经济、人力等方面全面考虑，做到控制措施优化。从微观上讲，固有危险源的控制有以下 6 种办法：

消除危险　在新建、扩建、改建项目及产品设计之初，采用各种技术手段，达到厂房、工艺、设备、设备部件等结构布置安全，机械产品安全、电能安全、无毒、无腐、无火灾爆炸物质安全等，从本质上根除潜在危险。

控制危险　采用诸如熔断器、安全网、限速器、缓冲器、爆破膜、轻质顶棚等办法，限制或减小危险源的危害程度。

防护危险　从设备防护和人体防护两方面考虑。对危险设备和物质可采用自动断电、自动停气等自动防护措施，高压设备门与电气开关联锁动作的联锁防护、危险快速制动防护、遥控防护等措施。为保护人员的生命和健康，可采用安全带、安全鞋、护目镜、安全帽、面罩、呼吸护具等具体防护措施。

隔离防护　对于危险性较大而又无法消除和控制的场合，可采用设置禁止入内标志，固定隔离设施，设定安全距离等具体办法，从空间上与危险源隔离开来。

保留危险　对于预计到可能会发生事故的危险源，而从技术上及经济上都不利于防护时可保留其存在，但要有应急措施，使得“高危险”变为“低风险”。

转移危险　对于难以消除和控制的危险，在进行各种比较、分析之后，可选取转移危险的方法，将危险的作用方向转移至损失小的部位和地方。

总之，对于任何事故隐患，都可以针对实际情况，选取其中一种或多种方法进行控制，以达到预防事故以及安全生产的目的。

⑥人为失误控制

人为失误是导致事故的重要原因之一。控制人为失误率，对预防及减少事故发生有重要作用。

人为失误的表现有如下几种形式：操作失误；指挥错误；不正确的判断或缺乏判断；粗心大意；厌烦、懒散；嬉笑、打闹；酗酒、吸毒；疲劳、紧张；疾病或生理缺陷及错误使用防护用品和防护装置等。

引起事故的主要原因有先天生理方面的原因、管理方面原因以及教育培训方面的原因等。

减少或避免人为失误的措施：

a. 人的安全化　合理选用工人；加强上岗前的教育；特殊工作环境要做专门培训；加强技能训练以及提高文化素质；加强法制教育和职业道德教育。

b. 管理安全化　改善设备的安全性；改进工艺安全性；完善标准及规程；定期进行环境测定及评价；定期进行安全检查；培训班组长和安全骨干。

c. 操作安全化　研究作业性质和操作的运作规律；制定合理的操作内容、形式及频次；运用正确的信息流控制操作设计；合理把握操作力度及方法以减少疲劳；利用形状、颜色、光线、声响、温度、压力等因素的特点，提高操作的准确性及可靠性。

5.5.4　风险管理程序

风险管理的程序为4个阶段。

（1）风险的识别

风险的识别是对尚未发生的潜在的各种风险进行系统的归类和实施全面的识别。在这一阶段应强调识别的全面性。要对客观存在的、尚未发生的潜在风险加以识别，就需做周密系统地调查分析，综合归类，揭示潜在的风险及其性质等。应该强调，识别风险对风险管理具有关键的作用。如果没有系统科学的方法来识别各种风险，就不会把握可能发生的风险及其程度，也就难以选择处置和控制风险的方法。风险识别的方法有故障类型及影响分析（FMEA）、预先危险性分析（PHA）、危险及可操作性分析（HAZOP）、事件树分析（ETA）、故障树分析（FTA）、人的可靠性分析（HRA）等。

（2）风险的衡量

风险的衡量是对特定风险发生的可能性及损失的范围与程度进行估计和衡量。衡量风险可借助于现代计算技术。通常是运用概率论和数理统计方法以及计算机等计算工具，对大量发生的损失的频率、损失的严重程度的资料进行科学的风险分析。但完全精确的数学方法进行风险管理仍不完善，还需依靠风险管理人员的直觉判断和经验。

（3）风险管理对策的选择

风险管理对策主要分为两大类：风险控制对策和风险财务处理对策。前者包括避免风险、损失控制、非保险转嫁等，是在损失发生前力图控制与消除损失的措施；后者包括自留风险和保险，是在损失发生后的财务处理和经济补偿措施。

（4）执行与评估

实施风险管理决策和评价其后果，实质在于协调地配合采取风险管理的各种措施，不断地通过信息反馈检查风险管理决策及其实施情况，并视情形不断地进行调整和修正，使之更接近风险管理目标。

思考题

1. 简述系统的定义。系统有哪些基本特征？
2. 什么是系统安全？系统安全原理有哪些？
3. 如何从系统安全的角度进行安全管理？
4. 系统安全预测方法有哪些？并简述各自的优缺点。
5. 什么是系统安全评价？在实际过程中，如何进行系统安全评价？
6. 简述BP神经网络模型的概念。如何利用BP神经网络模型来解决安全系统中存在的问题？

第6章 人本安全原理

6.1 人本安全

6.1.1 人本安全产生的历史背景

"冷战"终结以后的20世纪90年代，国家间的军事威胁日益减弱，而疾病流行、粮食危机、教育缺乏、政治压制和人身侵犯、社会冲突等问题逐渐凸显出来，成为人类社会所面对的重要挑战。这种挑战不同于传统的对于国家等抽象共同体的武力威胁，而是对于作为个体的"人"的日常生活的方方面面的一种挑战。这些新威胁因传统军事威胁的降低，被国际社会加以"安全化"，衍生出与传统安全相对照的诸多概念。例如："非传统安全""非军事安全""综合安全""跨国安全""全球安全""新安全""可持续安全"等。

正是在这种背景下，联合国开发计划署1994年的《人类发展报告》以"人本安全的新维度"为题，系统论述了以"人"为中心的新安全观，即现今广受国际社会关注的人本安全观（Human Security）。

人本安全概念正式提出之后，加拿大接受了这一理念并将其阐释为外交政策的优先考虑事项。一些国家还联合创立了"人本安全网络组织"，以便在全世界推进人本安全。由阿玛蒂亚·森（Amartya Sen）与绪方贞子（Sadako Ogato）任共同主席的"人本安全委员会"则在更高层次上继续了这一工作。这些首创的工作已经吸引了国际社会的广泛兴趣，人本安全的概念引起了较为广泛的阐述与讨论。

6.1.2 人本安全的概念与内涵

人本安全是一种针对传统安全观而提出的概念，自联合国开发计划署首倡以来，时间尚短，现有的大量文献主要集中在探讨这一概念的定义与内涵上。总体看来，人本安全涵盖了包括经济、就业、健康、粮食、环境、人身、社群、政治、人权、教育等方方面面的内容，人们对这一概念的界定也引起了广泛的讨论，但不管论者如何界定，这些定义都是以联合国开发计划署1994年的《人类发展报告》提出的人本安全概念为基础的，其关键点都是人的安全。

根据该报告的论述，人本安全可以从两个方面来界定，它首先意味着免于经受长期的饥饿、疾病和压迫等煎熬，其次意味着免于日常生活模式遭受突然的、有害的破坏——无论是在家中、工作中还是在社群当中。具体说来，人本安全就是小孩不会死亡、疾病不会传播、工作不会失去、族群紧张不会演变为暴力冲突、持异议者不会被迫沉默。

该报告将人本安全大略地归为七类，分别是经济安全、粮食安全、健康安全、环境安全、人身安全、社群安全以及政治安全。并归纳出人本安全的四大本质特征：①人本安全是普遍性的，不论国家强弱，无论贫富，都受到人本安全的影响；②人本安全的组成部分是互相依存的，当世界某地的人们的安全受到威胁时，所有国家均有可能卷入其中；③早期预防强于事后干预；④人本安全以人为中心。

依据马斯洛的需要层次论，安全需要是人类最基本的需求。因此，人本安全也就是人类发展的一个最基本目标。从世界各国的实践来看，唯其有了人本安全的保障，才能获得长期有效的发展，所以人本安全又是人类发展的前提保障。

6.2 人失误和人的不安全行为

人失误和人的不安全行为是导致事故的重要原因。据统计数据，2007 年全国发生各类生产安全事故 506376 起，死亡 101480 人。其中，发生重特大事故 86 起，死亡 1525 人，由于人失误或人的不安全行为导致的事故伤亡发生率就占 70% 以上。人的不安全行为一般是在生产过程中发生的，是人失误的特例。人的不安全行为往往是有意识的，而人失误大多是无意识的。

6.2.1 人失误

(1) 人失误的概念

皮特（Peters）对人失误的定义为：人的行为明显偏离预定的、要求的或希望的标准，它导致不希望的时间拖延、困难、问题、麻烦、误动作、意外事件或事故。里格比（Rigby）认为：所谓人失误，是指人的行为的结果超出了某种可接受的界限。换言之，人失误是指人在生产过程中，实际实现的功能与被要求的功能之间的偏差，其结果可能以某种形式给系统带来不良的影响。根据这种定义，斯文（Swain）等人指出人失误发生的原因有两个方面的问题：由于工作条件设计不当及规定可接受的界限不恰当，超出了人的能力范围造成的人失误，以及由于人的不恰当的行为引起的人失误。前者是设计人员和管理人员为主因的失误；后者多为操作者的失误。人的不安全行为，一般是在生产过程中发生的，是人失误的特例。

人作为系统元素有个可靠性的问题，当人在规定的条件下，规定的时间内没有实现系统规定的功能，则称人失误。所以，从系统安全角度，人失误是人为地使系统发生故障，或发生机能不全，或与能量意外释放接触，或处于不安全状态环境之中而构成的事件、事故。人失误是违背设计、背离管理原则，违反操作规程的错误行为；管理者、监督者的失误，尤其是高层管理人员的失误对系统安全的影响尤为深远。

（2）人失误机理

根据行为心理学观点，人的行为模式可表示为 S－O－R，即刺激→心理加工系统→行为。若把人脑看成一个加工系统，则输入的是刺激，输出的是行为，即刺激→思维加工系统→行为。

根据人行为的原理，群体动力理论创始人——德国心理学家勒温（Kurt Lewin）把人的行为看成个体特征和环境特征的函数：

$$B = f(P \cdot E) \tag{6-1}$$

式中 B——人的行为；

P——个人的内在心理因素；

E——环境的影响（自然、社会）。

由上式可知，人失误主要表现在人感知环境信息方面的失误；信息刺激人脑，人脑处理信息并作出决策的失误；行为输出时的失误等方面。皮特森（Petersen）又把人失误的原因归结为过负荷、决策错误和人机学 3 方面。

大多数人的失误是非意向性的（Unintended），即由漫不经心下的疏忽动作造成的；有些失误是意向性的（Intended），即操作者以不正确的计划、方案去解决问题，而相信其是正确的。

（3）人失误分类

人失误的分类主要有 3 种途径，即行为主义的、关系的和概念的。

在早期人失误研究阶段，对其分类主要是行为主义的，它只与可观察的、不期望的人的行为相关联，着重于什么行为发生。其中以斯文（Swain）的遗漏型（Omission）和执行型（Commission）分类为代表。

遗漏型失误的特点：遗漏整个任务或遗漏任务中的某一项或几项。

执行型失误的特点：①选择失误，选择错误的控制器，不正当控制动作；②序列失误，选择错误的指令或信息，未给出详细的分析；③时间失误，太早或太晚；④完成质量失误，太少或太多。

以失误心理学为基础的失误分类方法强调人的行为与意向的关系。Reason 将人的失误归为两大类：执行已形成意向计划过程中的失误，称为疏忽和过失；在建立意向计划中的失误，称为错误（或违反）。

疏忽和过失常常发生在技能型动作的执行过程中，主要是因为人丧失注意力或由于作业环境的高度自动化性质所导致。

错误往往比较隐蔽，短时间内较难被发现和恢复，当面对与自己已形成的判断或概念不相容的信息时，往往会给予排斥，坚持先前的观点或决策。因此，错误的恢复途径比较困难，也是要加以防范的失误类型。

在考虑人对系统失效的贡献中，Reason 又将失误分为两类：①激发失误，它对系统产生的影响几乎是立刻和直接的；②潜在失误，它可能在系统中潜伏较长时间，往往与设计人员、决策人员和维修人员的行为有关。

（4）人失误特点

人具有心理和生理两种因素，同时还受到环境等条件的制约，人的行为产生因素极其复杂，而人的失误有以下特点：

①人失误的重复性。人失误常常会在不同，甚至相同的条件下重复出现，其根本原因之一是人的能力与外界需求的不匹配。人失误不可能完全避免，但可以通过有效手段尽可能地减少。

②人引发的失误的潜在性和不可逆转性。大量事实说明，这种潜在的失误一旦与某种激发条件相结合就会酿成难以避免的大祸。

③人的失误行为往往是情景环境驱使的。人在系统中的任何活动都离不开当时的情景环境，硬件的失效、虚假的显示信号和紧迫的时间压力等联合效应会极大地诱发人的不安全行为。

④人的行为的固有可变性。这种可变性是人的一种特性，也就说，一个人在不借助外力情况下不可能用完全相同的方式重复完成一项任务。

⑤人失误的可修复性。人失误会导致系统的故障或失效，然而也有许多情况说明，在良好反馈装置或冗余条件下，人有可能发现先前的失误并给予纠正。

⑥人具有学习的能力。人能够通过不断地学习改进工作绩效。

（5）影响人失误的个人因素

①硬件方面

a. 生理状态　如疲劳、睡眠不足、醉酒、饥饿等情况引起的低血糖等生理状态的变化会影响大脑的意识水平。生产环境中的温度、照明、噪声及振动等物理因素及倒班、人体生物节律等因素同样会影响人的生理状态。

b. 身体状态　身体各部分的尺寸，各方向用力的大小，视力、听力及灵敏性等。

c. 病理状态　疾病、心理或精神异常、慢性酒精中毒、脑外伤后遗症等因素会影响大脑的意识水平。

d. 药理状态　服用某些药剂而产生的药理反应容易导致人失误。

②心理状态

恐慌、焦虑会扰乱正常的信息处理过程；过于自信、头脑发热也会妨碍正常的信息处理；社会、家庭的变化导致的情绪不安定会分散注意力，甚至忘了必要的操作；生产作业环境、工作负荷及人际关系等因素也会影响人的心理状态。

③软件状态

包括技能的熟练程度、按规则行动的能力及知识水平。经过职业教育和训练及长期工作实践，可提高软件水平。

日本学者黑田把上述生理的（Physiological）、身体的（Physical）、病理的（Pathological）、药理的（Pharmaceutical）、心理的（Psychological）及社会心理的（Social Psychosocial）状态统称为影响人可靠性的6P。

（6）影响人失误的外部因素

①状态特征

a. 建筑学特征。指空间大小、距离、配置，物体的大小、数量等工作场所的几何特征。如前所述，人有图省事的倾向。操作工习惯于从远处读取分散在不同地点的仪表而容易把数读错。

b. 环境的质量。温度、湿度、粉尘、噪声、振动、肮脏及热辐射等影响人的健康。恶劣的环境也会增加人的心理紧张度。在恶臭及高温等环境下，操作工急于尽快结束工作而容易造成失误。

c. 劳动与休息。作息时间分配不当及休息不好可能导致工作失误。

d. 装置、工具、消耗品等的质量及利用可能性。装置、工具、消耗品等的质量不合格或由于某种原因而影响使用会增大人失误的可能性。

e. 人员安排。人员安排不合适时，会增加职工的心理紧张度。

f. 组织机构。职权范围不明晰、责任不清、思想工作不到位都会对职工的心理产生不良影响。

g. 人际关系。人际关系不好，会增加心理负担与紧张程度。

h. 报酬、利益。由于个人利益得不到保障，容易导致人的心情不好而引起心理紧张。

②工作指令

工作指令包括书面规程、口头命令、警告等形式，正确的工作指令有利于正确地进行信息处理。

③工作任务及装置特性

a. 知觉的要求。视觉指示比其他种类的指示（如听觉等的指示）更常用，但是人的视力也有局限性。

b. 动作的要求。人的手足动作的速度、精度及力量是有限的。

c. 记忆的要求。短期记忆的可靠性不如长期记忆。

d. 计算的要求。人进行计算的可靠性较低。

e. 有无反馈。反馈可调动主动性和积极性。

f. 班组结构。有时一人干某项工作需由他人监督，人与人之间良好的协作关系有助于降低失误率。

g. 人机接口。人机接口是否符合安全人机学原理，对失误率的高低具有较大的影响。

6.2.2 人的不安全行为

（1）人的不安全行为的概念

人的一切行为都是有目的、有计划的，人通过学习、实践获得知识。人的行为是由意识所支配的，如当人们意识到口渴，看到水就会去喝。在生产过程中，人们受完成任务意识的支配，就要通过具体的生产动作加以实施。人们的行为还取决于个人的知识水平和心理、生理状态及不同的需要。如人由于疾病或饮酒过量等原因可导致心理意识不正常，就会失去对行为能力的调节控制能力，因此出现了不安全行为。

(2) 人的不安全行为的分类

针对不同的用途和目的，可以采用人的不安全行为的不同分类方法。如我国在《企业职工伤亡事故分类》(GB 6441—1986) 中，将人的不安全行为详细划分为13类，而美国杜邦公司在其行为安全观察程序中，将不安全行为分为5类。根据动机、情绪、态度和个性差异等因素，人的不安全行为可以分为有意的和无意的两大类。

①有意的不安全行为

指有目的、有意图，明知故犯的不安全行为，是故意的违章行为，其特点是不按客观规律办事，不尊重科学，不重视安全。如酒后上岗、酒后驾车等。这些不安全行为尽管表现形式不同，却有一个共同的特点，即“冒险”。进一步思考可见，之所以要冒险，是为了实现某种不适当的需要，抱着这些心理的人为了获得利益而甘愿冒受到伤害的风险。由于对危险发生的可能性估计不当，心存侥幸，在避免风险和获得利益之间做出了错误的选择。如一些人把安全制度、规定、措施视为束缚手脚的条条框框，头脑里根本没有“安全”二字，不愿意改变错误的操作方法或行为，导致事故的发生。有些人懂得安全工作的重要，但是工作马虎、麻痹大意。还有些人明知有危险，却迎着危险企图侥幸过关，致使事故发生。

②无意的不安全行为

无意识的不安全行为是一种非故意的行为，行为人没有意识到其行为是不安全行为。人可能随时随地碰到预先不知道的情况，加上外界源源不断地供给各种信息。因此，就存在如何处理这些信息和采取什么行为的问题。在人机系统中，人正确地处理信息就是正确判断来自人机接口的信息，再通过人的行为正确地操作，从而通过人机接口实现正确的信息交换。人的信息处理能力，核心在于判断，即是以本身记忆的知识与经验为前提，与操作对象的信息和反馈信息进行比较的过程。同时，往往还要受到人的生理和心理因素的限制或影响。

无意识的不安全行为，就是在其信息处理过程中，由于感知的错误、判断失误和信息传递误差造成的。其典型因素：

a. 视觉、听觉错误；

b. 感知、认知错误；

c. 联络信息的判断、实施、表达误差，收讯人对信息没有充分确认和领会；

d. 由于条件反射作用而完全忘记了危险，如烟头突然烫手，马上把烟头扔掉，正好扔到易燃品处就引起火灾；

e. 遗忘；

f. 单调作业引起意识水平降低，如汽车行驶在平坦、笔直的道路上，司机可能出现意识水平降低；

g. 精神不集中；

h. 疲劳状态下的行为；

i. 操作调整错误，主要是技能不熟练或操作困难等；

j. 操作方向错误，主要是没有方向显示，或与人习惯方向相反；

k. 操作工具等作业对象的形状、位置、布置、方向等选择错误；

l. 异常状态下的错误行为，即紧急状态下，造成惊慌失措，结果导致错误行为。

上述因素可能单独导致不安全行为，也可能共同作用，导致不安全行为发生。不管是有意的不安全行为，还是无意的不安全行为，均可能带来极大的危害。

（3）人的不安全行为的特点

在安全工程领域的研究中，主要从生物学原理、心理学原理等方面研究人的不安全行为。有关人安全行为科学的基本原理包括：马斯洛（Maslow）的需求层次理论；赫茨伯格（F. Herzberg）的双因素理论；弗罗姆（Victor H. Vroom）的期望理论；劳勒（Lawler）和波特（Porter）的激励模式；皮特森（Petersen）的动机—报偿—满足模型等。

上述人安全行为科学的基本原理认为，职工能否实现安全行为取决于如下几个因素，即人的不安全行为产生的特点：

①是否有从事该项工作的能力及个人努力情况；

②个人对任务的知觉（对目标、所需活动以及对任务的其他因素的理解）；

③是否有高水准的动机；

④是否有完善、合理的激励机制；

⑤个人工作成绩与报偿情况及其是否满足需要之间的对应关系。

有关人的不安全行为的另一个重要的特点就是，个性心理特征、非理智行为和生活重大事件与人的不安全行为之间有着密切的关系。个性心理特征包括个体稳定地、经常地表现出来的能力、性格、气质等心理特点的总和；非理智行为则是指那些“明知有危险却仍然去做”的行为，如侥幸心理、省能心理、逆反心理、凑兴心理等；生活重大事件是指人们在生活中发生的、对个人思想情绪影响较大的事件。

在生产作业中，人失误往往是不可避免的。人失误与人的能力有密切关系。工作环境可诱发人失误，以及反映在岗人员职责缺陷等特性。由于人失误是不可避免的，在生产中凭直觉、靠侥幸，是不能长期维持安全生产的。当编制操作程序和操作方法时，侧重地考虑了生产和产品条件，忽视人的能力与水平，有促使发生人失误的可能。

从实用的角度出发，将不安全行为定义为可能引起事故的、违反安全行为的行为。行为是否安全只能凭安全规程和经验来判断，但安全规程是在实践基础上总结出来的，不可能把所有的事情都包括进去，其评判标准并不完善。且不安全行为是人表现出来的，与人的心理特征相违背的非正常行为，人的不安全行为是导致事故的直接原因。行为安全管理模式理论认为，“一切事故都是由于人的行为失误造成的，如能避免人的行为的失误就不会发生任何事故”。

实际上，按照人失误的定义，人的不安全行为也可以看作一种人失误。一般来说，不安全行为是操作者在生产过程中发生的、直接导致事故的人失误，是人失误的特例。人失误可能发生在从事计划、设计、制造、安装、维修等各项工作的各类人员身上。

人失误是一个含义比人的不安全行为更加广泛的概念，其可能发生于生产过程中的各种环节的各类工作人员；而人的不安全行为是人失误的特例，其是导致事故的直接原因；因此，人失误的致因分析和预控措施均适用于人的不安全行为，但对后者进行分析和控制时，应结合实际情况更加有针对性地进行。

各种人安全行为科学的基本原理是分析和预控人的不安全行为的重要理论依据，个性心理特征、非理智行为和生活重大事件是导致人的不安全行为的重要原因。

应从人行为层次与安全教育、技术培训、人机系统设计等方面来预防人失误。应从建立和维持作业者对安全工作的兴趣、作业标准化、安全管理等方面来控制人的不安全行为。

6.3　防止人失误的安全人机工程学

安全人机工程学是人机工程学的一个分支，人机工程学也称工效学、人类学或者人类因素工程学。人机工程学研究的是人与机器相互关系的合理方案，研究人在作业中与有关机械的所处环境的相互配合。劳动者在劳动过程中是否安全，主要取决于安全条件、安全状态和安全行为。现代化生产中的“机”向着高速化、精密化、复杂化方向发展，对操纵“机”的人的判断力、注意力和熟练程度提出更高的要求，而人类的生理、生物能力学特性等却没有多大变化。相反，可能会随着文明进步而出现退化现象，而必然出现人与“机”之间的不协调、不平衡。因此，所设计的“机”必有符合操作者的身心特征、生物力学特征，把人机作为一个整体、作为一个系统加以考虑，使“机”与人始终处于安全卫生、合适、高效率的状态，这就出现了安全人机工程学。

安全人机工程学是从安全的角度研究人与机的关系的一门学科，其立足点放在安全上面，以对活动过程中的人实行保护为目的，主要阐述人与机保持什么样的关系，才能保证人的安全。也就是说，在实现一定的生产效率的同时，如何最大限度地保障人的安全健康与舒适愉快。这主要是从活动者的生理、心理、生物力学的需要与可能等诸因素，去着重研究人从事生产或其他活动过程中在实现一定活动效率的同时最大限度地免受外界因素的作用机理，为预防与消除危害的标准与方法提供科学依据。

安全人机工程学，可以定义为：安全人机工程学是专门研究工业生产过程中人和机器的安全问题，即从安全的观点出发，运用人机工程学、机械工程学、可靠性等理论为设计制造出安全可靠的机器提供安全技术资料，并对机器结构设计、信息显示及控制设计提出基本安全要求和设计准则。

安全人机工程学研究的内容包括人的生理、心理特性和能力限度，人机功能的合理分配，人机相互作用及人机界面的设计，环境及其改善，作业及其改善，人的可靠性与安全六个方面。

6.3.1 应用安全人机工程学防止人失误的技术措施

安全人机工程学主要是研究人—机—环境系统，而在人—机—环境系统中，人是研究的主体。随着科学技术的发展，机电设备可靠性不断加强，人失误是导致重大事故发生的主要原因之一。事故的发生往往是人的不安全行为和物的不安全状态的组合，而物的不安全状态往往也是人为造成的，因此必须加强研究人的不安全行为来提高人机系统的安全性。

防止人失误的技术措施包括用机器代替人进行操作、冗余系统、耐失误设计和警告措施等。

（1）用机器代替人操作

随着机械化、自动化、电子化的高度发展，各种机器越来越多的代替了人工的生产劳动。例如，机械化的生产线取代了人工的流水线，计算机部分地取代了人的大脑，机械臂可以模仿人手腕动作应用于高精端的手术。由于机器的自由度较少，且可以在人规定的约束条件下运行，所以容易按人的意图去运转。另外，机器的运转相对于人工的操作可靠性较高。一般地，机器的故障概率为 $10^{-6} \sim 10^{-4}$，而人在操作过程中的失误概率在 $10^{-3} \sim 10^{-2}$之间。因此，用机器代替人既可以减轻人的劳动强度，又可以提高工作效率，避免或减少人失误。

例如，为了防止防火巡检人员检查中的大意和疏漏，可以在防火重点部位安装火灾探测装置；为避免员工在搭建登高作业脚手架时，因扣件安装不牢而造成的人员坠落事故，可以采用质量合格电动升降平台来代替手工搭建的脚手架。

但是由于人具有机器无法比拟的优点，并非任何场合都可以用机器代替人。充分发挥人与机器各自的优点，使人与机器之间达到最佳配合，既可以防止人失误又可以提高工作效率。

（2）采用冗余系统

冗余系统即为了避免人失误或机器故障，采取两套同样配置的硬件、软件及人员配备，目的是在其中一套系统出现故障时，另一套系统能立即启动，代替工作，两套系统单独运行的故障率可能很高，但采取冗余措施后，在不改变内部设计的情况下，系统的稳定性可以大大提高。采用冗余系统是提高系统可靠性、防止人失误的有效措施。

一般地，冗余系统的构成方式如下：

①二人操作：二人同时操作同一台设备，组成核对系统。即一人操作一人监视，如果一人操作发生失误，另一人可以进行纠正。如果设定一个人发生失误的概率为 10^{-3}，则两人同时发生失误的概率可以减小到 10^{-6}。但当两人在同一环境中操作时，有可能由于同样的原因而同时发生失误，即两者的失误概率不独立，或称共同原因失误。在这种情况下，冗余系统的优点便体现不出来了。为此，必须设法消除共同原因失误。

②人机并行：由人员和机器共同操作组成的人机并联系统，由机器来弥补人的缺点，机器发生故障时由人员采取适当措施来克服。由于机器操作可靠性较高，这样的系统的可

靠性相当高。目前许多重要系统的运转都采用了自动控制系统与人员共同操作的方式。例如，在工业方面，对于冶金、化工、机械制造等生产过程中遇到的各种物理量，包括温度、流量、压力、厚度、张力、速度、位置、频率、相位等，都有相应的控制系统（如DCS）。

③审查：各种审查是防止人失误的重要措施。在时间比较充裕的情况下，通过审查可以发现失误的结果而采取措施及时纠正。

（3）耐失误设计

耐失误或称防失误设计是通过精心地设计使得人员操作时不能发生失误或不易发生失误。

耐失误设计一般采用如下方式。

①利用不同形状或不同尺寸防止连结操作失误。

②采取强制措施使人员不能发生失误。在一旦失误可能造成严重后果的场合，采取强制措施使人不能进行错误行为。

③使失误后果无害。例如，保证安全防护装置起作用的连锁装置，人体或人体的一部分一旦进入危险区域时紧急停车的装置等。

（4）警告

警告是提醒人们注意的主要技术措施，它提醒人们注意危险源的存在和一些操作中必须注意的问题。提醒人们注意的各种信息都是经过人的警告传达到人的大脑的。于是，可以通过人的各种警告来实现预警。例如，各种警告标志、声光报警器等。根据所利用的感官不同，警告可以分为视觉警告、听觉警告、气味警告、触觉警告和味觉警告。

6.3.2 人机系统的类型和功能

（1）人机系统的类型

在人机系统中，由于人与机器所处地位和所起作用不同，可将人机系统分为如下几种类型。

按有无反馈控制分为开环系统、闭环系统。

①开环系统：系统的输出对于系统的控制不起作用，虽然有时也能提供一定的反馈信息，但这些信息不能用来进一步控制操作。

②闭环系统：系统的输出能够返回来连续控制正在进行的作业动作，也就是具有反馈的人机系统。闭环系统可以分为人工闭环系统和自动闭环系统。

按自动控制程度分为人工操作系统、半自动化系统和自动化系统。

（2）人机系统功能

人机系统是为了实现安全与高功效的目的而设计的，也是由于能满足人类的需要而存在的。在人机系统中，虽然人和机器各有其不同的特征，但在系统中所表现的功能却是类似的。这些功能概括起来可分为四部分，即人机系统为满足人类的需要，必须具备四大功能：信息接收、信息储存、信息处理和执行功能等。信息接收、信息处理和执行功能是按系统过程的先后顺序发生的。信息储存与其他功能均有联系，都表示在其他功能之上，并与三个主要过程相联系。

6.3.3 提高人机系统安全可靠性的途径

（1）合理进行人机功能分配，建立高效可靠的人机系统

①对部件等系统宜选用并联组装。

②形成冗余的人机系统。系统在运行中应让其有充足的时间，不能使系统无暇顾及运行中的错误情形，杜绝其失误运行。

③系统运行时其运行频率应适度。

④系统运行时应设置纠错装置，当操作者出现误操作时，也不能酿成系统事故。例如，电脑中的纠错系统等。

⑤经过上岗前的严格培训与考核，允许具有进入“稳定工作期”可靠度的人上岗操作。

（2）减少人为失误

减少人为失误，提高人的可靠性，能使人机系统的安全可靠性大大增加，而减少人为失误主要有以下几种措施：

①使操纵者的意识水平处于良好状态。为了保证安全操作，首先应使操作者的眼、手及脚保持一定的工作量，既不会过分紧张而造成过早疲劳，也不会因工作负荷过低而处于较低的意识状态；其次从精神上消除其头脑中一切不正确的思想和情绪等心理因素，把操作者的兴趣、爱好和注意力都引导到有利于安全生产上来，变“要我安全”为“我要安全”，通过调整人的生理状态，使之始终处于良好的意识状态、有较强的安全意识，从事操作工作。

②建立合理可行的安全规章制度与规范，并严格执行，以约束不按操作规程操作的人员的行为。

③安全教育和安全训练。安全教育和安全训练是消除人的不安全行为的最基本措施。对不知者进行安全知识教育，对知而不能者进行安全技能教育，对既知又能而不为者进行安全态度教育。通过安全教育和安全训练，达到使操作者自觉遵守安全法规，养成正确的作业习惯，提高感觉、识别、判断危险的能力，学会在异常情况下处理意外事件的能力，减少事故的发生。

④按照人的生理特点安排工作。充分利用科学技术手段，探索和研究人的生理条件与不安全行为的关系，以便合理地安排操作者的作息时间，避免频繁倒班或连续上班，防止操作失误。

⑤减少单调作业，克服单调作业导致人的失误。可从以下几个方面着手：

操作设计应充分考虑人的生理和心理特点，作业单调的程度取决于操作的持续时间和作业的复杂性，即组成作业的基本动作数。所谓动作由三类十八个动作因素组成，即第一类的伸手、抓取、移动、定位、组合、分解、使用、松手；第二类的检查、寻找、发现、

选择、计划、预置；第三类的拿住、迟延、故延和休息。若要在一定时间内保持较高的工作效率，作业内容应包括10~12项或以上的基本动作，至少5项基本动作，而且基本动作的操作时间应不少于30s。每种基本动作都应留有瞬间的小歇（从零点几秒到几秒），以减轻工作的紧张程度。此外，操作与操作之间还应留有短暂的间歇，这是克服单调和预防疲劳的重要手段。

将不同种类的操作加以适当的组合，从一种单一的操作变换为另一种虽然也是单一的，但内容有所不同的操作，也能起到降低单调感觉的目的。这两种操作之间差异越大，则降低单调感觉的效果越好。从单调感比较强的操作变换到单调感比较弱的操作，效果也很明显。在单调感同样强的条件下，从紧张程度较低的操作变换为紧张程度较高的操作，效果也很好。例如，高速公路应有意地设计一定的坡度和高度，以提高驾驶员的紧张程度，这有利于交通安全。

改善工作环境，科学地安排环境色彩、环境装饰及作业场所布局，可以大大减轻单调感和紧张程度。色彩的运用必须考虑工人的视觉条件、被加工物品的颜色、生产性质与劳动组织形式、工人在工作场所逗留的时间、气候、采光方式、车间污染情况、厂房的形式与大小等。此外，还必须考虑工人的心理特征和民族习惯。作业场所的布局还必须考虑到当与外界隔离时产生孤独感的问题。在视野范围内若看不到有表情、言语和动作的伙伴，则很容易萌发孤独感。日本一家无线电通信设备厂曾发生过从事传送带作业的15名女工集体擅自缺勤的事件，其直接原因是女工对每天的单调作业非常厌烦。经采取新的作业布局，包括采用圆形作业台，使女工彼此之间感觉到伙伴们的工作热情，从而消除了单调感，提高了工效。可见，加强团体的凝聚力、改善人际关系也是克服单调的措施之一。

（3）对机械产品进行可靠性设计

一种可靠性产品的产生，需靠设计师综合制造、安装、使用、维修、管理等多方面反馈回来的产品的技术、经济、功能与安全信息资料，参考前人的经验、资料，经权衡后设计出来的。所以它是各个领域专家、技术人员的集体成果。作为从事安全科学技术的工程技术人员应该了解可靠性设计原理及设计要点，以便将设备使用和维修过程中发现的危险与有害因素及零部件的故障数据资料等及时反馈给设计部门，以进行针对性的改进设计。

产品的可靠度分为固有可靠度和使用可靠度。前者主要是由零件的材料、设计及制造等环节决定的达到设计目标所规定的可靠度；后者则是出厂产品经包装、保管、运输、安装、使用和维修等环节在其寿命期内实际使用中所达到的可靠度。当然，重点应放在设计和制造环节，提高固有可靠度，向用户提供本质安全度高的设备。机械产品结构可靠性设计有以下几个要点：

①确定零部件合理的安全系数；

②进行合理的冗余设计；

③耐环境设计；

④简单化和标准化设计；

⑤结构安全设计；

⑥安全装置设计；

⑦结合部位的可靠性及其结合面的设计；

⑧维修性设计。

（4）加强机械设备的维护保养

①机械设备的维护保养要做到制度化、规范化，不能头痛医头，脚痛医脚；

②维护保养要分级分类进行，操作者、班组、车间、厂部应分级分工负责，各尽其职；

③机械设备在达到原设计规定使用期时，即接近或达到固有寿命期，应予以更换，不得让设备超期带病“服役”。

（5）改善作业环境

①安全设施与环境保护措施应与主体工程同时设计、同时施工、同时投产。从本质上做到安全可靠，环境优良。改善作业环境应像重视安全生产一样列入议事日程。

②环境的好坏，不仅影响人们的身心健康，而且还影响产品质量，腐蚀损坏设备，还会诱发事故。因此对作业环境有害物应定期检测，及时治理，特别是随着高科技的发展，带来许多新的危害因素，这些危害更要及时治理。因此，提倡建设“花园式工厂、宾馆式车间”，工人在环境中生产，对保障安全生产，提高产品质量以及工人身心健康都是有益的。

6.4 防止人失误的安全心理学

人类的活动过程总是在各种各样的、复杂的人—机—环境系统中进行，在这样一个系统中，人是主要因素，起着主导作用；但同时也是最难控制和最薄弱的环节。据有关资料统计，劳动过程中有58%～86%的事故与人的因素有关。还有统计资料表明，20世纪60年代发生事故，人为因素占20%；而20世纪90年代，人为因素上涨到80%～90%，其中最重要的就是人的生理和心理因素。

6.4.1 安全心理学

（1）安全心理学的定义

安全心理学是应用心理学的原理和安全科学的理论，讨论人在劳动生产过程中各种与安全相关的心理现象，研究人对安全的认识，人的情感以及与事故、职业病作斗争的意志。也就是研究人在对待和克服生产过程中不安全因素时的心理过程，旨在调动人对安全生产的积极性，发挥其防止事故的能力。

（2）安全心理学的研究任务

安全心理学是用心理学的原理、规律和方法解决劳动生产过程中与人的心理活动有关的安全问题，其任务是减少生产中的伤亡事故；从心理学的角度研究事故的原因，研究人在劳动过程中心理活动的规律和心理状态，探讨人的行为特征、心理过程、个性心理和安全的关系；发现和分析不安全因素、事故隐患与人的心理活动的关联以及导致不安全行为的各种主观和客观的因素；从心理学的角度提出有效的安全教育措施、组织措施和技术措施，预防事故的发生，以保证人员的安全和生产顺利进行。

(3) 安全心理学的研究对象

安全心理学要研究安全问题，而影响安全的因素很多，既有人本身的问题，也有技术的、社会的、环境的因素。安全心理学从心理学的特定角度研究人的安全问题。安全心理学也要涉及其他因素，但着眼点是讨论分析其他各因素如何影响人的心理，进而影响人的安全。

6.4.2 心理特征与安全

(1) 心理过程与安全

在安全生产中研究人的心理过程是因为生产活动的实践为人的心理过程提供了动力源泉，为人的心理活动的发展创造了必要的条件。人的心理过程与企业安全生产活动密切相关。

①感知觉与安全

认识过程，指人在反映客观事物过程中所表现的一系列心理活动，包括感觉、知觉、思维、记忆等。最简单的认识活动是感觉（如视觉、听觉、嗅觉、触觉等），它是通过人的感觉器官对客观事物的个别属性反映（如光亮、颜色、气味、硬度等）；在感觉的基础上，人对客观事物的各种属性、各个部分及其相互关系的整体反映称为知觉，如机器的外观大小等。但是感觉和知觉（统称为感知觉）仅能使人们认识客观事物的表面现象和外部联系，人们还需要对利用感知觉所获得的信息进行分析、综合加工等，以求认识客观事物的本质和内在规律，这就是思维。例如，人们为了安全生产、预防事故发生，首先要对劳动生产过程中的危险予以感知，也就是要察觉危险的存在。在此基础上，通过人的大脑进行信息处理、识别危险，并判断其可能的后果，才能对危险的预兆做出反应。因此，企业预防事故的水平首先取决于人们对危险的认识水平，人对危险的认识越深刻，发生事故的可能性就越小。

②情感与安全

情感过程是人的心理过程的重要组成部分，也是人对客观事物的一种反映形式，它是通过态度体验来反映客观事物与人的需要之间的关系。人们在安全生产活动中总会产生不同的情绪反应，如喜、怒、哀、乐等。

人的认识活动总是与人的愿望、态度相结合，人对外界事物的情感或情绪正是在对这些外界刺激（人、事、物）评估或认知的过程中产生的。而人对客观事物的态度取决于人当时的需要，人的需要及其满足的程度，决定了情感或情绪能否产生及其性质。

人在安全生产活动中，一帆风顺时可产生一种愉快的情绪反应，遇到挫折时可能产生一种沮丧的情绪反应，这说明企业职工在安全生产中的情绪反应不是自发的，而是由对个人需要满足的认知水平决定的。这种反应表现有两面性，如喜怒哀乐、积极的和消极的情绪、紧张的和轻松的情绪。

人的情绪反应既依赖于认知，又能反过来作用于认知，这种反作用的影响，既可以是积极的，也可能是消极的。在企业安全生产活动中，积极的或消极的情绪对人们的安全态度和安全行为有着明显的影响。这是由于情绪具有动机作用。积极的情绪可以加深人们对安全生产重要性的认识，具有“增力作用”，能促发人的安全动机，采取积极的态度，投入企业的安全生产活动中。而消极的情绪会使人带着厌恶的情感体验去看待企业的安全生产活动，具有“减力作用”，采取消极的态度，从而易于导致不安全行为。

根据人的情感及其外在的情绪反应的特性和作用，企业安全管理人员应因人而异，采取措施，尽力满足职工的合理需求，以调动职工的积极情绪，避免和防止消极情绪。在职工已出现消极情绪时，应加强正面教育，“晓之以理，动之以情”。这要求企业安全管理人员针对性地讲明安全生产的重要性，启发诱导，以提高职工的情感体验，使消极情绪转化为积极的情绪，从而调动职工在安全生产活动中的积极性。

③意志与安全

意志过程，指人自觉地根据既定的目的来支配和调节自己的行为，克服困难，进而实现目的的心理过程。例如，人对企业安全生产活动中的困难问题，有的人迎着困难，百折不挠，体现了意志坚强；反之，缺乏信心，优柔寡断，表现出意志薄弱。

在企业安全生产活动中，意志对职工的行为起着重要的调节作用。其一，推进人们为达到既定的安全生产目标而行动；其二，阻止和改变人们与企业目标相矛盾的行动。

企业在确定了安全生产目标之后，就应凭借人的意志力量，克服一切困难，努力争取完成目标任务。企业是否能充分发挥人意志的调节作用，至少应考虑下列两方面：

a. 人的意志的调节作用与既定目标的认识水平相联系。企业领导和职工对安全生产目标的认识水平及其评估的正确程度决定了其意志行动。如果对安全生产目标持怀疑态度，意志行动就会削弱甚至消失。企业职工只有真正理解企业安全生产目标的社会价值才会激发克服困难的自觉性，以坚强的意志行动为实现安全生产目标而努力。由此，正确的认识是意志行动的前提。

b. 人的意志的调节作用与人的情绪体验相联系。企业职工在安全生产中的意志行动体现其自制力，而人的自制力是与其情绪的稳定性密切相关的。有的人情绪较稳定，有的人则多变化。情绪的不稳定性对人的意志行动有着不利的影响。在安全生产中，有的人遇到某些困难或挫折时，由于情绪的波动，表现为不能自我约束，甚至发生冲动性行为，从本质上讲，这是意志薄弱的表现。人的意志的调节作用在于善于控制自己的情绪，并使之趋向稳定。克服不利于安全生产的心理障碍，并调动一切有利于安全生产的心理因素，坚持不懈地去努力完成既定的安全生产目标。

人的意志行动是后天获得的复杂的自觉行动。人的意志的调节作用总是在复杂困难的情况下才充分表现出来。因此，企业各级领导和职工在安全生产的活动中，应注重培养和锻炼自身良好的意志品质。良好的意志品质有以下几种：

a. 自觉性。指人在行动中具有明确的目的性，并能充分认识行动的社会意义，主动地支配自己的行动，以达成预定的目的。自觉性既体现出认识水平，又表现了行动支配。例如，在安全生产中，人的自觉性表现在能认识到安全生产的重要性，主动地服从企业安全生产的需要和安排，认真遵守安全技术操作规程，出色地完成安全生产任务，力求达到企业的安全生产目标的目的。

b. 果断性。指人善于明辨是非，当机立断地采取决策。果断性常与人不怕困难的精神、思维的周密性和敏捷性相联系。例如，从事安全生产活动中的危险作业时，按安全技术规程操作，一丝不苟，决不鲁莽行动，一旦出现意外危急情况，能果断排除故障和危险。

c. 坚持性。指人在执行决定过程中，为了实现既定的目标，不屈不挠、坚持不懈地克服困难的意志力。坚持性包含着充沛的精力和坚强的毅力。坚持性是人们去实现既定目标心理上的维持力量。例如，企业在治理生产性粉尘污染的工作中，问题很多，难度也很大，安全技术管理人员如何排除主观和客观因素的干扰，长期坚持应用各种有效的安全技术控制和消除粉尘的污染，做到锲而不舍、有始有终，就需要意志上的坚持性作为心理上的保证。与坚持性相反的是见异思迁、虎头蛇尾。

d. 自制力。指人在意志行动中善于控制自己的情绪，约束自己的言行。一方面，能促进自己去执行已有的决定，并努力克服一切干扰因素，如犹豫恐惧；另一方面，善于在行动中抑制消极情绪和冲动行为。例如，在企业安全生产活动中，具有自制力的职工能调动自己的积极心理因素，情绪饱满，注意集中，严格遵守安全生产制度和规定，遇到挫折或困难时，能调控自己的情绪使之稳定，在成绩面前不骄不躁。与自制力相反的是情绪易波动、注意分散、组织纪律性差等。

意志品质的各个方面并非孤立存在，而是有一定的内在联系。为了加强安全生产活动中的意志品质的培养，应从各个方面提高职工的思想素质、文化素质、技术素质。这些都是做好安全工作的基础性工作。

人对安全生产的认识过程经历着感性认识到理性认识过程，并且循环不已，不断深化。而人的认识过程、情感过程和意志过程又相互关联、相互制约。首先，因为人的情感、意志总是在认识的基础上发展起来的。例如，生产作业环境的整洁优美使人的心情舒畅。人的情绪首先是与感知相联系的，而且人在安全生产活动中的情绪体验的程度和意志又与其对安全生产的认识水平的高低密切有关。因此，人的情感和意志可作为人们认识水平的标志，并在认识过程中可起到某种“过滤过程”。再者，人的意志又是与情感紧密相连的，在意志行动中，无论是克服障碍或是目标实现与否，都会引起人的情绪反应，而且在人的意志的支配下，人的情感又可以起动力作用，促使人们去克服困难以实现既定的目标。从某种意义来讲，情感能加强意志，意志又可控制情感。

在企业安全生产活动中，人的心理过程往往给人们打下深刻的烙印。由于企业职工个体因素的差异、生活条件不同、文化程度不同、既往经历和肩负的责任不同，人们在安全生产活动中的心理过程也有着明显的差异。

(2) 与安全密切相关的心理状态

在安全生产中常常存在一些与安全密切相关的心理状态，这些心理状态如果调整不当，往往是诱导事故的重要因素。常见的与安全密切相关的心理状态有以下几种。

①省能心理

人类在同大自然的长期斗争和生活中养成了一种心理习惯，总是希望以最小付出获得最大效果。当然这有其积极的方面，鼓励人们在生产、生活各方面如何以最小的投入获取最大的收获。这里关键是如何把握“最小”这个尺度，如果在社会、经济、环境等条件许可的范围内，选择“最小”又能获得目标的“较好”，当然应该这样做。但是这个“最小”如果超出了可能范围，目标将发生偏离和变化，就会产生从量变到质变的飞跃。在安全生产上常是造成事故的心理因素。有了这种心理，就会产生简化作业的行为。省能心理还表现为嫌麻烦、怕费劲、图方便、得过且过的懒惰心理。

②侥幸心理

人对某种事物的需要和期望总是受到群体效果的影响，在安全事故方面尤其如此。生产中虽有某种危险因素存在，但只要人们充分发挥自己的自卫能力，切断事故链，就不会发生事故，因此事故是小概率事件。多数人违章操作也没发生事故，所以就产生了侥幸心理。在研究分析事故案例中可以发现，明知故犯的违章操作占有相当的比例。

③逆反心理

某些条件下，某些个别人在好胜心、好奇心、求知欲、偏见、对抗情绪等心理状态下，会产生与常态心理相对抗的心理状态，偏偏去做不该做的事情。

④凑兴心理

凑兴心理是人在社会群体中产生的一种人际关系的心理反映，多见于精力旺盛、能量有余而又缺乏经验的青年人。从凑兴中得到心理上的满足或发泄剩余精力，常易导致不理智行为。如汽车司机开飞车、争相超车，以致酿成事故的为数不少。开玩笑过程中导致事故纯属凑兴心理造成的危害。

⑤群体心理

社会是个大群体，工厂、车间也是群体，工人所在班组则是更小的群体，群体内无论大小，都有群体自己的标准，也叫规范。这个规范有正式规定的，如小组安全检查制度等；也有不成文的没有明确规定的，人们通过模仿、暗示、服从等心理因素互相制约。有人违反，就受到群体的压力和“制裁”。群体中往往有非正式的“领袖”，他的言行常被别人效仿，因而有号召力和影响力。如果群体规范和“领袖”是符合目标期望的，就产生积极的效果，反之则产生消极效果。若使安全作业规程真正成为群体规范，且有“领袖”的积极履行，就会使规程得到贯彻。许多情况下，违反规程的行为无人反对，或有人带头违反规程，这个群体的安全状况就不会好。应该利用群体心理，形成良好的规范，使少数人产生从众心理，养成安全生产的习惯。

对于安全规程和安全教育，不同的工人表现出不同的个体差异，教育效果差别显著。如果能对“领袖”做好工作使之产生积极的行为，就会影响其他人也积极遵守规程。这就是抓典型的作用。群体中总有一种内聚力，这种内聚力给予成员的影响常常大于家庭、教师和父母。例如，工人不愿找领导谈，而在同辈中无所顾忌。利用这种心理状态，在群体中培养安全骨干，使其用心引导，便可以产生积极效果。

（3）个性心理和安全

在生产过程中可以看到，对待劳动和安全的态度，不同的人表现出不同的个性心理特征。有的认真负责，有的马虎敷衍；有的谨慎细心，有的粗心大意；对安全生产中的工作指导，有的不予盲从、实事求是，有的不敢抵制、违心屈从。在紧急情况或困难条件下，有的人镇定、果断、勇敢、顽强，有的人则惊慌失措、优柔寡断或轻率决定、畏难和垂头丧气。人在安全生产过程中表现出来的个性心理特征与安全关系很大，尤其是一些不良的个性心理特征，常是酿成事故与导致伤害的直接原因。有关统计资料表明，86%的事故是与操作者个人麻痹或违章有关，98%的交通事故都与驾驶员直接相关。

①性格与安全

人在社会实践活动中，通过与自然环境和社会环境的相互作用，客观事物的影响将会在个体经验中保存和固定下来，形成个体对待事物和认识事物独有的风格。尽管人的性格是很复杂的，但一旦形成后，便会以比较定型的态度和行为方式去对待和认识周围的事物。譬如，对待个人、集体和社会的关系，对待劳动、工作和学习的关系，对待自己和他人的关系等。

不良的性格特征常常是造成事故的隐患。譬如，吊儿郎当、马马虎虎、放荡不羁、不负责任是一些不良的性格特征。有这些性格特征的人，在工作中经常表现出责任心不强，甚至擅离工作岗位，并常常因这种擅离岗位而发生事故。

良好的性格并不完全是天生的，教育和社会实践对性格的形成具有更重要的意义。例如，在生产劳动过程中，如果不注意安全生产、失职或其他原因发生了事故，轻则受批评或扣发奖金，重则受处分甚至法律制裁，而安全生产受到表扬和奖励。这就在客观上激发人们进行自我教育、自我控制、自我监督，从而形成工作认真负责和重视安全生产的性格特征。因此，通过各种途径注意培养职工认真负责、重视安全的性格，对安全生产将带来巨大的好处。

具有如下性格特征的人容易发生事故。

a. 攻击型性格。具有这类性格的人，常妄自尊大、骄傲自满，工作中喜欢冒险、挑衅、与同事闹无原则纠纷，争强好胜，不接纳别人意见。这类人虽然一般技术都比较好，但也很容易出大事故。

b. 性情孤僻、固执、心胸狭窄、对人冷漠。这类人性格多数内向，人际关系不好。

c. 性情不稳定者，易受情绪感染支配，易于冲动，情绪起伏波动很大，受情绪影响长时间不易平静，因而工作中易受情绪影响忽略安全工作。

d. 主导心境抑郁、浮躁不安者。这类人由于长期心境闷闷不乐，精神不振，导致大脑皮层不能建立良好的兴奋灶，干什么事情都引不起兴趣，因此很容易出事故。

e. 马虎、敷衍、粗心。这种性格常是引起事故的直接原因。

f. 在紧急或困难条件下表现出惊慌失措、优柔寡断或轻率决定、胆怯或鲁莽者。这类人在发生异常情况时，常不知所措或鲁莽行事，坐失排除故障、消除事故良机，使一些本来可以避免的事故发生。

g. 感知、思维、运动迟钝、不爱活动、懒惰者。具有这种性格的人，由于在工作中反应迟钝、无所用心，也常会导致事故。

h. 懦弱、胆怯、没有主见者。这类人由于遇事退缩，不敢坚持原则，人云亦云，不辨是非，不负责任。因此，在某些特定情况下很容易发生事故。

②气质与安全

为了进行安全生产，在安全管理工作中针对职工不同气质类型特征进行工作是非常必要的。

首先，依据个人的不同气质特征，加以区别要求与管理。例如，在生产过程中，有些人理解能力强、反应快，但粗心大意，注意力不集中，对这种类型的人应从严要求，要明确指出他们工作中的缺点，甚至可以进行尖锐批评。有些人理解能力较差，反应较慢，但工作细心、注意力集中，对这种类型的人需加强督促，应对他们提出一定的速度指标，逐步培养他们迅速解决问题的能力和习惯。有些人则较内向，工作不够大胆，缩手缩脚，怕出差错，对这种类型的人应多鼓励、少批评，尤其不应当众批评。对他们的要求，开始时难度不应太大，以后逐步提高，使他们有信心去完成任务，从而提高工作的积极性。

其次，在各种生产劳动组织管理工作中要根据工作特点妥当地选拔和安排职工的工作。尤其是那些带有不安全因素的工种更应如此，除应注意人的能力特点以外，还应考虑人的气质类型特征。有些工种需要反应迅速、动作敏捷、活泼好动、易于与人交往的人去承担。有些工种则需要仔细的、情绪比较稳定的、安静的人去做。这样既做到人尽其才，有利于生产又有利于安全。

最后，在日常的安全管理工作中，针对人的不同气质类型进行工作也是十分必要的。例如，对一些抑郁质类型的人，因为他们不愿意主动找人倾诉自己的困惑，常把一些苦闷和烦恼埋在心里。作为安全管理技术人员应该有意识地找他们谈心，消除他们情感上的障碍，使他们保持良好的情绪，以利安全生产。又如在调配人员组织一个临时的或正式的班组时，应注意将具有不同气质类型的人加以搭配，这样将有利于生产和安全工作的开展。

③能力与安全

任何工作的顺利开展都要求人具有一定的能力。人在能力上的差异不但影响着工作效率，而且也是能否搞好安全生产的重要制约因素。因此，在安全管理工作中，应根据职工能力的大小、表现的早晚合理地分配工作，用其长、补其短，充分发挥职工的潜能。在安全生产管理中应考虑下列几点。

a. 了解不同工种应具备的能力。通过一些事故分析，掌握工作的性质和了解从事该工作必须具备的能力及技术要求，作为选择职工、分配职工工作及培训职工能力的一种依据。

b. 进行能力测评。选择职工或考核职工时，不应把文化知识和技能作为唯一的指标，在可能的情况下，还应根据工种或工作岗位的要求，采用相应的方式进行能力测评。特别是那些对人的能力有特殊要求的作业或工作岗位，更应进行一定的特殊能力测定。

c. 工作安排必须与人的能力相适应。在安排、分配职工工作时，要尽量根据能力发展水平、类型，安排适当工作。例如，让一些思维能力很高的人去干一些一成不变的、重复的、在工作中很少需要动脑筋的简单劳动，就会使他们感到单调、乏味。反之，让一些能力较低的人去从事一些力所不及的工作，他们就会感受到无法胜任而过度紧张、精神压力过大，很容易发生事故。因此，工作必须与人的能力相适应，这样才能增长他们对工作的兴趣和热情。只有他们深信自己的能力确实和他们的工作高度协调时，对职业的兴趣便会强烈地表现出来。

d. 提高职工的能力。环境、教育和实践活动对能力的形成和发展起着决定性的作用。人的能力可以通过培训而提高，尤其是安全生产知识以及在紧急状态下的应变能力，都可以通过培训让职工掌握，以保证安全生产。此外，一个人的能力是个体所蕴藏的内部潜力。在通常情况下，人的潜能远未充分发挥，如何通过激励手段，发挥职工的潜能、保证安全生产，是安全技术人员面临的一个新课题。从个体心理因素来说，工作的绩效是能力和动机这两个因素相互作用的结果：

$$\text{工作绩效} = \text{能力} \times \text{动机}$$

因此，提高职工的工作能力和激发职工的工作动机是提高职工的工作绩效和保证安全生产的最有效途径。

(4) 人行为失误的控制与预防对策

①建立与维持兴趣

兴趣是人积极探索事物的认识倾向，它是人的一种带有趋向性的心理特征。它可使人对某事物格外关注，并具有向往的心情。从而调动人从事某项活动的积极性和创造性，达到控制和减少人的失误、保障安全生产的目的。

a. 兴趣在安全生产中的作用。在生产操作过程中，一个人对所从事的工作是否感兴趣，与他在生产中的安全问题密切相关。（人若对所从事的工作感兴趣，首先会表现在对兴趣对象和现象的积极认知上，对兴趣对象和现象的积极认知，会促使人对所使用的机器设备的性能、结构、原理、操作规程等做全面细致的了解和熟悉，以及对与其操作相关的整个工艺流程的其他部分做一定的了解。在操作过程中，他会密切关注机器设备等是否处于正常状态。这样，如果机器设备、工艺流程或周围环境出现异常情况，他会及时察觉，及时作出正确判断，并迅速采取适当行动，因而往往能把一些事故消灭于萌芽状态。）对所从事的工作感兴趣，还表现在对兴趣对象和现象的喜好上。对于本职工作的喜好，可以使人在平淡、枯燥中感受到乐趣，因而在工作时情绪积极，心情畅快，良好的情绪状态有助于保持精力旺盛，减少疲劳感，以及操作准确和及时察觉生产中的异常情况。

这里所说的兴趣，指的是稳定持久的兴趣、有效能的兴趣，而且最好还是直接兴趣。那种因一时新奇而产生的短暂而不稳定的兴趣，不仅对生产与安全无益，而且往往有害。因为新奇感过后，人更容易产生厌倦感。同时，因对这项工作产生厌倦，他可能会把兴趣转移到别的事物上去，见异思迁，这对于搞好本职工作往往会有消极影响。那种仅满足于对感兴趣的客体的感知浅尝辄止、不求甚解的兴趣，也无益于做好工作。有时候，这种兴趣还可以混淆生产管理人员的视线。因为别人以为他对这项工作感兴趣，事实上他的这种兴趣对于搞好生产是没有什么实际作用的。

直接兴趣，是对工作本身感兴趣。如果一个人是因为功利目的而希望干某项工作，工作动机不正确，就不能保证在工作时的心理状态一定有益于安全生产。

b. 兴趣的培养与安全。在生产实际中，在工矿企业从事一般的生产性劳动都是比较平淡和枯燥的，而且若以功利标准来衡量，这样的职业经济收入少，也不容易出名。许多人在一般情况下都很难自觉地对这样的工作产生兴趣。然而，对本职工作是否感兴趣又密切关系着生产中的安全问题，这就需要培养兴趣。

培养对本职工作的兴趣，首先要端正劳动态度。人可以根据自己的条件和能力选择适宜的职业。培养普通劳动者的职业兴趣，还要有赖于各单位领导干部的努力。除采取一定的思想教育手段外，更主要的是搞好企业的经营管理，提高企业效益，让职工更多地看到并受益于自己工作的成绩和意义，促使他们激起并保持高度的劳动积极性，产生对本职工作的兴趣。

②安全教育与培训

安全教育与培训要遵循心理科学的原则，并注意下列心理效应。

a. 吸引参与。心理学研究表明，人对某项工作参与的程度越大，就越会承担更多的责任，并尽力去创造绩效。参与，还会改变人们的态度，因为参与可以使人对某项工作或事物增进认识，又能转变人们对某一事物的情感反应，从而导致积极行为。因此，在安全教育与培训中应注意如何吸引职工参与，如参与规章制度、工作方案、操作规程的制定，让职工畅所欲言、热烈讨论，使安全教育成为职工自己的事。

b. 引发兴趣。兴趣是人力求认识某种事物或爱好某种活动的倾向，若人对某种事物或某项活动发生兴趣，就会促使他去接触、关心、探索这件事物或热情地从事这种活动。因此，在安全教育与培训中必须运用各种生动活泼的形式引起职工的兴趣，使职工积极参与。

c. 首因效应。也称第一印象。根据美国心理学家的研究，首因效应作用很强，持续的时间也长，比以后得到的信息对于事物整体印象产生的作用更强。这是因为人对事物的整体印象，一般都是以第一印象为中心形成的。因此，在安全教育中狠抓新进厂职工的入场安全教育与培训，有非常重要的意义，因为他们刚到一个新的工作环境，第一印象对他们有着深刻的影响，甚至可以影响以后很长一段时间的安全行为和态度。

d. 近因效应。是与首因效应相反的一种现象。只在印象形成或态度改变中，新近得到的信息比以前得到的信息对于事物的整体印象产生更强的作用。这就提示了安全教育必须持之以恒、常年不懈，不能过多指望首因效应和一些突击的活动。尤其是一些新入厂的职工，除受到首因效应影响外，车间、班组的气氛，老职工对安全的态度，对他们的安全态度和行为影响很大。

e. 逆反心理。所谓逆反心理是指在一定条件下，对方产生和当事人的意志、愿望背道而驰的心理和行动。在安全教育与培训中要求对方做到的，应以商讨、鼓励、引导、建议的方式提出意见，尊重对方，不伤害对方的自尊心，态度不宜粗暴，以免对方产生逆反心理。

f. 反馈作用。反馈在安全教育与培训中有很重要的作用。英国心理学家曾研究了反馈在安全教育与培训中的效果。某车间生产环境中有一种有害物质，为减小其危害，对工人进行减少接触该物质的训练，经初步训练后，指导者对接受训练的每位人员，每日访问1～2次，并给予鼓励，还将观察到的在操作中存在的问题反馈给他们，同时让一些观察者记录训练前后工人接触该物质的不安全行为的次数，发现通过反馈后，工人的不安全行为从57%降至36%，从而说明了反馈在安全教育与培训中的作用。

③安全教育的过程

安全教育可以划分为三个阶段：安全知识教育，安全技能教育和安全态度教育。

a. 使人员掌握有关事故预防的基本知识。对于潜藏的、人的感官不能直接感知其危险性的不安全因素的操作，对操作者进行安全知识教育尤其重要，通过安全知识教育，使操作者了解生产操作过程中潜在的危险因素及防范措施等。

b. 传授安全知识只是安全教育的一部分，而不是安全教育的全部。经过安全知识教育，但是如果不把这些知识付诸实践，仅仅停留在“知”的阶段，则不会收到较好的实际效果。安全技能是只有通过受教育者亲身实践才能掌握的。也就是说，只有通过反复的实际操作、不断地摸索进而熟能生巧，才能逐步掌握安全技能。

c. 安全态度教育是安全教育的最后阶段，也是安全教育中最重要的阶段。经过前两个阶段的安全教育，操作人员掌握了安全知识和安全技能，但是在生产操作中是否实施安全技能，则完全由个人的思想意识所支配。安全态度教育的目的就是使操作者尽可能自觉地实行安全技能，搞好安全生产。

安全知识教育、安全技能教育和安全态度教育三者之间是密不可分的，如果安全技能教育和安全态度教育进行得不好的话，安全知识教育也会落空。成功的安全教育不仅使职工懂得安全知识，而且能正确地、认真地进行安全行为。

6.4.3　实例分析

(1) 案例1　某焦化厂皮带运输机伤害事故（侥幸心理）

事故经过：

2001年6月14日，某焦化厂发生了一起皮带机伤害事故，导致1名操作工死亡。6月14日15时，该厂备煤车间3号皮带输送机岗位操作工郝某从操作室进入3号皮带输送机进行交接班前检查清理，15时10分，捅煤工刘某发现3号皮带断煤，于是到受煤斗处检查，捅煤后发现皮带机皮带跑偏，就地调整无效，即向3号皮带机尾轮部位走去，离机尾5～6m处，看到有折断的铁锹把在尾轮北侧，未见郝某本人，意识到情况严重，随即将皮带机停下，并报告有关人员。有关人员到现场后，发现郝某面朝下趴在3号皮带机尾轮下，头部伤势严重，立即将其送医院，经抢救无效死亡。

经现场勘察，皮带向南跑偏150mm，尾轮北部无沾煤，南部有大约10mm厚的沾煤，铁锹在机尾北侧断为3截，人头朝东略偏南，脚朝西略偏北，趴在皮带机尾轮下方，距头部约200mm处有血迹，手套、帽子掉落在皮带下。

从现场勘察情况推断，郝某是在清理皮带机尾上沾煤时，铁锹被运行中的皮带卷住，又被皮带甩出，碰到机尾附近硬物折断，郝某本人未迅速将铁锹脱手，被惯性推向前，头部撞击硬物后致死。

事故原因：

事故发生后，当地有关部门组成调查组对事故进行了分析，认为：①操作工郝某在未停车的情况下处理机尾轮沾煤，违反了该厂“运行中的机器设备不许擦试、检修或进行故障处理”的规定，是导致本起事故的直接原因；②皮带机没有紧急停车装置，在机尾没有防护栏杆，是造成这起事故的重要原因；③该厂安全管理不到位，对职工安全教育不够，安全防护设施不完善，是造成这起事故的原因之一。

防范措施：

①完善制度，健全规程，层层落实安全责任目标，强化现场监督检查力度，从严考核，严格落实责任。

②强化有效安全教育，严格执行持证上岗制度。特别是对特殊工种的教育、对干部就职前的教育、在职人员的日常安全教育要落到实处。必须坚持严格考试，持证上岗，不能走过场。

③推行定置化管理，优化现场管理。

④加大资金投入力度，把有限资金用在刀刃上，强化设备进行维护保养，采用防滑吊钩。

⑤组织全厂性的反事故、反习惯性违章，查隐患、找漏洞，开展大整改活动。认真吸取血的教训，坚决杜绝“三违”行为。

（2）案例2　抱省事心理违章作业　不幸挤压身亡（惰性心理）

事故经过：

2001年1月28日0时30分，确铵车间化工一班值长陈某、班长秦某、尹某、王某等人值夜班，交接班后，各自到岗位上班。陈某、秦某两人工作职责之一包括到磷酸工段巡查，尹某系盘式过滤机岗位操作工，王某系磷酸工段中控岗位操作工，其职责包括对过滤机进行巡查。5时30分，厂调度室通知工业用水紧张，磷酸工段因缺水停车。7时40分，陈某、尹某、王某3人在磷酸工段三楼（事发地楼层）疏通盘式过滤机冲盘水管，处理完毕后，7时45分左右系统正式开车，陈某离开三楼去其他岗位巡查，尹某在调冲水量及角度后到絮凝剂加料平台（与二楼楼面高差3m）观察絮凝剂流量大小，尹某当时看到王某在三楼过滤机热水桶位置处。经过一分多钟，尹某突然听见过滤机处发生惨烈的叫声，急忙跑下平台楼到操作室关掉过滤机主机电源，然后跑出操作室看见王某倒挂在过滤机导轨上。尹某急忙呼叫值长陈某和几个工人，一齐紧急施救。当时现场情况是，王某面部向外倒挂在盘过导轨上，双手在轨外倒垂，双脚在导轨（固定设施）和平台（转动设备，已停机）之间的空档（200mm）内下垂，大腿卡在翻盘叉（随平台转动设备）与导轨之间，已明显骨折。施救人员迅速倒转过滤机后将王某取出，并抬到磷酸中控室（二楼），经紧急现场抢救终因伤势过重于8时25分死亡。

事故原因：

经事故调查小组多次现场考证、比较、分析，一致认为事故原因如下：

①死者王某自身违章作业是导致事故发生的直接原因。一是王某上班时间劳保用品穿戴不规范，纽扣未扣上，致使在观察过程中被翻盘滚轮辗住难以脱身，进入危险区域；二是王某在观察铺料情况时违反操作规程，未到操作平台上观察，而是图省事到导轨和导轨主柱侧危险区域，致使伤害事故发生。

②王某处理危险情况经验不足，精神紧张是导致事故发生的又一原因。当危险出现后，据平台运行速度和事后分析看，王某有充分的时间和办法脱险。但王某安全技能较差，自我防范能力不强。

③车间安全教育力度不够，实效性不强，是事故发生的又一原因。王某虽然参加了三级安全教育，且现场有规章、有标语，但出现危险情况后，针对性、适用性不够，说明车间安全教育力度、深度和实效性不高，有待加强。

④执行规章制度不严是事故发生的又一原因。通过王某劳保用品穿戴和进入危险区域作业可以看出，虽然现场挂有操作规程，但当班人员对王某的行为未及时纠正，说明职工在“别人的安全我有责”和安全执规、执法上还有死角，应当引以为戒。

防范措施：

①加大安全教育力度，注重针对性，加强实效性，特别是第二、三级安全教育要讲个性，讲个体，讲个案，不留死角，不留隐患，做到安全知识和技能人人理解，人人掌握。

②加大安全工作的执规、执法力度，切实做到“我的安全我负责，别人的安全我有责”，相互监督，相互关心。

③对事发地点盘式过滤机周围增设一圈防护栏，并悬挂安全警示牌。

④加强节假日的安全管理工作，教育职工认真做到劳逸结合，有张有弛，警钟长鸣。

⑤加强安全管理，认真扎实地落实安全工作严、实、细、快的工作作风。勤查隐患，狠抓整改，防患于未然。

6.5 防止人失误的安全行为学

6.5.1 记忆与安全行为

(1) 记忆的概念

记忆就是经验在人脑中的反映。人们在生活实践中，感知过的事物、思考过的问题、体验过的情感或从事过的活动等，都会不同程度地在大脑中留下印象。其中，一部分作为经验在人脑中保留相当长的时间，在一定条件下还能恢复。这种在人脑中对过去经验的保留和恢复的过程就是记忆。

记忆作为一种基本的心理过程，对保证人的正常生活起着重要的作用。人对客观事物的认识，虽然是从感知开始的，但是如果没有记忆的参与，就不能把其感知的一切保留下来，就不能积累知识和经验，就不能形成概念进行判断和推理，也就不能适应不断变化着的环境。因此，人的一切活动，从简单的感知、行动到复杂的思维、学习，都必须在记忆的基础上进行。

（2）记忆错误

记忆错误，又叫记忆错觉，或记忆错乱。在记忆错乱下，当时发生的事仿佛是熟悉的，在某个时候已经体验过。情绪和激情在记忆错误的产生中起着重要的作用，特别是个人本身对在过去发生的某些事件结局的影响都评价过高，这可以作为典型。在现代医学心理学中已经确定了记忆错误同边缘状态（紧张、剧烈和经常的疲劳）、精神衰弱症和中枢神经系统机能作用的其他变化的联系。对过去经验和事件的记忆与事实发生偏离的心理现象可以称为记忆错误。

记忆错误与学习程度、关联性和时间间隔有关。研究表明：①记忆错误随着学习程度的增加而降低，学习程度越高，记忆错误率越低；②记忆内容的关联程度越低，错误记忆率越高；③时间间隔对错误记忆没有影响，错误记忆一旦产生极其顽固，不容易消退，可能更多地受无意识加工的影响。

此外，研究表明记忆错误与内隐记忆有关。内隐记忆是指通过无意识机制运作的记忆，与外显记忆（有意识地获取经验）相反，内隐记忆表现为个体并没有意识到的某些经验对当前任务自发的影响，而这些经验本身是在自身没有意识到的情况下获得或者形成的。内隐记忆在记忆主体——人没有意识到自己已经拥有这方面记忆的情况下，影响主体对其他相关经验反映的具体结果，使得记忆出现错误。内隐记忆为解释记忆错误提供了新的视角，大大推进了对记忆错误的研究。

（3）记忆和安全行为的关系

在记忆错误的基础上，可以产生各种类型的错误错觉。其中，对于安全操作生产影响最大的就是判断和决策错觉。

心理学工作者在研究判断与决策时发现，很多认识偏差与记忆错觉有关。决策者依据是否易于想到有关的经验事件来判断事件出现频率的倾向性。“事后诸葛亮”和“早知如此”也使人们在评价自己的记忆时常常发生错觉。在事件发生之后，人们往往不能准确地评估事件发生前自己的心理状态，而往往会注意并记住事件的某些片段，然后将其看成是一般规律的表现并据此进行判断，虽然这些事件的片段很可能只是偶然出现。

在生产操作中，这样的记忆错误就很可能对生产造成极大的危害。例如，锅炉工以前遇到的锅炉的异常情况，如不同寻常的压力或温度的异常，可能是因为一些次要的原因造成的，当再次遇到锅炉情况异常的时候，锅炉工却很可能因为以前得到的一些错误的记忆和经验，认为这一次也无关紧要，因而很有可能因此而酿成大祸。

合理的正确的记忆，是安全生产必不可少的要求。可以说，没有记忆，人类的一切生产活动都无法进行，它是人类进步的必要条件。在生产中，对以前突发情况的特征和解决方案的记忆，是生产人员应对生产中所出现问题的一个重要依据。对于哪些操作会带来不安全因素，生产员工在长时间的生产操作中会逐渐地养成一个关于错误行为、正确行为及危险行为的行为规范记忆库，从而避免在操作中发生误操作，并且会自动自觉地将生产中不断发生的各种新问题加以归类归纳，作为今后生产操作的指导，从而一定程度地保证了生产的安全进行。

(4) 记忆的强化与激活

既然在安全生产中，记忆起了如此重要的作用，那么强化和激活与生产安全有关的记忆，同样是一件十分重要的事情。

激活、强化记忆，最常使用的方法就是通过人在认知上的特点来进行。可以运用记忆的激活扩散模型来研究生产操作中的记忆激活问题。激活扩散模型是 Coffins Loftus 在 1975 年提出的，它是一个网络模型，放弃了概念的层次结构，而以语义联系将概念组织起来。它将概念以网络的结构联系起来，使各个概念之间可以通过互相联系的紧密程度得到区分和连接，例如汽车同卡车、公共汽车之间有联系，甚至与街道之间有联系。

这一模型在对信息加工过程中很有特色。它假定，当一个概念被加工或受到刺激时，在该概念结点就会产生激活，然后激活就会沿着概念之间的联系，扩散到其他的概念结点。这种激活是特定源的激活，虽有扩散但可以追踪到产生激活的源点。此外还假定，激活的数量是有限的，一个概念越是长时间地受到加工，释放激活的时间也就越长，但激活在网络中的扩散也将逐渐减弱，它与连线的易进入性（或强度）成反比，连线的易进入性（或强度）越高，则激活减弱越少；反之则减弱越多。这里，连线的强度依赖于使用频率，使用频率越高，强度越高，当连线的强度高时，激活扩散得快，并且激活还会随着时间或干扰活动而减弱。

通过激活扩散模型，可以对安全生产中的重要环节进行激活。最简单的应用例子，就是使用红、黄、绿 3 种颜色的指示灯。在大街上的交通灯都是采用红、黄、绿 3 种颜色，因为这 3 种颜色在激活扩散模型中，最紧密相关的就是停止、慢行和通行 3 种含义。用这 3 种颜色，可以迅速地激活司机心中的记忆——关于交通法规的记忆，从而减少司机的错误操作，例如误将红色当成通行等。同样地，在必须小心操作且平时基本上不会使用，只有紧急情况才会触动的按钮旁边，使用红色的指示灯；而表示打开机器或表示畅通运行的按钮旁边，会使用绿色的指示灯。

在较为复杂的仪表上面，同样可以用相应的符号或名字简单地表示出不同按钮的主要作用，作为激活操作人员的现有记忆，以提高操作的准确性。

6.5.2 注意力与安全行为

在日常生产中，人们常说“要集中注意力”。通常人们理解这句话是认为集中注意力就是眼到、手到、耳到、心到、脑到，这种理解并不全面。一个人平时工作很认真、操作很熟练，从不出错，可是一次不注意，就可能造成生产事故。可见，注意力在保证安全生产上，起到了非常重要的作用。因此，在研究生产中的安全行为时，必须研究注意力。

（1）注意的概念

注意不是独立的心理过程，而是存在于感知、记忆、思维等心理过程中的一种共同的特性。感知、记忆、思维都是认识的各种水平，不论是哪种水平的认识，总是有选择性的。但认识的选择程度总是会高低不同的，选择程度高时，就是注意。注意本身不是一种独立的心理活动过程，并不反映事物的属性和特征，它只是伴随着心理过程（如感知、记忆、思维等）而存在的一种状态。简单而言，注意就是人的心理活动对一定对象的指向和集中，是人适应环境、从事生产活动的必要条件。

所谓注意的指向，就是指心理活动的对象和范围。在每一瞬间，人的心理活动总是有选择地朝向一定的事物并反映它，而离开其余的对象，这样就保证了知觉的精确性、完整性。在千变万化的世界里，有各种各样的信息不断地作用于人，究竟要注意什么，不注意什么，这是由人的意识的选择性来决定的。所谓注意的集中，是指心理活动反映被选择对象的清晰和完整程度。人在注意时，心理活动不仅指向于一定的事物，而且还集中在该事物。集中的前提不但是指心理活动离开一些无关的东西，而且也是对周围多余活动的抑制。只有集中注意，才能保证注意的清晰和完整性。

（2）注意的类型

注意可以根据产生和保持注意有无目的和意志努力的不同程度，分为以下 3 种类型。

①无意注意

无意注意又称为不随意注意，是指人在注意某一事物时，事先既没有预定的目标，也不需要做主观努力的情况下产生的注意。例如：在工厂生产环境中，周围一些突然的改变，如耀眼的光线、突如其来的声响、浓郁的气味、艳丽的色彩，都会立刻引起人们的注意，在机器车床没有停止运转的情况下，这种突然的注意，会造成极大的危险。

通俗地讲，无意注意就是对某件事情或某样东西并没有打算注意它，但它却吸引了我们，迫使我们下意识地注意它。确切地说，无意注意主要是由环境中刺激物本身的特点及人的主观状态所引起的，主要取决于当前刺激的特点。当前刺激具备什么特点才能引起我们的无意注意呢？总地来说，就是它的突然变化。刺激从无到有突然出现，或者从有到无突然消失，刺激的突然增强或突然减弱，也会引起我们的注意，需动用无意注意去处理和查明一些突然出现或突然消失的刺激，如危险突如其来时人的应急反应，就是无意注意的参与。但是无意注意一定要得到控制，不能轻易为某些不重要的事情分心，否则对生产活动、行车活动，都会有很严重的影响，重则造成重大事故。

②有意注意

有些事情本来并不吸引我们，但它和我们的需要有紧密的关系，我们就去注意它，这就是有意注意。它是自觉的，有预定目的的，必要的时候还需要做出一定意志努力来产生和保持。

生产劳动活动本身是一种复杂且持久的活动，其中必然有令人不感兴趣、单调和困难的成分，这就需要人们通过一定的意志努力，把自己的注意集中并保持在他的工作上，即使在出现疲劳或感到单调和困难时，仍然必须强迫自己去“注意”。行车活动就是需要驾驶员注意观察道路上的行人动态、车辆行驶，合理地避让和超车。当产生困倦和厌烦时，司机就必须强迫自己去“注意”。所以，有意注意是需要一定的主观努力才能够保持，主要依赖的就是员工自身的意志和安全态度。

③有意后注意

这是指事前有预定的目的，不需要意志努力的注意。有意后注意是注意的一种特殊形式。它介于有意注意与无意注意之间，一方面类似有意注意，因为它有自觉的目的，和特定的任务联系着，另一方面它又类似无意注意，不需要人的意志努力。

有意后注意是由有意注意转化而来的，是有意注意之后产生的。有意注意要转化为有意后注意，主要条件是使活动的目的明确，认识深刻，长期坚持不懈地从事这种活动。如果一个人的注意不是放在工作或学习的结果上，而是被工作或学习过程本身所吸引，这样的注意就成为有意后注意。它是一种高级类型的注意，具有高度的稳定性，是人类从事创造性活动的必要条件。很多科学家、艺术家，长期从事研究工作或艺术创造工作，废寝忘食，这就是有意后注意在发挥作用。如果没有有意后注意，人会很容易产生倦怠心理，人类的很多科学成果和艺术作品，就不可能诞生。

(3) 注意的功能及其表现

①注意的功能

注意是心理活动的伴随状态，而它的功能主要表现在以下4个方面。

a. 选择功能

表现为心理活动的一种积极状态。它使心理活动选择有意义的、符合需要的和与当前活动任务相一致的各种刺激；避开或抑制其他无意义的、附加的、干扰当前活动的各种刺激，即注意把有关的信息检索出来，使心理活动具有一定的指向性。注意的选择性可以保证个体以最少的精力完成最重要的任务。

b. 维持功能

注意是人脑的一种比较紧张、比较稳定的状态。人只有在这种状态下，才能对通过选择而输入的信息进行进一步加工、处理。注意的维持功能表现为注意在时间上的延续，在一定时间内，注意维持着活动的顺利进行。在注意的维持功能中，人的活动目的、兴趣、爱好等，有特别重要的作用。例如，戏迷在听戏时就很容易全神贯注，而且可以持续很长的时间。

c. 整合功能

一般认为，人对从外界获取的信息有整合作用。这种整合过程，是发生在注意状态下的。因此，注意是信息加工的一个很重要的阶段。在即将进入注意的前注意状态下，人们只能加工事物的个别特征；在注意状态下，人才能将个别特征的信息整合成为一个完整的信息体，这样人才能正确地理解各种混合在一起的信息。

d. 调节功能

注意不仅表现在稳定的、持续的活动中，而且表现在活动的变化中。当人们从一种活动转向另一种活动时，注意起着重要的调节和控制作用，即注意可以控制活动朝着一定的目标和方向进行。在学习和工作中，当注意集中时，错误少，效率高；事故和错误，一般都是在注意力分散或注意没有及时转移的情况下发生。

②注意的外部表现

当一个人在注意的时候，常常伴随着一些特定的生理变化和表情动作，构成注意的外部表现，最显著的有以下 3 个方面。

a. 适应性的动作

当人们注意某一对象时，有关的感官就会朝向一定的刺激物。当注意听一个声音时，往往双目紧闭，把耳朵转向发出声音的地方，倾耳静听；而在思考时，往往会皱起眉头，手托住下巴。这些都是相对应于自己所注意的事物而所做出的适应性动作。

b. 无关运动的停止

当一个人专心致志、高度注意时，一切多余的动作都会停止，似乎身体许多部分都处于静止状态。例如，学生在课堂上专心听讲时，不会东张西望，而是全神贯注地看着老师、仔细聆听。

c. 呼吸运动的变化

人在高度注意时，呼吸会变得格外轻微和缓慢，呼与吸的时间比例也会显著地变化，一般是吸短呼长。在紧张注意时，甚至会出现呼吸暂停的现象，即所谓的“屏息”。另外，紧张时还会出现心跳加快、牙关紧闭、拳头握紧等现象。

但是，注意的外部表现并不一定和其内心状态一致，有时会出现虚假的状态。例如，学生上课时，没有无关动作的学生不一定就是听课专心致志的学生，也有可能是假装注意的外部表现。

(4) 注意的分配

①注意分配的条件

注意的分配是指同时进行两种或几种活动时，心理集中的程度变化和指向不同对象的强弱程度。注意的分配是有困难的，并且没有节省时间，但只要人在掌握认识规律的基础上积极地创造条件，注意的分配就是可能的，而且在实际生活中也要求人们很好地做到注意的分配。注意是可以分配的，同时也是必须分配的。

但是注意的分配是有条件的。注意分配的条件主要有以下 4 个方面：

a. 在同时进行的两种或两种以上的活动中，必须有一种活动非常熟练或相当熟练。因为对于熟练了的活动，人无须给予更多的注意就能很好地实现，因此可以把大部分的注意集中到比较生疏的活动上，这样注意的分配才有可能实现。

b. 同时进行的几种活动之间必须有联系，有联系的活动便于注意的分配。当各种活动之间已形成固定的反应系统时，人们很容易同时进行各种活动；相反，各种活动之间毫无联系时，人们很难进行活动。注意的分配是从事复杂劳动的必要条件，对驾驶员、乐队指挥、教师、管理多台车床的员工，都非常重要。他们必须善于分配自己的注意，才能提高工作的效率，避免差错。

c. 注意的分配与同时进行的几种活动的性质有关。如果这几种活动的类型相似，注意分配就比较容易进行。

d. 注意的分配还同注意所占用的感觉通道被占用的程度有关。研究表明，当信息从不同的感觉通道输入时，注意的分配比较容易进行。例如，在用耳朵听音乐的时候，同时可以做家务。

②注意的分配与注意的转移

研究注意的分配，不能不提到另一个概念——注意的转移。注意的分配与转移是密切联系的。所谓注意的转移，就是指根据新的任务和新的情况，主动把注意从一个对象转移到另一个对象，这就叫做注意的转移。注意转移的快慢和难易程度受到多种因素的制约，这些因素包括以下 3 个方面：

a. 注意转移的快慢和难易程度依赖于原来注意的紧张度。原来注意的紧张度越大，注意的转移就越困难，越缓慢；反之，注意的转移就比较容易，比较迅速。

b. 注意转移的快慢和难易还依赖于注意所转移到的新事物和新活动的性质。新事物或新活动越符合人的需要或者兴趣，注意的转移就越容易；反之，注意的转移就越困难。

c. 注意的转移还和人的神经过程的灵活性有关。一个神经过程灵活的人，其注意的转移就比较容易和迅速。

注意的分配和注意的转移是彼此密切联系的，每一次注意的转移，注意的分配也必然随之发生变化。注意一经转移，原来注意中心的对象就转移到注意中心之外，而新的注意对象进入注意中心，整个注意范围的对象便发生了变化。因此，每当注意中心的对象转换后，必然出现新的注意分配。

但注意的分配与注意的转移又是有区别的。虽然它们都意味着注意对象的转换，但两者是有本质区别的。注意的转移是在实际需要的时候，有目的地把注意转向新的对象，使一种活动合理地为另一种活动所代替；而注意的分配是在需要注意稳定时，受无关刺激的干扰，或者由于周围出现单调的刺激，使得注意离开需要注意的对象所出现的注意力分散的情况。

(5) 安全生产和注意力

前面具体介绍了有关注意的具体概念和各项性质，因为注意是人适应周围环境和从事生产活动的必要条件，所以在安全生产中，对注意提出了比较高的要求。

①安全生产对注意的要求

a. 对无意注意的要求

安全生产要求在生产过程中，操作人员要善于控制无意注意，不能为突如其来的外界刺激而分心。例如，在生产过程中，面对突如其来的响声或闪光，生产人员就不能轻易地将注意力转移到这些外来刺激上。同样在驾驶过程中，司机也不能被路上的无关景物或活动所吸引，否则很容易出现交通事故。

b. 对有意注意的要求

由于有意注意的自身特点，需要人们通过一定的努力，把自己的注意集中并保持在自己的工作上，即使出现疲劳或感到单调乏味的时候，也必须强迫自己去“注意”。这就意味着，安全生产所需要的注意集中，对于操作者本身而言，就是一个比较困难的事情。正因为如此，安全生产对有意注意要求更高。但提高有意注意的程度，必须依赖于员工自身的意志和安全态度。

c. 对有意后注意的要求

有意后注意表明了这一注意已经成为人的自觉注意状态，也就是说，人的有意后注意并不容易转移，并且可以在相当长的时间不被转移，这可以说是对安全生产非常有益的。各个企业的安全部门都应该尽量培养员工对自身工作的热爱，使工作中的注意力集中成为有意后注意，不易分散注意力，更有利于操作的安全进行。

②安全生产对注意的分配和转移的要求

a. 针对注意的分配

在很多生产活动中，例如操纵机器、驾驶车辆等，对注意的分配都有比较高的要求。如果注意的分配不合理，就会发生一些事故。在司机驾驶时就要求对驾驶车辆的各种操作动作十分熟练，达到几乎不占用司机注意力的程度，这样司机才可以将剩余的大部分注意分配到路面可能出现的各种意外情况上。所以，在需要注意分配科学、程度高的操作中，为了避免因为注意的分配不当而发生事故，必须要求在工作中建立牢固的动力定型，使得操作熟练，达到几乎“自动化”的程度，以便把大部分的注意集中到关键的活动上去。

b. 针对注意的转移

在安全生产中，不但要求注意集中，还常常要求工作人员根据新的任务，主动地把注意从一个对象转移到另一个对象上。这样的能力，除了和训练有关以外，还与人的神经过程灵活性有关，注意转移如果不及时，也常常会引发事故。例如，司机在公路上开车，从旁边的岔路上突然开出一辆车，出现这种情况时，司机如果不能迅速转移对前面路面的注意，迅速避让的话，就会酿成事故；如果一个人在车间中行走，从其上方坠落一个重物时，如果这个人能够比较及时迅速地转移注意，迅速避让，就可以避免严重的伤害。如果一个人注意过度集中在正在从事的工作中，对周围的环境未予注意，若此时出现异常情况，他的注意未能及时转移，那他就察觉不到危险，很有可能酿成事故。所以在安全生产中，尤其是在短时间内要求对新的刺激做出迅速反应的工种，注意的转移有十分重要的意义。曾经有人对于飞行员的注意转移能力进行统计，一个良好的飞行员，在起飞或降落的6min之内，注意的转移多达200多次，若注意转移不及时，其后果是不堪设想的。

③安全生产对注意的功能的要求

a. 对注意的选择功能的要求

在安全生产中，尤其是外来因素影响格外多的生产活动中，尤其需要选择需要注意的对象。例如，对在铁路调度室中工作的调度员来说，需要调度的车辆很多，要根据时间的顺序和紧迫程度，选择调度的顺序。如果不能将注意力有选择地先后分配到不同车辆的调度上，就会出现行车事故。

b. 对注意的维持功能的要求

一些学者在实验性监视作业（监视模拟式圆形仪表、类似监视雷达作业、快速处理多元信息）中，以正确反应、误反应、延迟反应及其他生理反应作为指标，研究注意的维持性。他们发现，基准值的相对下降均发生在作业开始后30min内，从而说明注意的持续性不超过30min。因此要求作业者长期高度集中于显示终端、荧屏、仪表是不可能的。在这样的情况下，要保证安全生产，就需要采取一定的措施，通常的措施有：一是轮班制度，人员每30min换一班；二是高科技手段，运用电脑与人的互动交流，提醒人注意力继续维持。

c. 对注意的调节功能的要求

在生产中，需要适时地将注意力及时地转移到需要集中注意力的地方，但在这项活动结束后，就需要将注意力及时地转移回来。

d. 对注意的整合功能的要求

在生产中，常常会遇到各种各样与生产有关的信息。在这种情况下，对注意的整合功能要求就会比较高，要求操作人员在生产过程中，将生产中出现的各种情况和信息进行整合，整理出有用的信息和信号，做出适当的调整。

（6）注意力和安全行为

在安全生产操作中，注意分配同样扮演了一个十分重要的角色。尤其对于飞行员、汽车司机和火车司机而言。

对于一名司机而言，他的注意分配类似于探照灯的光束，集中在小的区域，但是分配在大的范围，而且可选择性地从一个区域转移到另一个区域。行车的时候，机车司机既可把注意集中在某一个区域或某一对象，又可以把注意分配到各个相关的对象上。在视区范围内，司机的注意主要集中于前方线路区域上，同时也把一部分注意力分配在边缘上，形成一个扇形视区；但新司机与有经验的司机的注意分配不尽相同。新司机倾向于把全部注意力分配到驾驶操作上，而有经验的司机只把少量注意力分配到驾驶操作上，而把多数注意力分配在线路周围的各种环境信息上。研究表明，有效分配注意力差异是安全操作的一个重要因素。

注意力分配得狭窄，会直接影响到安全生产。如果操作人员因为自身的身体条件或由于当时的环境影响，导致注意力分配狭窄，那么在接受生产中出现的多种信息时，就会出现注意力范围不足以顾及所有的突发情况，面对生产中突然出现的信号，无法做出及时反应和调整。

企业应该根据自身生产操作的特点，对生产人员进行相应的注意力分配测试，具体测量每个生产操作人员的注意力分配范围是否适应其工作的需要。如果不能适应，则应该做出及时调整，以免酿成重大的生产事故。同时，对于目前胜任工作的操作人员，也应该随着其年龄的增大而进行跟踪测试，因为研究证明，生产人员的注意力分配能力是随着年纪的增大而逐步下降的。

此外，在生产活动中还存在对安全的注意力问题，人的安全注意力是指对安全生产的关注力，是以有意和无意的方式预防和控制生产过程中的危险、危害因素，实现安全生产。安全注意力包括两种：一种是主动的注意力，即对一类事物的认识和关注不需外力的推动而自觉地进行，如职工深感安全与自己的生命和健康息息相关，所以就会格外注意安全，实际工作中无论有无安全要求或者有无人员监护，总是严格遵守操作规程，决不违章；另一种被动的注意力，需要外力（思想的、行政的、经济的和法律的手段）的作用而引发和唤醒，如违章作业未遂事故，受到规章制度或法律法规严惩后引起的注意。因此，除了依靠员工的主动安全注意力外，必须要采取各种方法唤醒员工的被动安全注意力，如通过建立安全激励机制、建立企业安全文化、安全教育培训等方法引发、唤醒和强化员工的安全注意力。

人的注意力是引发分析、判断和推理的前提。企业主要负责人的安全注意力对企业安全注意力资源的开发和凝聚起着关键性作用。市场经济和经济全球化背景下，企业的安全生产状况、安全生产条件受到了方方面面的关注，企业也一直在探索加强安全管理的新路数，风险管理、安全质量标准化管理理念逐步建立，OHSMS 体系、HSE 体系逐步形成。尽管如此，事故仍然没有得到根本遏止。大多数企业在安全注意力资源的开发和凝聚上还存在着这样或那样的不足，集中体现在：

①安全教育枯燥乏味或流于形式。职工安全知识没有得到及时更新和补充，现有的安全知识无法满足生产实际需要，安全意识随之弱化，不知不觉中使注意力离开安全生产。

②安全监督管理乏力。监督管理人员素质低、责任心差、工作不力，致使职工安全注意力减弱。

③企业安全文化氛围不浓，职工缺乏安全文化的熏陶，安全注意力随之淡化。

④没有真正树立“安全第一”的哲学观。当生产与安全发生矛盾时，仍然存在重生产、轻安全的现象，使职工的心理受到严重影响，分散了安全注意力。

⑤放松了安全警惕性。企业实现了安全生产长周期，安全形势较为稳定，因此产生了松懈和自满现象，结果导致职工安全注意力发生了偏离。

⑥事故查处失之于宽、失之于软、失之于轻。没有真正起到“四不放过”原则的震慑作用，削弱了安全注意力。

针对安全注意力发生淡化、削弱、偏离的现象，企业安全注意力的激发和利用应从以下几方面加以改进和提高：

①企业应建立安全注意力激励机制。通过一种机制，调动全员的积极性，增强安全注意力的广度和深度，形成“关注安全企业上下齐努力，预防事故全体职工共牵手”的可喜局面，实现工作上由“不加注意”到“备加注意”的根本性转变。

②各级领导要利用其地位和影响，当“安全第一”的表率，做“安全第一”的楷模。要树立 6 种观念：安全第一的哲学观；预防为主的科学观；安全就是效益的经济观；以人为本的情感观；安全注意力的基础观；安全教育的优先观。

③企业安全监督管理人员要专心致志地抓安全，要用铁的制度、铁的面孔、铁的处理激发职工的安全注意力，提高职工的安全意识。

④弘扬企业安全文化，加强安全教育和培训，提升安全注意力。企业应建立具有自身特色的安全文化，陶冶职工的安全情操，唤起职工对安全的广泛关注。要持之以恒地开展安全教育，并且要常教常新，深入人心。

⑤班组长要采取有力措施，持续不断地把职工的注意力向安全生产上引导、集中。要坚持“四个第一”：工作开始前，安全讲话第一；下达任务时，安全措施第一；实际操作中，安全规程第一；安全与生产发生矛盾时，安全工作第一。

⑥对事故、事件的查处要小题大做。严格按照“四不放过”的原则，抓住问题的实质和后果，深入浅出地加以分析，使职工对事故、事件的认识由感性上升到理性，自觉地保持安全注意力。

⑦时刻绷紧安全之弦。无论企业安全基础有多牢，安全周期有多长，安全工作都不要掉以轻心。要牢固树立“预防为主，常备不懈”的思想，唱响“警钟长鸣，事故为零”的主旋律。

6.5.3　疲劳与安全行为

（1）疲劳的特征

疲劳，迄今尚无公认的定义。一般认为，疲劳是指在长时间连续或过度活动后引起的机体不适和工作绩效下降的现象。无论是从事体力劳动，还是脑力劳动，都会产生疲劳。这是由于长时间或高强度的体力活动，使得体内储存的能量和潜能耗尽，导致身体内部生物化学环境失调，使得确保活动的各个系统工作失调，从而产生了疲劳；长时间的脑力活动，致使大脑中枢神经系统从兴奋转为抑制状态，导致思维活动迟缓，注意力不集中，动作反应迟钝，从而出现疲劳状态。

疲劳是人们在日常生活中常常体验到的一种生理和心理现象，其主要特征可以在以下几个方面反映出来。

①休息的欲望

人的肌肉和大脑经过长时间的大量活动后就会出现“累了”或“需要休息”的疲劳感觉，而且身体的各个部位都会出现疲劳症状，比如颈部酸软、头昏眼花，这些疲劳感觉不仅仅自己感觉很明显，而且周围的人也同样可以感觉到。

②心理功能下降

疲劳时人的各项心理功能下降，例如反应速度、注意力集中程度、判断力程度都有相应的减弱，同时还会出现思维放缓、健忘、迟钝等。

③生理功能下降

疲劳时人的各种生理功能都会下降，随后人就进入疲劳状态。

a. 对消化系统来说，会出现口渴、呕吐、腹痛、腹泻、食欲不振、便秘、消化不良、腹胀的现象；

b. 对循环系统来说，会出现心跳加速、心口疼、头昏、眼花、面红耳赤、手脚发冷、指甲嘴唇发紫的现象；

c. 对呼吸系统来说，会出现呼吸困难、胸闷、气短、喉头干燥的现象；

d. 对新陈代谢系统来说，会出现盗汗或冷汗、发热的现象；

e. 对肌肉骨骼系统来说，会出现肌肉疼痛、关节酸痛、腰酸、肩痛、手脚酸痛的现象。

出现以上各种现象的同时，会觉得眼睛发红发痛，眼皮下垂，视觉模糊，视敏度下降，泪水增多，眼睛发干，眼球颤动，刺眼感、眨眼次数增多；听力也会相对下降，辨不清方位和声音大小，耳内轰鸣，感觉烦躁、恍惚。此外，甚至会出现尿频、尿量减少等现象。

④作业姿势异常

疲劳可以从疲劳人员的作业姿势中看出来。在作业姿势中，立姿最容易疲劳，其次是坐姿，卧姿最不容易疲劳。

据有关资料表明，作业疲劳的姿势特征主要有：头部前倾；上身前屈；脊柱弯曲；低头行走；拖着脚步行走；双肩下垂；姿势变换次数增加，无法保持一定姿势；站立困难；靠在椅背上坐着；双手托腮；仰面而坐；关节部位僵直或松弛。

⑤工作的质量和数量下降

疲劳会导致工作质量和速度下降，差错率或事故增加。我国铁路交通事故统计资料表明，在 1978 年 12 月至 1980 年 10 月间，因为乘务员瞌睡引起的重大行为事故占总事故的 42%。同样，在需要高度集中注意力的纺织等工厂中，由于疲劳而导致的疏忽所造成的事故也数不胜数。即使是身体十分健壮、操作技术很不错的员工，在疲劳的状态下，特别是在极端异常的情况下，也会做出错误的操作。

（2）疲劳的分类和表现

疲劳分为不同的种类，对于疲劳的种类，学者有许多不同的分类方式。根据疲劳的不同种类，疲劳的表现也各有不同。

①根据疲劳发生的功能特点进行分类

从疲劳发生的功能特点来看，可以将疲劳分为生理性疲劳和心理性疲劳。

a. 生理性疲劳

生理性疲劳是指人由于长期持续活动使人体生理功能失调而引起的疲劳。例如，铁路机车司机长时间的连续驾驶之后，会出现盗汗或者出冷汗、心跳变缓、手脚发冷或者发热、尿液中出现糖分和蛋白质等现象，这些都是生理性疲劳的表现。

生理性疲劳又可以分为肌肉疲劳、中枢神经系统疲劳、感官疲劳等几种不同的类型。

ⓐ肌肉疲劳。它是指由于人体肌肉组织持久重复地收缩，能量减弱，从而使工作能力下降的现象。例如，车床员工长时间加班劳动，就会出现腰酸背痛、手脚酸软无力、关节疼痛、肌肉抽搐等。

ⓑ中枢神经系统疲劳。它也被称为脑力疲劳，是指人在活动中由于用脑过度，使大脑神经活动处于抑制状态的一种现象。例如，学生在经过长时间的学习或考试后，会出现头昏脑胀，注意力涣散，反应迟缓。

ⓒ感官疲劳。它是指人的感觉器官由于长时间活动而导致机能暂时下降的现象。例

如，司机经过长途驾驶后，会出现视力下降、色差辨别能力下降、听觉迟钝的现象。所有这些表现，都表明了人体感官功能的疲劳状态。

以上的肌肉疲劳、中枢神经系统疲劳和感官疲劳这三者是相互联系、相互制约的。就司机来说，他的疲劳主要是中枢神经系统疲劳和感官疲劳，特别是他的视觉器官最先开始疲劳，随之就是肌肉疲劳的发生。这是由于在公路上长时间行驶，必须时时刻刻注意道路上千变万化的状况，这使得司机的眼睛和大脑长时间持续保持高度紧张状态，特别是在高速行驶时，司机眼睛的工作负荷很重，大脑要连续不断地处理各种突发的情况。

b. 心理性疲劳

心理性疲劳是指在活动过程中过度使用心理能力而使其他功能降低的现象，或者长期单调地进行重复简单作业而产生的厌倦心理。比如，车床操作员工负责的机床工作是长时间不变的，在每天的反复操作中，听到的是同样的机床运转嘈杂声，重复的是同样的操作流程，在这样的情况下，感觉器官长时间接受单调重复的刺激，使得操作员工的大脑活动觉醒水平下降，人显得昏昏欲睡，头脑不清醒，从而引起心理性疲劳。

心理性疲劳和生理性疲劳有显著的差别，它与群体的心理气氛、工作环境、态度和动机，以及与周围共同工作同事的人际关系、自身的家庭关系、工作的工资制度等社会心理因素有密切的关系。就好比足球比赛后，胜负双方的疲劳感觉是完全不一样的。

②根据疲劳发生的过程进行分类

从疲劳发生的过程来看，可以将疲劳分为急性疲劳、亚急性疲劳、日周期疲劳和慢性疲劳。

a. 急性疲劳。急性疲劳主要是由于在连续作业中，作业姿势不良、作业动作不规范、作业方式不当及作业负荷过大等原因造成的。这一疲劳种类以活动器官的机能不全、代谢物恢复迟缓、中枢性控制不良为特征；自我感觉主要是紧迫感、苦痛和极度疲乏；其症状是肌肉疲劳和疼痛，以及由于全身动作而造成的呼吸循环紊乱，作业准确度降低，心跳阻滞。

b. 亚急性疲劳。这主要是指在反复作业中所产生的渐进性不适。它产生的原因，除了急性疲劳的原因以外，还包括不适当休息，作业环境不良。它会使人产生意欲减退、无力感，表现为协调动作的混乱，视觉疲劳，监视能力下降。

c. 日周性疲劳。日周性疲劳主要是指从前一个劳动日到次日的生活周期的失调，主要是由于负荷负担、劳动时间分配不当、轮班制劳动和不规则生活造成的。它会让人发困、懒倦、集中困难、烦躁，以及产生各种失调症状；表现出作业曲线下降，意识水平降低，全身运动机能不全，出汗过多，虚脱，睡眠不足等。此外，脑力功能减弱，注意力集中不良和信息处理不佳，自律神经系统机能失调。

d. 慢性疲劳。慢性疲劳是在数日到数月的生活中积累过量劳动中产生的，它是由于繁忙、过度紧张、得不到休养、生活环境不顺造成的。它使工作者感到疲劳，无力；表现为作业能力低下，身体调节不良，情绪不稳，失眠；导致慢性睡眠不足，腰痛，颈、肩、腕障碍，工作意愿降低，缺勤。

③根据疲劳的发生部位进行分类

从疲劳的发生部位来分，疲劳可以分为局部疲劳和全身性疲劳。前者指人体个别器官的疲劳，后者指整个身体的疲劳。全身性疲劳是由局部疲劳逐步发展而形成的。

（3）疲劳与安全行为

疲劳意味着劳动者身体、生理和心理机能下降，常造成人体无力感、记忆衰退、注意力下降、感觉失调等，因此在疲劳状态下常常不能对外界现象得到正常的判断，并使预测事故发生的能力明显降低。从疲劳发生的原因看，主要表现在以下几方面：

①睡眠不足。睡眠是维持人体身心功能的最基本的条件之一，通常认为充分睡眠，可以保证缓解人在一天工作后的疲劳。睡眠不足，会引起人员生理疲劳。

②过长加班。对于工作任务重、工作压力大的人员，在长时间加班后会有明显的心理疲劳和身体疲劳。

③长期倒班。对于需要24h连续生产的工厂、企业，一般采取倒班工作制，在这种工作时间安排制度下，最大的安全隐患，就是由于工作制度本身所导致的工作人员在疲劳状态下作业。

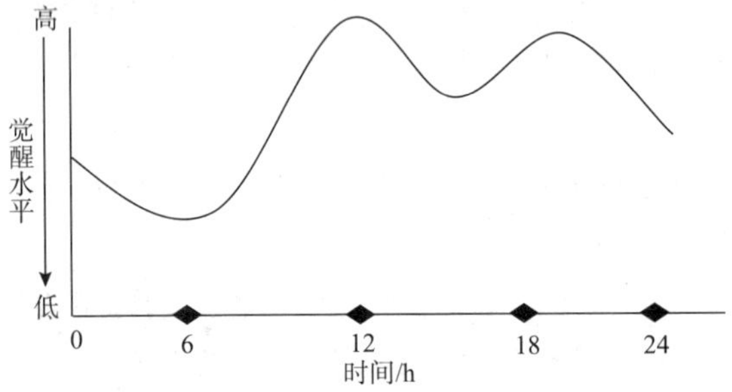

图6－1　一天里人的觉醒水平

倒班的制度会使人体生物钟所需要的必要的休息规律被打破。人的日出而作、日落而息的作息习惯，是在长久的人类进化过程中养成的。研究表明，人自出生以后3个月开始，就逐渐形成了较严格的睡眠与觉醒节律，也就是白天觉醒，夜间睡眠。如图6－1所表现的一样，人在10～12点的觉醒水平是最高的，而在深夜至凌晨时刻觉醒水平最低。人的这种昼夜的生理节奏非常难以改变。曾经有人就这一问题做过实验。他让被测试者生活在一间与外界隔绝的房间里，并且以23h为一天来安排其生活，也就是说，房间里的一昼夜，比实际的一昼夜要少1h。这样持续了若干天之后，房间里面的昼夜时间就与外界的完全相反了。在这个时候再次测试被试者的觉醒水平，发现他的昼夜生理节奏并没有发生变化。也就是说，当房间是白昼，而外界是黑夜的时候，被试者的觉醒水平仍然很低。人体的这种节律就像时钟一样，周而复始，循环运转，所以这种节律被称为生物钟。但对于像电力、钢铁、铁路、电信、化工等24h都需要有人工作的企业，实行24h轮流倒班制度是必需的。正是由于工作时间和休息时间频繁更迭，夜班工作和人的正常生物钟相违背，这种工作制度会对人的生理和心理造成一定的不良影响。

轮班工作的员工，常常会觉得睡眠不足或者睡眠质量不佳，这种情况会随着倒班频率的增加、员工年龄的增长和睡眠环境的恶化而变得严重。据统计，夜班员工的睡眠时间最短，因为夜班员工常常因为白天的光线、周围嘈杂的环境、烦琐的家务及其他外界干扰而无法睡眠，尤其是年龄较大的员工，白天的睡眠效果更差，主要表现为苏醒次数较多。

轮班工作制度除了在员工进行夜班工作时影响员工的工作兴奋和有效程度、降低工作的安全度和有效度以外，对员工的长期健康，还有破坏性的影响。其主要的表现为神经系统和消化系统的功能障碍。根据报道，经常处于班次更迭的员工，他的神经系统功能障碍发生概率要高出日班员工3倍，他的消化系统紊乱状况发生概率高出日班员工2倍。而且，由于轮班制员工的睡眠和饮食习惯的改变，其食欲下降的员工要占35%～75%，而相对的日班员工只有5%。

过劳的时候，人的机体不仅仅在工作期间出现疲劳，而且在睡眠醒来时就有疲劳的感觉，在开始工作前就已经感到疲劳。在这种情况下，人常常因情绪不好而感到厌倦，易激怒，好争吵，适应能力变差，无缘无故烦恼，身体衰弱，对疾病的抵抗能力也变得低下。此外，还会出现一系列的功能失调，表现为心律不齐、多汗、盗汗、食欲不振、消化不良、失眠、头疼、头晕等。在过劳的情况下，人很容易对工作产生厌倦、厌烦情绪。在这样的心理状态下，员工对外界刺激的反应变得迟钝低下，精神和体力状况也会下降，在工作中出现注意力涣散、心不在焉等现象。在这样的精神状态下，事故发生的可能性最大，也最危险。

（4）有效消除疲劳的措施

疲劳会对劳动者长期的生理和心理健康产生一些破坏性的影响，因而必须寻找一些有效的措施来消除疲劳，消除安全生产的隐患。

①合理安排休息时间

a. 工间暂歇

工间暂歇是指劳动过程中短暂休息，例如动作与动作、操作与操作、作业与作业之间的暂时停顿。工间暂歇对保持工作效率有很大的作用，它对保证大脑皮层细胞的兴奋与抑制、耗损与恢复、肌细胞的能量消耗与补充有良好的影响。心理学家认为，在操作中有短暂的间歇是很重要的，每个基本动作（操作单元）之间应有间歇，以减轻员工工作的紧张程度。工间暂歇的合理安排，数量多寡和持续时间的正确选择非常重要。一般来说，工作日开始时工间暂歇应该较少，随着工作的继续进行应该适当加多，尤其是较为紧张的体力和脑力劳动，流水作业线作业应适当增加工间暂歇的次数和延长持续时间。

b. 工间休息

在劳动中，机体尤其是大脑皮层细胞会遭受耗损，与此同时，虽然也有部分恢复，若作业继续进行，则耗损会逐渐大于恢复，此时作业者的工作效率势必逐渐下降。若在工作效率开始下降或在明显下降之前，及时安排工间休息，则不仅大脑皮层细胞的生理机能得到恢复，而且体内蓄积的氧债也会及时得到补偿，因而有利于保持一定的工作效率。心理学家指出，休息次数太少，对某些体力或心理负荷较大的作业来说，难以消除疲劳；休息次数太多，会影响作业者对工作环境的适应性与中断对工作的兴趣，也会影响工作效率和造成工作中分心。因此，工间休息必须根据作业的性质和条件而定。

休息的方法也很重要。一般重体力劳动可以采取安静休息，也就是静卧或静坐。对局部体力劳动为生的作业，则应加强其对称部位相应的活动，从而使原活动旺盛的区域受到抑制，处于休息。作业较为紧张而费力的，可多做些放松性活动。一般轻、重体力劳动和脑力劳动，最好采取积极的休息方式，例如打羽毛球、做工间操等，这样的效果相对较好。

c. 业余时间的休息

工作后生理上或多或少会有一些疲劳，因此注意工余时间的休息同样重要。要根据自身的具体情况适当合理地安排休息、学习和家务活动，而且应该适当地安排文娱和体育活动，例如郊游、摄影、培养盆栽等。当然，安静和充足的睡眠也是非常必要的。

②适当调整轮班工作制度

以上方法主要是从休息的角度来谈消除疲劳的各种方法，但是要解决从根本上违反人体生物规律的轮班工作制度所带来的疲劳，必须对轮班工作制度做出合理的调整，以更加符合人生理需要的要求，尽量减少两者之间的冲突。

最好的方法，是将以前所采取的轮班工作制彻底地消除，采取新的工作时间制度（如弹性工作制度），但这种方法对于一些必须得24h工作的企业（例如铁路、航空等）并不适用。在这种情况下，可以采用以下几种方法：

a. 调整轮班工作制度的周期

有研究表明，班次更迭过快，员工对昼夜生理节律改变的调节难以适应，势必使大部分员工始终处于不适应状态。有人对3种轮班制度进行了比较，认为最佳方案是根据生理节律的特点，早、中、晚班分别从早晨4点、中午12点和晚上8点开始。轮班应该轮换得慢些，即每上一种班的时间都要长达1个月。目前大多数学者认为，每个月的夜班次数不宜超过14天，长期从事夜班工作有害于员工健康、影响工作效率、有碍生活的乐趣。不同的企业应该根据自身企业的生产特点，同时要充分考虑员工的身心健康，合理地安排工作的轮班制度，尽量降低导致疲劳和不安全操作的因素。

b. 对轮班工作员工的休息予以充分的照顾

企业应该给予进行轮班工作的员工充分的关心和照顾，尽量创造良好的条件使轮班工作员工得到充分休息，例如，为上中班和夜班的员工设置休息宿舍。此外，应该尽量关心轮班制员工的膳食营养问题，尽量保证轮班工作人员，尤其是保证中、晚班工作人员能够及时地吃饭，并且能够尽量让轮班工作人员吃得合理而且有营养。企业应该开设针对轮班工作人员的食堂，并且合理设计饭菜，使轮班工作人员的体能消耗得到及时的补充。

c. 建立合理的医疗监督制度

对轮班工作人员应该建立一套医务档案，定期对其生理、心理功能进行检查。特别应该针对年龄较大、工龄较长，并且其心理和生理功能开始下降的劳动者，应该加强诊断和治疗。企业可以和医院建立紧密联系，使轮班工作者能够经常得到简易的检查，了解其一段时间内休息是否充分、睡眠是否充足、有无疲劳感等；并且应该定期对其生理、心理进行较为详尽的检查，作为医务监督，指导或调整个别不宜再继续进行轮班工作的人员，预防控制由于疲劳而产生事故的隐患。

6.5.4 实例分析

(1) 案例1 从一起冲床伤手事故中，看注意力分配不当的教训

1935年4月27日8时27分，27岁的小Q在315t冲床上调整模具，当以“点动”控制行程时，双手伸入冲区去整理下模，无意中脚又踏动了开关，使上冲模急骤下落，左手躲闪不及，被冲模齐腕轧伤，造成左手腕部以下截肢。

在生产实践中，处处要求人们为很好地分配注意力。当然，注意力分配是有条件的。首先，同时进行的两种活动，其中必须有一种是熟练的，这是注意分配的重要条件。人们对熟悉的活动不需要更多的注意，而把注意集中在比较生疏的活动上。小Q在315t冲床上工作多年，对于用脚踏开关控制点动、连动程序比较熟悉，所以，也就没有把注意力集中在脚踏开关上，而是集中注意力于调整模具上。这时，如果将调整模具与点动开关建立一定的先后顺序，那么就不会出现边调整、边点动开关程序的错误；如果调整好了模具以后，再顺序点动开关，双手已脱离冲压区域，也就不会发生伤手事故了。这就是在冲压机具上安装“双手按钮”“双人互控开关”“光电保护”等安全装置的目的。

(2) 案例2 从一起珩磨机主轴绞伤手臂事故中，看注意力分散的教训

1988年3月17日10时，26岁的机床工小H，使用珩磨机加工180柴油机缸套时，左手、左臂被主轴绞进机具，造成左臂桡骨、肱骨骨折、肩关节脱臼伤害。

注意力稳定性是指对同一对象或同一活动注意力所能持续的时间，同注意力稳定相反的状态是注意力分散。注意力的分散是由无关刺激的干扰或由单调的刺激长期作用引起，并在注意力的起伏中表现出来。小H使用珩磨机工作时，其注意力没有集中在主轴珩磨工件上，而违章放于支架托盘上的油石条，已不能引起注意；加上又违章作业，操作机床时戴长皮乳胶手套，无意识去拿油石条时，被主轴上突出的螺栓挂住了手套，继而绞住了衣袖，随后又迫使左臂缠绕主轴，幸有他人在附近听到呼喊后，迅速为其关车，才停止了机床旋转，避免了更严重的伤害。试想，如果小H在使用珩磨机作业时，把注意力始终稳定在主轴上，那么不论是加工工件或是调整磨具，将都不会被主轴缠住手臂而造成伤害了。

思考题

1. 简述人本安全的概念与内涵。
2. 简述人失误与人的不安全行为的区别。
3. 安全人机工程学研究的内容有哪些？
4. 什么是安全心理学？
5. 简述记忆和安全行为的关系。

第7章 本质安全化

7.1 本质安全化

7.1.1 本质安全化的起源

本质安全的概念最早源于电气设备的防爆设计。1914年英国开发了一种新的电气设备防爆技术，这种防爆技术不依赖于任何附加的安全装置，只是利用本身的设计，通过限制电路的电压和电流来防止过热、起弧或电火花，避免了火灾的发生或可燃性混合气的爆炸。

由于采用限制电路中电压和电流的技术，给电气设备的正常运转提供了安全、可靠的保障，从根本上解决了危险环境下电气设备的防爆问题，故这样的电气设备被称为本质安全型（Intrinsic Safety）设备。

1968年日本在制定第三个防灾五年计划时，借用“电气设备即使产生火花，也不会点燃周围爆炸性气体的防爆装置（防爆结构），即不附加安全装置，也具备安全性”的本质安全观点，提出了“机械设备本质安全”的要求，作为安全管理推行的基本事项之一，并提出从机械设备上消除事故原因，必须在设计制造阶段就要求实现本质安全。推行机械设备本质安全的出发点，在于人的自由度很大，难免出现操作失误。多年来日本一直强调机械设备的本质安全化，作为防止灾害的基本对策之一。

1977年，英国帝国石油化学公司的安全顾问克莱兹（Trevor Kletz）在英国化学工业协会年会上作了一篇题目为“你没有的东西不可能泄漏”的演讲。该演讲第一次简洁明了地提出了生产工艺和设备本质安全的概念。

克莱兹随后提出的本质较安全设计（Inherently Safety Design，简称ISD）的基本原理包括避免使用具有危害性的物质、使危害物质的库存量最小化及选择使用较简单、友好及缓和的工艺过程等，其目的是在化工过程和产品的设计中尽可能的消除各种危险，而不是以额外附加的防护系统去控制危害。

“本质较安全”概念有别于“本质安全”的概念。因为任何物质或工艺过程从本质上来讲都存在一定的危险有害因素（Inherent Hazards），想要完全消除一切危险和有害因素是不切实际的。所谓的本质较安全是说某一工艺过程比另一工艺过程在本质上“比较”安全，因为它的危险性比另一个过程明显地降低了。

借鉴国外的安全生产经验，《化工企业安全卫生设计规定》（HG 20571—95）将生产过程的本质安全化定义为：“生产过程本质安全化指的是采用无毒或低毒原料代替有毒或剧毒原料，采用无危害或危害性比较小的符合安全卫生要求的新工艺、新技术、新设备。此外还包括从原料入库到成品包装出厂整个生产过程中应具有比较高的连续化、自动化和机械化，为提高装置安全可靠性而设计的监测、报警、联锁、安全保护装置，为降低生产过程危险性而采取的各种安全卫生措施和迅速扑救事故装置。化工装置本质安全化是相对的，它随着生产技术和安全技术的发展而发展。”

在《职业安全卫生术语》（GB/T 15236—2008）中将本质安全定义为“通过设计等手段使生产设备或生产系统本身具有安全性，即使在误操作或发生故障的情况下也不会造成事故”。在《机械工业职业安全卫生管理体系试行标准》（国家经贸委司（局）发文安全〔2000〕50 号）中本质安全（Intrinsic Safety）被定义为“生产设备或生产系统本身具有安全性，即使在误操作或发生故障的情况下也不会造成事故”。

1997 年，西南交通大学经济管理学院曹琦教授将设备的本质安全化推广到人、机、环境系统，并指出人、机、环境系统本质安全化就是使人、机、环境系统在安全本质上建设成具有最佳安全品质的系统。在这里，人、机、环境系统的安全本质是指人、机、环境三者安全性匹配的品质。

实际上，广义的本质安全化就是将狭义的设备本质安全的内涵加以拓展，它已不单纯是设备构造上的本质安全设计，而且还考虑到影响安全生产的人、机、环境、管理等因素。广义的本质安全化是针对整个人、机、环境系统而言的，可称为生产系统本质安全化。

目前，关于本质安全化这个概念的定义主要有两种观点：一种观点认为（广义的定义），本质安全是针对人、机、环境整个系统而言的，可谓之系统本质安全化；第二种观点认为（狭义的定义），本质安全化的概念仅适用于物质环境方面的本质安全化，不包括人的本质安全化。尽管两种观点不同，但都充分肯定了本质安全化对于预防事故灾害的重要性和必要性。

7.1.2 本质安全（化）的定义

狭义的本质安全一般是指机器、设备本身所具有的安全性能，是指机器、设备等物的方面和物质条件能够自动防止操作失误或引发事故。在这种条件下，即使一般水平的操作人员发生人为的失误或操作不当等不安全行为，也能够保障人身、设备和财产的安全。

广义的本质安全是指包括“人、机、环境、管理”的生产系统表现出的安全性能，通过优化资源配置和提高其完整性，使整个系统安全可靠。广义的本质安全是针对整个人、机、环境、管理系统的。它具有如下特征：一是人的安全可靠性；二是物的安全可靠性；三是环境系统的安全可靠性；四是管理规范和持续改进。为了和传统的本质安全概念相区别，广义的本质安全可以称为系统的本质安全化。

所谓系统的本质安全化是指在一定的经济技术条件下，使得人、机、环境系统在本质上具有最佳的安全品质。这种最佳的安全品质体现在系统具有相当的安全可靠性，具有完善的预防和保护功能，通过全面的安全管理，使得事故降低到规定的目标或者可以接受的程度。

系统的本质安全化包括：人员的本质安全化，机械设备的本质安全化，作业环境的本质安全化，（人—机—环境系统）安全管理的本质安全化等。

本质安全化的原则和技术对于从根本上认识风险，防止人为失误、系统故障时的可能伤害，是一种最基本和最有效的措施，这种措施贯穿于技术方案论证，设计以及系统建设、生产、科研和技术改造等一系列过程的诸多方面，它对于指导安全生产的科学管理工作具有重大的意义。因此，本质安全化原则和技术在安全设计、安全管理中必将得到广泛的应用，也是企业实现安全生产的必由之路。

7.1.3 本质安全化的因素及其相互作用

系统的本质安全化强调的是整个系统整体上的安全化，而不是其某个元素的本质安全化。为研究方便起见，一般将本质安全化分为人员本质安全化、设备本质安全化、作业环境本质安全化、管理本质安全化四个方面。这四个方面并不是相互独立的，它们之间是相互联系和相互作用的。

（1）人的本质安全化是最重要因素

在安全生产实践中，人是机械设备的设计者、制造者，也是机械设备的操作者；人既是防止事故发生的主体，也是事故的最大受害者。从这个意义上来讲，人的本质安全化是系统中最重要的因素。

人、机、环境系统的主导控制是人，管理过程中的计划、组织、指挥、协调、控制等环节，靠人去实现，管理的手段——机构和章法，靠人去建立。总之，一切管理活动的核心是人，要实现有效的管理，必须充分调动人的积极性、主动性。所以，实现系统的本质安全化，首先要实现人的本质安全化。

（2）机的本质安全化是最重要的技术手段

最优秀的操作人员，也不能保证一直适应机器的要求；再好的管理体系，也不能避免人员的失误。

早期的本质安全化（狭义的本质安全化）特指设备的本质安全，推行机械设备本质安全的出发点，在于人的自由度很大，难免出现操作失误。多年来人们一直强调机械设备的本质安全，将其作为防止灾害的基本对策之一。

（3）环境本质安全化是促进人、机本质安全化得以实现的条件

工业生产是一整套人、机、环境系统，系统因素合理匹配并实现“机宜人、人适机、人机匹配”，可使机、环境因素更适应人的生理、心理特征，人的操作行为就可能在轻松中准确进行，可以有效地减少失误，提高效率，消除事故。

生产作业环境中不适的温度、湿度、照明以及振动、噪声、粉尘、有毒有害物质等，不但会影响人在作业中的工作情绪，并且对设备的正常运行产生不利的影响，容易导致人

员失误和设备故障；而且不适度的、超过人的可接受的环境条件，还会导致人的职业性伤害。

(4) 管理的本质安全化是人、机、环境系统最佳匹配的保障

充分利用现有的经济技术条件，最大限度地提升企业的本质安全化程度，实现人、机、环境的最佳匹配是取决于安全管理的水平，也即管理本质安全化的程度的。

7.1.4　实现本质安全化的时机和程序

(1) 设计阶段是实现本质安全化的最佳时机

在现役的生产装置上，应用本质安全技术将是一种挑战。因为对现役的生产装置进行本质安全技术改造可能要求巨大的资金投入。如果不将生产装置作为一个整体来进行安全改造，就可能无意中增加了装置的风险。

以化工系统为例，一套化工生产装置是盛装有多种化学品的、错综复杂的、相互连接的设备、管线、容器以及仪表的复杂组合。化工装置的某一部分进行了改造，其他部分必将受到影响，要求其他的部分也要进行相应的改造。如果在最初的评估时，这种影响没有注意到，那么最终可能是一套不安全的装置。故实现系统本质安全化的最佳时机是在系统的设计阶段，包括系统的改扩建的设计阶段。

由于设计仅仅存在于图纸之上，所以在新建装置上，实施本质安全是比较简单和经济的。

图7-1给出了在系统全寿命周期的不同阶段进行本质安全化的时机。由该图可知，越是在早期进行本质安全化，时机越有利；反之，越接近运行使用阶段，时机越不利；到了后期阶段，其所需要的成本及困难会更高。在设计阶段致力于本质安全具有以下优点：

①在设计阶段，通过辨识出潜在的危险源，利用本质安全化原则将其危险源减少和消除，在此阶段达到最佳限度的本质安全。

②在设计阶段考虑利用现有的设备或系统达到本质安全化，以免在设计完后由于疏忽或失效而需外加安全屏蔽措施，减少不必要的经济费用并增强其可靠性。

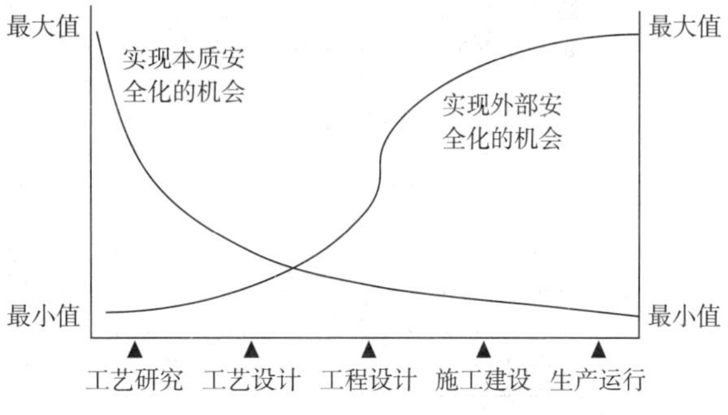

图7-1　实现本质安全的最佳阶段

③利用一定的技术水平，达到本质安全化运行的目的。简化其设备装置，并尽量减少由于人失误等原因而造成事故，同时也减少其设备装置本身的重量及所需的空间需求，以及减少发生故障而增加不必要的维修费用。

④在设计阶段将其危险源尽量消除，可减少设备本身及其邻近设备遭受被破坏或损失的风险，以及增加安全距离和拓宽安全空间，在某些情况下可以减少防火墙等安全措施的使用。

⑤可在危险源的萌芽阶段减少其严重性和发生的可能性，由此减少了设备造成的事故伤亡的潜在可能性。

（2）实现系统安全化的程序

对于不同的企业，虽然各自具备自身的行业特点，企业的规模、生产工艺、技术装备和产品不尽相同，但这些企业实现本质安全化的程序或过程是一样的。

从图7-2可以看出，实现本质安全化的途径和一般的安全评价是相似的，但应注意到的是，其最大的区别在于利用本质安全化原则来降低危险源的危险，这和传统的利用附加的安全装置来实现安全有本质的区别。

由于不可能消除一切危险源，或者受限于经济技术条件，在致力于本质安全化的同时还要结合传统的安全设计方法进行安全防护设计。

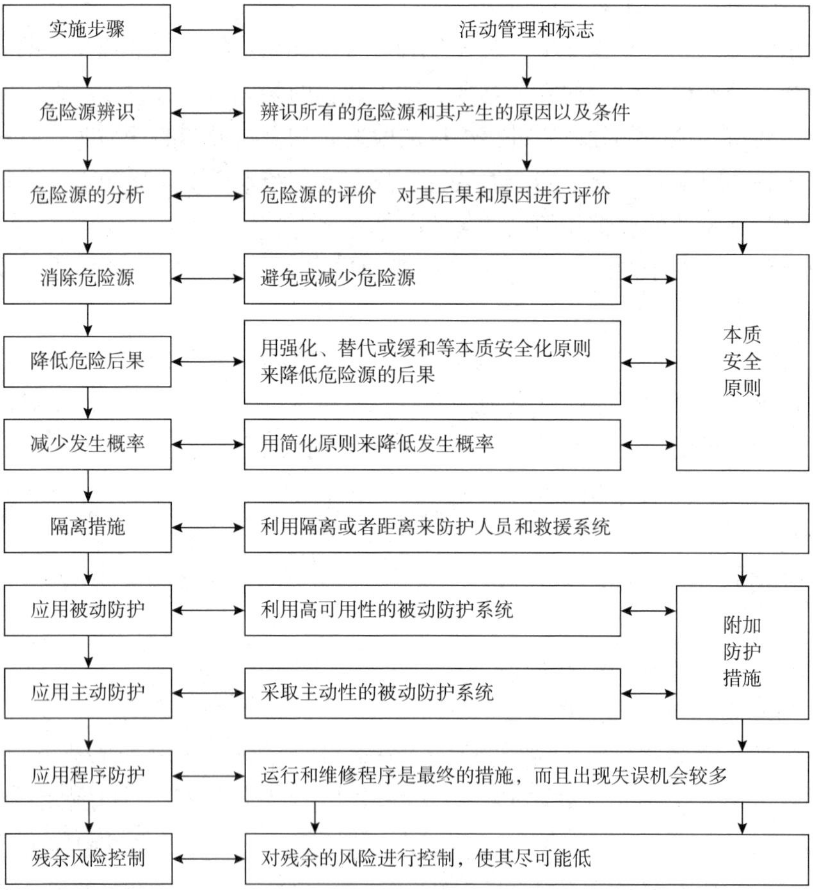

图7-2　实现本质安全化的程序

7.2　人、机、环境、管理四要素的本质安全化

任何生产系统均包含人、机、环境和管理四要素，广义上来讲，生产系统的本质安全

化是指人、机、环境、管理四要素的本质安全化和最佳匹配。

人的本质安全化是指作业者完全具有适应生产系统要求的生理、心理条件，具有在生产全过程中很好地控制各个环节安全运行的能力，具有正确处理系统内各种故障及意外情况的能力。

机的本质安全化包括设备本质安全和生产工艺过程的本质安全化。设备在设计和制造环节上都要考虑到应具有较完善的防护功能，以保证设备和系统能够在规定的运转周期内安全、稳定、正常地运行，这是防止事故的主要手段。生产工艺过程本质安全化要求工艺过程是稳定的、平稳的，具有较低的能量，并且工艺过程自始至终都处于受控状态。

环境的本质安全化包括空间环境、时间环境、物理化学环境、自然环境和作业现场环境的本质安全化：

①实现空间环境的本质安全化，应保证企业的生产空间、平面布置和各种安全卫生设施、道路等都符合国家相关法规和标准；

②实现时间环境的本质安全化，是指在系统的全寿命周期内，根据设备运行的特点，按照设备使用说明和设备定期检验结果来决定设备的修理和更新；

③实现物理和化学环境的本质安全化，就要以国家标准作为管理依据，对采光、通风、温湿度、噪声、粉尘及有毒有害物质采取有效措施，加以控制，以保护劳动者的健康和安全；

④实现自然环境的本质安全化，就是要提高装置的抗灾防灾能力，搞好事故灾害的应急预防对策的组织落实。

管理的本质安全化是指企业建立现代化的职业安全卫生管理体系，按照管理程序实施过程控制以及调配各种资源（包括人员、资金、设备、材料、技术等），协调人、机、环境本质安全化之间的关系，实现其最佳的匹配，使企业的本质安全化程度得以不断提高，企业的安全生产情况得以持续改进。

人、机、环境、管理因素的本质安全化的最佳匹配是指在现有的经济技术条件下，充分利用管理的手段，将人、机、环境本质安全化有机地结合起来，扬长避短，致力于提高全系统的本质安全化。

7.2.1　人的本质安全化

众所周知，人的不安全行为对事故发生往往起着决定性的作用，这是因为在伤亡事故的发生和预防中，人是事故的受害者，但往往人又是事故的肇事者，在导致事故的原因中，人的不安全行为占有很大的比重。而且，当前事故的统计分析结果也表明，绝大多数事故发生的原因都与人的不安全行为有关，而且物的不安全状态背后也往往隐藏着人的不安全行为。从这个意义上说，只有首先实现人的本质安全化，其他一切才有可能。

西南交通大学曹琦教授在谈及企业员工安全素质建设时指出，当前机器可靠性、安全性均较好，安全系统较完善，机具自身达到肇事极限的可能性很小，肇发事故的概率很低，一般不到事故总数的10%；人的不安全行为是事故的触发条件，造成机具或环境中的能量失控，肇发事故，产生损害，事故损失的大小还取决于事故减灾管理的水平，而减灾管理的关键环节也是对人的减灾行为管理。

人的不安全行为主要受到影响因素：①人的生理素质；②人的心理素质；③技术素质；④安全文化素质。

人的生理素质和人的心理素质均是不稳定因素，最易受环境条件的影响变化。技术素质是经过一定时间的训练形成的较为稳定的素质，它很少受到干扰而变化，除非出现了严重的生理、心理障碍。安全文化素质是经过培养教育形成的非常稳定的意识及思维模式，是长期形成的群体安全价值观的体现，具有相对的独立性。

人的本质安全化就是指提高这四个方面与系统的安全匹配能力，即提高“人适机”的能力。在上述四方面的素质中，安全文化集中体现为“安全第一”的意识，是其他三个素质的整合因素，使这四者构成一个完整的系统，如果没有文化作为支柱，其他三个素质都难以有效地发挥系统的作用。因此，提高人的安全素质的基础性建设就是提高安全文化素质。

提升人的安全素质是一个复杂的系统工程，也是一个长期的过程。最直接、最有效的办法是从人的安全素质中最核心的三个层面，即人的安全意识、安全知识、安全技能（包括识险避险的能力、按安全规程操作的技能、应急处理的能力等）入手，不断加以提升。

（1）人的安全文化素质

据统计，近年发生的事故有80%以上是由于违章操作、违法指挥、违反劳动纪律造成的，这些“三违”现象与人的文化素质有很大的关系。这些违章事故的发生，从根本上说，就是缺乏遵章守法的自觉性，而安全自觉性的有无，则取决于安全文化素质的高低。所以，加强安全文化教育，提高从业人员的安全文化素质，是实现人的本质安全化的关键所在。

普及安全生产法律法规，提高从业人员的安全操作技能，是安全文化教育的重要内容。加强安全文化教育，在从业人员中广泛开展技能规范培训、安全技术培训等一系列安全教育，不断提高职工的安全知识和安全操作技能，是避免事故发生、减少事故损失、实现本质安全的重要途径。

虽然企业安全文化建设工程有多种，但对于企业员工个体的本质安全起较大作用的主要是班组以及职工的安全文化建设。现有的安全文化建设手段主要有三级教育、特殊教育、持证上岗、班前安全活动等。

（2）人的安全知识、安全技能

除了人的安全意识以外，人的安全素质中核心层面还有安全知识、安全技能。安全知识、安全技能的提高主要依赖于安全教育和培训。

安全教育和培训系统，是一个对人实施安全知识、安全技术、安全意识和安全文化再教育的运作过程，也是安全管理方面的一个整套系统。通过安全教育和培训可以提高人的安全知识和安全技能。

安全教育的对象是人，安全教育的实施和动力也是人。强化安全教育是实现人的本质安全化的需要，而安全工作要解决的核心问题正是人的问题。安全教育和培训与其他教育的区别在于安全教育是专门对人教授安全思想、安全技术和安全知识、安全文化的，其目的是使人在对安全“知、识、会、态”四方面都有较大的提高。知，即知道，知道各方面知识、安全行为的重要性、各项安全法规制度等；识，即识别，对哪些是事故隐患、危险源、不安全因素都了解认识；会，即会用，用自己学习掌握的安全知识把各类事故隐患、危险源、不安全因素采取措施处理、解决，把各种安全操作技能熟练地运用到实际工作中去；态，即心态，就是具备良好的安全意识和安全心理。为了达到这一目的，安全教育系统就要使自身的每一个环节和过程都更贴近和适应所有被教育者的接受能力，成为使受教育者增强安全知识和意识的有力手段，恰到好处地运用各种办法来达到所期望的目标，在整个系统的运用过程中不发生无效的环节、程序和受教育者。

7.2.2 机的本质安全化

如前所述，最优秀的操作人员，也不能保证一直适应机器的要求；再好的管理，也不能避免人员的失误。一个好的设计会使“物”——机器，从本质上更加安全。从“物”的安全的角度出发，消灭或减少机器的危险将会达到事半功倍的效果。

机的本质安全化主要体现在三个方面：①机械设备的本质安全化（包含机械设计阶段的本质安全化）；②生产工艺过程的本质安全化；③本质安全化设计中充分考虑的人机工程。

(1) 机械设备的本质安全化

机械设备的本质安全，是指设备系统本身所固有的、根本的品质特性，真正达到使人不受机器危害的实质性内容。它包括设备的结构、类型、材料、工艺、控制、防护、救助功能以及人与机械设备、人机环境在安全方面的总体协调和匹配关系、效能及其质量。

一般地说，机械设备本质安全化的基本内容包括：较完善的安全设计；较完善的安全工效学设计（安全设计中解决机器适应人的重要原则）；足够的可靠性和安全质量。

a. 较完善的安全设计

包括对材料的安全选择和使用，使机械设备的结构本身具有较完善的安全防护和安全保护功能三个方面内容。

ⓐ对材料的选择不但要满足其功能的要求，而且要同时满足使用过程中的安全、卫生要求。此外，还要考虑使用环境的影响和超负荷工作的可能而留有足够的安全储备。

ⓑ在安全防护设计上，设计应考虑机械设备的危险部件对作业人员的安全防护设计和防止异物或环境要素作用而导致机器设备故障、失灵的设备自身防护设计。

ⓒ安全保护设计，即为保证机械设备在寿命期内安全、正常地运行的安全控制设计，涉及机械设备的故障保护，超载、超限、超位及人员误操作保护等诸方面，是机械安全工程的重要研究内容。

b. 较完善的人机界面设计

正确地设计人机界面，是减少操作失误、提高工效的重要方法。尽可能从人安全、舒适地工作和运用需求出发，合理设计机械设备有关安全控制部分和操作环境。

c. 足够的可靠性和安全质量

机械设备的加工、装配、制造、检修和维护必须可靠，必须保证其在寿命期内按设计的运行速度、工作负荷及环境条件下使用不发生意外故障、损坏或失灵。机械设备的安全质量应主要通过设计、加工、制造、装配及维修质量控制予以保证。

(2) 机械设计的本质安全化

机械设备的本质安全化主要通过设计来实现。机械设计的本质安全的总体目标是使机械产品在其整个寿命期内都应是充分安全的。即在设计时就应对其制造、运输、安装、调试、设定、编程、过程转换、运行、清理、查找故障、维修以及从安全的角度停止使用、拆卸及处理的各个阶段进行研究，并针对上述各阶段（除制造外）编制安全操作说明书。为确保机械安全，需从设计（制造）和使用两方面采取安全措施。凡是能由设计解决的安全措施，决不能留给用户去解决。

当设计确实无力解决时，可通过使用信息的方式将残留风险告诉用户，由用户使用时采取相应的补救安全措施。要考虑合理可预见的各种误用的安全性。采取的各种安全措施不能妨碍机器执行其正常使用功能。

(3) 生产工艺过程的本质安全化

生产过程的风险控制策略通常被分成如下的类别：本质的（Inherent）、被动的（Passive）、主动的（Active）和程序性的（Procedural）。

①本质的

消除危险源或者减轻危险，使得其作用于对象的潜在后果是能够承受的。例如水溶性漆和涂料由于不含溶剂（甲苯、二甲苯等），消除了其火灾爆炸危险性及毒性。

②被动的

对危险源的后果进行控制和减轻的装置，这些装置不需要探头或者启动（激活）部件。例如，一个化学反应在最危险的情况下，可以产生12MPa的压力，而反应器的设计压力为20MPa。这样即使在反应器内发生了失控反应，但是该反应器无须任何压力探测装置来对压力进行监测。

③主动的

报警、联锁以及减缓装置被设计用来探测到系统处于不安全状态，并且是通过这个装置使系统恢复到安全状态，通常是采取紧急行动使得系统恢复到正常的运行状态或是被关闭。主动系统可以被设计用来防止事故发生，或是降低事故的后果。例如，储罐的高位开关检测到可能发生溢流时，将上料阀和上料泵关闭，从而避免溢流发生，高位开关被设计用来防止事故发生。

自动喷淋系统检测到火灾并自动喷淋，以降低火势的蔓延和潜在的损失。该系统被设计用来减少损失。它不是用来防止火灾发生，而是减少火灾的损失。

④程序性的

标准的操作程序包括操作人员的训练、安全检查表，以及其他的依赖于人的管理系统。例如，化学反应器的操作人员被训练，当反应器温度操作达到某一温度的时候，关闭上料阀，并对反应器进行紧急冷却。

通常来讲，从可靠性和稳定性来看，这些措施的有效性排序如下：本质的、被动的、主动的和程序性的。但是实际的系统由于存在着多种危险因素，任何实际的系统都需要以上几种措施结合起来以便对危险源进行有效的控制。当从本质上减少了一种危险，可能增加了另一种风险。

和传统安全方法不同，本质安全化致力于在设计中消除危险，而不是采取措施去控制风险，如图7-3和图7-4所示。为此，本质安全化最好在设计的初期就被考虑。

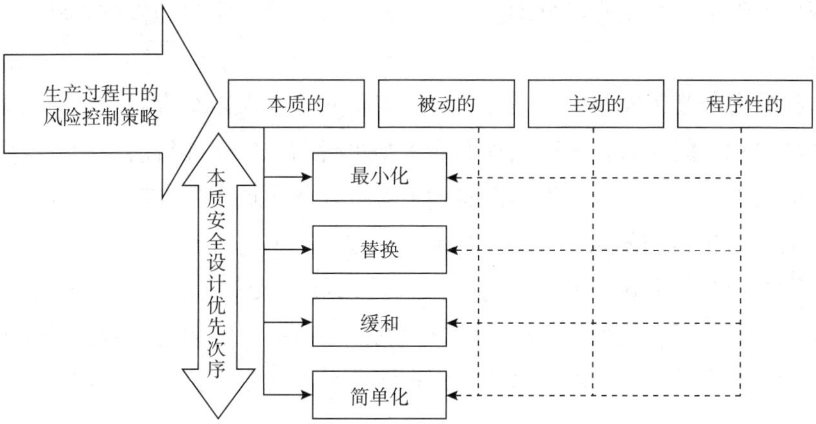

图7-3　工艺过程的风险控制策略与本质安全化的关系

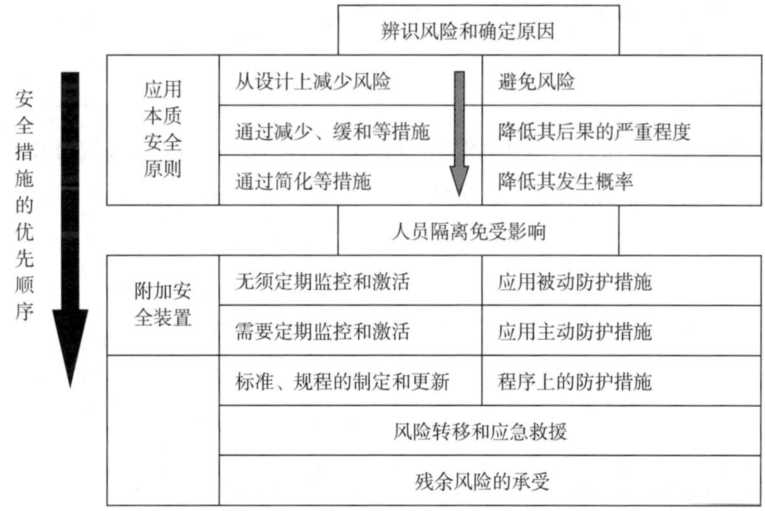

图7-4　各个阶段风险控制的手段

克莱兹在其著作中给出了本质安全化设计的主要原则有：强化（Intensification）、替/取代（Substitution）、减弱（Attenuation）、能量限制（Energy limitation）、简单化（Simplification）、避免连锁效应（Avoid knock-on Effect）、避免组装错误（Making incorrect assembly impossible）、状态清晰（Making status clear）、容易控制（Easy of control）、容错性

(Tolerance）等。

（4）本质安全化设计中充分考虑人机工程

①人因结合（Human Factors Integration）

从事故统计数据来看，发生事故的原因主要是人的不安全行为，其比例高达80%。随着现代科技的发展，人因事故比例还有进一步提高的趋势。人在本质上来讲是不可靠的，但却是有创造性的。就不可靠方面来讲，人员是导致危险的因素，就创造性来讲，人又是保证安全的因素。将操作过程自动化并没有将过程中的人失误加以消除，仅仅是将其进行了转移。例如，将手动阀门改成自动控制的，人失误由手动阀门的操作者转移到阀门自动控制的逻辑上。

人因工程致力于改善人的工作条件和提高工作效率。人因结合是一种方法论，它是保证系统设计项目总是能够保证人因工程的输入是可行的，以保证目前设计的成熟水平。

为了完成人因结合，人因工程师们需要了解，操作人员需要去做什么（功能和操作概念）和操作人员可供使用的条件（系统的基本要求）。

人因工程的结合包括6个方面，它们分别是人员、人力资源、教育训练、人因工程、系统安全以及人员健康。人因工程将这些方面联系在一起，它包含了很多的工具和方法用以提高系统设计的本质安全程度。这些方面表明这种方法主要集中于人的特性，为的是提高安全程度。

人们在工作中不断地犯错误，并不断地加以改正。对于有反馈的其他系统也是这样。设计较安全人机系统的策略不是尝试完全地消除人失误，而是通过了解人的特性，并使系统的设计符合人的特性。

②人因工程和本质安全

人因工程中的评估和设计变动均致力于提高人的性能，这包括人的可靠性，最终是为了减少人失误，从而提高系统的本质安全。导致人失误的内在因素和外部因素如图7-5所示。

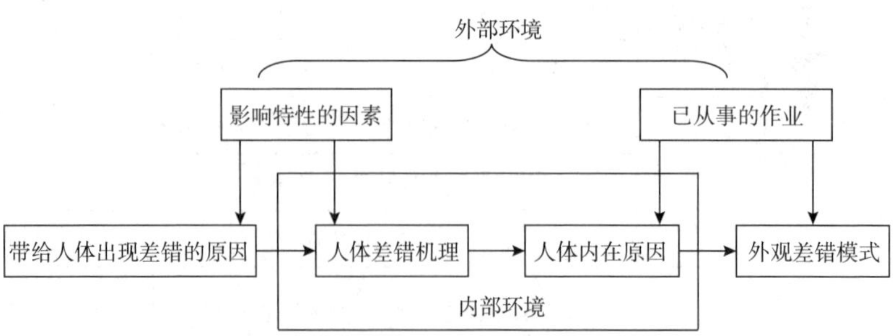

图7-5　人失误发生过程

通过合理的人机界面设计，创造舒适的工作环境，以及加强人员的培训，降低劳动强度等很多方面都可以减少人失误，提高人的可靠性，从而实现人的本质安全化。

7.2.3　环境的本质安全化

在人、机、环境系统中，对系统产生影响的一般环境因素主要有热环境、照明、噪声、振动、粉尘以及有毒物质等。如果在系统的设计的各个阶段，尽可能排除各种环境因素对人体的不良影响，使人具有“舒适”的作业环境，这样不仅有利于保护劳动者的健康和安全，还有利于最大限度的提高系统的综合效能，实现作业环境的本质安全化。

作业环境分为直接环境和外部环境。直接环境主要包括设备（施）的内部各类显示、操纵部分的布局、照明、空间布置等，属于人机工程考虑的内容。外部环境主要包括外界物理、化学因素，如周围环境的高温、噪声等。

（1）直接环境

直接环境主要包括设备（施）的内部各类显示、操纵部分的布局、照明、空间布置等，属于人机工程考虑的内容。根据作业环境对人体的影响和人体对环境的适应程度，可把作业环境分为四个区域，即：

①最舒服区：各项环境最佳，使人在劳动过程中感到满意。

②舒服区：在正常情况下这种环境使人能够接受，而不会感到刺激和疲劳。

③不舒服区：作业环境的某种条件偏离了舒适指标的正常值，如果较长时间处于这种环境下，会使人疲劳影响工效。

④不能忍受区：若无相应的保护措施，在该环境下人将难以生存。为了能在该环境下工作，必须采取现代化手段（如密闭），使人与有害的环境隔离开来。

在生产实践中，由于技术、经济等原因，舒适的环境条件有时是难以保障的。此时，可以降低要求，创造一个允许的环境，即要求环境条件保证不危害人体健康和基本不影响工效。关于环境因素对人体的影响、防护标准和评价方法在很多人因工程学的著作中都有论述。

（2）外部环境

外部环境是指除直接环境以外的环境，一般是指生产车间（场所）的大环境。为实现外部作业环境的本质安全化，有如下的主要原则：

①采用半露天或露天布置，构筑物（装置）间具有足够的安全距离

对于具有易燃、易爆特性的甲类生产装置，应尽可能的布置在露天或半露天场所；对于易燃、易爆液体储罐，在条件许可的情况下，尽可能布置在地下，以防止可燃性物质的泄漏和积聚，保证工作环境处于安全状态。生产装置和构筑物之间应具有充足的安全距离，以避免事故多米诺效应。

②设备应具有足够的安全等级

设备应根据所使用场所的易燃、易爆特性，并根据化工场所火灾爆炸危险等级选择相应的防爆型部件（主要是电动机、接触器、断路器等部件）。对于化工场所具有酸、碱等腐蚀性物质的特点，涉及安全运行的关键部件应选择防腐型或按要求做防腐处理。

③人工建立安全的小环境（操作环境）

针对化工场所高温、有毒、高噪声的特点，设备操作室应选择具有降温、密闭措施或实现远距离操作。对于生产车间根据需要安装通风装置和除尘设施，应将其控制在规定的标准范围之内，使环境条件符合人的心理和生理要求，使操作者感到安全和舒适。

④配备劳动防护设施

针对作业场所的高温、腐蚀、噪声，除在设备选型时考虑采取一些措施外，还可以通过为操作人员发放、佩戴防护用具和控制作业时间的方法，防止作业人员职业伤害。对于可能处于有毒有害气体泄漏环境的设备，应根据危险品的类型、危害程度，配备相应类型的防毒面具。

7.2.4 管理的本质安全化

管理的本质安全化是控制事故的决定性和起主导作用的关键措施，就目前而言，设备和机具的本质安全化受科技、经济等诸多因素制约，本质安全化程度和发展在各行业、不同企业不均衡；作业环境的本质安全化受成本、观念等因素的影响变数很大；人的本质安全化受职工的文化程度、技术等影响较大，不同企业更不相同。实现本质安全化，依靠管理的科学化可弥补以上要素的不足。

在实现企业本质安全化安全生产过程中，安全管理的意义在于：

①管理是对生产的组织、指挥和协调，对人、财、物的全面调度。安全生产的经验表明：人、机、环境的本质安全化，只是保证安全生产的潜在条件，而其具体作用发挥得如何则取决于安全生产管理方针和政策，即在客观的现实技术经济条件一定的情况下，管理水平的高低对安全生产起着决定的作用。

②一个系统的动态安全生产表现在运行的过程之中，对于一个设计以及制造水平和自动化水平都很高的系统，它是否能够实现安全可靠的运行，关键还在于人、机、环境系统的管理质量。因此，管理工作本质安全化程度将起着十分重要的作用。

③防护装置，生产者的劳动保护用品以及保护（如安全阀、管理的制约环节）是实现人、机、环境系统本质安全化的主要技术手段。两者既有区别也有相互交叉的情况，例如报警器既有防护的功能又有保护的功能。系统的安全管理是保证各种安全防护长期有效的有力保障。

安全管理在促进企业本质安全化建设方面分两部分进行：①为提高具有安全属性的设备、装置和元件的固有安全性而进行的设备本质安全化建设（硬件的本质安全化）；②为消除导致具有安全属性的设备、装置、元件失效或者破坏的因素而进行的管理本质安全化建设（软件的本质安全化）。

危险控制程序如图 7-6 所示，它由设备本质安全化控制和管理本质安全化控制组成。

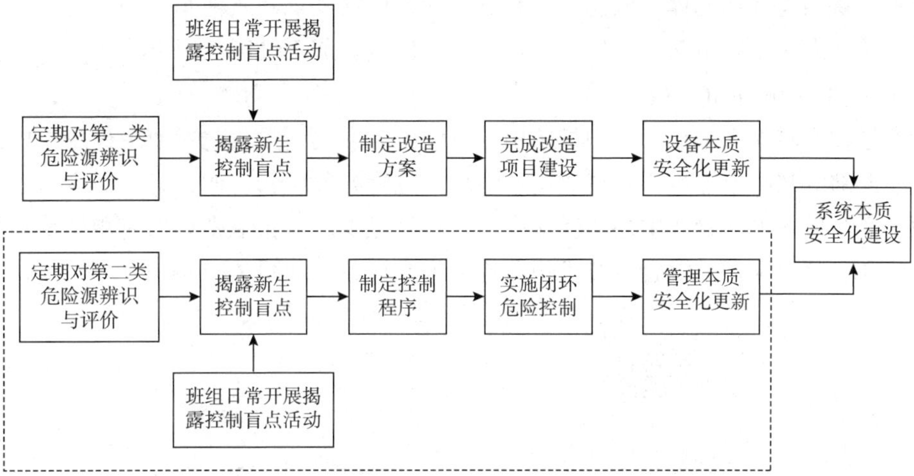

图7-6 设备的本质安全化和管理的本质安全化

设备本质安全化控制：企业定期对第一类危险源（即具有危险属性的设备、装置、元件）进行危害辨识与危险评价。这种辨识与评价是以当今经济技术的水平来衡量过去设计的具有危险属性的设备、装置和元件的本质安全化水平。辨识与评价的目的是揭露因技术落后和装备陈旧而生成的新控制盲点，然后采用新技术制定改造方案，再完成改造项目的建设，以获得设备本质安全化更新。除此之外，对生产运行当中随时暴露出的设备控制盲点、班组日常开展揭露控制盲点活动中随时发现的设备控制盲点，也应及时实施设备本质安全化建设的控制程序。

管理本质安全化控制：企业定期对第二类危险源进行危害辨识与危险评价。这种辨识与评价是以当今经济技术的水平来衡量过去制定的安全规程、操作规程、工艺规程、检查表的本质安全化水平。辨识与评价的目的是揭露因管理技术落后而生成的新控制盲点，即对人的不安全行为、物的不安全状态、环境的不良因素、安全信息的缺陷和安全管理的缺陷的失控点，补充制定控制程序，实施闭环危险控制，以获得管理本质安全化更新。

除此之外，对生产运行当中随时暴露出的管理控制盲点、班组在日常开展揭露控制盲点活动中随时发现的管理盲点，也要及时实施管理本质安全化建设。全面完成了设备本质安全化更新和管理本质安全化更新，等于一次系统本质安全化建设的竣工。通过提高系统本质安全化水平来防范危险，是一种超前，同时也是一种根本的、必不可少的危险控制方式。

7.3 典型行业实现本质安全化的技术手段

7.3.1 石化企业实现本质安全化的技术措施

对于化工企业，实现本质安全化主要是将本质安全原则（ISD）应用于具体的化工工艺和技术装备的设计和选择，人、环境和管理的本质安全化和其他企业相似。应该强调的是这些本质安全化原则最初是应用于石化行业，但是目前正推广应用于其他行业。

（1）强化（Intensification）

生产过程中本质安全化设计中最常用的方法就是强化。强化包括使用最少量的危险物质，即使全部的物料泄漏也不会造成紧急情况。危险的反应物，例如光气，应由临近的车间就地生产，使得输送管线中的实际保有的物料量最少。强化原则可以应用到反应器、液气接触设备、热交换器、混合器和干燥器等装置和设备，如图7-7与表7-1所示。

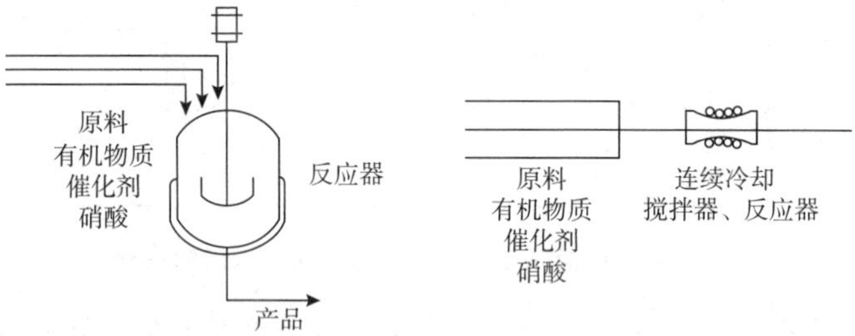

（a）传统的硝化反应器　　（b）强化后的硝化反应器

图7-7　利用强化方法来提高过程本质安全化示意图

表7-1　强化原则在化工装置中的应用

序号	项目	采取的措施以及应注意的问题
1	反应器	应充分掌握化学反应动力学；尽可能采用连续反应器；就地生产和使用危险原材料；将反应物料用泵连续添加到批次反应器中
2	分离系统	在蒸馏过程中及时移走危险物料；利用柱状结构以减少支撑和连接；对其他类型的分离系统进行评估；减少热交换器的面积以减少其物料存量
3	储存系统	减少危险物料和中间产品的储存量；考虑及时的生产供应；减少输送压力以便减少泄漏；利用较大的物料颗粒、糊、浆料来减少粉尘爆炸危险性；当处于以下情况时，较小的储罐确实可以减小危险性：危险主要存在于连接和分离处；利用罐车和槽车装卸物料
4	管线系统	设计堤式排放系统（地下储罐），以防可燃性物料在储罐周边积聚；减少毒性物质和具有高蒸气压物质的溢流口的面积；优化管线的长度；管线的截面积不宜过大；对小直径管线提供足够的支撑；条件许可时，尽可能采用气态输送

（2）替代（Substitution）

如果强化措施不可行，可以采取替代措施，即在生产过程中采用较安全的原料。例如，利用不燃的或闪点较高的液体、毒性较小的溶剂（制冷剂、导热材料）来代替那些易（可）燃性的、毒性较大的原料。例如，某些氧化乙烯工厂原先利用数百吨的石蜡来对装置进行冷却，使得石蜡的危险性甚至比反应器中的氧气和乙烯混合物还要高。现在，许多现代化的工厂已使用水来代替石蜡作为冷却介质，替代原则在化工装置中的具体应用见表7-2。

表 7-2 替代原则在化工装置中的应用

序号	项目	采取的措施以及应注意的问题
1	化学品替代	聚合后再卤化以避免使用危险的单体；生产并立即使用危险物质（减少危险物料的储存）
2	溶剂	利用水基溶剂来替代有机溶剂；减少清洗时使用的氯氟烃的使用；在蒸馏提取过程中采用低毒性溶剂
3	辅助系统	使用水和蒸汽作为热媒；如不能使用水和蒸汽作为热媒，可利用高闪点油品、熔盐作为热媒

（3）取代（Substitution）

除了使用较为安全的化学品以外，还可以通过改变反应路线来降低生产过程的危险性。最典型的改变反应路线的例子是印度博帕尔的美国联合碳化学公司生产的杀虫剂——甲萘威，其原来反应路线是甲胺和光气反应生成甲基异氰酸酯（剧毒品），然后再和 α-萘酚反应生成甲萘威。正是由于中间产品甲基异氰酸酯的泄漏造成了博帕尔的惨痛事故。新的可供选择的工艺路线是利用同样的原料，但是改变了其反应顺序，光气首先和 α-萘酚反应生成氯甲酸，然后再和甲胺反应生成甲萘威。这样在反应过程中避免了甲基异氰酸酯的产生。

（4）减弱（Attenuation）

在生产中如确实需要大量的危险物质的话，那么在生产中应以最安全和最小的量来保存这些化学品（表 7-3）。例如，大量的氨、氯和液化石油气应以液态储存（而不是在高压下以气态的形式存储），即使发生泄漏，泄漏的速率也会较小。如果毒性和易燃性化学品不用在现场制造，而且又能保证可靠的供应，那么其储存量可以由数百吨降到数十吨。在这种情况下，即使发生泄漏，也可以大大降低潜在的危险性。这种方法不需要对现有的装置做任何改进，仅仅降低了储存量。

表 7-3 减弱原则在化工装置中的应用

序号	项目	采取的措施以及应注意的问题
1	稀释	以稀释来降低蒸气压；以稀释来减少初始释放浓度
2	冷冻	通过冷冻来减少液化气体储存压力；通过冷冻来减少泄漏事故时的初始闪燃（减少泄漏推动力，减少过热，减少两相喷射流）
3	粒径	采用较大的粒径和使用浆糊状物料
4	采用低温操作/ 采用低压操作隔离	通过设计隔离措施来减少一处事故造成其他地点的事故；减少危险物质在厂内的运输
5	处理偏差	通过泵的体积和管线尺寸限制物料的添加速度；设置料仓和喂料罐来防止加料过多；设计管线/阀门防止直接由储罐向反应器进行加料；选择热交换媒体限制反应器可能达到的最高、最低温度
6	储罐	设立防护堤防止出现溢流
7	控制建筑物	对于毒性物料通过控制在构筑内来减少其影响

(5) 能量限制 (Energy limitation)

限制生产过程中的能量也是获得本质安全化生产过程的方法之一。例如，通过限制热交换器的温度防止过热要比采用联锁方式要好，因为联锁装置有可能发生失效。

(6) 简单化 (Simplification)

简单化是指在设计过程中避免不必要的复杂化，从而减少人失误和误操作的机会。简单化原则在化工装置中的应用见表7-4。

表7-4 简单化原则在化工装置中的应用

序号	项目	采取的措施以及应注意的问题
1	设备	设计设备时要考虑余量；应为安全阀设置分离容器；考虑到最大的压力
2	管线系统	减少观察玻璃孔、柔性连接以及波纹管等；采用焊接管路；利用不易发生失效的垫圈；提供足够的支撑；利用重力、压力和真空系统来输送物料；利用无缝泵
3	处理步骤	避免在一个反应器中进行复杂的反应步骤，将其简化为多个简单的步骤
4	失效安全阀门	设定处理阀门，当失效时处于关闭状态；设定冷却阀门，当失效时处于开启状态；使得其他控制阀门处于最安全的位置
5	控制	当有多种失效模式时避免出现灾害性失效
6	信息	避免操作人员信息过载；控制警报的数量；提供充足的交流

(7) 避免连锁效应 (Avoid Knock-on Effect)

本质安全化工厂的设计应保证当事故出现时能不发生连锁效应，或称多米诺效应。例如，安全的工厂设计应有充足的防火间距、防护堤等，从而限制火势的蔓延。

(8) 避免组装错误 (Making incorrect assembly impossible)

本质安全化工厂的设计应使设备（装置）的不正确的安装变得困难或不可能。

(9) 状态清晰 (Making status clear)

应该选择这样的设备，使设备可以被容易地查看，以便确定设备是否被正确安装，处于开启还是关闭的状态。这里通常指人机工程设计。

(10) 易于控制 (Easy of control)

过程应该利用物理原理来控制，而不是通过附加控制设备来进行控制。

(11) 容错性 (Tolerance)

设备应能承受误操作，安装质量差以及维修不及时而不发生失效。

7.3.2 煤矿企业实现本质安全化的技术措施

矿山开采（尤其是井工开采的煤矿）作为高危行业，其安全历来为政府和公众所关注。据不完全统计，我国约41%的煤矿是高瓦斯矿井，每年由于瓦斯事故死亡的人数占煤矿死亡人数的比例为66%。在煤矿事故中，各种死亡事故所占的比例如表7-5所示。

表 7-5　在煤矿事故中各种死亡事故所占的比例

排序	事故种类	所占比例/%
1	瓦斯（沼气）事故	66.1
2	运输事故	8.7
3	水灾事故	7.6
4	机械、动力	1.7
5	火灾、爆破	2.7
6	其他	13.2

从以上的事故统计中，可以看到煤矿的主要危险源是瓦斯、水灾和运输事故。煤矿的本质安全化建设，目前主要是解决瓦斯（沼气）、水灾和运输的事故。

煤矿企业应根据各自矿井的实际情况，通过危险源的辨识和评价，利用本质安全化原则来采取有关措施，降低其危险。目前，煤矿的本质安全化建设主要体现在如下几个过程。

（1）创建本质安全生产工艺和作业环境（表 7-6）

表 7-6　本质安全原则的应用

序号	项目	采取的措施以及应注意的问题
1	通过瓦斯抽放，减少瓦斯涌出量	应完善瓦斯抽放或安全监测监控系统，实行全方位实时监控。严格执行“先抽后采”原则，进一步完善瓦斯抽放系统，实施以本煤层瓦斯抽放为主的多种抽放方式，提高瓦斯抽放率，同时调整生产接续，确保留有足够的抽放时间。建立安全监测监控系统，把主要生产系统及安全设施纳入监测范围，确保安全监测监控系统稳定运行（强化原则）。
2	通过煤层注水，减少开采中的产尘量	推行煤体深孔注水，从源头上减少产尘量，综采、放顶煤工作面应装备强力钻机和流动压风机，实施煤体深孔注水。井下各煤炭运输载运点及掘放炮、综采综放移架、放顶煤全部实现喷雾自动化，在此基础上，推广二次负压除尘装置，提高煤机内外喷雾效果（最小化原则）。
3	通过简化通风系统，降低通风阻力	矿井要力求简化通风系统，井下所有永久风门应全部采用闭锁装置，主要通车风门实现风门自动、声光语音报警。应高度重视局部通风管理，各矿的煤巷、半煤巷局部通风机应采用双风机双电源自动切换装置，杜绝无计划停电停风。借助风网解算软件，利用科学手段调整系统、合理配风（简化原则）。
4	束管监测和采空区注氮，减少煤层发火	利用好束管监测和制氮系统，杜绝煤层自然发火。有煤层自燃倾向性的矿井应建立自然发火监测系统，煤层自然发火倾向比较严重的矿井要充分用好束管火灾监测系统及制氮系统向采空区注氮，减少或杜绝自然发火事故（减缓原则）。

（2）力求实现“机的本质安全化”

①以推行 PLC 为主要内容的程控技术，提高提升系统的安全可靠性。副井应推广液压操作系统、可编程井口闭锁装置，提升容器缓冲及托罐装置和 PLC 控制技术，进一步完善主副井上下口及中间水平稳罐装置、摇台、安全门与信号、罐位的闭锁装置。严禁超提升

能力生产，矿井主提系统每天必须保证充足的检修时间，严格井口管理制度，杜绝井口坠入、坠物事故。

②以完善斜巷安全装备为重点，努力实现“人机制约、人机互补”。井下主要运输系统推广斜巷架空乘人装置、斜巷安全行车综合防护装置、顺槽连续牵引车、可视化集控技术和连续运输机软启动技术，完善平巷人行车停车场自动停送电装置，主要行车行人斜巷和行人胶带机道建立人体感应控制系统、超挂车限制系统和语音报警系统。井下使用阻燃胶带，矿井主运大巷力争实现道岔可控化。

③大力推广采掘机械化，提高采掘工作面的本质安全程度。积极推进采煤工艺进步，对现有放顶煤、大支架一次采全高及高档普采生产工艺进行评估定位，选定适应现场的生产工艺和装备扩大生产应用范围，最大限度地提高机械化程度，按照工作面单产，实现高产高效。

思考题

1. 简述本质安全（化）的定义。
2. 简述人、机、环境、管理四要素的本质安全化的主要原理。
3. 简述石化企业实现本质安全化的技术措施。

第8章

安全管理学原理

8.1 安全管理

8.1.1 安全管理的产生和发展

安全管理伴随工业生产的出现，又随着生产技术水平和企业管理水平的发展而不断发展，从历史学的角度，表8-1给出了安全管理的哲学发展进程。

表8-1 安全管理的哲学发展进程

阶段	时代	技术特征	认识论	方法论
Ⅰ	工业革命前	农牧及手工业	听天由命（原始安全管理）	无能为力，被动无意识
Ⅱ	17世纪至20世纪初	蒸汽机时代	局部安全（传统安全管理理论）	就事论事，亡羊补牢，事后型
Ⅲ	20世纪初至50年代	电气化时代	系统安全（科学安全管理）	综合对策及系统工程
Ⅳ	20世纪50年代以来	宇航技术与核能	安全系统（安全管理现代化）	本质安全化，预防超前型

自新中国成立以来，党和政府从确立“安全第一、预防为主”的安全生产方针，到确立“安全第一、预防为主、综合治理”的安全生产方针，要求在劳动条件不断改善的同时，建立、健全各级安全管理组织机构，并颁布了一系列安全生产法规、制度和标准，使全国的安全管理水平不断提高。

20世纪80年代，我国开始研究安全生产风险评价、危险源辨识和监控，一些管理者开始尝试安全生产风险管理。20世纪末，我国几乎与世界工业化国家同步研究并推行了职业健康安全管理体系。进入21世纪以来，我国有些学者提出了系统化的企业安全生产风险管理理论雏形。行为科学的观点、现代管理科学的思想、系统安全的原则和方法使人们思路开阔，观点更新。危险源辨识、安全目标管理、企业安全评价等新的安全管理方法在工业企业中逐渐推广，“职工参与、中介服务、企业负责、行业管理、国家监察、舆论监督”的系统安全管理体制初步已经形成。

8.1.2 安全管理原理

（1）系统原理

安全管理系统是生产管理系统的一个子系统，它包括各级专、兼职安全管理人员、安全防护设施设备、安全管理与事故信息以及安全管理的规章制度、安全操作规程等。安全贯穿生产活动的方方面面，安全生产管理是全方位、全天候和涉及全体人员的管理。作为一个系统，它具有集合性、相关性、目的性、整体性、层次性、适应性的特征，遵循动态相关原则、分合原则、反馈原则和封闭原则。

（2）人本原理

人本原理就是在企业管理活动中把人的因素放在首位，体现以人为本的指导思想。活动中作为管理对象的诸要素（资金、物质、时间、信息等）和管理系统的诸环节（组织架构、规章制度等）都需要人去掌管、运作、推动和实施。所以，人本原理遵循动力原则、能级原则和激励原则，根据人的思想和行为规律，运用各种激励手段，充分发挥人的积极性和创造性，挖掘人的潜力。

（3）预防原理

安全生产管理以预防为主，遵循偶然损失原则、因果关系原则、“3E”原则、本质安全化等原则。通过有效地管理和技术手段，减少和防止人的不安全行为和物的不安全状态，从而使事故发生的概率降到最低。

（4）强制原理

由于事故的偶然性和事故损失的不可挽回性，事故一旦发生，往往会造成永久性的损害，尤其是人的生命与健康。采取强制管理的手段控制人的意愿和行为，使个人的活动、行为等受到安全生产要求的约束。强制原理遵循安全第一原则和监督原则。

8.1.3 安全管理模式

（1）基本要素

①安全管理模式

安全管理模式是为实现“安全第一、预防为主、综合治理”这一方针而建立的安全管理组织形式和安全生产行为方式。安全管理包括对人、设备、材料及生产环境等各方面的管理，其核心问题是对人的管理，通过一定的组织形式，统一人的认识，规范人的行为，充分发挥人的能力，强化生产系统的安全性，去实现安全生产的目的。安全管理模式一般包含安全目标、原则、方法、过程和措施等要素。

②我国安全管理模式的发展历程

我国安全管理在不同的历史时期出现了不同的管理模式，发展历程如表8-2所示，可分为传统安全管理模式、对象型安全管理模式、过程安全管理模式和系统安全管理模式4个阶段。

表 8-2 我国安全管理模式的发展历程

阶段	代表性安全管理模式	安全管理模式的特点	归类
Ⅰ	事故管理模式	吸收事故教训，避免同类事故再次发生	传统安全管理模式
	经验管理模式	依靠个人的经验进行安全管理	
Ⅱ	“以人为中心”的管理模式	以纠正人的不安全行为作为安全管理工作的重点	对象型安全管理模式
	“以设备为中心”的管理模式	以控制设备的不安全状态作为安全管理工作的重点	
	“以管理为中心”的管理模式	把完善作业过程中的管理缺陷作为管理工作的重点	
Ⅲ	“0123”管理模式	以零事故为目标，以一把手负责制为核心的安全生产责任制为保证，以标准化作业、安全标准化班组建设为基础，以全员教育、全面管理、全线预防为对策	过程安全管理模式
	NOSA（National Occupational Safety Association）模式	以系统工程的理论综合管理安全、健康和环保，将安全、健康、环保3个方面的风险管理理论科学融入安全管理单元和要素中，对每一个单元进行风险管理，并评选出管理水平所对应的等级	
Ⅳ	HSE（Health，Safety and Environment Management）模式	运用系统分析方法对企业经营活动的全过程进行全方位、系统化的风险分析，确定企业经营活动可能发生的危害和在健康、安全、环境等方面产生的后果；通过系统化的预防管理机制并采取有效的防范手段和控制措施消除各类事故隐患的管理方法	系统安全管理模式
	OSHMS（Occupational Safety and Health Management System）模式	帮助企业建立一种能够实现自我约束的管理体系，旨在通过系统化的预防管理机制，推动企业尽快进入自我约束阶段，最大限度地减少各种工伤事故和职业疾病隐患，减少事故发生率	

传统安全管理模式不能发现危险源和隐患，而各种隐患恰恰可能造成很大危害的事故。

经验管理模式的管理效果受管理者个人素质的影响很严重，不具有客观性，会片面强调“违规作业”，忽视创造本质安全的条件。

对象型安全管理模式往往只将事故的原因归结为某一方面的问题，然而安全生产过程中的人、机、环境三者是相互影响、相互制约的，单一对象的管理模式无法触及影响因素之间关联的安全死角。

过程安全管理模式针对作业过程中存在的管理缺陷，在一定程度上综合考虑了人、机、环境系统，但是它只是强调从外部环境给企业及其员工施工“标准”和要求，而没有从内部提供激励措施，没有充分考虑塑造企业和员工的自身安全需求。虽然这种安全管理模式较大地提高了安全管理的效率，但它还没有建立自我约束、自我完善的安全管理长效机制。

系统安全管理模式摒弃了传统的事后管理与处理的做法，采取积极的预防措施，根据管理学的原理，为用人单位建立一个动态循环的管理过程框架。这种持续改进的安全管理模式可以将风险极大程度地降低。

通过对安全管理模式发展历程的分析可以发现，伴随着安全理论的更新换代，安全管理模式经历了一个不断发展、不断完善的过程。这个发展的历程证明，全面系统的观点、预防为主的观念、持续改进的管理方式以及规范化的管理思想是建立一套科学、全面、高效的安全管理模式不可或缺的重要因素。

③安全管理模式的分类

安全管理模式是在新的经济运行机制下提出来的。无论是人身伤亡事故，还是财产损失事故；无论是交通事故，还是生产事故，甚至火灾或治安案件，都对人类造成危害和损害。这些人们不期望的现象，无论根源、过程和后果，都有共同的特点和规律。企业对其进行防范和控制，也都有共同的对策和手段。所以，把企业的生产安全、交通安全、消防、治安、环保等专项进行综合管理，对于提高企业的综合管理效率和降低管理成本有着重要的作用。

a. 对象化的安全管理模式

ⓐ以“人为中心”的安全管理模式

作为企业，研究科学、合理、有效的安全生产管理模式是安全管理的基础。以“人为中心”的管理模式，其基本内涵是把管理的核心对象集中于生产作业人员，即安全管理建立在研究人的心理、生理素质基础上，以纠正人的不安全行为、控制人的误操作作为安全管理的目标。例如，马鞍山钢铁公司的“三不伤害”（不伤害自己，不伤害他人，不被他人伤害）安全管理方式就是以“人为中心”的管理模式的体现。

ⓑ以“管理为中心”的安全管理模式

这种管理模式认为，一切事故原因皆源于管理缺陷。因此，现今的管理模式既要吸收经典安全管理的精华，又要总结本企业安全生产的经验，更要能够运用现代化安全管理的理论。比较著名的有鞍钢“0123”管理模式及扬子石化公司的“0457”管理模式等，具体见下文。

b. 程序化的安全管理模式

ⓐ事后型的安全管理模式

事后型管理模式是一种被动的管理模式，即在事故或灾难发生后进行亡羊补牢，以避免同类事故再发生的一种管理方式。这种模式遵循如下技术步骤：事故或灾难发生→调查原因→分析主要原因→提出整改对策→实施对策→进行评价→新的对策，如图 8-1 所示。

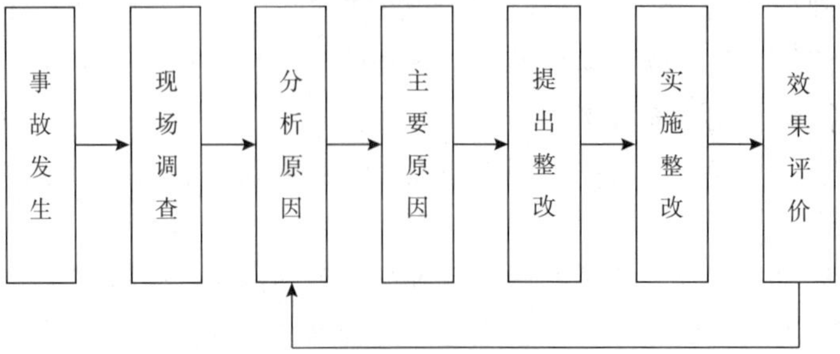

图 8-1　事后型安全管理模式

ⓑ预防型的安全管理模式

预防型安全管理模式模式是一种主动、积极地预防事故或灾难发生的对策，显然是现代安全管理和减灾对策的重要方式和模式。基本的技术步骤如图 8-2 所示。

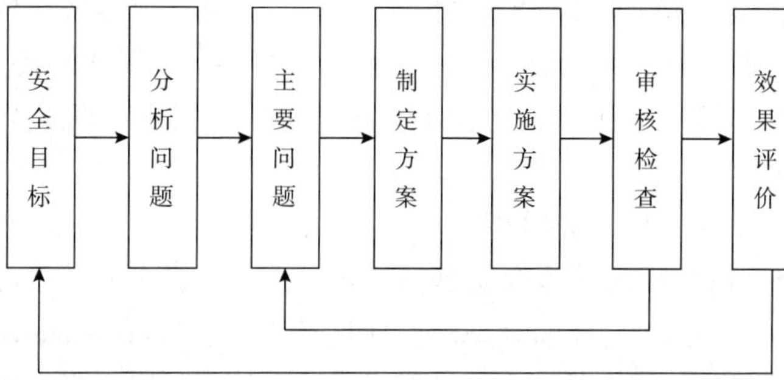

图 8-2　预防型安全管理技术步骤

21 世纪将是安全科学管理得以深化、安全管理的作用和效果不断加强的时代。安全管理将逐步实现变传统的纵向单因素安全管理为现代的横向综合安全管理；变事故管理为现代的事件分析与隐患管理（变事后型为预防型）；变静态安全管理为现代的动态安全管理；变过去只顾生产效益的安全辅助管理为现代的效益、环境、安全与卫生的综合效果的管理；变被动、辅助、滞后的安全管理程式为现代主动、本质、超前的安全管理程式；变外迫型安全指标管理为内激型的安全目标管理。

（2）国内外优秀企业的安全管理模式

安全管理的模式与一个国家的国情和安全监督机制密切相关，安全监督机制不同，安全管理的模式差异很大。现将国内外一些优秀企业的安全管理模式作一个简要介绍。

①国内优秀企业的安全管理模式

a. 鞍钢集团“0123”安全管理模式

鞍钢集团从“关爱员工，以人为本”出发，将安全管理工作标准化、规范化、精细化。“0123”安全管理模式的具体含义：“0”是指伤亡事故的目标为零；“1”是指各级行政一把手是安全生产第一责任人；“2”是指安全质量标准化和安全监督保障体系化建设；“3”是指不伤害自己、不伤害他人、不被他人伤害。鞍钢集团在“0123”安全管理模式的基础上，全面贯彻了“大安全”的理念，将安全管理推向了一个新的高度。

b. 天铁集团“12345”安全管理模式

天铁集团通过 30 多年的不断探索，制定了“以人为本，依法治企，安全发展”的安全生产方针，总结提炼出“12345”安全管理模式。“12345”安全管理模式的具体含义：“1”是指一条主线（危险源辨识、控制和消除）；“2”是指两个基础（先进的技术装备是安全工作的物质基础，规章制度是实现安全生产的行为基础）；“3”是指三个理念（以人为本的理念，安全就是效益的理念，事故是可以预防和控制的理念）；“4”是指四项原则（第一责任人的原则，谁主管谁负责的原则，全员参与的原则，重点控制原则）；“5”是指五项措施（加强安全文化建设的管理措施，提高安全监督管理人员和全员的整体素质的管理措施，提高安全检查的目的性和针对性的管理措施，推行严、细、实、恒的管理措施，与时俱进、务实创新的管理措施）。

c. 葛洲坝电厂的“014”安全管理模式

葛洲坝电厂年发电量157亿千瓦时，针对“冬修、夏防、常年管”的生产特点，在实践中不断摸索总结经验教训，最后确立了一套可行的安全生产管理模式，即“014”安全生产管理模式。“014”安全管理模式的主要内容：“0”是指以零事故为目标；“1”是指以一把手为核心的安全生产责任制度保证；“4”是指以严防、严管、严查、严教为手段。

d. 宝钢集团的“FPBTC”安全管理模式

“FPBTC”安全管理模式的具体含义是：First aim（一流目标）；Two Pillars（二根支柱）；Three Bases（三个基础）；Total Control（四全管理）；Counter measure（五项对策）。一流目标即事故数为零；二根支柱即以生产线自主安全管理、安全生产质量一体化管理为支柱；三个基础即以安全标准化作业、作业长为中心的班组建设、设备点检定修为基础；四全管理即全员、全面、全过程、全方位的管理；五项对策即综合安全管理、安全检查、危险源评价与检测、安全信息网络、现代化管理方法。

e. 扬子石化“0457”安全管理模式

“0457”安全管理模式主要内容是：“0”代表“事故为零”这一安全目标；“4”代表全员、全过程、全方位、全天候（“四全”）为对策；“5”代表以安全法规系列化、安全管理科学化、教育培训正规化、工艺设备安全化、安全卫生设施现代化这五项安全标准化建设为基础；“7”代表安全生产责任制落实体系、规章制度体系、教育培训体系、设备维护和整改体系、事故抢救体系、科研防治体系这七大安全管理体系为保护。

f. 枣庄矿业集团枣庄联创公司“树型”安全管理模式

“树型”安全管理，是一种正在探索中的新型安全管理模式。此种管理模式试行以来，效果十分明显：它使安全管理各要素形成了相互连贯的系统工程，健康了矿井安全的肌体，创新了安全管理机制，夯实了安全基础工作，促进了安全管理由管结果向管过程的转变，由经验型的管理向科学化管理的转变，对打造本质安全型的煤矿具有积极、促进作用。“树型”安全管理模式主要是由“三大根基”（人的素质、物的质量、科学管理）、“一条主干”（安全管理体系）、“五项分支”（安全一票否决权、强化安全技术培训、加强安全文化建设、健全安全奖惩机制、教育惩处“三违”人员）构成一棵大树型的科学化安全管理网络。

②国外优秀企业的安全管理模式

从20世纪六七十年代开始，美国、日本、德国等发达国家对安全问题进行了深入研究，从法制、经济、文化、组织、技术等各个方面寻求降低事故发生率和减少事故损失的途径，安全管理体现出较高水平。

a. 德国法制化的安全管理模式

为了确保职工的生命安全，德国制定了“劳动保护法规”，由政府部门对各行各业的安全生产、劳动保护、职工伤亡依法行使监察的职能。

b. 挪威国家石油公司的“零”思维模式

挪威国家石油公司是属于挪威国家所有的公司，现有员工超25000人，拥有120名HSE专家。HSE部门是一个咨询机构，具有一定的独立性。在HSE管理方面，挪威国家石油公司采取“零”思维模式，即“零事故、零伤害、零损失”，并将其置于挪威国家石油公司企业文化的显著位置。“零事故、零伤害、零损失”的意思是无伤害、无职业病、无废气排放、无火灾或气体泄漏、无财产损失，由以上事故造成的意外伤害和损失是完全不允许的。所有事故和伤害都是可以避免的。所以，公司不会给任何一个部门发生这些事故的“限额”或“预算”的余地。

c. 斯伦贝谢（Schlumberger）公司的QHSE管理体系

一个好的管理体系不该将质量、健康、安全和环境分割，而是把这几项内容融入每天的商业活动中。斯伦贝谢相信其综合的、可行的QHSE管理体系融合到生产线中是一个“最好的商业实践”。一个好的QHSE管理体系通过预先找到问题并采取措施预防问题来降低风险。而一个极好的QHSE管理体系可以创造价值并带来增长，这是通过认可新的商务机会、实施持续的改进和有创造性的解决办法来达到的。

d. 美国通用电气的EHS管理体系

美国通用电气在安全管理模式上一直是众多企业借鉴的重点，其先进的安全管理理念与完善的安全管理模式为企业自身的良好发展奠定了坚实基础。公司连续多年在“全球最受尊敬企业”评选中名列前茅，其中一个突出贡献来自它对环境保护和保障员工安全和健康的极度重视和压倒一切的承诺。在执行安全管理标准上，通用电气公司要求其全球所有工厂（即使在发展中国家），都必须执行美国劳动部OHSA所推崇的VPP管理标准，并将其在北美以外的国家所拥有的达到该标准要求的企业冠名为“全球之星”工厂。该标准在安全管理的很多方面，特别是强调全员参与安全管理上，比OHSAS 18001要求高。

e. 摩托罗拉的HSE管理模式

摩托罗拉的HSE管理体系是一种非常科学的管理体系，运用了PDCA的管理模式，由管理承诺、规划、执行、检查改进和管理评审五部分组成，全面融合了环境、健康和安全的理念，并将ISO 14001有机地整合到该体系中。摩托罗拉公司是世界公认的HSE培训方面的领导者，HSE体系对世界范围内企业的HSE管理起到了很大的辅助性作用。

8.2　安全目标管理

8.2.1　安全目标管理

（1）安全目标管理的由来

目标管理（Management by objectives，简称MBO）是美国管理学家彼得·德鲁克（Peter F. Drucker）创立的。1954年他在《管理实践》一书中首先使用了“目标管理”的概念，接着又提出了“目标管理和自我控制”的主张。他认为一个组织的“目的和任务，必须转化为目标"，如果"一个领域没有特定的目标，则这个领域必然会被忽视"；各级管理人员只有通过这些目标领导下级，并以目标来衡量每个人贡献的大小，才能保证一个组织总目标的实现；如果没有一定的目标来指导每个人的工作，则组织的规模越大、人员越多，发生冲突及浪费的可能性就越大。因此，他提出让每位职工根据总目标的要求制定个人目标，并努力达到个人目标，就能使总目标的实现更有把握。为达到这个目的，他还主张在目标管理的实施阶段和成果评价阶段应做到充分信任职工，实行权限下放和民主协商，使职工实行自我控制，独立自主地完成任务；此外，成果的考核、评价和奖励也必须严格按照每位职工目标的实际成果大小来进行，以进一步激励每位职工的工作热情，发挥主动性和创造性。

我国从20世纪80年代开始在一些大型企业试行目标管理方法，在取得初步经验的基础上正式作为原国家经贸委推荐的18种现代管理方法之一向全国推广。在借鉴国外管理经验的基础上与责任制相结合的目标管理更加适合于我国国情。目前，有中国特色的目标管理在企事业单位、科研机构等得到广泛应用，并收到较好效果。

(2) 安全目标管理的内容

年初，企业的安全部门在高层管理者的领导下，根据企业经营管理的总目标，制定安全管理的总目标，然后经过协商，自上而下层层分解，制定各级、各部门直到每个职工的安全目标和为达到目标的对策、措施。在制定和分解目标时，要把安全目标和经济发展指标捆在一起同时制定和分解，还要把责、权、利也逐级分解，做到目标与责、权、利的统一。通过开展一系列组织、协调、指导、激励、控制活动，依靠全体职工自下而上的努力，保证各自目标的实现，最终保证企业安全总目标的实现。年末，对实现目标的情况进行考核，给予相应的奖惩，并在此基础上进行总结分析，制定新的安全目标，进入下一个年度循环。

(3) 实施安全目标管理的意义

①有利于从根本上调动各级领导和广大职工搞好安全生产的积极性。安全目标管理依靠目标和其他一切可能的激励手段，通过建立全方位的安全目标体系，可以最有效地调动起系统的所有组织。围绕着追求实现既定的目标，各级领导和全体职工充分发挥聪明才智，奋发努力。安全目标管理以安全目标作为起点和归宿，贯穿于管理活动的全过程中。安全目标管理可以全面地、全过程地调动起各级领导和所有职工搞好安全生产的积极性，它在这方面的优越性是其他任何管理方法都无可比拟的。

②有利于贯彻落实安全生产责任制。安全生产责任制规定了各级、各部门组织、各级领导和全体职工为实现安全生产所应履行的职责，而安全目标则体现了履行职责后所达到的效果。因此可以说确定安全目标是对安全生产责任制的补充和完善，它使安全生产所应承担的责任更加明确和具体。实行安全目标管理实质上就是把承担安全生产责任转化成了对实现安全目标的追求。为了实现安全目标，必须圆满地履行责任。实现了目标就是履行了责任，没有实现目标就要承担未履行责任的后果。安全目标管理实行权限下放，强调自我管理和自我控制，以及对目标成果的考评和奖惩，从而把责、权、利紧密地联系在一

起。所有这些都可以极大地增强人们履行安全生产责任的自觉性，使安全生产责任制落到实处。

③有利于改善职工的素质，提高企业安全管理水平。安全目标管理的强大激励作用可以有效地调动起系统的所有组织和全体成员从制定目标到实现目标，始终保持强烈的进取精神。由于在制定目标时要进行深入细致的科学分析并确定有效的事故防治对策，在实施过程中要进行大量、具体的组织工作，对所遇到的困难要充分利用被授予的权力，主观能动地去加以克服，所有这些必将促进各级领导和广大职工自觉加强学习、增长知识、提高能力，从而改善职工的素质和提高安全管理水平。

④有利于安全管理工作的全面展开及现代安全管理方法的推广和应用。在实行安全目标管理时，为了保证目标的实现，必须贯彻实行一系列有效的安全管理措施，这必将带动各方面安全管理工作的全面展开。如建立健全安全生产责任制；贯彻安全生产规章制度；进行安全教育、安全检查；实施安全技术措施；组织安全竞赛、评比；进行安全工作的考核、评价等。为了准确地分析情况，有效地采取对策，做到预防为主，实现既定目标，就必须积极推广应用各种现代的安全管理方法，如系统安全分析、危险性评价、人机工程、计算机辅助管理等。

8.2.2 安全目标的制定

制定目标是目标管理的第一步工作。目标是目标管理的依据，因此制定既先进又可行的安全目标是安全目标管理的关键环节。

(1) 制定安全目标的原则

安全目标的制定，必须坚持正确的原则，主要原则如下：

①科学预测原则。安全目标的制定，必须以科学的预测为前提。只有进行科学的预测，才能准确地掌握安全管理系统内部和外部的信息，才能预见事物的未来发展趋势，从而为安全目标的确定提供科学而可靠的依据。因此，在安全目标的制定中，不仅要进行深入实际的调查研究，还要运用先进的预测手段，做到定性预测与定量预测相结合，从而保证安全目标的科学性和可行性。

②职工参与原则。安全目标的制定，不应只是企业领导者、安全管理者的事，还应当广泛发动职工共同参与安全目标的制定。发动职工参与目标的制定，不仅可以听取职工要求与建议，集中职工智慧，增强安全目标的科学性，而且有利于安全目标的贯彻和执行。

③方案选优原则。安全目标的制定，必须坚持方案选优的原则。这一原则要求在安全目标的制定过程中，首先要有多个选择方案，然后通过科学决策和可行性研究，从多个方案中选出一个满意的方案。满意主要有以下标准：第一，目标要有较高的效益性，其中包括有较高的安全效益、经济效益和社会效益；第二，目标要有先进性，有一定的创新，有一定的难度；第三，目标要有可行性，切合实际，通过努力能够实现。

④信息反馈原则。在坚持上述原则的基础上所确定的安全目标，并不能保证有足够的科学性、先进性和可行性。主要是因为：首先，人们的认知能力和知识水平是有限的，有

些见解在当时看来是科学的、合理的，但随着时间的推移和人们认知能力的提高，事后可能会发现其不足之处；其次，企业内部环境和外部环境是不断变化的。条件的不断改变，原定的安全目标必然会出现偏差。因此，在安全目标的制定中，必须坚持信息反馈的原则，不断收集反馈各种有关信息，及时纠正偏差。

（2）安全目标的内容

制定安全目标包括确定企业安全目标方针、总体目标、制定实现目标的对策措施 3 个方面内容。

①企业安全目标方针

企业安全目标方针即用简明扼要、激励人心的文字、数字对企业安全目标进行的高度概括。它反映了企业安全工作的奋斗方向和行动纲领。企业安全目标方针应根据上级的要求和企业的主客观条件，经过科学分析和充分论证后加以确定。譬如，某厂某年制定的安全目标方针是：“加强基础抓管理，减少轻伤无死亡，改善条件除隐患，齐心协力展宏图。”

②总体目标（企业总安全目标）

总体目标是目标方针的具体化。它具体规定了为实现目标方针在各主要方面应达到的要求和水平。只有目标方针而没有总体目标，目标方针就成了一句空话；也只有根据目标方针确定总目标，总目标才有正确的方向，才能保证目标方针的实现。目标方针与总体目标是紧密联系、不可分割的。

总体目标由若干目标项目所组成。这些目标项目应既能全面反映安全工作在各个方面的要求，又能适用于国家和企业的实际情况。每一个目标项目都应规定达到的标准，而且达到的标准必须数值化，即一定要有定量的目标值。因为只有这样才能使职工的行动方向明确具体，在实施过程中便于检查控制，在考核评比时有准确的依据。一般地说，目标项目可以包括下列几个方面：

a. 各类工伤事故指标。根据《企业职工伤亡事故分类》（GB/T 6441—1986），主要工伤事故指标有千人死亡率、千人重伤率、伤害频率、伤害严重率。根据行业特点，也可选用按产品、产量计算的死亡率，如百万吨死亡率、万立方米死亡率。

b. 工伤事故造成的经济损失指标。根据《企业职工伤亡事故经济损失统计标准》（GB/T 6721—1986），这类指标有千人经济损失率和百万元产值经济损失率。根据企业的实际情况，为了便于统计计算，也可以只考虑直接经济损失，即以直接经济损失率作为控制目标。

c. 粉尘、毒气、噪声等职业危害作业点合格率。

d. 日常安全管理工作指标。

对于安全管理的组织机构、安全生产责任制、安全生产规章制度、安全技术措施计划、安全教育、安全检查、文明生产、隐患整改、安全档案、班组安全建设、经济承包中的安全保障以及“三同时”“五同时”等日常安全管理工作的各个方面均应设定目标并确定目标值。

③对策措施

为了保证安全目标的实现，在制定目标时必须制定相应的对策措施。对策措施的制定要避免面面俱到或“蜻蜓点水”，应该抓住影响全局的关键项目，针对薄弱环节，集中力量有效解决问题。对策措施应规定时限，落实责任，并尽可能有定量的指标要求。从这些意义上来说，对策措施也可以看作为实现总体目标而确定的具体工作目标。

（3）制定安全目标的程序

制定安全目标一般分为三步，即调查分析评价、确定目标、制定对策措施，具体内容如下。

①对企业安全状况的调查分析评价

这是制定安全目标的基础，要应用系统安全分析与危险性评价的原理和方法对企业的安全状况进行系统、全面的调查、分析、评价，重点掌握如下情况：

a. 企业的生产、技术状况；

b. 企业发展、改革带来的新情况；

c. 技术装备的安全程度；

d. 人员的素质；

e. 主要的危险因素及危险程度；

f. 安全管理的薄弱环节；

g. 曾经发生过的重大事故情况及对事故的原因分析和统计分析；

h. 历年有关安全目标指标的统计数据。

通过调查分析评价，还应确定出需要重点控制的对象，一般有以下几个方面：

a. 危险点。危险点是指可能发生事故，并能造成人员重大伤亡、设备系统重大损失的现场。

b. 危害点。危害点是指粉尘、噪声等物理化学有害因素严重、容易产生职业病和恶性中毒的场所。

c. 危险作业。

d. 特种作业。特种作业是指容易发生事故，对操作者本人、他人的安全健康及设备、设施的安全可能造成重大危害的作业。国家规定的特种作业范围包括11个类别54个操作项目（工种）。这11个类别分别是：电工作业、焊接与热切割作业、高处作业、制冷与空调作业、煤矿安全作业、金属非金属矿山安全作业、石油天然气安全作业、冶金（有色）生产安全作业、危险化学品安全作业、烟花爆竹安全作业、应急管理部认定的其他作业。

e. 特殊人员。特殊人员是指心理、生理素质较差，容易产生不安全行为、造成危险的人员。

②确定目标

关于确定安全目标方针和目标项目如上所述，这里主要介绍目标值的确定。

确定目标值要根据上级下达的指标，比照同行业其他企业的情况。但不应简单地就以此作为自己企业的安全目标值，而应主要立足于对企业安全状况的分析评价，并以历年来有关目标指标的统计数据为基础，对目标值加以预测，再进行综合考虑后确定。对于不同的目标项目，在确定目标值时可以有三种不同的情况：

a. 只有近几年统计数据的目标项，可以以其平均值作为起点目标值。如经济损失率的统计近几年才开始受到重视，过去的数据很不准确，不能作为确定目标值的依据。

b. 对于统计数据比较齐全的目标项目（如千人死亡率、千人重伤率等）可以利用回归分析等数理统计方法进行定量预测。

c. 对于日常安全管理工作的目标值，可以结合对安全工作的考核评价加以确定，也就是把安全工作考核评价的指标作为安全管理工作的目标值。具体地说，就是根据企业的实际情况确定考核的项目、内容、达到的标准，给出达到标准值应得的分数。所有项目标准分的总和就是日常安全管理工作的最高目标值，以此为基础结合实际情况确定一个适当的低于此值的分数值作为实际目标值。这样把安全目标管理和对安全工作的考核评价有机地结合起来就能更加有效地推动安全管理工作，促进安全生产的发展。

③制定对策措施

如上所述，制定对策措施应该抓住重点，针对影响实现目标的关键问题，集中力量加以解决。一般来说，可以从下列各方面进行考虑：组织、制度；安全技术；安全教育；安全检查；隐患整改；班组建设；信息管理；竞赛评比、考核评价；奖惩；其他。

制定对策措施要重视研究新情况、新问题，如企业承包经营的安全对策，采用新技术的安全对策等；要积极开拓先进的管理方法和技术，如危险点控制管理、安全性评价等；制定出的对策措施要逐项列出规定措施内容、完成日期，并落实实施责任。

8.2.3　安全目标的实施

在制定和展开安全目标后就转入了目标实施阶段。安全目标的实施是指在落实保障措施、促使安全目标实现的过程中所进行的管理活动。安全目标实施的效果如何，对安全目标管理的成效起决定性作用。

(1) 自我管理、自我控制

这是目标实施阶段的主要原则。在这个阶段，企业从上到下的各级领导、各级组织，直到每一位职工都应该充分发挥自己的主观能动性和创造精神，围绕着追求实现自己的目标，独立自主地开展活动，抓紧落实，实现所制定的对策措施。要把实现对策措施与开展日常安全管理和采用各种现代化安全管理方法结合起来，以目标管理带动日常安全管理，促进现代安全管理方法的推广和应用。要及时进行自我检查、自我分析，及时把握目标实施的进度、发现存在的问题，并积极采取行动，自行纠正偏差。在这个阶段，上级对下级要注意权限下放，充分给予信任，要放手让下级独立实现目标，对下级权限内的事不要随意进行干预。

为了搞好这一阶段的自我管理、自我控制，可以采取下面两项措施。

①编制安全目标实施计划表。安全目标实施计划表可以按照 PDCA 循环的方式进行编制，其格式如表 8-3 所示。在具体实施过程中，还应进一步展开，使每项对策措施更加详

细具体，对 PDCA 循环过程也应加以详细记录，以取得更好的效果，同时为成果评价阶段奠定基础。

表 8-3 安全目标实施计划表

<table>
<tr><th rowspan="3">安全目标</th><th rowspan="3">对策措施（P）</th><th colspan="6">实施（D）</th><th colspan="6">检查（C）</th><th colspan="4">处理（A）</th></tr>
<tr><th rowspan="2">单位</th><th rowspan="2">负责人</th><th colspan="4">实施进度/月</th><th rowspan="2">单位</th><th rowspan="2">负责人</th><th colspan="4">检查结果/月</th><th>单位</th><th>负责人</th><th>处理结果</th><th>遗留问题</th></tr>
<tr><th>1</th><th>2</th><th>……</th><th>12</th><th>1</th><th>2</th><th>……</th><th>12</th><th></th><th></th><th></th><th></th></tr>
<tr><td></td><td></td><td></td><td></td><td></td><td></td><td></td><td></td><td></td><td></td><td></td><td></td><td></td><td></td><td></td><td></td><td></td><td></td></tr>
</table>

②旗帜管理法。旗帜管理法即对实施安全目标的各级组织分别画出类似旗帜的管理控制图，彼此连锁，形成一个管理控制图体系，并据此来进行动态管理控制。当某级发现管理失控时，即可沿着图示的线索逐级往下寻找哪里出了问题，以便及时采取措施恢复控制。

（2）监督与协调

安全目标的实施除了依靠各级组织和广大职工的自我管理、自我控制，还需要上级对下级的工作进行有效的监督、指导、协调和控制。

首先，实行必要的监督和检查。通过监督检查，对目标实施中好的典型要加以表扬和宣传；对偏离既定目标的情况要及时指出并纠正；对目标实施中遇到的困难要采取措施给予关心和帮助。使上下级两方面的积极性有机地结合起来，从而提高工作效率，保证所有目标的圆满实现。

其次，安全目标的实施需要各部门各级人员的共同努力，有效的协调可以消除实施过程和各阶段、各部门之间的矛盾。目标实施过程中的协调方式大致有以下三种：

①指导型协调。它是管理中上下级之间的一种纵向协调方式。采取的方式主要有指导、建议、劝说、激励、引导等。该方式的特点是不干预目标责任者的行动，按上级意图进行协调。这种协调方式主要应用于：需要调整原计划时；下级执行上级指示出现偏差，需要纠正时；同一层次的部门或人员工作中出现矛盾时。

②自愿型协调。它是横向部门之间或人员之间自愿寻找配合措施和协作方法的协调方式。其目的在于相互协作、避免冲突，更好地实现目标。这种方式充分体现了企业的凝聚力和职工的集体荣誉感。

③促进型协调。它是各职能部门、专业小组或个人发挥各自的特长和优势，为实现目标而共同努力的协调方式。

（3）信息交流

企业组织中的信息交流是企业经营管理中一个不可忽视的重要过程，所有的组织活动都必须依赖信息的传递与交流来进行，包括计划、组织、领导、控制等各个方面。企业是否具备高效、畅通的信息交流机制在很大程度上决定着企业本身的效率和服务的质量。

安全目标的有效实施要注重信息交流，建立健全信息管理系统，使上情能及时下达，下情能及时反馈，从而使上级能及时、有效地对下级进行指导和协调，下级能及时掌握不断变化的情况，及时作出判断和采取对策，实现自我管理和自我控制。

8.3 职业安全健康管理

职业安全卫生（Occupational Safety and Health）（国内也称劳动安全卫生）是安全科学研究的主要领域之一，通常是指影响作业场所内员工、临时工、合同工、外来人员和其他人员安全与健康的条件和因素。美、日、英等国均采用这种说法并设有相应的管理机构和法规体系，如美国的职业安全卫生管理局（OSHA）和职业安全卫生法（OSHACT）等。而苏联、德国、奥地利、南斯拉夫和我国等则称之为劳动保护（Labour Protection），并将其定义为：为了保护劳动者在劳动、生产过程中的安全、健康，在改善劳动条件、预防工伤事故及职业病，实现劳逸结合和女职工、未成年工的特殊保护等方面所采取的各种组织措施和技术措施的总称。

8.3.1 职业安全健康管理来源

职业安全健康管理体系（Occupation safety and health management system，简称 OS-HMS）是 20 世纪 80 年代后期在国际上兴起的现代安全生产管理模式，与质量管理体系和环境管理体系等一样被称为后工业化时代的管理方法。该体系是由一系列标准构筑的一套系统，表达了一种对组织的职业安全健康进行控制的思想。

（1）职业安全健康管理体系的产生

现代社会是一个高度工业文明的社会，但是随着生产的发展，市场竞争日益加剧，社会往往过多地专注了发展生产，而有意无意间忽视了劳动者的劳动条件和环境状况的改善。国际劳工组织（ILO）统计表明，全球职业健康安全状况明显呈恶化趋势，职业安全健康管理面临更多新问题与挑战。

职业安全健康管理体系最早由国际标准化组织（ISO）第 207 技术委员会于 1994 年 5 月在澳大利亚会上提出，其后成立了由中、美、英、法、德等国及国际劳工组织和世界卫生组织的代表组成的特别工作组进行专门研究。随着企业规模的不断扩大和生产集约化程度的进一步提高，对企业的质量管理和经营模式提出更高的要求，企业不得不采用现代化的管理模式，使包括生产管理在内的所有生产经营活动科学化、标准化、法律化。因此，从 20 世纪 90 年代初，特别是在国际标准化组织将 ISO 9000 和 ISO 14000 成功引入了管理体系方法之后，一些发达国家率先开展了实施职业安全健康管理体系的活动，职业安全健康管理开始进入系统化阶段。

（2）职业安全健康管理体系的发展

①职业安全健康管理的发展阶段

20 世纪 50 年代，职业安全健康管理的主要内容是控制有关人身伤害的意外，防止意外事故的发生，不考虑其他问题，是一种相对消极的控制。20 世纪 70 年代，其主要内容是进行一定程度的损失控制，涉及部分与人、设备、材料、环境有关的问题，但仍是一种消极控制。20 世纪 90 年代，职业安全健康管理已发展到控制风险阶段，对个人因素、工作或系统因素造成的风险，可进行较全面的、积极的控制，是一种主动反应的管理模式。

21 世纪，职业安全健康管理是控制风险，将损失控制与全面管理方案配合，实现体系化的管理。这一管理体系不仅需要考虑人、设备、材料、环境，还要考虑人力资源、产品质量、工程和设计、采购货物、承包制、法律责任、制造方案等。英国安全卫生执行委员会的研究报告显示，工厂伤害、职业病和可被防止的非伤害性意外事故所造成的损失，占获利的 5%～10%。各国关于职业安全健康的规定日趋严格，不仅强调保障人员的安全，对工作场所及工作条件的要求也相继提高。

②我国职业安全健康管理体系的发展概况

职业安全健康管理体系的宗旨与我国安全工作中的“安全第一，预防为主”的工作方针相一致。作为国际标准化组织的正式成员国，我国非常重视职业安全健康管理体系的研究。1995 年，我国政府就派员参加了由国际标准化组织组建的职业安全健康管理体系标准化特别工作小组。1996 年，参加了日内瓦召开的 OSHMS 标准化国际研讨会。1998 年，中国劳动保护科学技术学会提出了学会标准《职业安全卫生管理体系规范及使用指南》（CSSTLP 1001），并根据此标准在国内建立了 OSHMS 实施和认证的试点。

1999 年 10 月，原国家经贸委发布了《关于职业安全卫生管理体系试行标准有关问题的通知》和《关于开展职业安全卫生管理体系认证工作的通知》两个文件，为推动职业安全卫生管理体系的发展提供了新的动力。为促进职业安全卫生管理体系工作的顺利发展，使职业安全卫生管理体系认证工作更加规范，2000 年 9 月，国家安全生产行政主管部门下文，成立了全国职业安全卫生管理体系认证指导委员会、全国职业安全卫生管理体系认证机构认可委员会和全国职业安全卫生管理体系审核员注册委员会。这三个机构的成立，为体系的建设及认证工作提供了组织基础，并组织力量制定了一系列基础性文件，为我国职业安全健康工作的开展起到了积极的作用。国家标准化管理委员会批准发布的《职业健康安全管理体系要求及使用指南》（GB/T 45001—2020），于 2020 年 3 月 6 日正式实施。

8.3.2　职业健康安全管理体系（GB/T 45001—2020）

（1）职业健康安全管理体系的目的

职业健康安全管理体系的作用是为管理职业健康安全风险和机遇提供一个框架。职业健康安全管理体系的目的和预期结果是防止对工作人员造成与工作相关的伤害和健康损害，并提供健康安全的工作场所。因此，对组织而言，采取有效的预防和保护措施以消除危险源和最大限度地降低职业健康安全风险至关重要。

组织通过其职业健康安全管理体系应用这些措施时，能够提高其职业健康安全绩效。

如果及早采取措施以把握改进职业健康安全绩效的机会，职业健康安全管理体系将会更加有效和高效。

实施符合本标准的职业健康安全管理体系，能使组织管理其职业健康安全风险并提升其职业健康安全绩效。职业健康安全管理体系可有助于组织满足法律法规要求和其他要求。

(2)“策划—实施—检查—改进”循环

本标准中所采用的职业健康安全管理体系的方法是基于“策划—实施—检查—改进(PDCA)”的概念。PDCA 概念是一个迭代过程，可被组织用于实现持续改进。它可应用于管理体系及其每个单独的要素，具体如下：

策划（P，Plan）：确定和评价职业健康安全风险、职业健康安全机遇以及其他风险和其他机遇，制定职业健康安全目标并建立所需的过程，以实现与组织职业健康安全方针相一致的结果。

实施（D，Do）：实施所策划的过程。

检查（C，Check）：依据职业健康安全方针和目标，对活动和过程进行监视和测量，并报告结果。

改进（A，Act）：采取措施持续改进职业健康安全绩效，以实现预期结果。

本标准将 PDCA 概念融入一个新框架中，如图 8-3 所示。

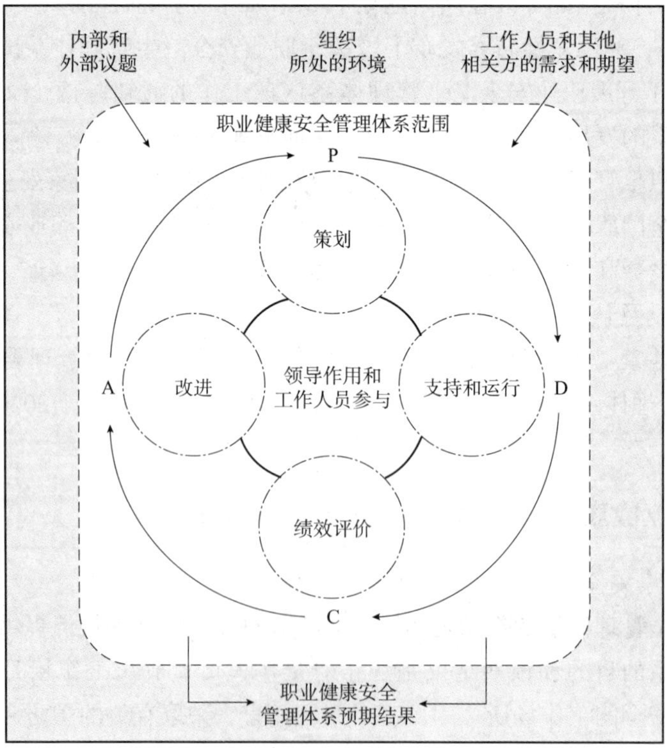

图 8-3　PDCA 与本标准框架之间的关系

(3) 组织所处的环境

①理解组织及其所处的环境

组织应确定与其宗旨相关并影响其实现职业健康安全管理体系预期结果的能力的内部和外部议题。

②理解工作人员和其他相关方的需求和期望

组织应确定：除工作人员之外的、与职业健康安全管理体系有关的其他相关方；工作人员及其他相关方的有关需求和期望（即要求）；这些需求和期望中哪些是或将可能成为法律法规要求和其他要求。

③确定职业健康安全管理体系的范围

组织应界定职业健康安全管理体系的边界和适用性，以确定其范围。

④职业健康安全管理体系

组织应按照本标准的要求建立、实施、保持和持续改进职业健康安全管理体系，包括所需的过程及其相互作用。

(4) 领导作用和工作人员参与

①领导作用和承诺

最高管理者应证实其在职业健康安全管理体系方面的领导作用和承诺。

②职业健康安全方针

最高管理者应建立、实施并保持职业健康安全方针。职业健康安全方针应包括：为防止与工作相关的伤害和健康损害而提供安全和健康的工作条件的承诺，并适合于组织的宗旨和规模、组织所处的环境，以及组织的职业健康安全风险和职业健康安全机遇的特性；为制定职业健康安全目标提供框架；满足法律法规要求和其他要求的承诺；消除危险源和降低职业健康安全风险的承诺；持续改进职业健康安全管理体系的承诺；工作人员及其代表（若有）的协商和参与的承诺。

③组织的角色、职责和权限

最高管理者应确保将职业健康安全管理体系内相关角色的职责和权限分配到组织内各层次并予以沟通，且作为文件化信息予以保持。组织内每一层次的工作人员均应为其所控制部分承担职业健康安全管理体系方面的职责。

最高管理者应对下列事项分配职责和权限：确保职业健康安全管理体系符合本标准的要求；向最高管理者报告职业健康安全管理体系的绩效。

④工作人员的协商和参与

组织应建立、实施和保持过程，用于在职业健康安全管理体系的开发、策划、实施、绩效评价和改进措施中与所有适用层次和职能的工作人员及其代表（若有）的协商和参与。

组织应为协商和参与提供必要的机制、时间、培训和资源；及时提供对明确的、易理解的和相关的职业健康安全管理体系信息的访问渠道；确定和消除妨碍参与的障碍或壁垒，并尽可能减少那些难以消除的障碍或壁垒；强调与非管理类工作人员的协商；强调非管理类工作人员的参与。

（5）策划

①应对风险和机遇的措施

a. 危险源辨识及风险和机遇的评价

危险源辨识。组织应建立、实施和保持用于持续和主动的危险源辨识的过程。

职业健康安全风险和职业健康安全管理体系的其他风险的评价。组织应建立、实施和保持过程，以：评价来自已辨识的危险源的职业健康安全风险，同时必须考虑现有控制的有效性；确定和评价与建立、实施、运行和保持职业健康安全管理体系相关的其他风险。

职业健康安全机遇和职业健康安全管理体系的其他机遇的评价。组织应建立、实施和保持过程，以评价：提升职业健康安全绩效的职业健康安全机遇，同时必须考虑所策划的对组织及其方针、过程或活动的变更，以及使工作、工作组织和工作环境适合于工作人员的机遇和消除危险源和降低职业健康安全风险的机遇；改进职业健康安全管理体系的其他机遇。

b. 法律法规要求和其他要求的确定

组织应建立、实施和保持过程，以：确定并获取最新的适用于组织的危险源、职业健康安全风险和职业健康安全管理体系的法律法规要求和其他要求；确定如何将这些法律法规要求和其他要求应用于组织，以及所需沟通的内容；在建立、实施、保持和持续改进其职业健康安全管理体系时，必须考虑这些法律法规要求和其他要求。

c. 措施的策划

组织应策划相应措施以应对这些风险和机遇、满足法律法规要求和其他要求、对紧急情况做出准备和响应；在其职业健康安全管理体系过程中或其他业务过程中融入并实施这些措施、评价这些措施的有效性。

②职业健康安全目标及其实现的策划

a. 职业健康安全目标

组织应在相关职能和层次上制定职业健康安全目标，以保持和持续改进职业健康安全管理体系和职业健康安全绩效。

职业健康安全目标应：与职业健康安全方针一致；可测量（可行时），或能够进行绩效评价；必须考虑适用的要求、风险和机遇的评价结果、与工作人员及其代表（若有）协商的结果；得到监视；予以沟通；在适当时予以更新。

b. 实现职业健康安全目标的策划

在策划如何实现职业健康安全目标时，组织应确定：要做什么；需要什么资源；由谁负责；何时完成；如何评价结果，包括用于监视的参数；如何将实现职业健康安全目标的措施融入其业务过程。

（6）支持

①资源

组织应确定并提供建立、实施、保持和持续改进职业健康安全管理体系所需的资源。

②能力

组织应：确定影响或可能影响其职业健康安全绩效的工作人员所必须具备的能力；基于适当的教育、培训或经历，确保工作人员具备胜任工作的能力（包括具备辨识危险源的能力）；在适用时，采取措施以获得和保持所必需的能力，并评价所采取措施的有效性；保留适当的文件化信息作为能力证据。

③意识

工作人员应意识到：职业健康安全方针和职业健康安全目标；其对职业健康安全管理体系有效性的贡献作用，包括提升职业健康安全绩效的益处；不符合职业健康安全管理体系要求的影响和潜在后果；与其相关的事件和调查结果；与其相关的危险源、职业健康安全风险和所确定的措施；从其所认为的存在急迫且严重危及其生命或健康的工作状况中逃离的能力，以及为保护其免遭由此而产生的不当后果所做出的安排。

④沟通

组织应建立、实施并保持与职业健康安全管理体系有关的内外部沟通所需的过程，包括确定沟通什么、何时沟通、与谁沟通、如何沟通。

a. 内部沟通

组织应：就职业健康安全管理体系的相关信息在其不同层次和职能之间进行内部沟通，适当时还包括职业健康安全管理体系的变更；确保其沟通过程能够使工作人员为持续改进做出贡献。

b. 外部沟通

组织应按其所建立的沟通过程就职业健康安全管理体系的相关信息进行外部沟通，并必须考虑法律法规要求和其他要求。

⑤文件化信息

组织的职业健康安全管理体系应包括：标准要求的文件化信息；组织确定的实现职业健康安全管理体系有效性所必需的文件化信息。

a. 创建和更新

创建和更新文件化信息时，组织应确保适当的：标识和说明（如标题、日期、作者或文件编号）；形式（如语言文字、软件版本、图表）与载体（如纸质载体、电子载体）；评审和批准，以确保适宜性和充分性。

b. 文件化信息的控制

职业健康安全管理体系和本标准所要求的文件化信息应予以控制，以确保在需要的场所和时间均可获得并适用，得到充分的保护（如防止失密、不当使用或完整性受损）。

（7）运行

①运行策划和控制

为了满足职业健康安全管理体系要求和实施策划中所确定的措施，组织应策划、实施、控制和保持所需的过程，通过建立过程准则，按照准则实施过程控制，保持和保留必要的文件化信息，以确信过程已按策划得到实施，使工作适合于工作人员。

a. 消除危险源和降低职业健康安全风险

组织应通过采用下列控制层级，建立、实施和保持用于消除危险源和降低职业健康安全风险的过程：消除危险源；用危险性低的过程、操作、材料或设备替代；采用工程控制和重新组织工作；采用管理控制（包括培训）；使用适当的个体防护装备。

b. 变更管理

组织应建立过程，用于实施和控制所策划的、影响职业健康安全绩效的临时性和永久性变更。这些变更包括：新的产品、服务和过程，或对现有产品、服务和过程的变更；法律法规要求和其他要求的变更；有关危险源和职业健康安全风险的知识或信息的变更；知识和技术的发展。

c. 采购

组织应建立、实施和保持用于控制产品和服务采购的过程，以确保采购符合其职业健康安全管理体系。

承包方。组织应与承包方协调其采购过程，以辨识由下列方面所产生的危险源并评价和控制职业健康安全风险：对组织造成影响的承包方的活动和运行；对承包方工作人员造成影响的组织的活动和运行；对工作场所内其他相关方造成影响的承包方的活动和运行。

外包。组织应确保外包的职能和过程得到控制。组织应确保其外包安排符合法律法规要求和其他要求，并与实现职业健康安全管理体系的预期结果相一致。组织应在职业健康安全管理体系内确定对这些职能和过程实施控制的类型和程度。

②应急准备和响应

为了对危险源辨识中所识别的潜在紧急情况进行应急准备并做出响应，组织应建立、实施和保持所需的过程，包括：针对紧急情况建立所策划的响应，包括提供急救；为所策划的响应提供培训；定期测试和演练所策划的响应能力；评价绩效，必要时（包括在测试之后，尤其是在紧急情况发生之后）修订所策划的响应；与所有工作人员沟通并提供与其义务和职责有关的信息；与承包方、访问者、应急响应服务机构、政府部门、当地社区（适当时）沟通相关信息；必须考虑所有相关方的需求和能力，适当时确保其能响应参与制定的策划。

（8）绩效评价

①监视、测量、分析和评价绩效

组织应建立、实施和保持用于监视、测量、分析和评价绩效的过程。组织应确定：需要监视和测量的内容；适用时，为确保结果有效而所采用的监视、测量、分析和评价绩效的方法；组织评价其职业健康安全绩效所依据的准则；何时应实施监视和测量；何时应分析、评价和沟通监视和测量的结果。

合规性评价。组织应建立、实施和保持用于对法律法规要求和其他要求的合规性进行评价的过程。组织应确定实施合规性评价的频次和方法；评价合规性，并在需要时采取措施；保持对其关于法律法规要求和其他要求的合规状况的认识和理解；保留合规性评价结果的文件化信息。

②内部审核

组织应按策划的时间间隔实施内部审核，以提供下列信息：职业健康安全管理体系是否符合组织自身的职业健康安全管理体系要求，包括职业健康安全方针和职业健康安全目标，以及本标准的要求；职业健康安全管理体系是否得到有效实施和保持。

内部审核方案。组织应在考虑相关过程的重要性和以往审核结果的情况下，策划、建立、实施和保持包含频次、方法、职责、协商、策划要求和报告的审核方案；规定每次审核的审核准则和范围；选择审核员并实施审核，以确保审核过程的客观性和公正性；确保向相关管理者报告审核结果，确保向工作人员及其代表（若有）以及其他相关方报告相关的审核结果；采取措施，以应对不符合和持续改进其职业健康安全绩效；保留文件化信息，作为审核方案实施和审核结果的证据。

③管理评审

最高管理者应按策划的时间间隔对组织的职业健康安全管理体系进行评审，以确保其持续的适宜性、充分性和有效性。管理评审应包括对下列事项的考虑：以往管理评审采取措施的状况；与职业健康安全管理体系相关的内部和外部议题的变化；职业健康安全方针和职业健康安全目标的实现程度；职业健康安全绩效方面的信息；保持有效的职业健康安全管理体系所需资源的充分性；与相关方的有关沟通；持续改进的机会。

（9）改进

组织应确定改进的机会，并实施必要的措施，以实现其职业健康安全管理体系的预期结果。

①事件、不符合和纠正措施

组织应建立、实施和保持包括报告、调查和采取措施在内的过程，以确定和管理事件和不符合。当事件或不符合发生时，组织应及时对事件和不符合做出反应；在工作人员的参与和其他相关方的参加下，评价是否采取纠正措施，以消除导致事件或不符合的根本原因，防止事件或不符合再次发生或在其他场合发生；在适当时对现有的职业健康安全风险和其他风险的评价进行评审；按照控制层级和变更管理，确定并实施任何所需的措施（包括纠正措施）；在采取措施前，评价与新的或变化的危险源相关的职业健康安全风险；评审任何所采取措施的有效性（包括纠正措施）；在必要时变更职业健康安全管理体系。

②持续改进

组织应通过下列方式持续改进职业健康安全管理体系的适宜性、充分性与有效性：提升职业健康安全绩效；促进支持职业健康安全管理体系的文化；促进工作人员参与职业健康安全管理体系持续改进措施的实施；就有关持续改进的结果与工作人员及其代表（若有）进行沟通；保持和保留文件化信息作为持续改进的证据。

8.4 事故应急管理

从安全学的角度看，应急是指为避免事故发生或减轻事故后果及其影响需立即采取超出正常工作程序的行动。应急管理是指突发事件发生前后，组织采用各种方法，调动各种资源应对突发事件的管理。目的是通过提高突发事件发生前的预见能力和突发事件发生后的救援能力，致力恢复组织的稳定性和活力，及时、有效地处理突发事件，恢复稳定和协调发展。在本章中，突发事件特指突发安全事故。

8.4.1 应急管理过程

应急管理是一个动态的过程，根据事故生命周期模型理论，应对其潜伏期、爆发期、影响期和结束期四个阶段实施全过程综合性管理，包括预防、预备、响应和恢复四个阶段，如图8-4所示。尽管在实际情况中，这些阶段往往是重叠的，但它们中的每一阶段都有自己单独的目标，而且每一个阶段又是构筑在前一阶段的基础之上，因此预防、准备、响应和恢复的相互联系，构成了应急管理的循环过程。

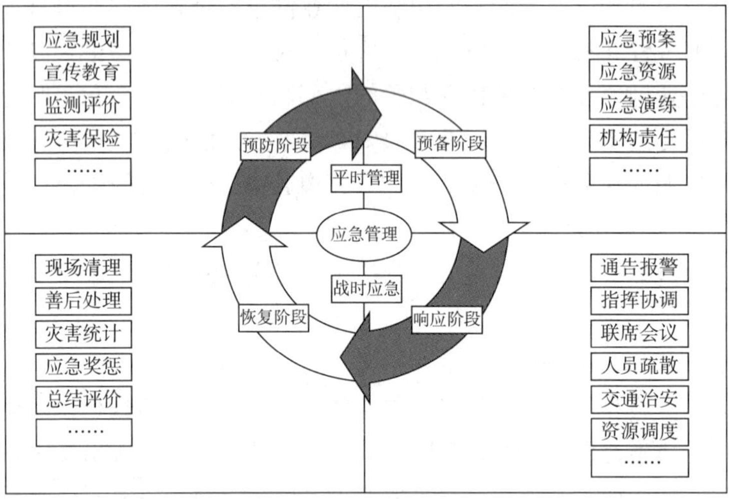

图8-4　应急管理的内涵

预防就是从应急管理的角度，防止紧急事件或事故发生，避免应急行动。如制定安全法律、法规、安全规划，强化安全管理措施、安全技术标准和规范，对员工、管理者及社区进行应急宣传与教育等。

预备又称准备，是在应急发生前进行的工作，主要是为了建立应急能力。它把目标集中在发展应急操作计划及系统上。

响应又称反应，是在事故发生之前以及事故期间和事故后立即采取的行动。响应的目的，是通过发挥预警、疏散、搜寻和营救以及提供避难所和医疗服务等紧急事务功能，使人员伤亡、财产损失、环境破坏以及其他影响减少到最小。

恢复工作应在事故发生后立即进行。它首先使事故影响地区恢复最起码的服务，使社区恢复到正常状态。要求立即展开的恢复工作包括事故损失评估、清理废墟、食品供应、提供避难所和其他装备；长期恢复工作包括厂区重建和社区的再发展以及实施安全减灾计划。

预备、响应和短期恢复工作，要求在政府部门和企业间协调和决策时具备熟练的战术，以便应对事故情况下的应急行动。长期恢复和减灾，则要求在计划、政策设计和采取降低风险行动以及控制潜在事故的影响方面，具有战略性的行动。在应急行动产生之前，预防和预备阶段可持续几年、几十年，乃至几百年；然而，如果应急发生，则导致随之的恢复阶段，新的应急管理又从预防工作开始。

8.4.2　应急管理特征

事故具有突发性、不确定性、后果（影响）易猝变、激化、放大的特点，所以事故应急管理具有紧急性和复杂性等特征。

（1）突发性

突发性是各类事故、灾害与事件的共同特征，有些突发事故没有任何可查的先兆，一旦触发，迅速发展蔓延，甚至失控。大量的资料表明，严重的事故灾难大多数是属于突发性的。如有毒有害、易燃易爆危险物质泄漏可能在很短的时间内发生，而且往往伴随着火灾或爆炸。为此，也必须在极短的时间内做出应急反应，在造成严重后果之前采取各种有效的防护、急救或疏散措施。

应急救援活动中经常会出现预想不到的情况，意外因素包括：首先是天气条件变化，虽然可以通过预报有所了解，但天气变化的剧烈程度，常常是难以预料的，尤其是局部的小气候，更难以把握。其次是自然灾害，如洪水、飓风、地震、泥石流、山体滑坡等。这些灾害的突然发生，给原有事故应急救援工作造成未曾预见的困难，不但加重事故损失的严重程度，还可使交通中断、通信受阻，救援力量分散，应急救援物质短缺等。很难预测的还有人为因素的变化，包括敌对分子的乘机捣乱和公众的失常行为。

（2）复杂性

应急工作的复杂性主要是源于事故、灾害或事件影响因素与演变规律的不确定性和不可预见的多变性，来自不同部门参与应急救援活动的单位在沟通、协调、授权、职责及其文化等方面存在的巨大差异，应急响应过程中公众的反应能力、心理压力、公众偏向等突发行为的复杂性等。这些复杂因素，都应该在应急活动中给予关注，并要对其引发的各种复杂情况作出足够的估计，制定出随时应对各种复杂变化的相应方案。

（3）挑战性

应急管理的挑战性体现在4个方面：①在任何领域事故都有可能发生，而且每次发生都各式各样；②有些事故前所未有，对其应对无章可循，需要因势而变，灵活处置；③近年来由于多种原因促成事故发生频次增加，形成的规模越来越大，影响的范围有国际化的趋势，造成的危害程度越来越严重；④对应急管理缺乏强有力的理论支撑，需要在实践中不断积累经验和知识。

（4）社会性

事故带来的危害是全社会性的，政府作为整个社会的管理者，预防、处置事故是其义不容辞的职责，作为应急管理的核心，政府需要统率社会共同开展事故的应对工作。尽管政府具有绝对的资源和各方面的优势，如果单靠政府的力量，要做好应急工作是非常困难的，也肯定是做不好的。①应急工作不仅涉及社会的各个阶层和不同团体，而且涉及社会的每个成员，需要社会的共同参与。②在事故发生后，需要临时聚集大量的资源。政府掌握的资源不可能是无限的，尽管有事前的资源准备，但不可能做到充分准备，必须要依靠和借用社会上已有的优势资源及其他资源，保障处置事故的资源供给。③一方有难，八方支援。目前重大事故的应对，不但要依靠本地区、本城市、本国的力量，还要依靠国际性组织和其他国家的支持，形成世界范围的共同抗灾力量。

（5）多样性

应急管理多样性体现在应急工作的各个方面。①应急工作有常态和非常态之分，也可分为日常、预警和处置三种工作状态。②有些事故发生之前，几乎没有任何前兆，没有预警就已出现。主要原因是目前人类还缺乏有力的科学技术手段为其潜伏期的各种异常因素提取提供支持，这样，预警工作状态在应急工作中就不会出现。③参与各种事故响应的应急机构是各不相同的，需要依据事故的类型、状态、规模等情况来决定。如果事态发生变化，应急机构就需要做相应的调整，其管理是一个动态的过程。

（6）预防性

应急管理应以预防为主，在事故潜伏期或爆发之前，通过各种行之有效的工具和手段，消除引发事故的导火索，或者通过引导方式使其逐渐释放积累的力量，不能形成事故。这样可完全避免事故爆发后造成的巨大危害，节省大量的人力、物力、财力资源开销。从某种意义上讲，预防是一种事前的控制行为，是一种积极主动出击的工作方式，将危害消灭在萌芽中；而响应是一种事中控制行为，是一种防御性的做法，危害已经造成，只是如何减少危害的问题。可见，预防是应急管理最重要的一环。

（7）长期性

应急管理过程本身就是一个预防、准备、响应、善后和改进循环往复、不断重复的连续过程，也是一个逐步完善、不断进步的过程。从全面综合应急管理来看，既要涉及各种事故的应对，又要涉及政府、非政府组织、企业和社会公众的组织，应急管理包含的内容繁多。因此，应设置专门的管理部门，保证应急工作的连续性和长期性。

（8）具体性

事故来势突猛，危害严重，具有不确定性。因此，要求应急管理工作应尽可能具体化，包括运作流程、工作程序、任务执行、资源调动等需要提前进行设计和安排，以保证在应急响应过程中政令畅通，信息快速准确传递，行动步伐协调一致。在应急管理工作中，部门和人员职责和权力应具体、清晰和明确，尽可能多的采用定量化的管理方式，减少定性化的管理内容。

（9）全局性

随着时代的变迁，应急管理已从单一的管理方式向全面综合的管理方式转变。因此，应急管理应立足于整个城市社会，站在全局的角度去考虑问题。在应对事故时，各组织、部门、个人要有全局意识，个人利益要服从集体利益，局部利益要服从全局利益。在考虑问题时要以大局为重，实现整体利益和效能的最大化。

(10) 多变性

事故、灾害与事件从整体上是小概率事件，但一般后果比较严重，大多能造成广泛的公众影响。由于事故具有社会性和不确定性以及伤害后果严重（危及人身生命安全）的特点，事故的后果与影响一般很难预测，应急处理稍有不慎，就可能改变事故、灾害与事件的性质，使平稳、有序的和平状态向动态、混乱和冲突方面发展，引起事故、灾害与事件波及范围扩展，卷入人群数量增加和人员伤亡与财产损失后果加大。猝变、激化与放大造成的失控状态，不但迫使应急响应升级，甚至可导致危机出现。

8.4.3 事故应急管理体系

(1) 事故应急管理体系要素与特征

应急管理体系，是指在政府（企业）的领导下，以法律、法规、制度、政策为准绳，全面整合各种资源，制定科学规范的应急机制，建立以政府为核心，社会共同参与的组织网络，预防、回应、化解和消除各种事故，提升应急能力，保障公共利益以及公民生命、财产安全，保证正常运转的工作系统。从某种意义上讲，应急管理体系本身就是通过对组织、资源、行动等应急要素进行整合而形成的一体化系统。

①事故应急管理体系要素

管理包括计划、组织、领导和控制四大职能，应急管理也不例外。在应急管理中，需要细化各项管理职能的内容，以适应应急管理的要求。

a. 应急规划

应急规划是安全生产应急管理工作的先导。应急规划是应急管理工作的出发点。应急规划是从整个系统环节考虑应急管理问题，用于修正、指导和规范安全生产应急管理工作，避免出现严重的、不可逆转的、不合理的安全问题或隐患，防止事故发生或事故发生后进行有效处置。管理职能要求，做任何事情都应有计划或规划。缺乏有效的计划，行动将陷入盲目和无序的状态。应急规划是战略的一部分，应依据现有事故状况、事故类型、应急资源供给情况，以及自然、地理、经济、人口因素，制定事故应急规划，形成应急工作的目标、指导思想、工作内容，为开展事故应急活动指明方向，减少未来变化造成的冲击，确保应急资源得到合理充分的利用，保证对事故的有效处置。

b. 应急体制

应急体制不同于一般的组织形式，包含众多的社会组织、部门和个体，具有军事化组织的特征，强调统一领导、统一指挥、统一行动的一体化集权领导，可分成常态工作机构与非常态工作机构，常态工作机构的结构、人员、工作内容比较稳定，具有一般组织的特点和工作方式。非常态工作机构是预先设立或按照一定原则构造的事故响应组织，其结构是动态的，需要根据特定的事故情况进行组合和调整，除培训演练和应急响应外，平时处于待命状态。

c. 应急法制

现代社会是法制的社会，一切工作、活动都要依法行事，制定应急法律法规及相应的政策和预案是保障应急活动顺利、有效开展的前提条件。从法律的高度，明确各种组织在应急活动中的职责、权利和义务，规范工作人员在应急活动中的行为，规范行政紧急权力的行使，实现正规化、法制化的应急管理。完备的应急法律法规体系使法治在紧急状态下得以延续，保证在应对各种事故时有法可依，及时控制事态的发展，恢复正常的生产和生活秩序以及法律秩序，维护社会公共利益和公民合法权益。

d. 应急机制

事故应急管理体系是一个庞大的、开放的和规模化的系统，比一般的组织结构要复杂。为保证体系正常与高效运转，应按照科学的管理方法，在对事故、应急活动和应急管理深入研究的基础上，建立相应的运行机制，形成高效、灵活和有机的组织运转模式。一个好的、科学的运行机制将大大提高社会整体的应急能力。

e. 应急预案体系

应急预案体系是应急管理工作的前提和基础。为了正确应对处置各企业在作业过程中，由于设备故障、操作失误或不可抗力等因素可能引起的各种火灾事故以及其他事故，而预先制定应急行动方案。应急预案是应急响应过程中的指导性文件，是有效组织应急救援行动的必要条件。为了有效组织区域范围内的应急救援行动，需建立从宏观区域综合预案到微观重大危险源企业现场应急的应急预案体系，并通过定期演练和采用相应的绩效评估方法进行应急预案绩效水平的评估，以指导应急预案的更新。

f. 应急资源

应急资源是安全生产应急管理的最基础性保障。资源管理包括人力保障资源、资金保障资源、物资保障资源、设施保障资源、技术保障资源、信息保障资源和特殊保障资源的管理，涉及资源的配置与储备，资源的维护、补充与更新，资源的调用与补偿等内容。事故的应对过程也就是社会应急资源重新部署和集中的过程，因此高效的资源管理工作对应急响应工作是非常重要的。资源要合理配置以实现城市资源的最优化利用。如果资源配置不到位，应急活动的能力将受到限制；如果资源配置过剩，不仅会造成社会资源的浪费，影响城市的整体发展，而且会加大应急管理工作的难度，不利于应急活动的开展。

信息管理应属于资源管理的范畴，但由于信息管理与其他资源管理在管理和使用过程中又不尽相同，因此，单独作为一项管理内容更显其重要性。信息保障资源分为事态信息、环境信息、资源信息和应急知识，来源于各种信息的载体，需要时时更新，真实反映实际的情况。信息本身存在着隐含性和相互之间的关联性，可通过不同层次的整合分析得到解决问题所需要的支持内容。

g. 平台建设

应急平台是实现应急管理的技术手段。“科技兴安”是现代社会工业化生产的要求，是实现安全生产的最基本出路。应急管理是企业管理、科技进步的综合反映，应急管理需要科技的支撑，实现科技兴安是每个决策者和企业家应有的认识。安全科技水平决定应急管理的保障能力。因此，信息技术（如 GIS、GPS 等）是事故应急的重要手段，只有充分依靠信息技术的手段，生产过程的安全乃至应急管理才有根本的保障。应急平台是应急组织开展应急工作的支撑环境，是众多部门共同协调工作的平台。应急平台是事故应急管理体系现代化程度的技术标志，是一个开放的庞大系统，融合了多种现代科学和技术，既有软科学的内容，又有硬科学的内容，可实现技术、信息、资源和管理的综合，主要包括应急指挥中心、移动应急指挥系统、无线指挥调度系统、应急决策支持系统、信息共享交换平台、安全保护体系等。

②事故应急管理体系特征

应对现代事故，特别是重大事故，需要广泛动员各种组织和力量参与，需要统一指挥、统一行动，需要各方面相互协作、快速联动，需要有技术、物资、资金、舆论的支持和保障，需要有法律和政策的支持。因此，应急管理体系有许多独有的特征。概括来讲，应急管理体系一般具有以下特征。

a. 政府主导、社会参与、多元运作

政府作为公共事务的管理者、公共秩序的维护者，肩负着保障公共安全的神圣职责，拥有其他任何社会组织无可比拟的各种资源优势，在应对事故中必然起着主导作用。但在面对各种各样的事故时，仅靠政府的力量和资源是远远不够的，是很难做到全面、快速、准确、高效的应急响应和事件处置，必须充分发挥社会上其他力量的作用，整合全社会的应急资源，实现全社会的共同参与。在事故应急管理体系中，不仅要包括非政府组织、新闻媒体、研究机构、企业和公众，而且要与周边地区、国际相关组织形成广泛的合作，共同应对事故。

b. 依法行事、责权明确、风险共担

应急法律法规体系是应急管理体系最重要的组成部分，也是应急管理体系构建的基石。在应对事故的过程中，每个组织和参与者都应有明确的分工和责权，必须在法律法规限定的范围内，行使自身的权利，履行规定的义务，共同承担事故所带来的风险，绝不可逾越法律的规定随意滥用职权，损害社会公共利益。

c. 统一指挥、分工协作、快速响应

在应急状况下，时间紧迫，必须分秒必争。任何时间的延误和行动的失误，都可能造成不可挽回的损失。因此，必须统一行动，采取统一领导、统一指挥和部署的应急管理工作方式。各部门应分工明确，相互配合，协同作战，实现对事故的快速响应。

d. 统筹规划、共享资源、共享信息

对应急管理体系涉及的应急力量、应急资源和响应行动实行统筹规划，制定长期、中期和短期的应急规划，既包括战略层面的规划，也包括战术层面的方案。将分散的力量、资源和信息通过有效的运行机制和先进的科学技术实现全面的整合，实现资源和信息的共享，实现各种资源的充分利用，提升整体的应急能力。

e. 技术统一、设备先进、设施齐全

应急管理体系应制定统一的技术标准，保证信息快速和有效的沟通，确保通信网络的畅通；配备现代化的应急设备，实现对事故的快速响应和控制；配有先进的应急装备，保障应急工作的顺利进行；具备完整的应急设施，为应急处置提供保障。

f. 透明管理、正确引导、信息公开

在事故的应急管理中，应实施透明化的管理，及时向社会通报应急管理工作的状态。特别是在事故响应期间，及时向社会披露事件的真相和各种活动的进展状况，正确引导媒体和舆论的走向，做到信息公开，杜绝小道消息和流言蜚语的传播，以利于民众的参与。

g. 多种形式、增强意识、提高能力

通过大众媒体、教育系统和公益设施等形式，开展应急知识培训、宣传、教育，引导民众积极参与各项应急活动，不断增强公众的应急防范意识，提高社会整体的应急能力。

（2）事故应急管理体系建设原则

应急管理体系建设是一项庞大的系统工程，需要全社会的共同参与，从规划、组织、设计到实施一般要经历较长的一段时间。在应急管理体系初步建成之后，需要依据外部环境的变化进行不断的调整和完善，保证应急管理体系与外部环境的动态匹配。在应急管理体系的建设过程中，应遵循下述原则。

①完整性原则

应急管理体系应是一个相对独立的运行体系，尽管体系内的许多要素分散在不同的政府部门和社会组织，但在应急管理的过程中必须按照一定的管理程序进行管理。在应急管理体系建设中，要完成组织、行动、资源、信息的全面整合，形成时空绝对分散和相对集中的运行实体。

应急管理体系应当涵盖事故应急管理的各个环节，包括事故的预防、预备、响应和恢复各个阶段。应急管理体系框架覆盖范围应当全面，应该涉及建设项目的整个生命周期，不能留有空白。

②层次性原则

应急管理体系是针对事故的作战体系，时间的重要性是不言而喻的。为达到对事故及时、快速、准确、高效的响应，有效、合理、充分利用各种资源，需要对应急管理体系中的各种要素进行分层分级。比如组织体系分层、事故分级、应急资源分类等。只有这样，一旦遇有事故发生，才能迅速组织队伍，调动资源，进行及时处置。

③适度性原则

每个应急体系所涉及的地理位置、环境条件、经济发展、人口状态、规模、管理方式、应急能力各不相同，应该根据各自的具体情况，在满足事故要求和适应整体发展的基础上，建立应急管理体系。过度的投入会带来人力、物力、财力等资源的浪费，加重费用开销，影响正常发展。

应急管理体系应当科学合理，要按照应急管理体系内在的结构、联系和层次，在安全科学技术及实践经验的综合基础上，构建科学的体系。同时，应急管理体系不能脱离当前的经济与技术发展水平，以及政府和企业现有的实际应急能力。

我国安全生产应急管理工作的起步晚于发达国家近 30 年，政府、企业和群众的现有应急能力相对较弱，应急管理体系也处于构建阶段，应急管理体系的制定应当与我国当前现有的体制、职能以及实际情况相适应。应急管理体系与国家安全生产应急管理体系有着非常密切的关系，应急管理体系的构建应当以现有体系为前提和基础。

④开放性原则

事故应急管理体系是国家应急管理体系组成的一部分，是一个开放性的体系。一方面要能与国家应急管理体系要素实现有机的结合，在事故处置中，充分利用国家的应急力量和应急资源，在出现国家级事故时，为国家提供应急力量和应急资源；另一方面要能与其他和周边地区事故应急管理体系要素实现有机的整合，实现上下级之间、地区之间的合作互助，携手应对事故。

⑤发展性原则

随着应急管理研究的不断深入、科学技术的不断进步以及规模的不断壮大，为适应新的情况，应急管理体系也应得到不断补充、完善和发展。在建设应急管理体系时，要充分考虑今后的发展，在承载能力、技术体制、管理机制等方面要能适应发展的要求。

把握当前与长远、现实与需求、人与自然、人与社会可持续发展的关系，以现行安全生产应急管理体系为主、兼顾未来，既做好宏观应急管理体系建设，又做好微观体系结构性建设。应急管理体系来源于科学技术的转化，随着科学的发展、技术的进步、管理手段的创新，应急管理体系框架应当适应潮流的发展，不断更新和充实。

⑥结构性原则

应急管理体系必须能够应对各种形式、不同级别的事故。对于特定的事故，其响应组织、调用资源、处置措施等都不尽相同。因此，应急管理体系内的要素应采用结构化的设计思想，能够根据具体情况，实现组织、行动、资源、信息的快速整合，实现对事故的迅速响应。

⑦重点性原则

应急管理的目的是最大限度地减少人员伤亡、财产损失和环境破坏，维护人民群众的生命安全和社会稳定。应急管理体系的核心是要明确规定事故发生之前、中和后，保护人身、财产和环境安全的各项重要内容，如应急预案、三制（体制、机制、法制）等方面的规定。由于我国化学事故应急管理体系基础薄弱，为此应该确定应急管理体系建设的重点，如应急预案、三制。

⑧协调性原则

应急管理体系涉及铁路、海事、消防等很多部门、行业和企业，涉及不同层面的政府和地区，包括很多具体的工作。应急管理体系要注意与其他体系的协调，要注意适应不同层面政府和部门的需要，要明确在应急管理体系内部的定位，要协调好系统内部各项具体工作。

(3) 事故应急管理体系建设模式

应急管理体系建设是一个复杂、巨大的系统工程，为此应该有一个整体的规划来指导其建设。同时，一旦发生事故，后果极其严重，为此应该借助现代化信息技术手段，建立综合性应急平台，提高应急管理水平和效率。因此，以下 7 个方面的内容，构成了应急管理体系建设模式：1 个系统的安全规划；1 个完整的应急预案体系；3 个保障应急工作顺利运行的内在制度（应急体制、应急机制、应急法制）；1 个资源保障体系；1 个综合、实用的应急指挥信息平台。应急管理体系模式，实际上是在新的时代条件下和新的要求下对“一案三制”的深化与发展。应急管理体系建设模式框架见图 8-5。

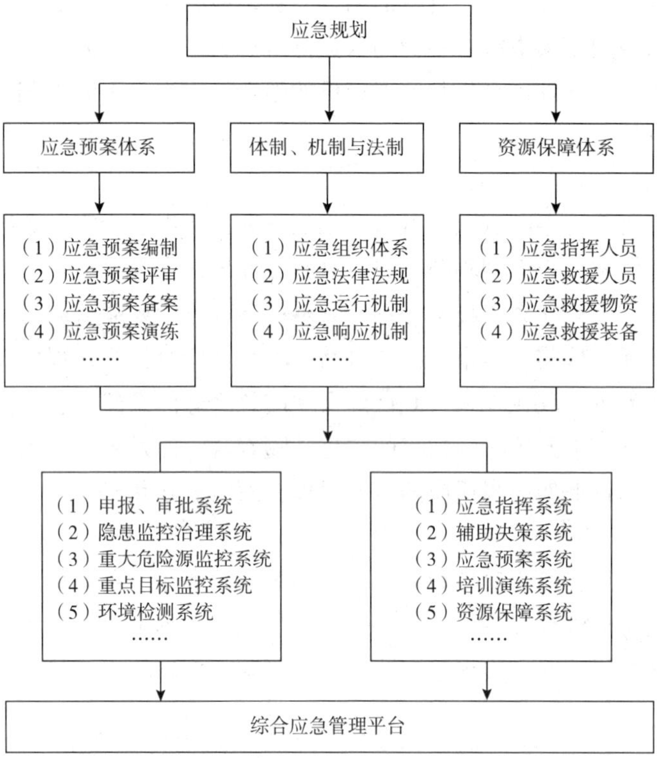

图 8-5　应急管理体系建设模式框架

应急管理体系模式中各要素既相对独立，又是一个有机统一的整体，相辅相成甚至互为条件。安全规划是灵魂和统帅，是安全生产工作基础中的基础，是安全生产工作的指向，其他的各个要素都应该在安全规划的指导下展开。安全规划又是其他各个要素的目的和结晶，只有在其他要素健全成熟的前提下，才能制定出切实可行的、真正体现“以人为本”的安全规划。应急预案体系是应急管理工作的行动指南，是应急管理工作的基础。应急体制、法制、机制是安全生产应急管理工作的组织保障，是应急管理工作进入规范化和制度化的必要条件，是开展其他各项工作的保障和约束；应急平台是保证安全生产经济管理工作现代化的工具、手段，为其他各个要素能够开展工作提供技术保障。安全规划、应急预案体系、应急三制等是应急管理体系建设的基础，应急平台是应急管理体系建设的最终落脚点。

应急管理体系分为引导层、业务层、支撑层三个层次，形成一个有机的整体。从理论上讲，应该按照从上到下顺序建设才符合逻辑，但是，由于每个体系的具体情况不同，在操作时各不相同。有些在借鉴其他经验和模式的基础上，采用齐头并进的方式；有些是从中间开始做起，采用先工作后完善的方式。

①制定事故应急战略和规划。由有关政府部门负责，起草事故应急管理体系的基本要求和内容，将其纳入国民经济和社会可持续发展战略之中，成为未来的一项主要工作内容。在此基础上，组织政府部门、科研机构、企业和专家对现有状况进行详细调查和研究，对整体宏观状况开展分析，对可能出现的事故进行聚合归类和案例分析，对现有应急能力和应急资源状况进行梳理。然后制定事故分类分级、应急能力分级和应急资源分类评价指标体系，对事故、应急能力、应急资源状况进行评估，找出事故面临的威胁和存在的问题，以及未来的应急需求。由此制定事故应急管理体系的详细、具体、可行战略，制定出具体的行动规划。

②建立事故应急组织体系。首先成立由最高政府直接领导的常设应急管理机制，根据事故应急的战略和具体行动计划，组织政府部门、科研机构、企业和专家制定专项规划，包括组织规划、资源规划、运作平台建设规划等。根据组织规划内容，确定事故应急组织体系结构，明确部门和岗位的职责和权力，确定相互之间的协调方式，形成具有常态应急管理和非常态应急管理、贯穿统一指挥原则的应急组织体系。

③建立事故应急管理机制。在事故应急管理体系建设的同时，常设应急管理机构应着手组织政府部门、科研机构、企业和专家开始制定事故应急管理机制，待事故应急组织体系形成后，列入常态应急管理工作内容。其实，组织时一边运行，一边建立相应的机制，是一个互动的、不断完善的过程。

④构建事故应急保障资源系统。构建事故应急保障资源系统与建立事故应急组织体系、建立事故应急运行机制、建设事故应急平台是交织进行的，尽管有先后之分，但互有重叠。应急保障资源包括人力保障资源、资金保障资源、物资保障资源、设施保障资源、技术保障资源、信息保障资源和特殊保障资源等，应急保障资源系统对资源的配置、储备、布局、优化、调用等方面形成具体规划、措施和办法，成为应急管理体系的动力源。

⑤建设事故应急平台。事故应急平台要适应事故应急管理体系的需要，应满足应对事故的应对要求。事故应急平台包括的内容很多，很难做到一步到位，应采取分阶段、分步骤、分系统、分批投入逐步建设的方式，由小到大逐步完善。

⑥制定常态和非常态管理工作内容和程序。依据应急管理工作的内容和要求将应急管理工作分成常态应急管理工作和非常态应急管理工作，并制定相应的工作内容和程序。由于事故有着极强的时间序列性，因此将应急管理工作按照生命周期理论来划分似乎更好理解。以及管理可分为预防、准备、响应、恢复 4 个阶段的管理工作，其中预防、准备、恢复属于常态应急管理工作的范畴，响应属于非常态应急管理工作的范畴，这些应急管理工作阶段会出现重叠交叉的现象。预防包括应急法律、法规、标准和制度建立，事故应急规划制定，应急宣传教育，日常安全监测监察等；准备包括应急预案编制、应急培训、应急演练、资源储备、互助合作等；响应包括报警与通告、指挥与控制、资源调动、信息发布等；恢复包括基本正常生活条件的恢复、基本社会环境设施的恢复、基本商业活动的恢复、环境污染的处理、保险业务的开展、社会心理的调整等。

思考题

1. 简述安全管理的产生和发展过程。
2. 安全管理原理有哪些？
3. 简述安全管理模式的发展历程。
4. 什么是目标管理？企业应该如何进行目标管理？
5. 制定安全目标应遵循哪些原则？
6. 什么是职业安全健康管理？有哪些主要要素？
7. 应急管理有哪些特征？

第9章 安全信息学原理

9.1 安全信息学形成与发展

安全信息学是一门信息科学与安全科学的新兴交叉学科，还极其年轻。据考证，安全信息学诞生于20世纪中叶，最初主要被应用于安全数据（特别是事故数据）的规范化管理。随着信息科学与安全科学研究的不断突破，安全信息学的形式和内容在不断发生着质的飞跃。其实，安全信息学发展具有阶段性，可将安全信息学发展划分为4个典型时期：萌芽阶段、初兴阶段、形成阶段与深化发展阶段。

9.1.1 萌芽阶段（1940—1980年）

安全信息学的起源可以追溯至早期的事故数据信息统计研究。早期的典型事故数据信息统计研究成果有：

（1）事故频发倾向理论

在1919年，英国的Greenwood与Wood两位研究者通过统计分析许多工伤事故发生的次数与有关数据，发现工人中的某些人较其他工人更容易发生事故。后经1926年Newboid与1939年Fanner等研究，逐步提出事故频发倾向理论。

（2）“1：29：300”安全法则（又称为“海因里希法则”）

1941年，海因里希对55万起机械事故数据信息进行了统计分析。经分析，得出一条重要结论，即重大伤亡事故次数：轻微伤害事故次数：无伤害事故次数=1：29：300，这就是“1：29：300”安全法则。至此，即20世纪40年代以来，统计学和数学方法被用于分析安全数据信息，特别是事故数据信息。例如，早在1948年召开的国际劳工组织会议就将伤亡事故频率与伤害严重率作为事故统计指标。

20世纪60年代中期开始，安全信息（特别危险物质或高危行业的安全信息）逐渐得到安全界（特别是美国安全界）关注。例如，国际职业安全与健康信息中心在1958年左右已经建立。20世纪70年代初开始，安全信息方面的研究与实践得到国外安全学者、实践者和相关机构的普遍关注，并初步开展一些具有学理性的研究。例如，从1974年1月开始，国际职业安全与健康信息中心（CIS）为改进安全信息服务开展了一系列研究，如CIS数据库的计算机化和包含主题索引的摘要公报的制作，以及一些用户可用的附加服务。

9.1.2 初兴阶段（1980—1990 年）

20 世纪 80 年代以来，信息技术快速发展并在各领域（包括安全领域）得到广泛应用。由此，国内外不断出现信息科学及信息科学分支（如遥感信息科学、地球信息科学、医学信息科学与生物信息科学等）等新的学科和学术名词。鉴于此，从 20 世纪 80 年代初开始，安全信息学方面的研究与实践工作也得到了国内外安全界的广泛关注，特别是开始重点关注安全信息（尤其是高危行业的安全信息，如化工安全信息）的供给问题。在这一阶段，一些典型的安全信息方面的研究实践成果举例如下。

1983 年，Beck 与 Feldman 对来自美国农业、科学与教育管理局的 574 名安全与健康管理人员进行了一项调查，旨在了解他们对与工作有关的安全与健康信息的需求问题。研究表明，管理者对自身安全防护能力的信念、需要信息的严重性、需要额外信息的可能性以及这些信息的有用性是安全和健康信息寻求的重要预测因子。

1983 年，我国研究者武殿奎开展安全信息的反馈处理研究。他指出，安全信息的反馈处理是保证企业安全生产的重要方面。他的具体描述是：“企业的安全技术科应是企业的安全信息处理中心，根据事故发生规律模型和防范措施系统的基本理论，不断发现和消除劳动生产过程中的事故隐患，采取防范措施，使安全信息反馈循环不已，安全工作也就不断地向前推进。”

20 世纪 80 年代后期，计算机被用来分析和管理各类安全信息，安全管理信息系统应运而生。据考证，从 1987 年开始，人们开始关于安全管理信息系统研发的研究及实践探索。同时，在 20 世纪 80 年代后期，安全信息服务（包括安全信息供给）和安全信息管理也引起广泛关注。

9.1.3 形成阶段（1990—2010 年）

自 20 世纪 90 年代开始，安全信息方面的研究成果层出不穷。在我国虽然安全信息研究起步较晚，安全信息研究成果也在这一时期进入快速增长期。单就我国而言，自 20 世纪 90 年代开始，安全信息方面的实践工作也得到了快速发展。例如，20 世纪 90 年代劳动部开展“安全信息管理系统”软件开发项目，在国家有关部门得到了应用。1992 年，全国总工会建立职业安全与卫生信息培训中心。

2000 年以后，我国开始大力推进安全生产信息化工作。例如：国家安全生产监督管理局于 2001 年 8 月组建以来召开了第一次全国安全生产信息化工作会议；在 2003 年 12 月发布的《国家安全生产发展规划纲要（2004—2010 年）》中，主要任务的第 5 项是“加快安全生产信息化建设”，规划实施的重大工程的第 7 项是“安全生产信息化建设工程”；2004 年 6 月 6 日，经中央编办批准，安全生产信息研究院正式成立；2005 年“国家安全生产信息系统建设项目”经国家批准立项审批通过，并全面开展了项目建设；2007 年 8 月 8 日，国家安全监管总局印发《国家安全生产信息化“十一五”专项规划》。同时，在这一时期，我国的航空、冶金、煤矿、化工和石油天然气等行业，逐步开发了事故管理系统、安全培训系统和安全管理系统等安全信息软件。

在这一阶段，人们逐渐从安全信息研究的某一方面发展到安全信息一般规律的研究。安全信息学以安全信息及其运动规律作为自身的研究对象，安全信息学研究者广泛探索安全信息及其运动的普遍规律，并以控制安全信息运动为己任。这一时期的安全信息研究涉及安全信息的发生、转换、传递、接受、演变和安全信息的探索、收集、获取、存储、处理、开发和利用等综合安全信息问题。由此可见，在这一阶段，安全信息学已初步成为一门专门的学科领域。

9.1.4 深化发展阶段（2010 年至今）

由上可知，现代的安全科学发展已经离不开信息科学技术，信息科学技术也已经渗透到安全科学领域的各个方面，从而有了各种安全科学与信息科学技术结合的产物，同时也产生了安全信息学——信息科学与安全科学的交叉科学。特别是在高度信息化和智能化的今天，安全信息在安全科学研究与实践中的地位日趋重要。正因如此，安全信息学便应运而生。

目前，“信息就是安全，安全就是信息”已成为信息时代的一条最基本和最重要的现代安全管理理念。由此表明，“I（Information）”安全管理时代已经到来，且全面实施“I”安全管理手段已是大势所趋和安全科学研究实践所需。正因如此，安全信息学的深化和发展已成为安全科学与信息科学拓展的历史必然。自 2010 年以来，安全信息学的研究成果不断涌现，研究的学理性、深度和广度均在不断深化，这有力推动了安全信息学的深化发展。

近年来，安全信息学的成果已广泛应用于安全监测检测、安全预测预警、安全培训教育、安全监督管理和应急救援处置等领域。随着新的安全信息技术、方法和软件进入安全专业人员的日常工作，安全专业人员必须不断学习新的知识和技能，并将其用于安全管理。在安全管理工作中，安全专业人员需要详细记录各类安全信息，并与相关安全参与者和利益相关者进行高效沟通。在过去，满足这些要求较为困难，因为系统化采集、存储和检索安全信息的标准尚未确定。而今，信息技术，特别是计算机系统、大数据技术和智能技术的发展，可有效帮助安全专业人员应对这些挑战。

9.1.5 安全信息学

安全信息学是研究安全信息现象及其运动规律的科学。安全信息学是以“系统安全管理失败的根本原因可统一归为安全信息缺失”为基本理论依据，以安全信息为研究对象，以全部安全信息运动过程的规律为研究内容，以安全科学和信息科学为学科基础，以解决系统安全管理过程中的安全信息缺失问题为侧重点，以实现与拓展系统安全行为主体，以系统安全信宿（人）的安全信息功能为直接研究目标，以实现基于安全信息的系统安全行为干预为最终研究目的一门新兴交叉综合学科。

安全信息学的基本内涵是指在安全科学领域研究与实践中，以安全科学知识体系为根本基础，融合信息科学理论与方法，应用计算机科学、数学、统计学与管理学等中的各种工具与方法，研究安全信息运动过程（包括安全信息的产生、收集、整合、存储、检索、研究、报道、服务与利用等安全信息活动过程）的规律和方法手段，最大限度地优化系统安全行为主体的安全信息行为，即指导和促使系统安全行为主体最大限度地阐明和理解大量安全信息（包括安全数据）所包含的安全科学意义，并充分利用认识论安全信息，以期解决系统安全管理过程中的安全信息缺失问题，并为基于安全信息的系统安全行为（包括安全预测行为、安全决策行为与安全执行行为）干预提供理论依据与方法，从而进一步发展安全科学理论与方法，为安全科学研究、实践与发展提供新理念、新理论与新方法，并加快安全科学的现代化发展。

9.2 安全信息

9.2.1 基本概念

（1）信息科学

信息科学是将信息作为研究对象，研究信息的特点及活动过程和规律的一门科学或学问。就一般生物而言，信息运动的基本过程（基本信息活动）可用图9-1进行形象地阐释。人作为生物的一种，人的基本信息活动同样包括信息获取、信息传递、信息处理与加工、信息使用等过程。若进行进一步分解，其中信息获取可分为信息感知、信息识别、信息提取等子过程；信息传递又可分为信息变换、信息传输、信息交换等子过程；信息处理与加工可分为信息存储、信息检索、信息分析、信息加工、信息再生等子过程；而信息使用则可分为信息转换、信息显示、信息调控等子过程。

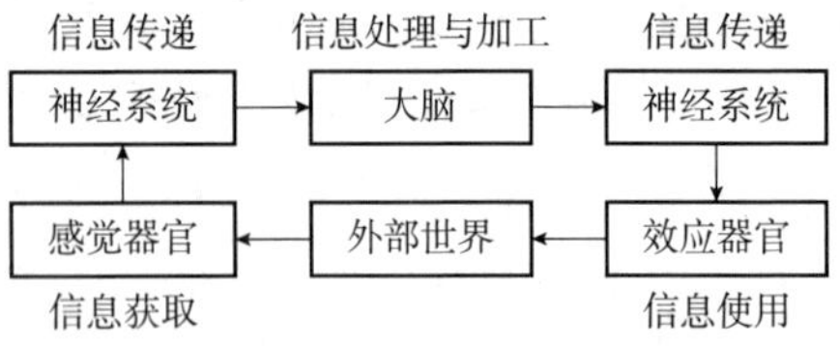

图9-1　信息运动的基本过程（基本信息活动）

（2）安全信息

安全信息作为安全信息学的研究对象，是安全信息学的最基本和最重要概念。

①本体论安全信息

本体论安全信息是指系统安全状态及其变化方式的自身显示。细言之，安全信息是表征系统安全状态及其变化方式的信息集合。就该本体论安全信息定义，需着重说明以下几点：该定义中所说的“系统”包括系统内的所有与安全相关的人、物和事；该定义中所说的“安全状态”是指系统在特定时空中呈现的相对稳定的安全状况和态势；该定义中所说的“安全状态改变的方式”是指系统的安全状态随时空的变化而变化的动态样式。显然，本体论安全信息的表述者是系统本身。因而，本体论安全信息仅与系统本身的因素有关，而与安全信息认识主体的因素无关。

②认识论安全信息

认识论安全信息：任何安全信息认识主体（即安全信宿）关于某系统的安全信息，是安全信息认识主体所表述的该系统的安全状态及其变化方式，包括安全状态及其变化方式的形式、含义和效用。

认识论安全信息的表述者是安全信宿，它既与系统本身的因素有关，也与安全信宿的因素有关，是主观（认识主体）与客观（系统客体）相互联系、相互作用的结果。需指出的是，根据“全信息”的定义，认识论安全信息本质是一种典型的“全信息”类型，这是因为它同时涉及了系统的安全状态及其变化方式的形式（称为语法安全信息）、含义（称为语义安全信息）和效用（称为语用安全信息），即它们三者的有机统一体。

从科学层面出发，基于上述安全信息的定义，对安全信息的含义进行简要释义。

安全信息具有整合功能，安全信息是安全科学中普遍存在的研究对象。从系统的角度看，安全科学的具体研究对象是系统内的所有与安全相关的人、物和事，安全科学的研究对象也可统一概括为所有与安全相关的人、物和事，而安全信息作为与安全相关的人、物和事的安全状态及其变化方式的表征。由此观之，安全信息可将所有安全科学研究对象整合为一体，即安全信息是安全科学所有研究对象的集合体，是安全科学中普遍存在的研究对象。换言之，安全信息在安全科学研究中无处不在，无时不有，普遍存在于安全生命科学、安全自然科学、安全社会科学、系统安全科学及安全工程技术科学等安全科学分支学科领域。

安全信息与安全物质（安全相关物质）间的区别与联系：安全物质是安全信息的载体，安全物质的运动是产生安全信息的基本源泉，但安全信息仅是系统（包括系统内的安全物质）安全状态及其变化方式的表征，并非系统（包括系统内的安全物质）本身。

安全信息与安全能量（安全相关能量）间的区别与联系：传递安全信息和处理安全信息均需安全能量，驾驭安全能量（事故致因理论之能量意外释放理论表明，事故是因能量意外释放所致。因此，从能量的角度看，防控事故需从控制能量着手）则需安全信息。另外，安全信息是安全物质的安全状态及其变化的表征，安全能量则是安全物质产生安全破坏力的本领。

由本体论安全信息和认识论安全信息的定义可知，系统安全行为主体（个体或组织）若要认识系统安全状态就必须获得系统的安全信息（本体论安全信息），必须通过利用相关认识论优化（包括控制）系统安全状态，形成相应的安全策略信息。因而，系统安全行为主体认识系统安全状态和优化系统安全状态的过程是一个安全信息过程。基于此，可得出安全信息角度的系统安全管理失败的基本发生模式，即“安全信宿所需的安全信息缺失→系统安全行为失误→系统安全管理失败”。由此可见，系统安全管理失败的根本原因可统一归为安全信息缺失，解决安全信息缺失问题是避免系统安全管理失败的根本抓手。

安全信息与安全行为（安全相关行为）间的区别与联系：安全行为开始于安全信息，安全行为活动过程就是安全信息的运动过程，干预安全行为则需从安全信息着手，即基于安全信息的安全行为干预。此外，安全信息又是安全行为及其变化的表征。

（3）安全信源、安全信宿与安全信道

安全信源是指安全信息的产生者。换言之，安全信源是指产生安全信息的实体。宏观而言，安全信源是某一系统本身。安全信宿指的是安全信息的接收者。安全信宿可以是个体人或组织人，这里的组织人是相对于个体人而言的，如组织及其子组织均可视为组织人，其与个体人一样，也是具有安全信息处理能力的“生命体”。安全信道则是指传递（传输）安全信息的通道（媒介）。尽管安全信息是抽象的，但其传送须通过具体媒质（即安全信道），如安全预警（报警）信道与组织安全管理信息沟通渠道。

(4) 安全信息缺失

安全信息缺失是指为维持系统安全，系统安全信宿主观上所需的安全信息集合与其实际所获取的安全信息集合之间的差异。系统安全信宿的安全行为活动直接决定系统的安全状态。为维持系统安全，就需避免系统安全信宿的安全行为出现失误。而系统安全信宿的安全行为又开始于安全信息（即以安全信息为基础），但实际中系统安全信宿主观上所需的安全信息集合与其实际所获取的安全信息集合之间往往存在差异，即系统安全信宿存在安全信息缺失情况。此外，理论而言，导致安全信息缺失的主要因素无外乎安全信息不对称、安全信息失真和安全信息不充分。

(5) 必要安全信息

必要安全信息是指为维持系统安全，系统安全信宿理论上所需的安全信息集合。由于不同系统安全信宿间的差异，为维持系统安全，系统安全信宿主观上所需的安全信息集合往往存在差异。鉴于此，为研究与实践方便，极有必要从理论层面出发，设定一个安全信息集合（其可由具体领域的安全专家确定）来统一衡量系统安全信宿主观上所需的安全信息集合，不妨将其称为必要安全信息（其本质是安全的相对性的体现）。因而，在实际的安全信息视域下的系统安全学研究实践中，关注的侧重点应是如何避免必要安全信息缺失。

9.2.2 安全信息对于安全管理的重要性

任何形式的管理（包括安全管理）都必然是某种系统，都具备若干要素，而这些要素之间必然存在某种联系，这些相互联系的要素作为一个整体必然具有某些整体性的功能。安全管理系统作为一种管理系统，它最基本的要素之一必然是安全管理者，正是安全管理者在具体实施安全管理行为和职能。换言之，无安全管理者的系统不可能是安全管理系统，这是因为安全管理的任何行为和职能都不可能在无安全管理者的系统中真正实施。同时，一个安全管理系统也必须有被安全管理者（即安全管理对象），安全管理者的一切安全管理行为和职能都要有安全管理对象来接受和执行。综上可知，安全管理者和安全管理对象是一个安全管理系统不可缺少的两个基本要素。

然而，若同时有了安全管理者和安全管理对象，是否就能构成真正的安全管理系统？显然不是。唯有当安全管理者和安全管理对象这两个基本要素之间发生了相互作用和联系，并在这一基础上产生了整体的功能，才算形成了一个安全管理系统。其实，最重要的安全管理者和安全管理对象之间的相互作用和联系是安全信息作用和联系，这种安全信息作用和联系一旦正确地建立起来，安全管理系统就可作为一个整体发挥其功能，即实现安全管理的目标。从信息科学的观点来考察管理，它的本质是一种信息过程，且是一种十分典型的信息过程。安全调查研究、安全预测、安全决策、安全执行（如安全协调控制与安全检查改进等），所有这些环节都是管理安全信息过程的基本组成部分。概括而言，在安全管理过程中，主要涉及以下5类安全信息。

（1）安全管理对象的初始安全信息

安全管理系统的安全管理者为了科学正确地实施安全管理行为和职能，首要任务是必须了解安全管理对象的安全状态及其变化方式，也就是要获得关于安全管理对象的安全信息，要充分掌握安全管理对象的安全状态的历史、现状与未来发展趋势。否则，安全管理工作就会是盲目的，无的放矢的。这里，将关于安全管理对象的此类安全信息称为“安全管理对象的初始安全信息”。

（2）安全环境信息

显然，仅了解安全管理对象的初始安全信息还远远不够，因为安全管理对象并非孤立系统，它必然处于一定的环境之中，总与外部环境发生各种各样的联系，外部环境的安全状态及其变化方式必然会影响安全管理对象的安全状态及其变化方式。因此，为全面掌握安全管理对象的安全状态及其变化方式，还必须了解外部环境的安全状态及其变化方式（即安全环境信息）。这里所说的安全环境，既包括自然的安全环境条件，也包括社会的安全环境影响（如国家安全政策、法律、法规与标准，及社会安全文化等）。显然，安全环境对安全管理对象的影响是有正负之分的。

（3）安全管理目标信息

根据所获得的安全管理对象的初始安全信息和安全环境信息，安全管理者就可做出初步的安全预测。在此基础上，根据组织（包括安全管理者）本身的利益，就可初步确定安全管理目标。所谓安全管理目标，是指组织和安全管理者期望安全管理对象达到的安全状态及其变化方式。因此，安全管理目标也是一种安全信息，只不过它具有一定的主观性，所以可将它称为安全管理目标信息。

（4）安全管理策略信息

根据所获得的安全管理对象的初始安全信息和安全环境信息，并对照安全目标信息，安全管理者就可制定出相应的安全管理策略，指明应通过何种途径、措施和步骤把安全管理对象的初始安全状态及其变化方式转变至所期望的安全状态及其变化方式。安全策略通常被称为安全管理策略信息，因为它的本质仍是对安全管理对象的安全状态及其变化方式的一种描述。与安全管理目标信息类似，安全管理策略信息也具有一定的主观性。不过，要明确的是，安全管理目标信息和安全管理策略信息的本源是客观安全信息，即安全管理对象的初始安全信息和安全环境信息。

（5）安全管理效果信息

产生安全管理策略信息后，安全管理的主要任务就是要把安全策略信息反作用于安全管理对象（有时还包括安全环境），使安全管理对象和安全环境的安全状态及其变化方式按照安全管理策略信息的规定来发展。在此基础上，就可观察到安全管理的效果。由此，安全管理者就可收集到安全管理效果信息（它描述在安全管理策略干预下的安全管理对象的安全状态及其变化方式，以及这种安全状态及其变化方式与所期望的安全状态及其变化方式之间的关系）。根据安全管理效果信息，安全管理者就可进一步调整修正原来的安全管理策略信息，生产出新的安全管理策略信息，并将新的安全管理策略信息反作用于安全管理对象和安全环境，以期进一步提升安全管理效果。

综上，从安全信息角度看，“安全管理对象的初始安全信息+安全环境信息→安全管理目标信息→安全管理策略信息→安全管理效果信息”是安全管理的一个单程。其实，作为安全管理全过程而言，它并非是静态的、一次性的管理，而是一个动态的、循环的、往复性的过程，这主要是因为：一般而言，安全管理效果与预期的安全目标之间难免会有一定差距，需要持续改进；安全管理对象的初始安全信息、安全环境信息和安全管理目标信息都会随时间发生变化，安全管理策略信息也要随之发生改变，以适应不断变化的安全管理影响因素。根据上述分析，可构建以安全信息为主线的安全管理模型，如图9-2所示。

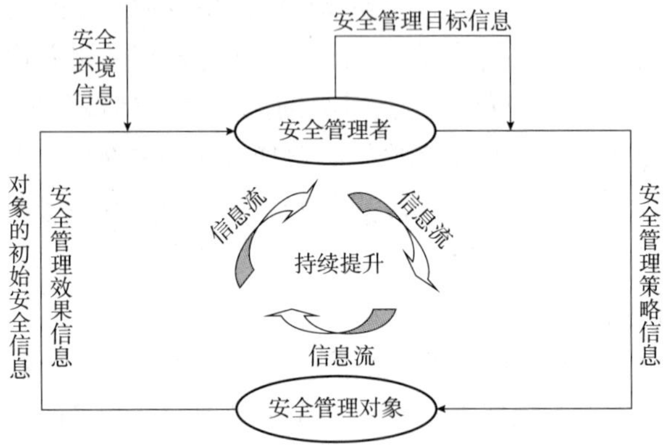

图9-2　以安全信息为主线的安全管理模型

以安全信息为主线的安全管理模型清晰地表明：将安全管理者和安全管理对象沟通联系起来的是各种必要的安全信息；安全管理过程是收集安全信息、加工安全信息与利用安全信息的过程。由此可见，若无安全信息，就无法构成真正的安全管理信息系统，就无法有真正有效的安全管理。不仅如此，即使有安全信息，以安全信息为主线的安全管理模型也表明，若安全信息不准确或存在滞后，或对安全信息的加工和利用不科学合理，也会显著影响安全管理的效率和效果。总之，应将安全信息当作安全管理的基础、关键和灵魂。

9.2.3　安全信息的性质、功能和分类

（1）安全信息的性质

①安全信息的一般信息属性

安全信息是信息的一个子集，它具有信息的一些基本性质，主要包括普遍性、客观性、无限性、传递性、相对性、变换性、动态性、时效性、转化性和共享性。

安全信息的普遍性：安全信息普遍存在，即安全信息具有常见性与必然性。安全信息

存在于一切系统中。任何系统都有安全问题，它们都必包含可表征其安全状态及其变化方式的安全信息。简言之，不包含安全信息的系统是不存在的。

安全信息的客观性：安全信息是客观存在的，即安全信息具有客观性（即真实性，它与主观性相对应）。安全信息是由系统本身的安全状态及其变化方式所决定的，它不以人的主观意志为转移。

安全信息的无限性：在系统中，安全信息是无限的。安全信息的无限性主要体现在：一切系统所呈现的安全状态及其变化方式都是安全信息，而一个系统又可划分为无数子系统，因此系统所产生的安全信息必然是无限的；即使是某一具体系统，在无限的时间长河中，系统的安全状态变化是无限的，所以安全信息自然也是无限的；安全信宿（如安全管理者）利用安全信息的能力和领域是无限的。

安全信息的传递性：安全信息可在时间上或空间上从一点传递至另一点。由于安全信息具有脱离母体（即安全信源）而相对独立的能力，所以它可在时间上或空间上进行传递。在时间上的传递称为储存，在空间的传递称为传播（交流）。

安全信息的相对性：对于同一具体系统，不同的认识主体（即安全信宿）所获得的安全信息可能不同。由于不同人有着不同的观察能力、认识能力、理解能力与目的，这必然会使他们从同一具体系统中所获得的安全信息存在差异。

安全信息的变换性：安全信息可由一种形态转换成另一种形态，即可由不同载体用不同的方法进行承载。安全信息可负载在一切可能的物质载体和能量形式上，如声、光、电，或数字、文本、图表与视频等。

安全信息的动态性：一切“活”的安全信息随着时间而发生变化。安全信息系统呈现的安全状态及其变化方式，系统本身的安全状态在不断发展变化，所以“附着于系统的安全信息（即“活”的安全信息）”也会随之发生变化。

安全信息的时效性：安全信息的效用具有时效性。安全信息的动态性决定安全信息具有时效性。这是因为，脱离了母体（系统）的安全信息由于不能再反映母体新的安全状态及其变化方式，它的效用就会逐渐降低，以至完全失去。

安全信息的转化性：从潜在意义上讲，安全信息与“安全物质、安全能量与安全行为”间可进行相互转化。细言之，安全信息可表征“安全物质、安全能量与安全行为”，而“安全物质、安全能量与安全行为”又可负载安全信息。

安全信息的共享性：安全信息可被多个认识主体（安全信宿）所共享。安全信息在一定的时空范围内可同时被多个认识主体接收、感知和利用，安全信息的传递性和相对性就可体现安全信息的共享性这一性质。

②安全信息的特有属性

安全信息是关于“安全”的信息，或称为与“安全”相关的信息。因此，安全信息除具备信息的一般性性质外，还应具有与“安全（特别是安全管理）”相关的独特性质，主要包括安全性、不完全性、公共性、统一性、情境性、价值性和预测性。

安全信息的安全性：安全信息可用来表征和反映系统的安全状态及其变化方式。因此，安全管理者可利用安全信息消除自身对系统安全性的不确定性，进而增加系统的安全性。

安全信息的不完全性：系统的客观安全信息是不可能全部被人获得的，若安全管理者可获得安全管理所需的全部信息，他的安全管理肯定成功。简言之，安全管理者的安全信息缺失情况始终存在，无法根除，这就决定安全管理失败事件是难以避免的。

安全信息的公共性：从公共资源角度看，安全是一种最基本的公共资源（产品）。显然，就安全信息而言，其作为实现安全的基础保障要素，其本质就是一种典型的安全资源，亦具有显著的公共性特征。

安全信息的统一性：安全信息的“可转化性”决定安全信息可统一所有系统安全影响因素，即系统安全影响因素可统一归为安全信息。

安全信息的情境性：安全信息是在某一特定情境中由多因素（如人、机器、环境、条件与管理等）耦合生成的，并非来自单一安全信源，而是来自情境中的多个安全信源、多维度的安全信息集合体。

安全信息的价值性：从经济学角度看，安全信息是一种资源，它具有价值。细言之，安全信息是安全管理的基础资源，它对于安全管理至关重要，这也是研究安全信息的意义和价值所在。

安全信息的预测性：安全信息可用来表征和反映系统的安全状态及其变化方式。由此观之，安全信息可预测系统未来的安全状态及其变化趋势。因此，安全信息具有预测性。

（2）安全信息的功能

安全信息具有诸多功能。例如，安全信息是系统维持安全状态的导向资源，安全信息是安全知识与安全情报的来源，安全信息是安全思维的材料。安全信息是开展安全管理工作的依据和基础，安全管理失败的根本原因是安全信息缺失。因此，就安全管理而言，安全信息的功能是在一定程度上缓解和解决安全管理过程中的安全信息缺失问题。若更深入地看，就安全管理而言，最为重要的安全信息的功能是：运用一定的方法和手段可将安全信息加工成为安全管理知识和安全情报，并针对给定的安全管理目标被激活成为解决安全问题的安全管理策略，按照安全管理策略解决实际的安全问题。这是安全信息的最为核心最为本质的功能，它对安全管理至关重要。只要能够充分发挥安全信息的这一功能，安全管理者就可从安全信息中受益无穷。这里，根据主要的安全管理活动和目标，可概括出安全信息的8项安全管理方面的重要功能。

①安全信息可为安全预测或预警提供支持

“发现得了，发现得准，发现得早”是掌握安全管理主动权的先决条件。所谓“发现得了，发现得准，发现得早”，是指成功的安全预测或预警，即在充分收集、了解与掌握各种安全信息的基础上，并依赖于安全信息的“预测性”和通过分析安全信息做出超前、正确、科学而精准的安全预测或预警。换言之，安全信息有助于发现组织的安全威胁与安全促进机会，并通过增加超前安全预警时间而增加安全管理者的反应时间，进而获得安全风险管控优势，做到防患未然，真正做到有效的事前预防。

②安全信息可为安全决策提供支持

“决定得好，决定得快，决定得省”是制定安全管理方案的基本要求和终极目标。所谓“决定得好，决定得快，决定得省”，是指成功的安全决策，即在综合研判各类安全预测信息的基础上，基于安全预测信息快速做出最佳（即科学、可靠、有效且经济）的安全决策；再者，有关安全决策问题的信息可被提炼成安全管理知识，而安全管理知识与安全决策目标结合在一起才可能形成合理的安全决策。

③安全信息可为安全执行提供支持

“防控得早，防控得实，防控得住”是安全管理控制和响应的终极目标。所谓“防控得早，防控得实，防控得住”，是指成功的安全执行，即根据安全决策信息，通过及时、有效而到位地实施安全决策方案（主要指各类安全措施，包括应急管理措施），尽力防控各类不安全事件发生，或通过有效的应急管理措施使不安全事件的不良后果及影响降至最低。换言之，安全信息是安全执行的灵魂，这是因为，安全执行是依据安全决策信息来干预和调节安全管理对象的安全状态，若无安全决策信息，安全执行系统便不知所措。

④安全信息是最重要的安全学习资源

安全信息能够提供隐性安全知识，而知识与学习密不可分。因此，安全信息是组织的重要安全学习资源。安全信息不仅能帮助安全管理者不断接触新的安全思想及先进的安全管理方法，并能组织安全管理者及其他成员学习安全经验教训等，可从安全信息中挖掘出安全管理改革与创新的机遇，从而帮助组织找到最佳的安全管理提升方案，不断推出安全管理新策略和新技术，为组织带来更高的安全管理绩效。

⑤安全信息是开展安全培训教育与安全文化建设的基础

首先，以信息（包括知识）传播为主的IEC培训教育模式或策略，即开展信息（Information）、教育（Education）与传播（Communication）活动，是一种有效的和已被普遍使用的培训教育模式。安全培训教育的本质是施教者与受教者之间的安全信息传播与沟通过程（例如，安全法律法规标准本身就是一种安全信息，对安全法律法规标准的宣贯的本质就是安全信息传播与沟通），同样，IEC培训教育模式或策略也适用于安全培训教育。其次，信息与文化是一种双向建构的关系。信息的全部价值和意义就在于形成文化，而文化形成的本质就是人工信息的积淀。就安全文化而言，精神安全文化直接就是安全信息，物质安全文化中也包含着安全信息。安全信息还可为安全文化提供表达（传播）工具。总之，在信息时代，安全信息与安全培训教育及安全文化很难隔离开来，安全培训教育及安全文化信息化日益成为一种不可阻挡的趋势。

⑥安全信息是安全管理咨询服务的基础

近年来，安全管理咨询服务已逐步成为全球安全领域的重要支柱性产业之一。安全管理咨询服务是以安全信息收集、分析与利用为基础的。因此，不管何种形式的安全管理咨询服务，其本质都是对安全信息的收集、分析与利用。安全管理咨询服务机构为用户提供安全管理咨询服务，归根结底是对安全信息的收集和分析整合，并有针对性地为用户提供系统化的安全管理方案和知识。以安全信息收集、分析与利用为基础的安全管理咨询服务是一种利用、传递和扩散安全管理知识，并促进安全管理知识增值的行为，它能帮助用户提高安全管理水平。

⑦安全信息是安全管理信息化发展的基础

信息化已成为当今时代的安全管理发展的主流，也是安全管理能力水平的重要体现。所谓安全管理信息化，是指运用信息管理的一般理论与方法，以现代信息技术为核心技术工具与支撑，充分考虑与收集组织内外部的安全信息，并有效组织与配置安全信息资源而进行信息化安全管理活动，以期使安全管理者能够及时掌握组织总体的安全状态并进行及时制定和实施有效的安全管理策略。由此可见，安全管理信息化的发展从一开始就离不开安全信息的有效支持，安全信息资源对安全管理信息化发展具有决定性作用和推动作用，对安全信息的恰当认识和利用有助于组织找准安全管理信息化发展目标，进而促进安全管理工作。

⑧安全信息可创造出不可估量的社会经济效益

首先，安全信息对社会安全发展至关重要，例如，安全信息是安全立法及规划的基础，安全信息关系到全社会每位成员的利益（特别是安全利益），安全信息是安全宣教和安全文化发展的必要条件，安全信息是社会安定的保障之一。因此安全信息具有明显的社会效益。其次，安全信息是一种重要的生产安全要素，对保护和发展生产力具有重要意义，即安全信息对保障生产过程正常运行、预防和减少安全事件的发生，以及降低安全事件所造成的损失至关重要，这体现了安全信息潜在的无法估量的经济效益。

（3）安全信息的分类

安全信息作为一种信息，可根据信息的一般类型对它进行分类。从安全信息的性质划分，安全信息可分为语法安全信息、语义安全信息和语用安全信息。从安全信息的观察过程划分，安全信息可分为实在安全信息、先验安全信息与实得安全信息。从安全信息的地位划分，安全信息可分为客观安全信息与主观安全信息。从安全信息的逻辑意义划分，安全信息可分为真实安全信息、虚假安全信息与不定安全信息。从安全信息的载体性质划分，安全信息可分为电子安全信息、光学安全信息和生物安全信息等。从安全信息的形态划分，安全信息包括静态安全信息（如人口、地理区位与时间等相关的安全信息）和动态安全信息（如安全事件的演化轨迹、安全风险的发展变化、安全因素的相互关联关系与安全形势的变化趋势等）。从安全信源的性质划分，安全信息可分为语音安全信息、图像安全信息、文字安全信息、数据安全信息与计算安全信息等。

这里，结合安全管理特色和实际，根据安全管理外延、安全管理环节、安全管理领域、安全管理主体、安全管理对象、安全管理行为、安全管理目的、安全信息来源、安全信息形式，以及安全信息对安全管理的影响的不同，对安全信息进行分类，如表9-1所示。需说明的是，安全信息的分类方式并非唯一，随着安全信息学和安全管理学的研究与实践发展，还可能产生其他分类方式，以满足不同的安全管理需要。

表 9-1 面向安全管理的安全信息分类

序号	分类依据	具体类型	具体解释或举例
1	安全管理外延	Safety 信息	与 Safety 相关的信息（如事故灾难信息），是服务于 Safety 管理的安全信息
		Security 信息	与 Security 相关的信息（如恐怖袭击信息），是服务于 Security 管理的安全信息
2	安全管理环节	常态安全信息	从安全信息所服务的具体安全管理环节（包括常态安全管理与非常态安全管理）来看，安全信息包括常态安全信息和非常态安全信息（或称为应急信息）
		应急信息	
3	安全管理领域	国土安全信息	领土安全信息、领海安全信息、领空安全信息、国家关键基础设施安全信息等
		军事安全信息	军队安全信息、军备安全信息、军事设施安全信息、军事秘密安全信息、军事活动安全信息等
		经济安全信息	金融安全信息、财政安全信息、经济战略资源危机信息与产业安全信息等
		社会安全信息	社会治安信息、交通安全信息、生活安全信息与生产安全信息等
		科技安全信息	科技成果安全信息、科技人员安全信息、科技产品安全信息、科技设施安全信息等
		信息安全信息	物理安全信息、网络安全信息、主机（系统）安全信息、应用安全信息、数据安全信息等
		生态安全信息	自然生态系统安全信息、人工生态系统安全信息、生态风险信息与生态脆弱性信息等
		资源安全信息	水资源安全信息、能源资源安全信息、土地资源安全信息、矿产资源安全信息等
		核安全信息	核设施安全信息、核活动安全信息、核材料安全信息、放射性物质安全信息、核事故信息等
		……	……
4	安全管理主体	企业安全信息	表征企业安全状况的安全信息，如企业安全隐患、安全文化水平、应急能力等方面的安全信息
		社区安全信息	表征社区安全状况的安全信息，如社区危险源、治安、事故伤害、应急等方面的安全信息
		城市安全信息	表征城市安全状况的安全信息，如城市危险源、治安、交通安全、自然灾害等方面的安全信息
		国家安全信息	表征国家安全状况的安全信息，包括国土安全、政治安全、经济安全等领域的安全信息
		政府安全信息	政府安全监管部门留存与发布的安全信息，如安全法律、法规及安全行政处罚等信息
		……	……

续表

序号	分类依据	具体类型	具体解释或举例
5	安全管理对象	人的安全信息	表征人的安全能力、心理、行为、人性等状态的安全信息，如表征人的安全素养的信息
		物的安全信息	表征物的安全状态的安全信息，如设施设备的可靠度、故障率、安全等级等信息
		事的安全信息	表征安全事件发生特征、规律与趋势的安全信息，如安全事件的原因、类别、演变过程等信息
6	安全管理行为	安全预测行为信息	可为安全信息用户的安全预测行为提供支撑与服务的安全信息
		安全决策行为信息	可为安全信息用户的安全决策行为提供支撑与服务的安全信息
		安全执行行为信息	可为安全信息用户的安全执行行为提供支撑与服务的安全信息
7	安全管理目的	事件预防信息	为预防安全事件发生所需的安全信息，如危险有害因素信息与安全事件预防对策信息等
		安全促进信息	为不断促进与提升系统安全水平（包括事故预防）所需的安全信息
		应急恢复信息	可为突发事件应急恢复工作提供支撑的安全信息，如安全预警信息与突发事件调查信息等
8	安全信息来源	自系统的安全信息	来源于系统内部的安全信息，如某一具体系统自身的安全管理信息记录等信息
		他系统的安全信息	来源于系统外部的安全信息，如来自安监部门的安全信息（包括安全政策、法律、法规等）
9	安全信息形式	安全数据信息	以安全数据（是安全信息的一种原始表现形式）形式存储与传输的安全信息
		安全指令信息	以安全指令形式（如安全政策、法律、法规等）表现的安全信息；显然，其实则是由安全数据信息转化而来的
10	对安全管理的影响	有用安全信息	对安全管理（主要包括安全预测、安全决策和安全执行）有用的安全信息（如安全风险信息）
		无用安全信息	对安全管理无用的安全信息
		干扰安全信息	对安全管理产生干扰的安全信息（如虚假安全信息）

9.3 安全信息学基本公理

公理是指依据人类理性的不证自明的基本事实，经过人类长期反复实践的考验，不需再加证明的基本命题。就面向安全管理的安全信息学研究而言，经推理分析，至少具有7条符合公理标准的基本命题，具体包括：安全信息的统一性公理、安全管理失败原因的安全信息缺失公理、安全信息的相对充分性公理、安全信息缺失必有因公理、安全信息认知的有限性公理、安全信息的效用实现公理与安全信息的无限性公理。

(1) 安全信息的统一性公理

安全信息可统一所有系统安全影响因素，即系统安全影响因素可统一归为安全信息。一般而言，一个复杂系统的安全问题往往涉及大量复杂的变量。换言之，系统安全影响因素多而杂，往往来源于人、机、环等多种系统的子系统或系统要素，但安全信息正好可使系统的各子系统和系统要素间建立关联（即可统一系统的各子系统和系统要素）。因而，安全信息可统一所有系统安全影响因素，可将系统安全影响因素统一归为安全信息。

(2) 安全管理失败原因的安全信息缺失公理

系统内发生安全事件的根本原因可统一归为安全信息缺失，即系统安全管理失败的根本原因可统一归为安全信息缺失。根据典型的基于安全信息视角的安全事件致因模型（如瑟利模型），及安全信息认知通用模型，可给出安全信息角度的系统内的安全事件的基本发生模式，即“安全信宿所需的安全信息缺失→系统安全行为失误→安全事件”。简言之，就理性人而言，系统内发生的安全事件的根本原因可统一归为安全信息缺失。

(3) 安全信息的相对充分性公理

系统安全信息相对充分（即无缺失）是必要的。理论而言，系统安全信宿的安全信息缺失始终存在，无法根除，只能尽可能无限降低系统安全信宿的安全信息缺失程度。当“系统安全信宿实际所获取的安全信息集合≥必要安全信息集合”时，此时认为系统安全信息充分（即无缺失）。简言之，必要安全信息实则隐含“系统安全信息相对充分（即无缺失）是必要的”这一公理。若究其根本依据，“系统安全信息相对充分（即无缺失）是必要的”是根据安全学公理之“相对安全是必要的”提出的，这2条公理的实质完全相互吻合，均是安全的必要性与相对性的体现。

(4) 安全信息缺失必有因公理

系统安全信息缺失是有原因的。因果性是系统安全信息缺失的显著特征，即系统安全信息缺失是由诸多原因（主要是安全信息不对称、安全信息失真与安全信息不充分）引起的。简言之，系统安全信息缺失是有原因的（类似于安全学公理之“事故是有原因的”）。也正是因为如此，才有必要开展安全信息视域下的系统安全学研究，即其研究重点就是确定造成系统安全信息缺失原因，进而避免系统安全信息出现缺失（即避免系统内发生事故）。

(5) 安全信息认知的有限性公理

人对系统安全信息的认知是局限（有限）的。从哲学角度而言，在某一特定时期，人类的知识范畴和认知能力总是有限的，人们所认识的真理也是相对的，因此，被认识的真理仅仅是一种对事物的相对合理性的发现。同理，人们所认知的系统安全信息，仅是基于人们自身（包括借助工具）所能够获取、理解和接受的那部分系统安全信息，还存在一些尚未被人们所认知的系统安全信息，这就是人对系统安全信息的认知是局限的（这类似于安全学公理之“安全认识是局限的”）。也正是因为人对系统安全信息的认知具有局限性，决定系统安全信宿必然存在安全信息缺失（理论而言，安全信息是客观存在的）。但有一点是可以肯定的，那就是随着安全信息视域下的安全系统学研究与实践的发展，必然会推动人对系统安全信息的认知不断进步，进而不断降低系统安全信宿的安全信息缺失程度。

（6）安全信息的效用实现公理

系统安全管理过程是系统安全信息效用的实现过程。信息是一切管理活动的基础和依据，系统安全管理的实质是基于系统安全信息的安全管理。因而，系统安全管理过程实则是系统安全信息效用的实现过程。所谓系统安全信息效用，是指系统安全信息在系统安全管理中的使用价值。要实现系统安全信息的价值，就需将其运用于系统安全管理。细言之，系统安全信息效用作为系统安全管理者与系统安全信息相互作用的过程和结果，是系统安全管理者在系统安全管理活动中利用系统安全信息之所得，它贯穿于系统安全管理者的系统安全管理活动的全过程，而在非整个系统安全管理活动的最后才实现。简言之，系统安全管理过程是系统安全信息效用的实现过程。

（7）安全信息的无限性公理

系统安全信息是无限的。根据系统安全信息的来源，可将系统安全信息划分为安全事件（事故）型系统安全信息和非安全事件（事故）型系统安全信息两大类。显然，理论而言，在某一具体系统内，安全事件（事故）型系统安全信息是有限的，而非安全事件（事故）型系统安全信息（如险兆事件安全信息、隐患排查安全信息、安全教育培训信息与安全奖励信息等）是无限的。由于非安全事件（事故）型系统安全信息是无限的，因而，系统安全信息也是无限的。且需指出的是，非安全事件（事故）型系统安全信息的有效度（安全信息有效度指单位安全信息中的有用安全管理信息量的占比，是对安全信息与实际系统安全管理需要的相符合程度的一种评价）显著低于安全事件（事故）型系统安全信息的有效度。此外，就安全信息角度而言，系统安全管理绩效可用式“系统安全管理绩效 = 行为安全信息的有效度 × 行为安全信量”来衡量。综上分析，提出系统安全信息的“长尾”理论。由图 9-3 可知，基于安全事件（事故）型系统安全信息所获得系统安全管理绩效（阴影部分的面积）是极其有限的，而基于非安全事件（事故）型系统安全信息所获得系统安全管理绩效（非阴影部分的面积）是无限的，具有巨大的追求空间。这是系统安全信息的“长尾”理论和基本公理“系统安全信息是无限的”的深层次内涵。显然，非安全事件（事故）型系统安全信息可为系统安全绩效持续提升提供源源不断的动力，最大化发挥非安全事件（事故）型系统安全信息的系统安全管理绩效，应是突破当前系统所面临的提升安全绩效的瓶颈的有效思路和方法。

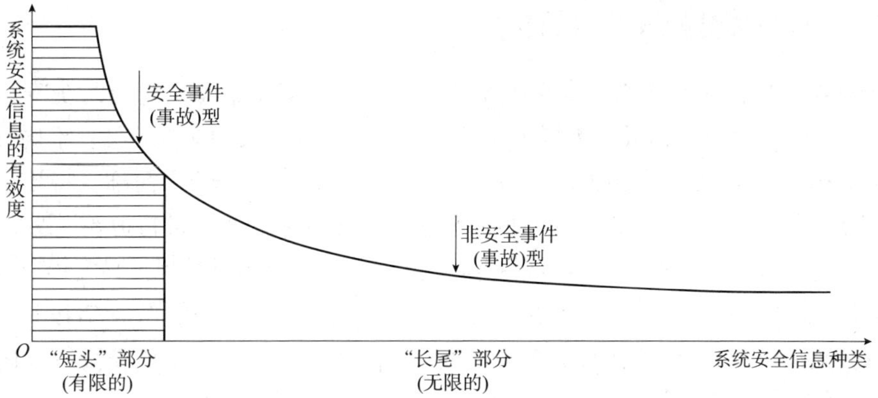

图 9-3　系统安全信息的“长尾”模型

9.4　安全信息-安全行为（SI-SB）系统安全模型

9.4.1　模型的构造

所谓安全信息不对称，是指在系统安全行为活动中，各类人员拥有的系统安全信息不同。从系统与系统安全信息传播相结合的角度，根据香农通信模型与主要的系统安全行为活动（根据系统安全行为的逻辑顺序，系统安全行为活动依次包括安全预测行为活动、安全决策行为活动与安全执行行为活动 3 种），构建 SI-SB 系统安全模型，如图 9-4 所示。

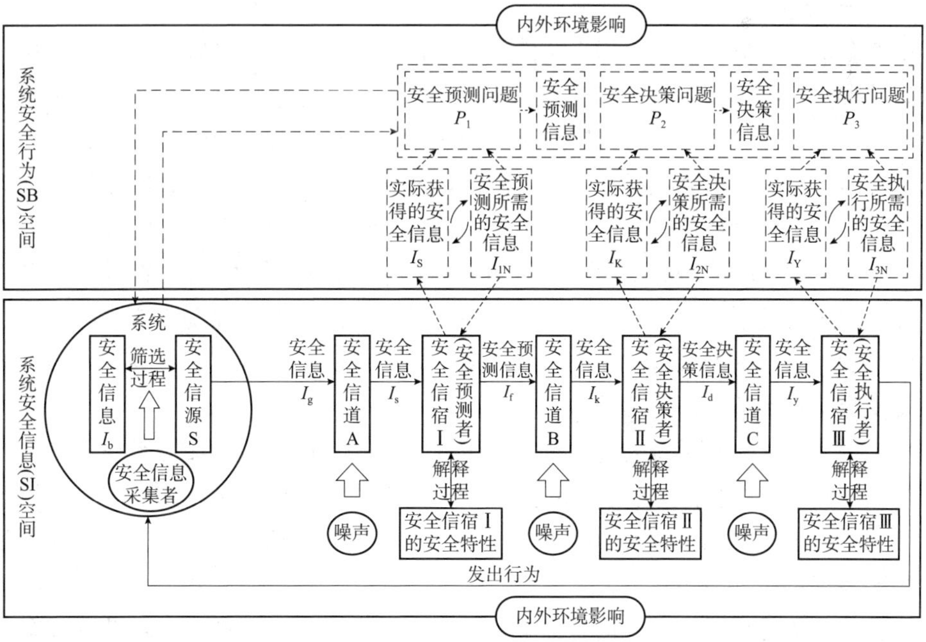

图 9-4　SI-SB 系统安全模型

9.4.2 模型关键构成要素的含义

由图9－4可知，SI－SB系统安全模型的主体由系统安全信息空间与系统安全行为空间两大部分（即子模型）构成。为揭示模型的主旨，以及方便和简单起见，不妨分别选取安全信息（SI）与安全行为（Safety & Security Behavior，SB）的英文简称，将该模型命名为“SI－SB系统安全模型”。以下对它的一些关键构成要素的含义进行扼要说明。

（1）系统安全信息（SI）空间表示系统安全信息的整个传播过程：其关键节点依次为安全信源S、安全信道A、安全信宿Ⅰ（安全预测者）、安全信道B、安全信宿Ⅱ（安全决策者）、安全信道C和安全信宿Ⅲ（安全执行者）；其主体为支持系统安全行为的安全信息，涉及7类安全信息，即图9－4中的I_b、I_g、I_s、I_f、I_k、I_d和I_y。

（2）系统安全行为（SB）空间表示系统安全行为（包括安全预测行为、安全决策行为与安全执行行为，由于从时间先后逻辑顺序看，它们三者按“安全预测行为→安全决策行为→安全执行行为”的顺序依次排列，并环环相扣，故图9－4中按此顺序依次排列）主体主观面对系统安全行为问题时，对系统安全信息的认知和处理过程。

9.4.3 模型的内涵解析

概括而言，SI－SB系统安全模型主要包含两层基本内涵，即系统安全信息传播机理和系统安全信息缺失形成机理（包括系统安全信息缺失导致事故的内在机理）。换言之，基于SI－SB系统安全模型，可完整阐释系统安全信息传播机理和系统安全信息缺失形成机理。

（1）系统安全信息的传播机理

系统安全信息传播机理主要指系统安全信息传播过程及其影响因素。显而易见，系统安全信息（SI）空间模型可表示安全信息双向传播的一个完整过程，即其可说明系统中的安全信息的整个传播过程，且可说明影响系统安全信息传播效率和质量的因素。

①宏观而言，安全信源就是系统本身。但就严格与实际而言，根据香农通信模型（信源并非单纯是一个包含任何信息的信息集合，而是一个经筛选的有意义的且可被人理解的信息集合），安全信源并非将系统所有安全信息（包括系统安全数据）直接进行发送，而是有选择性地进行发送，即应具有一个双向筛选过程，以实现系统安全信息可被多次筛选和传输的目的，这一筛选过程主要由安全信息采集者完成。因而，图9－4中将安全信源S作为系统安全信息传播的真正信源。

②安全信息I_b（包括系统安全数据）是系统所表现出的客观现实的系统安全状态（即系统表现出的总的安全信息集合），其包括安全信息采集者能够感知和不能感知的系统安全信息。为尽可能采集到系统安全行为问题域P所需的安全信息，系统安全行为者可对安全信息采集者加以指导。

③安全信息I_g是指通过安全信息采集者可获取的系统安全信息，一般是在现有条件下可被人们感知和检测到的系统安全信息（显然，$I_g < I_b$），这类系统安全信息绝大多数可通

过安全传感器或安全统计等方式获得，系统内存在一个安全信源 S 将安全信息 I_b 中的部分系统安全信息转换为可被感知的安全信息 I_g。

④安全信息 I_s 是指已传递至安全信宿Ⅰ（安全预测者）的关于系统安全状态状况的安全信息（显然，$I_s \leq I_g$），是解决系统安全预测问题 P_1（即开展系统安全预测行为）的重要依据。理论而言，安全信宿Ⅰ（安全预测者）获取安全信息 I_s 的影响因素来源于安全信道 A 和安全信宿Ⅰ（安全预测者）自身的安全特性（如安全知识、安全经验、安全意识、安全态度与安全意愿）。

⑤安全预测信息 I_f 是指安全预测者对系统未来安全状态所做出的预测信息，如系统风险度、系统主要危险有害因素与系统安全防范重点。

⑥安全信息 I_k 是指已传递至安全信宿Ⅱ（安全决策者）的、对系统未来安全状态的安全预测信息（显然，$I_k \leq I_f$），是解决系统安全决策问题 P_2（即开展系统安全决策行为）的重要现实依据。理论而言，安全信宿Ⅱ（安全决策者）获取安全预测信息 I_f 的影响因素来源于安全信道 B 和安全信宿Ⅱ（安全决策者）自身的安全特性，如安全知识、安全经验、安全意识、安全态度与安全意愿。

⑦安全决策信息 I_d 是指安全决策者对优化与控制系统未来安全状态所做出的决策信息，如所要采取的安全措施、安全方案与安全计划。

⑧安全信息 I_y 是指已传递至安全信宿Ⅲ（安全执行者）的、对系统未来安全状态进行优化与控制方面的安全信息（显然，$I_y \leq I_d$），是解决系统安全执行问题 P_3（即开展系统安全决策行为）的重要现实依据。理论而言，安全信宿Ⅲ（安全执行者）获取安全决策信息 I_d 的影响因素来源于安全信道 C 和安全信宿Ⅲ（安全执行者）自身的安全执行能力，即自身的安全特性，如安全知识、安全经验、安全意识、安全态度与安全意愿。

⑨系统安全信息传播形成的最终结果是安全执行者发出相应的行为，其对系统安全所造成的影响可大致分为两方面：安全型行为（如正确的安全指挥、科学的安全管理、及时整改系统安全隐患、正确操作机械设备与科学有效的应急救援等）对保障系统安全（包括避免事故负面影响扩大）产生积极影响；不安全型行为（如违章指挥、错误指令、冒险作业、违章作业、盲目施救和未按安全方案开展工作等）对保障系统安全产生消极影响，甚至导致系统发生事故（或使事故负面影响扩大），进而降低系统安全绩效。

此外，需特别补充说明几点：安全信道 A、安全信道 B 与安全信道 C 本身的通畅程度会对系统安全信息传播产生显著影响，这是因为它们在传播安全信息时会受到诸多干扰因素的影响，根据香农通信模型的要素的命名方式，图 9-4 中也将诸多干扰因素统一为“噪声”；显然，安全信息采集者、安全信宿Ⅰ（安全预测者）、安全信宿Ⅱ（安全决策者）与安全信宿Ⅲ（安全执行者）可以是同一或不同的个体或组织（包括自系统或他系统，以企业为例，包括企业整体、企业各部门或政府安监部门等）；安全信宿获取相关系统安全信息的自身影响因素可简单概括为其自身的安全特性，且安全信息传至安全信宿后，系统安全信息传播过程并未终结，安全信宿接收到的安全信息会通过解释过程，对安全信宿的安全特性（主要是安全知识结构）产生一定程度的作用，反过来，安全信宿的安全特性也会对其获取相关系统安全信息产生作用；系统安全信息的传播必然受系统内外环境因素（如系统内外的安全文化环境）的影响，同样，系统安全行为活动亦是如此。

（2）系统安全信息缺失的形成机理

在系统安全信息传播（或系统安全行为活动）的整个过程中，主要涉及7类安全信息及其相互作用关系。显然，系统安全信息缺失的形成机理就体现于系统安全行为空间中的安全信息的相互作用、系统安全信息空间中的安全信息的相互作用，以及系统安全行为空间与系统安全信息空间之间的安全信息的交互作用之中。在此，对系统安全信息缺失的形成机理进行深入分析，具体如下。

①系统安全信息（SI）空间中的系统安全信息缺失现象：就系统安全行为主体（即安全信宿）而言，由于系统安全信道的不畅通、系统安全行为主体的自身安全特性或系统安全行为主体间的安全信息不对称因素，导致系统安全行为主体无法有效获取、识别或理解相关系统安全信息，即 $I_s \leqslant I_g$、$I_k \leqslant I_f$ 与 $I_y \leqslant I_d$，表示系统安全行为主体一般均未能成功获取和理解传至其的全部系统安全信息。因此，保障系统安全信道畅通、完善系统安全行为主体的安全特性（如提升安全意识与扩展安全知识结构等）、加强系统安全行为主体间的沟通交流或采用群体（联合）系统安全行为（其可有效弥补单一系统安全行为主体的个体安全认知、安全心理与安全知识结构局限等因素带来的不良影响），可有效克服这部分系统安全信息缺失；就安全信息采集者而言，当 $I_g < I_b$ 时，表示安全信息采集者未能获取客观系统所显示出的所有安全信息，存在系统安全信息缺失，这主要是由人们对系统的安全认识程度决定的，因此，只有不断提升人们对系统的安全认识程度，才可克服部分这种系统安全信息缺失，但从理论而言，这种系统安全信息缺失又是客观存在的，是无法彻底避免的。

②系统安全行为（SB）空间中的系统安全信息缺失现象：系统安全行为主体，即安全预测者、安全决策者与安全执行者分别实际获得的系统安全信息集合分别为 I_S、I_K 与 I_Y（一般而言，$I_S = I_s$、$I_K = I_k$、$I_Y = I_y$），若系统安全信息集合 I_S 解决系统安全行为问题 P_1 的能力不足，系统安全信息集合 I_K 解决系统安全行为问题 P_2 的能力不足，系统安全信息集合 I_Y 解决系统安全行为问题 P_3 的能力不足，则称系统安全行为主体面对系统安全行为问题P存在安全信息缺失，即系统安全行为问题域的安全信息缺失。采用群体（联合）系统安全行为可有效克服这部分系统安全信息缺失。

（3）系统安全信息缺失的分类

由以上分析可知，可有效克服的系统安全信息缺失情况及其所造成的负面影响主要是在系统安全行为活动中。换言之，主要的系统安全信息缺失是系统安全行为主体的安全信息缺失，其形成的机理应体现于系统安全行为（SB）空间与系统安全信息（SI）空间之间的安全信息的交互作用之中。显然，系统安全行为主体的安全信息缺失现象可分为系统安全行为（SB）空间的安全信息缺失与系统安全信息（SI）空间的安全信息缺失。基于此，还可分别对上述系统安全信息缺失再次细分，具体见表9-2。

表 9-2　系统安全信息缺失的分类

大类	小类	具体解释
系统安全行为（SB）空间的安全信息缺失	安全信息内容缺失	系统安全行为主体面对某一系统安全行为问题 P 时，知道针对问题 P 所需的系统安全信息，但这些系统安全信息的具体内容在实际中未知
	安全信息认知缺失	系统安全行为主体面对某一系统安全行为问题 P 时，不知针对问题 P 所需哪些系统安全信息，例如，安全专业人员与普通人员在对待安全专业问题时，有时反应差异巨大
	安全信息识别缺失	系统安全行为主体面对某一系统安全行为问题 P 时，本应知道针对问题 P 所需的系统安全信息，但因内外环境影响，导致其暂时性不知所需哪些系统安全信息，随后才逐渐恢复；如一般人面对紧急情况或过大的外界压力（最为典型的如应急决策与危险紧急处置）时，就会出现此情况
系统安全信息（SI）空间的安全信息缺失	永久性安全信息缺失	理论而言，在现有技术条件下，一定存在系统安全信息采集者还无法获取的系统安全信息，这是客观存在的，无法彻底克服，即 $I_g < I_b$ 恒定满足
	暂时性安全信息缺失	指在开展系统安全行为活动初期未能及时获得的系统安全信息（一般是无意的），随着时间推移与方法改进等，在系统安全行为活动后期可逐步获得的系统关键（必要）安全信息
	有意性安全信息缺失	指因多种原因导致的系统安全行为主体所获得的系统安全信息存在虚假情况，真实性偏低，即 I_s、I_k 与 I_y 不真实；究其根本原因，这主要是由于系统安全信息传递过程中的人为有意欺骗因素所致（如安全信息瞒报与迟报），使相关系统安全行为主体无法及时、迅速地获得真实的关键（必要）系统安全信息

此外，显然，还可根据 3 种主要的系统安全行为（即系统安全预测行为、系统安全决策行为与系统安全执行行为），大致将系统安全信息缺失分为系统安全预测行为活动、系统安全决策行为活动与系统安全执行行为活动 3 方面的安全信息缺失。基于此，可根据系统总的安全信息缺失程度来度量系统安全风险（即对系统进行安全评价）。显然，系统总的安全信息缺失程度约为系统安全行为活动中的安全信息缺失之和。

（4）系统安全信息缺失的成因

根据系统安全信息缺失的形成机理与分类，概括而言，系统安全信息缺失的直接原因主要有系统安全信息无法获取、系统安全信息监测监控不足、系统安全信息挖掘不够、系统安全信息管理不当与系统安全信息利用不充分等，若究其根本原因，就可归结至系统安全行为主体、系统安全信息采集者与系统本身的一些主客观因素。鱼骨图分析法作为一种分析与表达问题原因的简单而有效的方法（其基本步骤包括分析问题原因与绘制鱼骨图两步）。基于鱼骨图分析法，可提炼并表示出系统安全信息缺失的主要的深层次原因，系统安全信息缺失原因的鱼骨图如图 9-5 所示。系统安全信息缺失的原因主要包括主观原因与客观原因，每一方面原因又可细分为若干具体原因。

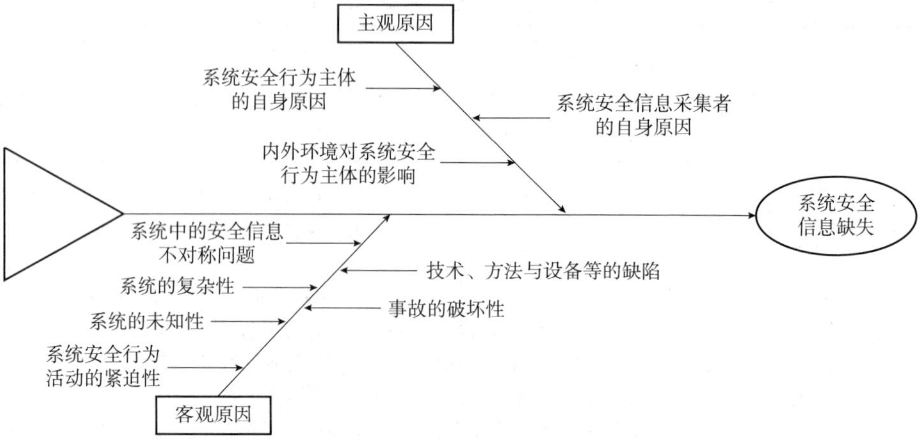

图 9-5　系统安全信息缺失原因的鱼骨图

主观原因：

①系统安全行为主体的自身原因：系统安全行为主体的安全心智因素，如安全意识、安全态度与安全意愿偏低；系统安全行为主体的有限意识（人们在开展某行为活动时，有限意识会导致人们忽略关键信息，妨碍人们收集到高度相关的信息，进而可导致认知障碍）；系统安全行为主体的自身安全知识、技能与经验等的局限性。

②系统安全信息采集者的自身原因（指系统安全信息采集不足）：系统安全信息采集者的安全心智因素，如安全意识、安全态度与安全意愿偏低；系统安全信息采集者的安全信息采集能力不足（如信息采集技术与方法掌握不足）；系统安全信息采集者的自身安全知识、技能与经验等的局限性。

③内外环境对系统安全行为主体的影响：复杂的系统内外环境会影响系统安全行为主体开展相关系统安全行为的能力。例如，系统安全行为主体需具备敏锐的观察力和思维能力，但当急需做出系统安全行为（如系统发生突发事件）反应时，鉴于时间的紧迫性与系统内外环境的高压力等，极有可能出现暂时性安全信息缺失情况。

客观原因：

①系统中的安全信息不对称问题：若安全信息采集者与系统安全行为主体不同（或部分不同），则他们之间必然存在安全信息不对称（即这是客观存在的），这也是系统安全信息缺失的一个关键原因。因此，为避免这部分系统安全信息缺失，应加强他们之间的有效安全信息沟通和交流。

②系统的复杂性：系统的复杂性（如系统各子系统或要素间的复杂的相关性与系统本身的动态性等）会导致系统安全信息具有高度不确定性，而安全信息缺失正是安全信息不确定的一种表现形式。

③系统的未知性：尽管理论而言，系统未来安全状态是可预测的，但系统未来安全状态本身又是未知的（如系统安全状态的发展与演化规律等），而安全信息作为系统未来安全状态的自身显示，其同样也具有未知性，由此导致系统安全信息必然存在缺失。

④系统安全行为活动的紧迫性：当需迅速做出系统安全行为（如系统发生突发事件）反应时，鉴于时间的紧迫性，往往无法给系统安全信息采集者与系统安全行为主体充足的时间做准备和反应等，系统安全信息获取难度明显加大，这就会导致暂时性安全信息缺失或安全信息识别缺失等情况出现。

⑤技术、方法与设备等缺陷：现有的安全信息采集、安全预测与安全决策等技术、方法与设备等，以及安全信息传播渠道（技术与设备等）的缺陷，也是导致系统安全信息存在缺失的客观原因之一。

⑥事故的破坏性：事故往往具有巨大的破坏力，其必然会对系统安全信息采集与传输设施与设备等造成不同程度的损坏，这就会造成系统安全信息无法及时采集和传输，严重影响事故的应急救援效果，甚至还会导致二次事故发生，进而扩大事故的负面影响。

(5) 系统安全信息缺失的负面影响

显然，根据 SI－SB 系统安全模型（即系统安全信息传播过程，及系统安全信息缺失的形成机理、分类与原因），并结合系统（一般指组织）安全管理实际，易得出系统安全信息缺失的负面影响作用（即后果）。系统安全信息缺失的所有负面影响间的逻辑关系如图9－6所示。概括而言，系统安全信息缺失的直接负面影响主要是影响系统安全行为活动（即安全预测、安全决策与安全执行）的效率与质量，其最终负面影响是导致系统发生事故或事故扩大和系统既定安全目标的不能按时完成，进而影响系统安全绩效。需特别说明的一点是，安全执行失误，即个体或群体（组织）发出不利于保障系统安全的行为，这些行为并非全会导致系统发生事故或事故扩大，而部分不安全型行为仅会对完成系统既定安全目标产生负面影响，如安全投入使用不当就会阻碍系统既定安全目标的完成质量和效率。

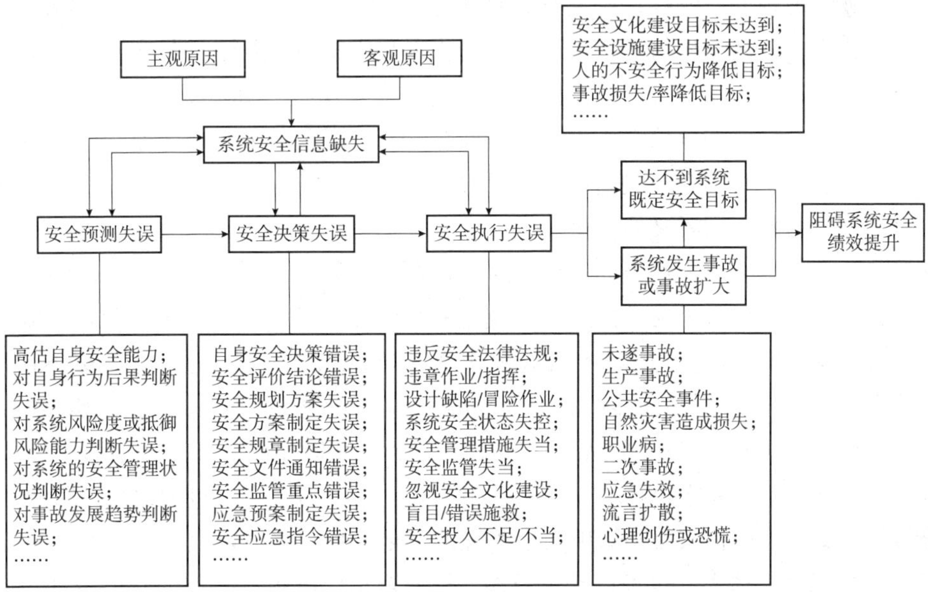

图9－6　系统安全信息缺失的负面影响的逻辑结构体系

9.5 安全情报基本理论

9.5.1 安全情报的含义

安全情报是指所有影响了系统安全行为的安全信息。该安全情报定义的核心内涵有：安全情报的实质是一种安全信息（安全情报的本质）；安全情报的价值或效用是影响系统安全行为；安全情报的要旨是组织安全行为等同于系统安全管理，故安全情报旨在服务于系统安全管理；可全面反映总体（全面）安全、安全一体化与安全管理全过程的内涵。

显然，安全情报是开展系统安全管理工作的前提与基础，安全情报是系统安全管理的“耳目、尖兵与参谋”。具体言之，系统安全管理失败的根本原因是安全情报缺失，就系统安全管理而言，安全情报的价值是解决系统安全管理中的安全信息缺失问题。安全情报可充当系统的安全预测（预警）支持系统、安全决策支持系统与安全执行支持系统。同时，安全情报还可作为系统重要的安全学习系统，不仅能帮助系统安全管理者不断接触新的安全思想及先进的安全管理方法，还能帮助系统安全管理者学习事故经验教训等。

总之，安全情报工作既可为安全管理工作提供具体线索与思路，又可为安全管理工作提供依据与参考。而安全情报工作是获取安全情报的重要途径，只有安全情报工作做得扎实有效，才能在安全管理中实现超前预防及精准施策。此外，安全情报价值的实现需依赖于积极倡导和践行情报主导的安全管理理念。

9.5.2 对安全管理的“情报”反思

安全信息缺失现象广泛存在于安全管理工作之中，是导致安全管理失败的根本原因，这是近年来在安全管理学界与实践界形成的新认识和达成的新共识。其实，若从情报视角看，更严格准确地讲，安全管理中真正缺失的是“安全情报”而并非是“安全信息”，对安全管理产生了影响的安全信息应称为“安全情报”。总之，在安全管理过程中始终伴随着安全信息的流动，而安全情报是在安全信息流中直接面向安全管理问题与不确定性的，是对安全管理具有价值与意义的安全信息。

简单看，安全情报作为情报的下位概念，是安全相关的情报。但令人遗憾的是，这种理解尚未突出安全情报对于安全促进（特别是安全管理）的价值，尚未表明安全情报的本质等。其实，根据安全情报的定义可提炼出定义安全情报的2个关键问题：安全情报是被“激活”了的“加工了的安全信息”，安全情报的本质仍是一种信息（就逻辑次序而言，信息在先，情报在后）；就安全管理而言，安全情报研究旨在服务于安全管理，主要包括安全预测、安全决策与安全执行。基于此，根据安全情报的定义，可给出安全管理视域下的安全情报定义：安全情报是指影响安全管理的安全信息。具体言之，安全情报是指对安全管理者（可以是个体人，也可以是组织人，即安全管理机构）有用的安全信息，是影响安全管理者的安全管理行为（主要包括安全预测行为、安全决策行为与安全执行行为）的安全信息。由此可见，从安全管理角度看，安全情报旨在服务于安全管理，安全情报可有效支持、优化和修正安全管理者的安全管理行为，解决安全管理中的安全情报缺失问题是安全情报的关键价值所在。从情报视角看，安全管理的本质是安全管理者运用安全情报实施安全管理行为。此外，根据上述安全情报的定义，参考情报服务的基本原则及情报的基本要素，并结合安全管理特色与实际，可提出安全情报的4个基本要素。

（1）准确的安全信息

完整而准确的用以表征系统安全状态的信息集合是产生和获取安全情报的基础。

（2）恰当的安全情景

安全情报的收集与利用等要针对一定时空内的系统安全管理所处的情景（如系统的安全管理体系、系统的安全风险因素及系统内外的安全文化环境）开展，这是收集与利用安全情报的背景要求。

（3）对的安全管理者

安全情报应根据安全管理者的具体安全情报需求供给至对应的安全管理者，且要保证安全管理者具备必要的安全情报素养。

（4）合理的安全成本

获取安全情报的安全成本消耗要合理，若获取安全情报的成本不可接受，则获取情报对安全管理就失去了实际意义和价值。

由此可见，单一考虑某一安全情报的基本要素的安全管理情报化均会难免有失偏颇，安全管理中的情报收集与利用等需充分考虑安全情报的4要素，即以“准确的安全信息”为核心基础，并在与“恰当的安全情景”“对的安全管理者”及“合理的安全成本”的相互作用下，安全情报才会得以激活产生并被安全管理者有效使用，从而发挥安全情报对安全管理的支撑作用和价值（图9-7）。

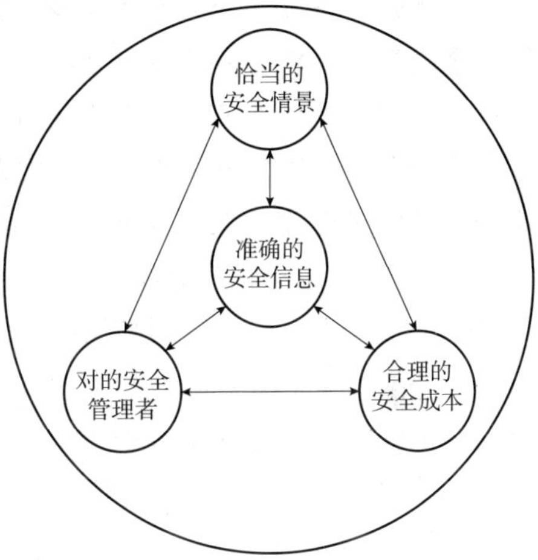

图9-7　安全情报的基本要素

9.5.3　安全情报系统的理论框架

就实践层面而言，与其他领域（如竞争情报等）的情报实践一样，安全情报系统（Safety & Security Intelligence System，SIS）是开展安全情报工作的组织保障和实体基础，建立相对完善的SIS对组织安全管理至关重要。

（1）安全情报系统（SIS）的内涵及定义

SIS是在安全管理，特别是安全管理信息化实践中出现的新概念。从概念的所属关系看，SIS是情报系统（Intelligence System，IS）的下位概念，是IS概念引入并应用于安全科学（特别是安全管理）这一具体学科领域的概念产物。也就是说，SIS是同时具备情报系统的一般特点与功能，以及安全管理（特别是安全管理中的情报工作）自身特色的一种新型的情报系统，也是一个安全管理系统。基于此认识，根据情报系统的一般特点与功能及安全管理的自身特点，可提炼出SIS的以下几方面关键内涵。

①SIS是一个情报系统

根据情报系统的具体应用领域的不同，可将情报系统划分为多种类型（如竞争情报系统与科技情报系统）。显然，SIS就是情报系统应用于安全管理领域产生的一种情报系统的具体类型。因此，从情报系统角度看，SIS的本质仍是一个情报系统，只不过是一个专门针对安全情报收集、分析与使用的情报系统而已。由此可见，SIS的设计、开发与使用必然离不开情报系统方面的理论与方法的支持。

②SIS是一个安全管理系统

安全情报研究旨在支撑和服务于安全管理，而安全情报系统作为安全情报研究的核心内容之一，其目的亦是如此。由此观之，从安全管理角度看，SIS是一个安全管理子系统。从安全管理的内容、过程与行为角度看，SIS可充当4个重要的安全管理子系统：SIS是一个安全预测（预警）支持系统（SIS有助于做出超前、正确、科学而精准的安全预测，做到防患未然）；SIS是一个安全决策支持系统（SIS有助于快速做出科学、可靠、有效且经济的安全决策）；SIS是一个安全执行支持系统（SIS有助于及时、有效而到位地实施安全决策方案）；SIS是一个安全学习系统（SIS既能帮助安全管理者不断接触新的安全思想及先进的安全管理方法，也能使安全管理者学习安全管理经验、教训等）。显然，安全管理理论与方法应是设计、开发与使用SIS的重要理论支撑之一。

③SIS是一个安全信息系统

安全情报是安全信息链的高层级节点，其本质仍是安全信息。由此可见，SIS是一个对组织内外的安全信息资源进行开发与利用的信息系统。细言之，SIS是一个通过将反映组织的安全状态及其变化的安全数据、安全信息与安全情报进行收集、存储、处理与分析，从而使之形成对安全管理有价值的安全情报，并以一定的手段和形式将安全情报发布（供给）给安全管理机构（人员）的信息系统。

④SIS是一个人机交互系统

首先，SIS是一个由人（主要指各级安全情报工作人员与安全管理人员）与机（主要指计算机、通信网络、基础设施、硬件、软件、数据与安全防护设备等）共同组成的进行安全情报信息收集、传递、储存、加工、维护与使用的系统。其次，SIS的目的在于辅助和服务于安全管理工作，而安全管理工作只能由人开展，即人是SIS的使用者。要使用好SIS，必须做到有效的人机交互。因此，在SIS开发过程中，必须要正确界定人与机在SIS中的地位与作用，充分发挥人与机各自的优势，从而使SIS得到整体优化。综上可知，SIS必然是一个人机交互系统，其应以机为实体与手段，而应以人的智力劳动为主导。

⑤SIS是一个开放复杂系统

首先，SIS是一个开放系统，这是因为：SIS输入的安全信息原料、输出的安全情报产品，时刻与外界进行着物质、能量、信息等的交换活动，并从外部环境吸收新的技术与资源。其次，由于SIS的构成要素（如各种“人”与“机”）复杂、SIS要素间存在多种非线性关系并相互作用、安全情报源多而杂、安全情报流程复杂及安全管理工作本身具有的复杂性，造成各种复杂性集聚、交织和叠加在一起，从而导致SIS的运行机制极其复杂。因此，SIS是一个开放复杂系统。

⑥SIS是一个趋于实现智慧（智能）安全管理的辅助支持系统

从情报角度看，安全管理应是一个“安全信息链”的升级与层递过程。一般认为，信息链由“事实→数据→信息→知识→情报→智慧”6个关键要素构成。由信息链原理可知，SIS是一个趋于实现智慧（智能）安全管理的辅助支持系统。

综上可知，SIS并非是情报系统与安全管理系统两者间的一个简单组合，而是从组织安全管理角度出发，通过充分开发与有效利用安全信息资源来提升组织安全管理能力的情报系统，是组织安全管理系统与情报系统进行整体配合与有机协调的一种新型的安全管理系统与情报系统。在上述分析的基础上，基于情报系统的定义，立足于安全管理工作（特别是安全情报工作）本身，这里给出SIS的具体定义：SIS是组织以增强自身安全管理能力为直接目的，以实现智能安全管理为延伸目标，以人的智力劳动为主导，以信息网络（包括信息网络设施设备）为手段，通过将反映组织的安全状态及其变化的安全信息加以收集、整理、存储、处理、分析与研究，并以恰当的形式与手段将分析研究结果（即安全情报）发布给安全管理者用以支持安全管理工作的情报系统。

(2) 安全情报系统的总体模型

理论而言，明晰SIS的基本框架是建立SIS的基础。由SIS的定义及内涵可知，SIS主要是围绕下述要求和目标建立的：在某一组织中，在组织安全情报机构与组织安全管理机构的共同组织下，面向安全管理行为实施系统（具体包括安全预测子系统、安全决策子系统与安全执行子系统），在实现手段上是以信息网络为主并辅用组织网络与人际网络，在系统要素上以安全情报流程实施系统为主体，在功能层次上以安全情报收集子系统、安全情报分析子系统及安全情报服务子系统为核心。因此，SIS的总体基本框架可归纳为“一个组织、一个情报源、两个机构、两大系统及三大网络”，其具体模型如图9-8所示。下面，针对SIS的总体框架的基本组成部分加以阐述。

①一个组织

实践而言，为保证SIS的有效性与适用性，SIS往往是针对某一组织的安全管理需求（包括安全情报需求），并结合其安全管理工作（包括安全情报工作）实际及其所处环境设计和开发的。换言之，理论上讲，不同组织的SIS均存在一定的差异性。因此，SIS应基于某一组织的本身特点进行设计与开发。

②一个情报源

一个情报源是指安全情报源，其旨在为SIS供给“原料（即安全情报信息）”。安全情报是被“激活”了的安全信息，其本质仍是安全信息。由此观之，安全情报源实质上也是安全信息源。此外，安全信息具有整合功能，可将某一组织内的安全要素（主要包括安全物质、安全能量、安全信息、安全行为与安全环境）统一整合为可用安全信息表征（图9-8），故可用安全信息表征组织整体的安全状态及其变化。

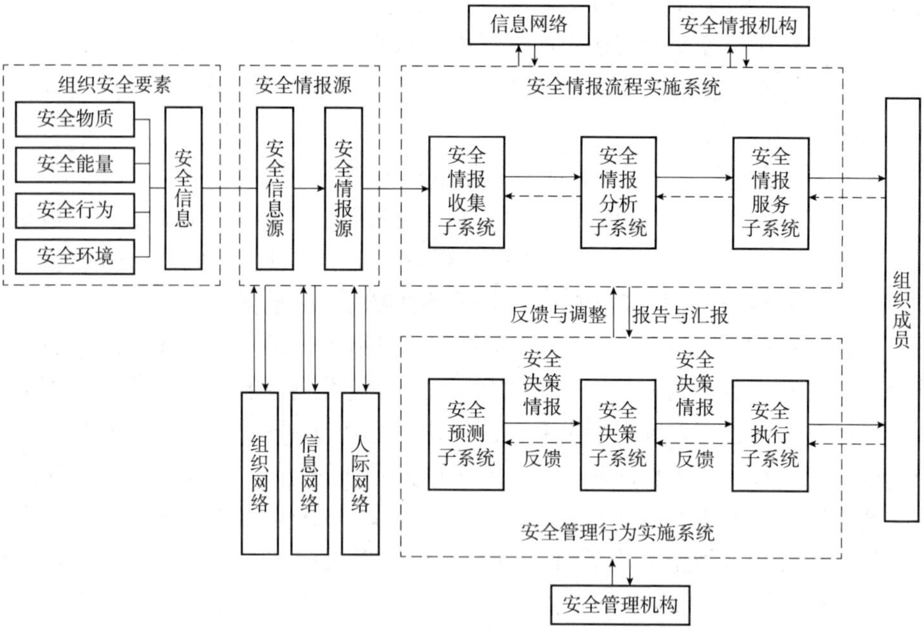

图 9-8　SIS 的总体模型

③两个机构

SIS 的建立与运行必须涉及组织中的两个机构，即安全情报机构与安全管理机构。其中，安全情报机构是 SIS 的设计者、开发者与维护者，其主要负责安全情报流程实施系统的运行，而安全管理机构是 SIS 的使用者和建议反馈者，其主要负责安全管理行为实施系统的运行。总之，SIS 的建立与运行必然离不开安全情报机构与安全管理机构，它们共同负责 SIS 的建立与运行（如工作制度、工作计划等的制定、监督和管理），共同参与整个 SIS 业务的核心层。换言之，只有在两个机构有机协调与配合下，才能建立一个好的 SIS，才能保证 SIS 有效运行。

④两大系统

SIS 的建立与运行是面向安全管理的，故其关键在于安全情报流程实施系统与安全管理行为实施系统两者间的有效交互作用，这是 SIS 的核心。对于安全管理行为实施系统类似于一般的安全管理系统，不再解释。这里仅进一步解释安全情报流程实施系统。安全情报流程实施系统包括安全情报收集子系统、安全情报分析子系统及安全情报服务子系统。

安全情报收集子系统：它根据确立的安全情报需求，收集、整理各种相关安全信息，并对所收集的安全信息进行预筛选，同时做好文件、记录等资料的保管及定期归档等前期的安全情报工作。

安全情报分析子系统：它运用恰当的分析方法与手段，深入分析安全情报收集子系统所收集的安全信息，生产所需的安全情报产品。

安全情报服务子系统：它以各种适当的方式和手段对安全情报产品进行修整包装，及时地将安全情报产品传送至安全情报用户（即安全管理机构），并为安全管理机构与其他组织成员提供快捷友好的安全情报浏览与查询等服务。

⑤三大网络

安全情报工作需要三大网络（信息网络、组织网络与人际网络）为其提供一定的手段与平台支撑。

信息网络：它建立在组织信息系统（包括安全信息系统）的基础之上，以内联网为平台，具体包括安全情报收集、安全情报分析及安全情报服务三个模块。

组织网络：它是 SIS 的组织保障和基础，安全信息网络需要组织网络结构与组织成员来实现，在组织网络中应有一个专门从事安全情报工作的核心机构，即安全情报机构。

人际网络：完善的人际网络（其主要来源于组织内部与外部，如组织成员、政府安监部门及安全领域的专家、行业协会、咨询机构、专业会议、展览会、文献数据库等）既是收集与分析安全情报所需的，也是最佳的提升安全情报服务的手段和途径。

此外，根据图 9-8，还可总结出 SIS 的五大特征：安全情报工作与安全管理工作相结合；信息网络、组织网络与人际网络相结合；人工与机器相结合；安全情报平台与组织信息化平台（特别是安全信息化平台）相结合；安全情报保障与安全智力支持相结合。

(3) 安全情报流程实施系统的子系统模型

安全情报流程实施系统是 SIS 的主体和“心脏”，也是 SIS 有别于其他情报系统的关键之一。以下分别对安全情报流程实施系统的 3 个子系统（即安全情报收集子系统、安全情报分析子系统及安全情报服务子系统）的基本结构与职能进行进一步阐释。

①安全情报收集子系统

安全情报收集子系统是 SIS 的重要组成部分，是 SIS 的输入系统，是安全情报工作的基础。因此，其工作质量与速度决定着 SIS 的效能与效益。一般情况下，安全情报收集子系统根据 SIS 的规定的主要任务与确定的安全情报需求开展安全情报收集工作。安全情报收集子系统的基本框架如图 9-9 所示。

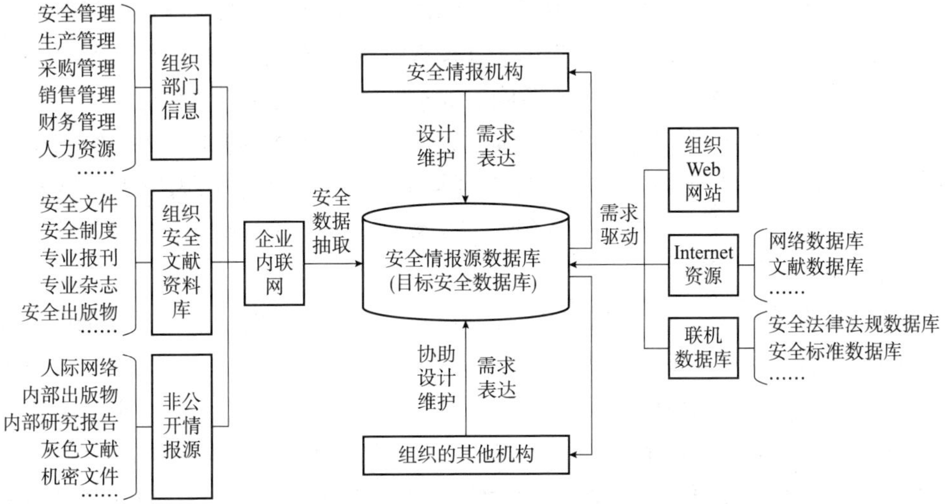

图 9-9 安全情报收集子系统模型

概括而言，安全情报收集子系统主要具有6项职能，依次为：掌握通过各种媒介获取安全信息的方式与手段；根据组织内部安全情报需求，确定安全情报收集计划，并按规定及时准确地完成安全信息采集任务；负责安全物质、安全能量、安全行为、组织安全状态及其动态、安全环境、组织安全管理等的跟踪并及时反馈安全信息；关注国家和地方政府的有关安全政策、法律、法规与标准，并及时了解国际安全研究实践进展；做好与相关咨询部门、信息部门与情报部门等的联络工作；组织监管安全调研检查工作。

②安全情报分析子系统

安全情报分析子系统是SIS的核心，是安全情报的“制造车间”。安全情报分析子系统以人的智力劳动为主导，通过“黑箱”操作，实现安全信息的集成、重组与智化。安全情报分析人员运用恰当的分析方法与技术、采用人工分析与机器分析相结合的手段，将安全情报收集子系统收集的安全信息有序化、系统化与层次化，将安全信息转化为安全情报，“生产”出真正对安全管理有用的安全情报。安全情报分析子系统的基本框架如图9-10所示。

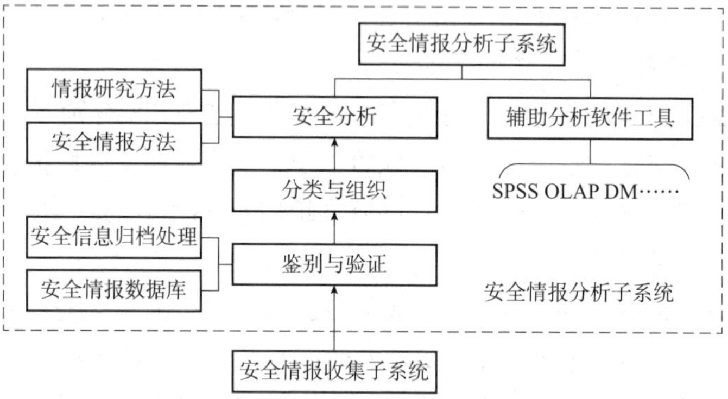

图9-10　安全情报分析子系统模型

安全情报分析子系统主要具有6项职能，依次为：根据组织安全管理规划制定安全情报研究规划；负责安全信息的鉴别与筛选，并按规定对安全信息进行归档与保存；根据组织内部安全情报需求的特点，综合考虑时间、成本、复杂程度与紧急程度等因素，确定最佳的安全情报分析方案，并按规定及时准确地完成安全情报分析任务；为组织安全管理提供安全态势分析、安全调查检查报告与安全环境分析等专题报告；为组织提供安全预测（预警）、安全决策与安全执行服务；为组织安全管理提升寻找新的机会和证据等。

③安全情报服务子系统

安全情报服务子系统是SIS的输出系统，其主要功能是根据组织安全管理机构与有关组织成员的安全情报需求，动态地提供安全情报产品与安全情报服务。换言之，安全情报服务子系统旨在提供一个安全情报成果体系（其主要包括专题安全报告、安全风险分析、安全环境分析、每日/每周/每月安全情报简报、组织内部安全状况与安全数据库等）。为提升安全情报的时效性，安全情报服务子系统应当突出其高效、快捷的服务特点，企业内联网平台有利于提升安全情报服务的效率。安全情报服务子系统的基本框架如图9-11所示。

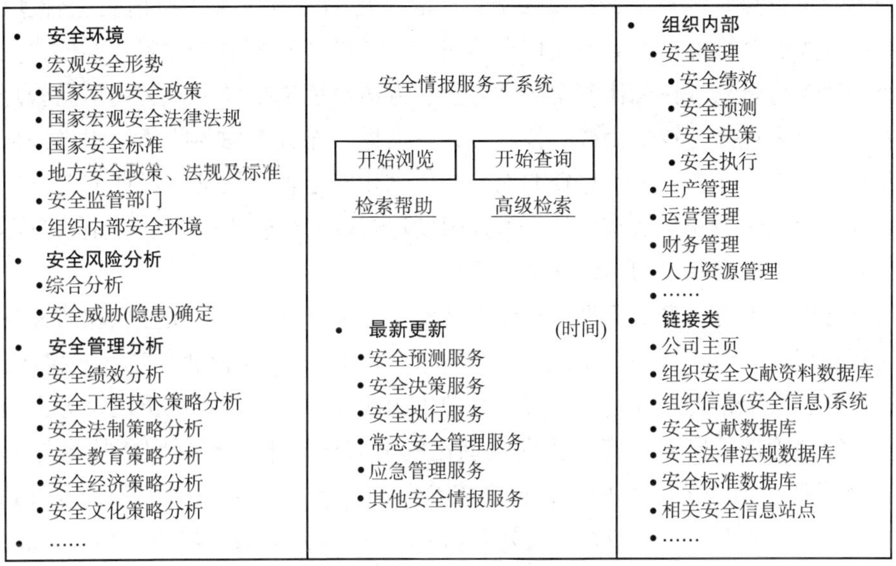

图 9-11 安全情报服务子系统模型

安全情报服务子系统主要具有 4 项职能，依次为：主要向组织安全管理机构及其相关部门提供它们所需的安全情报，同时面向组织内部各类安全情报用户提供安全情报信息；通过书面报告、电子文本、交谈、安全会议、安全培训等多种形式和手段及时传递安全情报；及时将安全情报服务的反馈信息传递至安全情报收集、分析子系统，并及时进行补充性安全情报收集与分析工作，最大限度地满足组织内部的安全情报用户的安全情报需求；组织组织成员进行使用安全情报服务方面的学习与培训等。

9.6 基于安全信息的典型安全管理方法

9.6.1 安全管理信息化概述

(1) 安全管理信息化的定义

安全信息是安全管理的重要基础与依据（例如，安全信息可为编制安全目标与管理方案提供依据），安全信息（包括安全数据）驱动的安全管理是安全管理的基本方法。换言之，安全管理离不开安全信息，若不能及时有效地掌握与处理安全信息，就不可能实现有效的安全管理。由此推之，就安全管理的本质而言，其实则是基于安全信息的安全管理。细言之，安全管理就是借助大量的安全信息开展相关管理活动，有效地组织安全管理要求对组织运行有关的安全信息进行全面收集、正确处理与及时利用。

由上述可知，安全信息在安全管理中具有不可取代的重要地位，而安全管理信息化又是有效发挥和提升安全信息在安全管理中的价值的必须手段之一。因此，近年来在安全科学（特别是安全管理）领域掀起了一股“信息化”热。以某一具体组织（如某一国家、省市与企事业单位等）为对象，提出安全管理信息化的基本定义。所谓安全管理信息化，是指组织以解决安全管理过程的安全信息不完备（或缺失）问题为立足点与归宿点，以现代安全管理理念为引领，在现代安全科学思想、方法与理论指导下，运用信息管理的一般理论与方法，以现代信息技术为核心技术工具与支撑，充分考虑与收集组织内外部的安全信息，并有效组织与配置安全信息资源而进行信息化安全管理活动，以期使安全决策者能够及时掌握组织总体的安全状态，从而最大限度地解决安全管理过程的安全信息不完备问题，保证高效率地达到既定的组织安全管理目标。

从安全管理内容看，安全管理信息化涉及安全目标计划管理、安全风险防控与安全隐患排查治理过程的组织与管理、安全评价管理、安全教育培训管理、安全文化建设管理、安全绩效管理、安全管理制度建设、安全管理机构建设与安全专业队伍建设等方面的信息化工作。从安全管理手段看，安全管理信息化就是信息技术（包括网络技术与大数据技术）在安全管理活动中的广泛应用，以及安全“4E + C”对策，即工程技术（Engineering）对策、教育（Education）对策、强制（Enforcement）对策、经济（Economics）对策与文化（Culture）对策的信息化。当然，信息技术在安全管理中的应用程度（包括广度与深度）会直接决定安全管理的信息化水平。换言之，只有在安全管理中充分利用信息技术，才能有效推动安全管理的信息化进程。显然，安全管理信息化是安全管理现代化的主要特征与标志之一，安全管理的信息化程度会直接决定安全管理的现代化水平。总之，促进安全管理信息化是实现科学而有效的安全管理的迫切需要和必经之路，且应以安全管理的信息化带动安全管理的现代化。

（2）安全管理信息化的主要功能

从表面或短期看，安全管理信息化是某组织内部安全管理流程的计算机化。显然，从深层或长远看，安全管理信息化的目标并非如此简单，其核心目标应是实现组织内部的安全信息共享，最大限度地降低组织或个体在做出安全行为（具体包括安全预测行为、安全决策行为与安全执行行为）过程中的安全信息不完备程度。若以某一国家的安全管理信息化为例，其核心目标是实现各个社会组织（主要指企事业单位）的内部部门及组织成员之间、社会组织之间、第三方安全咨询服务机构与被服务对象之间、安全监管部门与被监管对象之间、安全保险部门与被保险组织或个体之间等的一系列安全信息共享，最大限度地方便安全管理、方便各社会组织一线安全专业人员工作、方便各类安全管理人员进行有效的安全决策。诸多研究表明安全管理信息化会给组织安全管理工作及组织安全管理者带来一系列好处。可将安全管理信息化给组织安全管理所带来的主要益处总结为6个方面。

①有助于使组织安全管理实现整体化、统一化、科学化、体系化与集成化，这是因为：安全管理信息化过程可按照一定的逻辑关系及组织安全管理架构将组织所有安全管理元素融入安全信息管理；安全管理信息化强调按照统一的标准全面地收集各类安全信息，并对其进行科学的处理，可保证安全管理基础数据的收集与处理实现统一化、完整化与科学化。

②有助于安全管理领域安全信息的有效收集、存储、记录与查询，这是因为：安全管理信息化可快速编制安全管理领域的文件资料，即有助于形成电子安全管理记录；安全管理信息化可快速便捷地实现安全信息收集与录入、安全信息存储、安全信息传输、安全信息加工，以及安全信息输出（含安全信息反馈）5种基本功能。

③有助于有效提升安全管理决策质量与效率，这是因为：安全管理信息化可有效降低安全管理决策过程的安全信息缺失程度，从而有助于使安全决策者做出最佳的安全管理决策；安全管理信息化可融入组织其他管理要素与内容（如质量管理与绩效管理等），其是一种适宜的改善组织管理状况的综合方法；安全管理信息化可使安全管理人员的工作在时间和空间上都会变得更加灵活，从而有助于提高安全管理工作的效率与灵活性。

④有助于有效提升安全风险管理质量，这是因为：安全管理信息化以安全信息为直接着眼点与立足点，是一种对安全风险进行组织评估的更容易、更快捷、更有效的方法，有助于建立有效的动态安全控制系统工程；诸多安全管理信息化工具均可实现对危险源的实时监控与安全风险的定性定量评估等，有助于更好地认识危险源和安全风险。

⑤有助于安全管理中的信息传播与交流，这是因为：安全管理信息系统可实现组织内部安全管理流程的可视化，有助于增强组织安全管理流程的透明度；有助于促进组织成员之间的安全信息沟通，促进组织成员对安全管理工作的参与度与兴趣，进而促进组织安全氛围营造与企业安全文化建设等。

⑥有助于促进安全管理的现代化，特别是实现量化安全管理，这是因为：安全管理信息化是促进与实现现代先进安全管理方法之循证安全管理与安全知识管理的必备工具和基础设施；安全管理信息化工具可用于测量、监督和评估安全管理体系的实施效果，是一种对安全管理体系进行量化管理的较好方法。

9.6.2　循证安全（EBS）管理方法

（1）循证安全（EBS）管理的定义及特点

通过将循证实践引入安全管理之中，就可提出一种新的安全管理方法，即循证安全（Evidence-based Safety，EBS）管理方法。显然，循证安全管理是循证实践（或者更具体地说是循证管理）的一个具体应用分支，即循证实践理念与方法在安全管理领域的应用，是一种新的安全管理理念、范式和方法。因此，基于循证实践与循证管理的定义，可给出循证安全管理的科学定义。循证安全管理指基于最佳科学证据的安全管理方法。换言之，循证安全管理是基于最佳科学证据指导安全管理实践活动科学实施的一种方法。具体言之，它利用数据、事实、分析方法、科学方法和案例（包括安全事件/事故案例）研究等为安全管理方面的建议、决策和实践提供准确可靠的信息支持。循证安全管理将建立在最佳科学证据之上的安全科学管理原理转化为组织安全管理行为，目的是解决组织的安全问题。

循证安全管理旨在收集、分析和利用最佳科学证据来有效实施安全管理活动（即强调将最佳科学证据运用至安全管理实践的整个实施过程），从而尽最大可能制定出最佳的安全策略，提升安全管理的正确性、科学性与有效性。循证安全管理理念与方法审慎地将最佳科学证据运用至安全管理实践过程，与传统安全管理方法相比，存在显著差异，特别是其正确性、科学性和有效性均极高，这是因为它具有以下4个显著优点（特点）。

①管理依据是“事实”

循证安全管理重点关注的问题是“安全管理的最佳证据是什么”，而并非是“证据从何而来”。换言之，无论是安全管理理论研究，还是安全管理实践所得出的结论，循证安全管理只关注事实。将安全管理建立于事实基础之上，安全决策质量与可获得的“事实”的质量呈正相关，且安全决策可随着“新事实”的不断发现逐步完善。

②引入反馈纠错机制

传统的安全管理方法具有可错性，而循证安全管理极其强调将具体安全管理对象作为实验对象或证据来源，探索解决安全管理问题的最佳方案。循证安全管理针对具体的安全管理问题，在诸多安全管理方案中，选取具有充分证据支撑和显著统计学意义的方案，并可根据新的安全管理证据或安全绩效，实时调整具体的安全管理方法，这是一个不断纠错的过程。

③最大可能降低安全管理决策所需的安全信息的缺失程度

循证安全管理通过收集、整理、分析与提取最佳证据作为安全管理决策的依据，再加之在安全管理过程中的实时纠错，循证安全管理可最大可能地降低安全决策所需的安全信息的缺失程度。

④与安全管理的最本质特征（即实践性）相匹配

首先，安全管理的实践性强调依赖于科学研究成果来寻求最佳的安全管理措施，并非是凭空断定何种安全管理策略最佳，而循证安全管理的最根本和最重要的管理依据就是科学研究证据，以探求有充分证据支撑、具有可重复性和普适性的系统安全风险防控策略。其次，安全管理的实践性强调应根据具体安全管理对象的实际特点，制定有效的安全管理方案，而循证安全管理既强调安全管理策略是基于最佳科学研究证据的，同时也强调针对不同的安全管理对象和情境，提出符合实际情况的具有针对性的具体安全管理措施。

（2）循证安全管理的核心

根据循证实践的定义，其目的在于基于科学的基础进行决策（即基于证据的决策），以期解决实践中存在的难题。循证实践作为一种科学的决策手段，循证决策是它的核心。同样，循证安全管理的核心应是循证安全决策。因此，分析循证安全决策的框架模型、基本要素和实施步骤是循证安全管理的本质和具体化。

①循证安全决策的框架模型

循证安全决策给组织提供了一种基于现有最佳证据和亟须解决的安全管理问题进行科学有效的安全决策的方式。循证安全决策的框架模型如图9-12所示。具体而言，循证安全决策是根据目前组织安全管理实践中所存在的问题、科学原理和组织环境，运用现有最佳证据，做出科学的安全决策。

②循证安全决策的基本要素

根据图 9-12 中的循证安全决策框架模型，提出循证安全决策的 4 个基本要素，即证据、安全专业人员、具体的安全管理问题，以及组织环境。

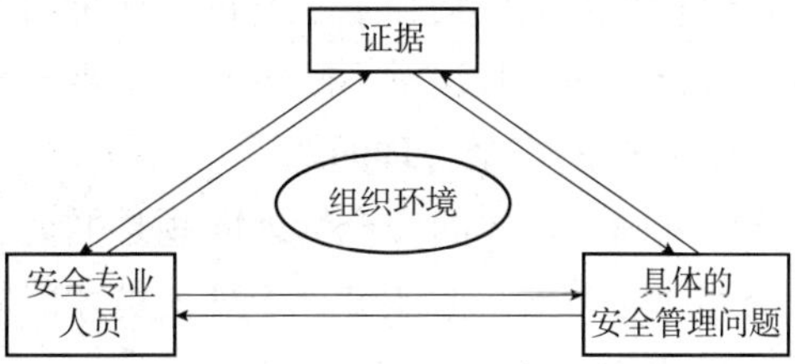

图 9-12 循证安全决策的框架模型

a. 证据

证据主要是指通过系统、反复地收集、分析、评价与筛选现有安全管理研究成果、事故报告与安全标准等获得的最佳证据。证据应是准确可靠的，且在组织安全管理实践中具有重要的实用价值。简言之，这里的证据是指经系统评价筛选出的最佳安全信息（更严格地讲应是安全情报）。可将证据的来源大致划分为两方面，即研究证据与非研究证据，而研究证据可细分为最佳科学研究证据、事故调查报告和安全标准规范，非研究证据可细分为安全管理者的经验或判断、局部情境证据与利益者相关的偏好，具体解释见表 9-3。表 9-3 中的各证据的来源之间并非相互独立，而是相互影响和相互依存的，唯有将它们进行有效整合，才可掌握安全管理所需的完整信息，从而制定出最优的安全决策。但需特别指出的是，尽管循证安全管理中的“证据”的来源也是多方面的，但应以研究证据为主。换言之，最佳科学研究证据是循证安全管理中的最重要证据。

表 9-3 循证安全管理中证据的来源

来源		具体解释
研究证据	最佳科学研究证据	指经过同行评议或审查过的、质量可靠的科学研究成果，其主要包括安全科学研究成果与可借鉴使用的非安全科学（如管理学、心理学与行为学）研究成果，这些研究成果一般为已公开发表的经过科学研究得出的证据；一般而言，已发表在权威高质量科学研究类杂志的研究成果须达到严格的信度和效度检验要求，因而，可选择其作为安全管理的最佳证据
	事故调查报告	指官方或专门机构经严密调查后形成并公开发表的事故调查报告，具有极强的权威性和可靠性
	安全标准规范	指最新权威的国内外先进安全标准规范（包括安全法律法规与安全规章制度等）
非研究证据	安全管理者的经验或判断	有效证据的正确有效使用既需高质量的科学研究结果，也需安全管理者依赖于其经验在使用过程中做出科学分析和判断，以减少证据的使用失误，进而提高系统安全管理决策的质量
	局部情境证据	来源于组织外部的最新安全法律法规与标准规范等，以及来源于组织内部的安全事实、指标和评价结果
	利益相关者的偏好	在进行组织安全决策时，极有必要权衡决策对于利益相关者所产生的短期或长期影响，应尽可能做出符合组织利益相关者的偏好的组织安全决策

b. 安全专业人员

安全专业人员是实施循证安全决策的主体，也是最佳可用证据的使用者和提供者。由于安全专业人员负责收集、分析、评价与筛选证据，因此，安全专业人员必须具有较高的信息素养，并实时注意不断更新和丰富安全管理理论与知识。

c. 具体的安全管理问题

识别确定具体的安全管理问题是循证安全决策的必要条件。具体而言，只有充分了解安全管理的需求，循证安全管理人员才能制定出有效的安全管理对策。

d. 组织环境

组织环境包括许多因素，如组织安全管理环境（如组织安全气候和组织安全文化）、信息文化，以及获取最佳可用证据的基础设施、硬件设备和技术条件等。显然，组织环境对前 3 个基本要素都会产生影响。若忽视了组织环境，可能会致使循证安全决策失败。

总之，上述 4 个要素是必不可少的。只有将这 4 个要素有效地结合起来，才能做出科学可行的安全决策，从而获得最佳的安全管理实践效果。

③循证安全决策的实施步骤

实施循证安全决策的完整过程如图 9-13 所示。

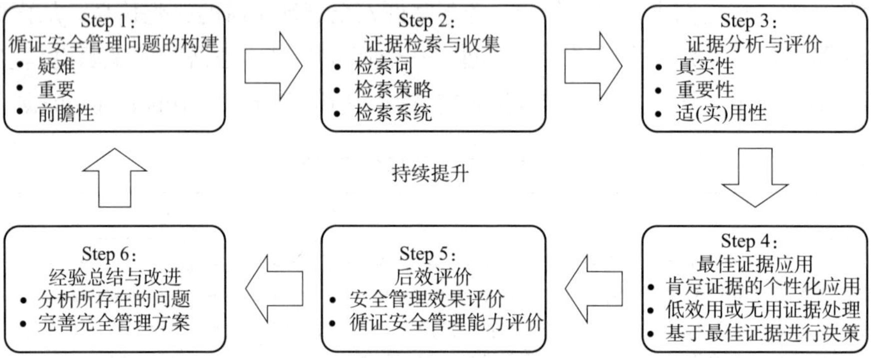

图 9-13　循证安全决策的实施步骤

a. 循证安全管理问题的构建

即提出明确的安全管理问题。循证安全管理者根据组织安全管理的需要与环境，以及组织内亟须解决的实际安全管理问题所形成的明确提问，即明确界定所要解决的安全管理问题。在这一步骤中，需重点明确 2 个问题：需解决的组织安全管理问题是什么？需掌握哪些安全信息才能解决上述问题？此外，所提出的问题要与组织安全绩效紧密相关，以保证采集到更多有效安全信息，从而为安全管理者做出最佳安全决策提供依据。

b. 证据检索和收集

即系统检索安全信息，全面收集证据。寻找可回答上述问题的最好证据（主要是研究证据），这一步骤需注意以下几个关键问题：要有充分的安全信息资源，如教科书、专著、专业杂志、安全标准规范、电子出版物或数据库等；要掌握有效的安全信息检索方法和策略，如计算机检索与手工检索，正确确定和应用拟检索的“关键词”等；尽可能全面检出相关安全信息。

c. 证据分析与评价

即严格分析评价证据，并找出最佳证据。从证据的真实性（可靠性）、重要性（实践价值）、适（实）用性评价收集到的安全信息，找出最佳证据。评价标准大致包括：提供的资料是否正确可靠，结果是什么，结果对于解决问题有无帮助等。此外，借鉴循证管理中对研究证据的可靠性及质量等级的划分，可将循证安全决策的研究证据的可靠度划分为6个等级（可靠性依次降低）：A级，大样本随机控制试验或者元分析结论；B级，高质量的文献综述或系统综述结论；C级，有比较的、多点的案例研究或者大样本的定量研究结论；D级，小样本、单案例的定性或定量研究结论；E级，描述性研究或企业安全总结报告；F级，权威安全机构的意见或安全专家的观点。

d. 最佳证据应用

即运用最佳证据进行安全决策。从经过严格评价的安全信息中，获得真实、可靠并有安全管理应用价值的最佳证据，用于指导安全决策，从而保证做出最优的安全决策。

e. 后效评价

在这一步骤中，需重点完成：检查和评价所做的安全决策的实施效果；循证安全管理能力评价。

f. 经验总结与改进

如有必要，根据后效评价结果，分析所存在的问题及其原因，并在此基础上完善安全管理方案。

9.6.3 情报主导的安全（ILS）管理方法

安全情报研究与实践的核心问题是：安全情报在安全管理中的价值的实现需依赖积极倡导和践行“情报主导的安全管理”理念，即实施“情报主导的安全管理”。需特别指出的是，尽管“安全情报”与“安全信息”两个概念之间互为种属关系，但不可将两者混淆，“安全信息”是杂乱无序的，故不可能主导安全管理，主导安全管理的只能是“安全情报”，故而“情报主导的安全管理”的称谓更为科学、准确而贴切，不宜使用“信息主导的安全管理”这一称谓。

所谓“情报主导的安全管理”，是指关于“广泛收集安全信息，并对其进行综合深入分析加工生产出安全情报产品，在此基础上，安全管理者根据安全情报产品从总体安全战略与具体安全管理策略、措施等不同角度指导安全管理活动”的一种安全管理方法、模型与哲学。换言之，情报主导的安全管理是指通过综合收集和分析安全信息，进而加工生成“安全情报产品”，并运用“安全情报产品”统领和引导安全管理行为活动，从而提高安全管理工作的整体效能。就该概念中的“主导”一词而言，其基本含义为：统领、引导、贯穿、推动全局发展；发挥重要的引导作用。因此，情报主导的安全管理是指“运用安全情报统领和引导（引领）安全管理全局、全过程”。

情报主导的安全管理的基本特征是安全情报居于安全管理的核心地位。细言之，情报主导的安全管理以安全情报工作作为客观安全管理工具，以安全情报的分析与解读作为安全管理的核心依据。此外，情报主导的安全管理强调安全情报共享和合作，通过整合与协调各项安全情报功能，并将安全情报有效融入安全管理，促进安全情报在安全管理中的主导作用的最大化发挥，使安全情报更好地为安全管理服务，实现运用安全情报影响各个层次的安全管理行为活动的目标。

就实践层面而言，情报主导的安全管理，旨在强调和凸显安全情报在安全管理活动中的统领、引领或主导作用，即“预知于前、准确预测；审视于准，科学决策；防范于先、快速执行（响应）”，真正做到“预防为主、防患未然”，这是情报主导的安全管理的本质和优势所在。在情报主导的安全管理中，要实现“主导”，必须强化安全情报工作，以确保对获取的安全信息资源进行全面广泛的解读和分析，进而提升安全情报对安全管理的支持和服务能力。细言之，实施情报主导的安全管理，必须具有良好的情报工作能力，并可基于安全情报进行准确的安全预测、科学的安全决策，以及快速的安全执行。

与传统安全管理方法与模式（如基于事故的安全管理、基于问题的安全管理及基于统计的安全管理）相比，情报主导的安全管理至少具有以下7个显著优点：安全管理的依据是事实（由安全信息链可知，安全情报的最初原型是安全事实），有助于提升安全管理的科学性与有效性；可尽可能解决安全管理过程的安全情报缺失程度；纠错机制被引入安全管理（情报工作流程涉及反馈环节），有助于安全管理的完善；有助于安全信息共享；传统安全管理方法与模式（如基于事故的安全管理、基于问题的安全管理及基于统计的安全管理）可实现与情报主导的安全管理的有效结合；安全信息是信息时代，特别是大数据时代的最重要的安全管理资源，情报主导的安全管理可实现安全信息资源的充分有效利用；安全情报工作是直接面向解决安全问题的，情报主导的安全管理有助于增强安全管理的针对性和实践性。总之，与传统安全管理方法与模式相比，情报主导的安全管理更科学、更有效、更具针对性和更实用，它具备成为信息时代，特别是大数据时代安全管理的最大创新的巨大潜力。

此外，根据情报主导的安全管理的定义，可提炼出情报主导的安全管理的基本要素，即安全情报、安全问题与安全管理者，三者之间的关系如图9-14所示。首先，“安全情

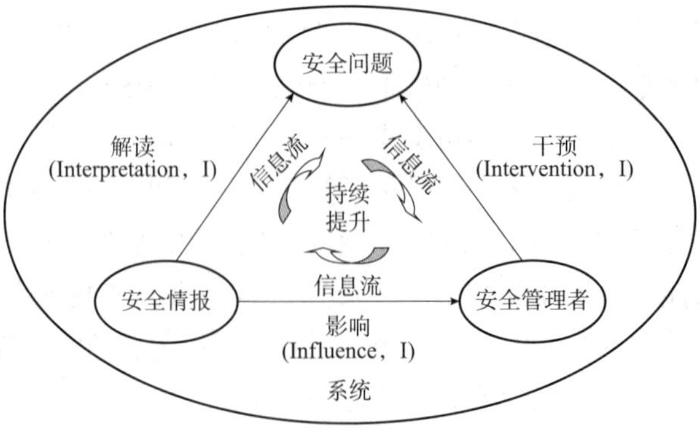

图9-14　情报主导的安全管理的基本要素

报”之于“安全问题”的作用是解决（包括识别）安全问题，即根据安全情报识别和分析认识安全问题。其次，“安全情报”之于“安全管理者”的作用是影响安全管理者的安全管理行为，即安全管理者运用安全情报支持其安全管理行为。最后，“安全管理者”之于“安全问题”的作用是进行安全问题干预，即解决安全问题。三者之间通过信息流进行沟通、交流和协作，共同实现安全管理绩效的持续提升。

9.6.4 大数据时代数据驱动的智慧安全管理方法

(1) 数据驱动的安全决策的定义

数据驱动的安全决策是指组织安全管理人员使用各类高质量的安全数据来指导安全管理实践，或者更具体地说，是安全决策实践。特别是，这种方法强调通过安全数据（如文本安全数据、音频安全数据与视频安全数据）收集、分析和统计，来为安全决策提供更充分和可靠的安全信息支持。数据驱动的安全决策是从安全数据中获取安全信息（安全知识），并使用它来制定安全策略，以期解决组织安全问题。总之，数据驱动的安全决策旨在通过应用现代数据采集和处理技术来充分利用安全数据，从而实现更有效、响应更快的安全决策。它强调组织安全绩效的改善是通过对各种安全数据的响应性来增强的。为便于讨论和理解数据驱动的安全决策，建立数据驱动的安全决策的概念模型（图9-15）。

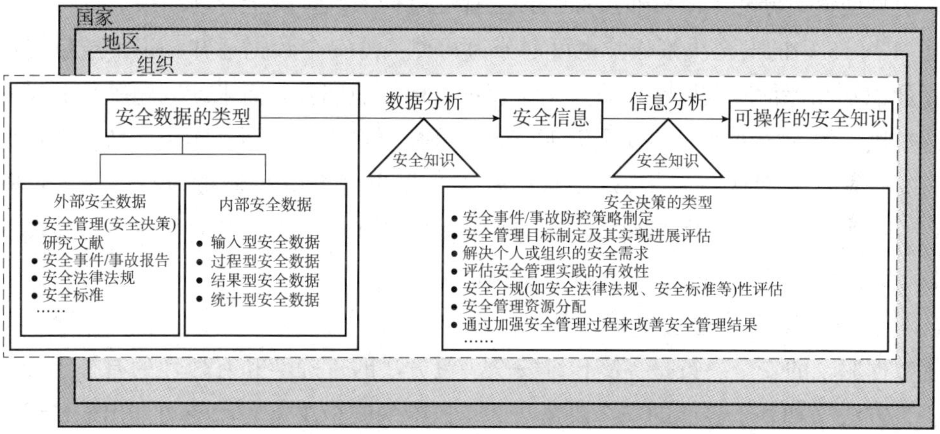

图9-15 数据驱动的安全决策的概念模型

①根据图9-15所示的框架，数据驱动的安全决策需将它置于一个大背景中来理解。尽管本节只讨论特定组织中的数据驱动的安全决策实践，但数据驱动的安全决策实际上可应用于所有级别组织的安全决策之中。就国家级别而言，安全管理系统的各个级别的安全决策或数据驱动的安全决策通常不同（包括国家、地区与组织）；其他级别（如子组织）也可能涉及数据驱动的安全决策实践，但图9-15中未具体描述。

②如图9-15所示的安全决策可通过各种类型的安全数据来通知。这些安全数据包括外部安全数据［如现有安全管理（特别是安全决策）研究文献、事故报告、安全法律法

规与安全标准］与内部安全数据。具体而言，可将内部安全数据划分为4类：输入型安全数据（如安全投资、安全培训教育数据、安全设备设施数据与组织成员的安全素养）；过程型安全数据（如安全运行数据、安全监测数据、安全检查数据、安全活动数据、安全行为数据，以及安全策略的使用效果数据）；结果型安全数据，即各类安全绩效指标（如伤亡人数、安全事件/事故率、死亡率、伤害率、安全事件/事故经济损失、安全成本收益、安全文化评价结果和安全评价结果）；统计型安全数据（如组织成员的安全满意度，以及组织领导和成员、合作伙伴或政府安全监督部门提出的安全意见或建议）。

③图9-15所示的框架认为，原始安全数据的存在并不能保证其被使用。更具体地说，除非安全数据变成有效的安全信息和具有操作性的安全知识来支持做出有效的安全决策，否则安全数据本身是无意义的。根据安全数据提纯过程，通过数据分析可从安全数据中提取安全信息，利用信息分析可将安全信息转化为具有操作性的安全知识。同时，安全数据的提纯过程需安全知识的支持。

④具有操作性的安全知识可通知不同类型的安全决策，这些安全决策包括事故/安全事件防控策略（如安全法制、安全技术、安全教育和安全文化）制定、安全管理目标制定及其实现进展评估、解决个人或组织的安全需求（如为组织成员提供安全培训、改善安全保障条件）、评估安全管理实践的有效性、安全合规（如安全法律法规、安全标准）性评估、安全管理资源分配，或者通过加强安全管理过程来改善安全管理结果。

⑤图9-15中的安全决策通常也可划分为两类：需安全数据通知、识别或解释的安全决策（如识别和评估安全风险、设定安全管理目标、识别安全需求或问题等）和需安全数据支持来执行的安全决策（如安全管理资源再分配、安全培训项目实施、新安全设施设备购置与安全管理方案变革）。一旦安全管理人员做出的安全决策被执行，就可不断获得（收集）新的安全数据，用来评估安全管理行动的有效性，从而形成支持安全决策的安全数据收集、组织、合成和分析的连续往复循环过程。

（2）数据驱动的安全决策的益处

①数据驱动的安全决策是提高传统安全决策方法的正确性和有效性的有效手段。传统安全决策方法（如基于经验的安全决策与基于风险的安全决策）都有可能出现错误。需要改进安全数据收集和处理，以期获得支持安全决策的安全信息。显然，数据驱动的安全决策可为安全决策提供充分的安全信息支持，故它肯定是一种有效的安全决策方法。

②数据驱动的安全决策对于组织安全管理（安全绩效）提升具有巨大的促进作用。根据许多关于信息价值的著名理论与组织的一些信息处理观点，更精确和准确的信息（数据）有助于在决策中更多地使用信息，从而有助于提升组织绩效。从这个角度来看，组织所需的信息总是能或多或少地提升组织绩效。同样，安全信息（安全数据）也在组织安全管理中具有很大的潜在价值。其实，一些研究已经表明安全信息（安全数据）对于安全管理非常重要，已逐渐成为影响组织安全绩效的关键因素。因此，在组织安全决策中采用数据驱动的安全决策，对于组织安全管理（安全绩效）肯定具有巨大好处。

③采用数据驱动的安全决策可保证组织安全绩效的持续提高，这是因为组织中的安全数据（非安全事件/事故数据）是无限的。目前，许多组织正在努力进行持续的安全改进。然而，如何实现组织安全绩效的持续提升，是一个尚未有效克服的重大难题。正如一些安全管理研究者和实践者指出的，大多数组织由于其过去的良好安全记录，目前正面临提升安全绩效的瓶颈问题。因此，急需一种有效的安全管理方法，用来持续提升安全绩效。根据“安全信息的无限性公理，即系统安全信息的‘长尾’理论”，组织中的安全数据（非安全事件/事故数据）是无限的。因此，非安全事件/事故数据能够不断地为组织安全管理提供有用的安全信息，而安全管理是提升安全绩效的关键推动力。同时，就对安全管理的效用而言，非安全事件/事故数据的价值密度通常比安全事件/事故数据的低。

④目前，有必要寻找新的方法来处理组织内新的、复杂的安全管理问题。随着组织结构，及内部和外部环境的快速变化（如技术的快速发展、组织规模的扩大、安全问题日益复杂化、新的安全风险的出现、事故机理的变化、人们对单个重大事故的容忍度逐渐降低、为应对经济衰退而导致安全投入降低），传统的安全决策方法在组织安全管理中暴露出许多限制和缺点。因此，必须开发新的安全管理工具和方法，以期成功解决新的组织安全管理问题。

⑤在大数据时代，数据驱动的安全决策可为组织提供一种新的有效的智慧安全管理方法。目前，安全大数据正促使组织向过去无法解决的组织安全管理新问题发起挑战。安全大数据驱动的智慧安全管理的核心实际上是一个数据驱动的安全决策过程。它包括3个基本步骤：安全数据分析（在对组织内部和外部安全数据预处理的基础上，通过安全数据关联分析发现安全数据之间的隐藏关系）；安全数据评价（基于安全数据分析的结果，开发安全数据驱动的模型，用于直接预测组织安全问题）；安全数据控制（基于安全数据驱动的安全预测模型，发现和控制组织中的关键的安全相关参数，以期提升组织安全绩效）。

（3）基于数据驱动的安全决策实现智慧安全管理

为在组织中有效地实施数据驱动的安全决策并实现智慧安全管理的目标，图9-16给出了数据驱动的安全决策与安全管理的过程模型。该图表明，智慧安全管理实际上是传统安全管理模式和数据驱动的安全决策的完美结合。换言之，智慧安全管理可通过使用数据驱动的安全决策来支持和改进传统的安全管理过程来实现。

传统的安全管理系统模型一般包括4个关键步骤：安全预测、安全决策、安全执行，以及安全检查与调整（图9-16）。其中，安全预测是安全决策的起点和基础。根据图9-16所示的数据驱动的安全决策的概念模型，数据驱动的安全决策旨在从安全数据中提取有用的安全信息和安全知识，以支持和指导安全决策（包括安全预测）。因此，除数据驱动安全决策（智能安全决策）的最后一步外，数据驱动的安全决策任务还涉及5个主要步骤，如图9-16所示。

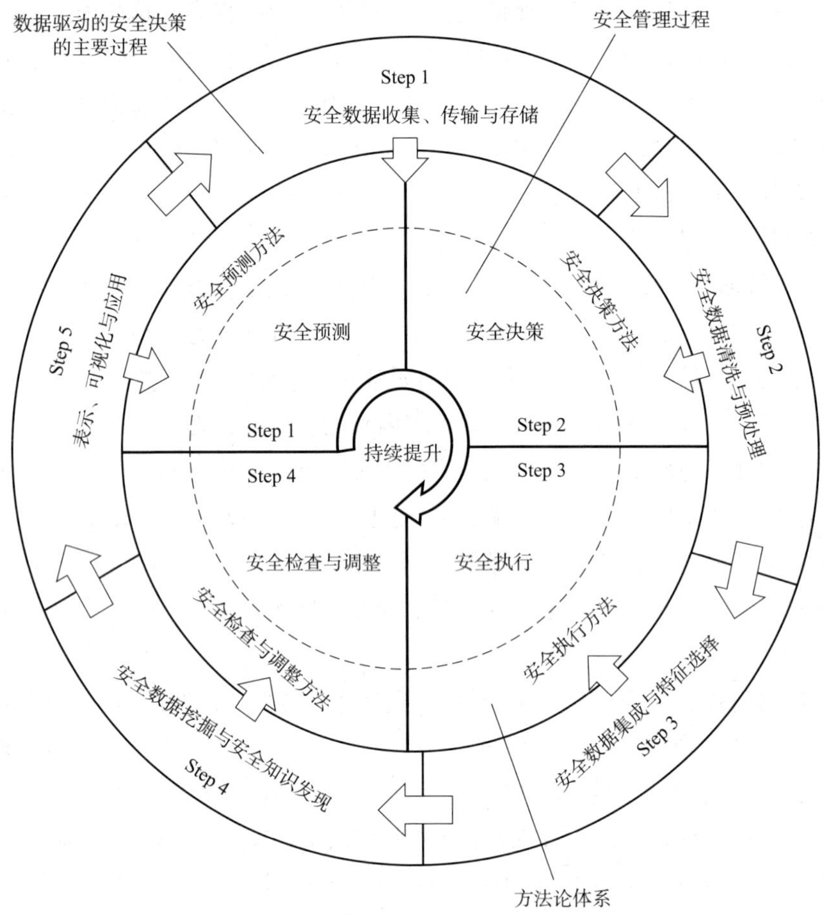

图 9-16　数据驱动的安全决策和智慧安全管理的过程模型

在数据驱动的安全决策的实施过程中，安全数据的收集、传输、存储、清洗、预处理、集成和特征选择是安全数据挖掘的重要准备阶段。下一步骤是数据驱动的安全决策的关键步骤和核心内容：安全数据挖掘和安全知识发现。从安全数据中提取的后续安全知识应该被表示、可视化和应用，从而支持整个安全管理系统的安全决策和安全控制。同时，安全管理的最后 2 步（即安全执行、安全检查与调整）也是基于对安全数据分析的，而并非是纯粹基于直觉和经验的。最后，可以实现各种智慧安全管理的目的和目标（主要包括数据驱动的安全决策、智慧控制、准确快速的安全决策，以及持续的安全性/安全绩效提升）。此外，智慧安全管理方法论包括纯粹的安全管理方法和数据驱动的安全决策。

第10章 安全经济学原理

10.1 安全经济

10.1.1 经济专业术语

(1) 经济

就是遵循一定的经济原则，在任何情况下力求以最小耗费取得最大效益的一切活动。经济通常用实物、人员劳动时间、货币来进行计量。

(2) 效率

指生产要素的投入与产品的质量和数量之比，即劳动消耗与成果之比。效率的计算通式：

$$效率=\frac{产出量}{投入量}\times 100\% \tag{10-1}$$

(3) 效用

消费者从商品或劳务的使用中所获得的满足程度，即商品能满足人们的性能就是这种商品的效用。效用是人们的一种心理感受，是消费者的主观评价。

(4) 边际效用

指某种物品消费量增加一单位所引起的总效用的变化量。其中总效用指一个人从消费某些物品或劳务中所得到的好处或满足程度，大小取决于个人的消费水平。

(5) 机会成本

机会成本是指作出一项决策时所放弃的其他可供选择的各种用途的最高收益。这里指作出的一种选择是所放弃的其他若干种可能的选择中最好的一种。机会成本是一种观念上的成本或损失，并非是在作出某项选择时实际支付的费用或损失。

(6) 经济效率

指经济系统输出的经济能量和经济物质与输入的经济能量和经济物质之比较。经济效率的计量一般是用实物、人员劳动时间和货币为计量单位。通常用“产出投入比”“所得与所费之比”或“效果与劳动消耗之比”来衡量经济效率。

(7) 效益

通常指经济效益。它泛指事物对社会产生的效果及利益。效益反应“产出投入”的关系，即“产出量”大于“投入量”所带来的效果或利益。效益的一般计算式：

$$效益 = （产出量 - 投入量）/产出量 \times 100\% \tag{10-2}$$

（8）效果

指劳动或活动实际产出与期望（或应有）产出的比较。它反映实际效果相对计划目标的实现程度。效果的计算式：

$$效果 = 实际产出量/期望产出量 \times 100\% \tag{10-3}$$

（9）价值

价值是指事物的用途或积极作用。价值与效益有密切的联系，从经济学的角度，效益是价值的实现，或价值的外在表现。“价”指物质生产中的商品交换和商业活动；“值”是相当的意思，是说人们在交换时要求双方所得相等，公平交易。从这一目的出发，经济学的应用领域提出了按价值原则进行生产活动的理论和方法，称为“价值工程（理论和方法）”。由此提出价值计算公式：

$$价值 = 功能/成本 = F/C \tag{10-4}$$

在此，价值反映了单位成本所实现的功能。

（10）经济学

经济学是研究生产、消耗以及完成生产、消费、交换与分配形式和条件的科学。经济学包括理论经济学和应用经济学两大范畴。安全经济学显然属于应用经济学领域。

10.1.2　安全专业术语

（1）安全

对人的生命和健康不产生危害、对财产及环境不造成损害和影响的状态或条件。安全的定量描述用“安全性”或“安全度”来反映，其值用 $0 \leqslant S \leqslant 1$ 的数值来表达，安全度 = 1 - 风险度。

（2）安全成本

安全成本是指实现安全所消耗的人力、物力和财力的总和。它是衡量安全活动消耗的重要尺度。安全成本包括实现某一安全功能所支付的直接和间接的费用。

（3）安全投资

对安全活动所做出的一切人力、物力和财力的投入总和，称作安全投资。投资是商品经济的产物，是以交换、增值取得一定经济效益为目的的。安全活动对经济增长和经济发展有一定的作用，因而应把安全活动看成是一种具有生产意义的活动。引入安全投资的概念，对安全效益的评价和安全经济决策有着重要实用意义。

（4）安全收益（产出）

安全收益等同于安全的产出。安全的实现不但能减少或避免伤亡和损失，而且能通过维护和保护生产力，实现促进经济生产增值的功能。由于安全收益具有潜伏性、间接性、延时性、迟效性等特点，因此研究安全收益是安全经济学的重要课题之一。

（5）安全效益

安全效益是安全收益与安全投入的比较。它反映安全产出与安全投入的关系，是安全经济决策所依据的重要指标之一。

10.2 安全经济学原理

10.2.1 安全效益及利益规律

在安全领域中，安全效益和安全利益存在着一定的规律。而安全的发展必须以人类的科学技术水平和经济能力为基础，但在实际中这两种能力的施展往往是受限的，所以在进行各种安全活动时，就必须讲求经济效率和效益，按照安全经济学的效益及利益规律办事。要利用规律达到安全生产和效益最大化的目的，首先必须认识规律。

（1）安全效益规律

①安全效益的分类

从表现形式上看，安全经济效益分为直接经济效益和间接经济效益。安全的直接经济效益是人的生命安全和身体健康的保障与财产损失的减少，这是安全减轻生命与财产损失的功能；安全的间接经济效益是维护和保障系统功能（生产功能、环境功能等）得以充分发挥，这是安全效益的增值能力。

从性质上看，可分为经济效益和非经济效益。无益消耗和经济损失的减轻，以及对经济生产的增值作用是安全的经济效益；生命与健康、环境、商誉价值是其非经济效益的体现。

从层次上看，可分为内部经济效益和外部经济效益，即企业自身安全生产的效益和生产的结果（产品、能量输出、三废或附属物输出等）对社会的安全作用。两者综合反映了企业安全生产的总效益。

②安全效益的基本规律

在一定的技术水平下，安全效益 = 减损效益 + 增值效益 + 安全的社会效益（含政治效益）+ 安全的心理效益（情绪、心理等）。在安全效益的 4 个组成成分中，仅仅关注并增大其中一项或两项并不能使安全效益最大化，四者是相互依存的，只有同时达到最大，安全效益才能最大化。但是在实际情况下，四者并不能达到理想中的最大化，其最大值是相对一定技术水平而言的。安全效益规律是在安全投入产出中体现的，预防性的“投入产出比”远远高于事故整改的“产出比”，1 分预防性投入胜过 5 分的事故应急或事后的整改投入。在工业实践中，存在一个安全效益的“金字塔法则”，即设计时考虑 1 分的安全性，相当于加工和制造时的 10 分安全性效果，进而会达到运行投产后的 1000 分安全性效果。

（2）安全经济利益规律

这是指在实施安全对策的过程中，所发生的人与人、人与社会、个人与企业、社会与企业间的安全经济利益规律，以及不同条件下的安全经济利益规律。

从空间上分析，安全经济利益有如下层次关系：以国家或社会为代表的所有者利益，安全与否影响其财富和资金积累，甚至安定局势的好坏；以企业为代表的经营者利益，安全与否影响其生产资料能力的发挥，以及产品质量与经营效益的得失，以个人为代表的劳动者利益，安全与否影响本人的生命、健康、智力与心理、家庭及收入的得失。

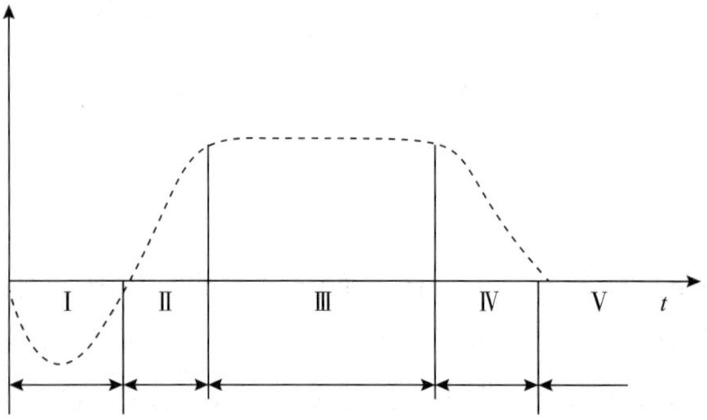

图 10-1　安全经济利益

Ⅰ—负担期（或称投资无利期）；Ⅱ—微利期；
Ⅲ—持续强利期；Ⅳ—利益萎缩期；Ⅴ—无利期（失效期）

从时间上分析，安全利益一般经历负担期（或称投资无利期）—微利期—持续强利期—利益萎缩期—无利期（失效期）的层次循环，如图 10-1 所示。

如何对安全的经济利益进行有效控制和引导，缩短安全的负担期和无利期，延长安全利益的持续强利期，使之朝着安全的经济利益方向发展，这是研究安全经济利益规律的目标和动力。

10.2.2　安全经济学原理

（1）安全的产出效益分析

①安全能直接减轻或免除事故或危害事件，减少对人、社会、企业和自然造成的损害，实现保护人类财富，减少无益消耗和损失的功能，简称“减损功能”。

②安全能保障劳动条件和维护经济增值过程，实现其间接为社会增值的功能。

第一种功能称为“拾遗补阙”，损失函数 L（S）表达：

$$L(S)=L\exp(l/S)+L_0\ (l>0,\ L>0,\ L_0<0) \qquad (10-5)$$

其曲线见图 10-2。

第二种功能称为“本质增益”，用增值函数 I（S）表达：

$$I(S)=I\exp(-i/S)\ (I>0,\ i>0) \qquad (10-6)$$

式（10-5）和式（10-6）中，L、l、L_0、I、i 均为统计常数。

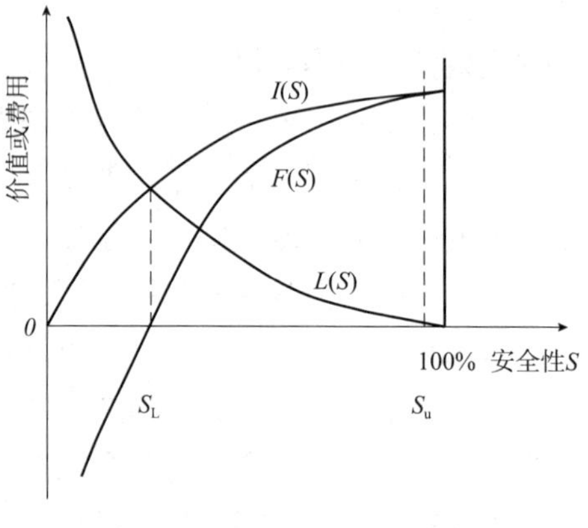

图 10-2　安全损失函数、增值函数和功能函数

如图 10-2 所示，安全增值函数 I（S）是一条向右上方倾斜的曲线，它随着安全性的增加而不断增加，当安全性达到 100% 时，曲线趋于平缓，其最大值取决于技术系统本身的功能。

事故损失函数 L（S）是一条向右下方倾斜的曲线，它随着安全性的增加而不断减少。当系统无任何安全性时，系统的损失为最大值（趋于无穷大），即当系统无任何安全性时（$S=0$），从理论上讲损失趋于无穷大，具体值取决于机会因素；当安全性达到 100% 时，曲线几乎与零坐标相交，其损失达到最小值，可视为零，即当 S 趋于 100% 时，损失趋于零。

损失函数和增值函数两曲线在安全性为 S_L 时相交，此时安全增值与事故损失值相等，安全增值产出与由事故带来的损失相抵消。当安全性小于 S_L 时事故损失大于安全增值产出，当安全性大于 S_L 时安全增值产出大于事故损失，此时系统获得正的效益，安全性越高，系统的安全效益越好。

无论是“本质增益”（即安全创造“正效益”），还是“拾遗补阙”（即安全减少“负效益”），都表明安全创造了价值。后一种可称为“负负得正”，或“减负为正”。

以上两种基本功能，构成了安全的综合（全部）经济功能。用安全功能函数 $F(S)$ 来表达（在此，功能的概念等同于安全产出或安全收益）。

安全功能函数 $F(S)$ 的数学表达：

$$F(S)=I(S)+[-L(S)]=I(S)-L(S) \tag{10-7}$$

对 $F(S)$ 函数的分析，可得如下结论：

①当安全性趋于零，即技术系统毫无安全保障，系统不但毫无利益可言，还将出现趋于无穷大的负利益（损失）。

②当安全性到达 S_L 点，由于正负功能抵消系统功能为零，因而 S_L 是安全性的基本下限。当 S 大于 S_L 后，系统出现正功能，并随 S 增大，功能递增。

③当安全性 S 达到某一接近 100% 的值后，如 S_u 点，功能增加速率逐渐降低，并最终局限于技术系统本身的功能水平。由此说明，安全不能改变系统本身创值水平，但保障和维护了系统创值功能，从而体现了安全自身价值。

（2）安全成本分析

安全的功能函数反映了安全系统输出状况。显然，提高或改变安全性，需要投入（输入），即付出代价或成本。并且安全性要求越大，需要的成本越高。从理论上讲，要达到 100% 的安全（绝对安全），所需投入趋于无穷大。由此可推出安全的成本函数 $C(S)$：

$$C(S)=C\exp[c/(1-S)]+C_0 \quad (C>0,\ c>0,\ C_0<0) \tag{10-8}$$

安全成本曲线见图 10-3。

从中可看出：

①实现系统的初步安全（较小的安全度），所需成本是较小的。随着 S 的提高，成本随之增大，并且递增率越来越大，当 S 趋于 100% 时，成本趋于无穷大。

②当 S 达到接近 100% 的某一点 S_u 时，会使安全的功能与所耗成本相抵消，使系统毫无效益。这是社会所不期望的。

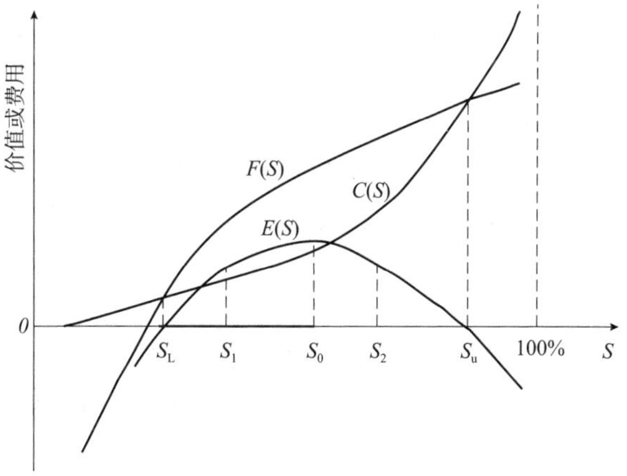

图 10-3　安全成本函数及效益函数

（3）安全效益分析

$F(S)$ 函数与 $C(S)$ 函数之差就得到了安全效益，用安全效益函数 $E(S)$ 来表达：

$$E(S) = F(S) - C(S) \tag{10-9}$$

$E(S)$ 曲线可见图10-3。可看出，在 S_0 点，$E(S)$ 取得最大值。S_L 和 S_u 是安全经济盈亏点，它们决定了 S 的理论上下限。从图 10-3 可以看出：在 S_0 附近，能取得最佳安全效益。由于 S 从 $S_0-\Delta S$ 增至 S_0 时，成本增值 C_1 大大小于功能增值 F_1，因而当 $S<S_0$ 时，提高 S 是值得的；当 S 从 S_0 增至 $S_0+\Delta S$ 时，成本增值 C_2 却数倍于功能增值 F_2，因而 $S>S_0$ 后，增加 S 就显得不合算了。

以上对几个安全经济特征参数规律进行了分析，意义不在于定量的精确与否，而在于表述了安全经济活动的某些规律，有助于正确认识安全经济问题，指导安全经济决策。

10.2.3 安全经济投入评价方法

安全经济学的实用意义之一在于指导安全经济决策，确定最佳安全投入。下面将探讨安全投资合理性评价的基本原则和一种安全经济投入优化方法。

（1）安全经济投入最优化原则

安全经济投入最优化原则有两种：一是安全经济的消耗最低，二是安全经济的效益最大。前者是求“最低消耗”，后者是讲“最大效益”。

①安全经济投入最低消耗原则

安全涉及两种经济消耗：事故损失和安全成本。两者之和表明了人类的安全经济负担总量，用安全负担函数 $B(S)$ 表示：

$$B(S) = L(S) + C(S) \tag{10-10}$$

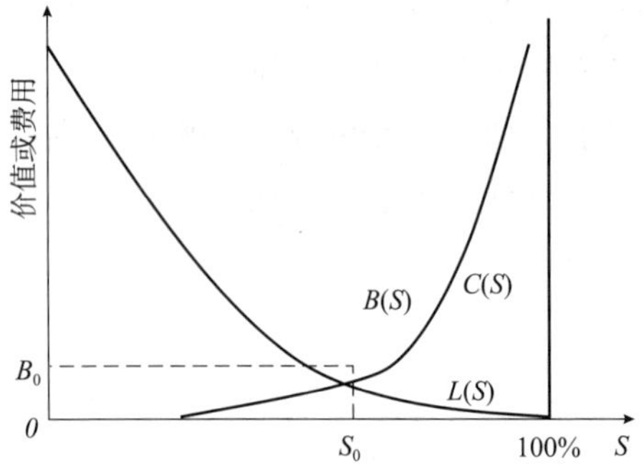

图 10-4　安全负担函数

$B(S)$ 反映了安全经济总消耗，如图 10-4 所示。

安全经济最优化的一个目标就是使 $B(S)$ 取最小值。由图 10-4 可看出，在 S_0 处有 B_{min}，而 S_0 可由式（10-11）求得：

$$dB(S)/dS = 0 \tag{10-11}$$

②安全投资最大效益法

安全效益函数 $E(S)$ 表达了安全效益的规律。由图10-3 可看出，S_0 点处有 E_{max}，此时的 S_0 点可由式（10-12）求得：

$$dE(S)/dS = 0 \tag{10-12}$$

由图 10-3 对安全效益可作如下分析：

①在 S_L、S_u 两点处，无安全效益。即说明系统安全性偏低或较高，安全的总体效益均不高。

②根据“最大效益原理”，可将安全性取值划分为 3 个范围（图 10-3）。

a. $S<S_1$，投入小，但损失大，综合效益差，需要改善系统安全，提高安全效益；

b. S 在 $S_1 \sim S_2$ 之间，接近 S_0 点有较好的安全综合效益，是优选范围；

c. $S > S_2$，损失小，安全成本高，综合效益也较差，需要力求保持安全性，提高安全科技水平，降低成本，提高综合效益。

(2) 安全投资项目的合理评价方法

①机会成本评价法

②“功能（效益）-成本”评价法

根据价值工程原理，安全投资项目的合理性和有效性可用投资方案的“功能-成本”比或“效益-成本”比来评价。由此，可建立如下评价模型：

$$SIRD_j = \frac{安全效果}{安全投入} = \frac{\sum P_i L_i R_i}{C_j} \tag{10-13}$$

式中 $SIRD_j$——第 j 种方案安全投资合理度；

P_i——投资系统中第 i 种危险的发生概率；

L_i——投资系统中第 i 种危险的最大损失后果；

R_i——投资后对第 i 种危险的消除程度；

C_j——第 j 种方案的安全工程总投资。

式中，$\sum P_i L_i R_i$ 表达了安全投资后的总效果，$P_i L_i$ 是系统危险度。

不同的投资方案具有不同的安全效果和投资量，因而具有不同的投资合理度。因此，根据 $SIRD$ 值的大小，可对方案进行优选。

10.2.4 安全投资

(1) 安全投资来源

一个国家的安全投资的来源与分类，是由该国的经济体制、管理体制、财政税收和分配体制等多种因素决定的。各国的情况不同，其安全投资的来源和类别也不同。对于我国的生产经营单位，安全投资的来源主要有：

①在工程项目中预算安排。包括安全设备、设施等内容的预算费用。如我国一直执行的“三同时”基建费。

②国家相关部门根据各行业或部门的需要，给企业按项目管理的办法下拨安全技术专项措施费。

③企业按年度提取的安全措施经费。目前根据不同的行业有不同的做法：

按企业的生产（产品）规模总量比例提取，如煤矿按吨煤量提取；

按企业的产值提取，如根据产值总量的3‰～5‰比例提取；

按固定资产总量比例提取，如石化行业按企业固定资产的3‰～5‰；

按更新改造费的比例提取，在计划经济时代，曾经规定更改费的10%～20%用于安全措施。

④作为企业生产性费用的投入，支付从事安全或劳动保护活动的需要。如劳动保护防护用品的费用，必需的事故破坏维修、防火防汛等费用。

⑤企业从利润留成或福利费中提取的保健、职业工伤保险费用。

随着安全经济研究和科学管理工作的进一步开展，利用价值规律和市场调节的手段来支配安全投资来源的模型，已在某些行业和企业得到了有益的尝试。如下面的安全投资方式：

a. 对现有安全设备或设施，按固定资产每年用折旧的方式筹措当年安全技术措施费。

b. 根据产量（或产值）按比例提取安全投资产量，每吨原煤提取 5 ~ 10 元安全技术措施费用。

c. 职工个人缴纳安全保证金。

d. 征收事故或危害隐患源罚金。

合理地开辟和稳定安全投资的来源，还需要通过进一步完善安全投资的管理体制，加强有关的法制建设来实现，以使安全投资从方式上既科学又合理，从来源渠道上得以保障和稳定。但是，“多元化”的投资结构应该是发展的趋势，图 10－5 就是这种投资结构的一种表达。

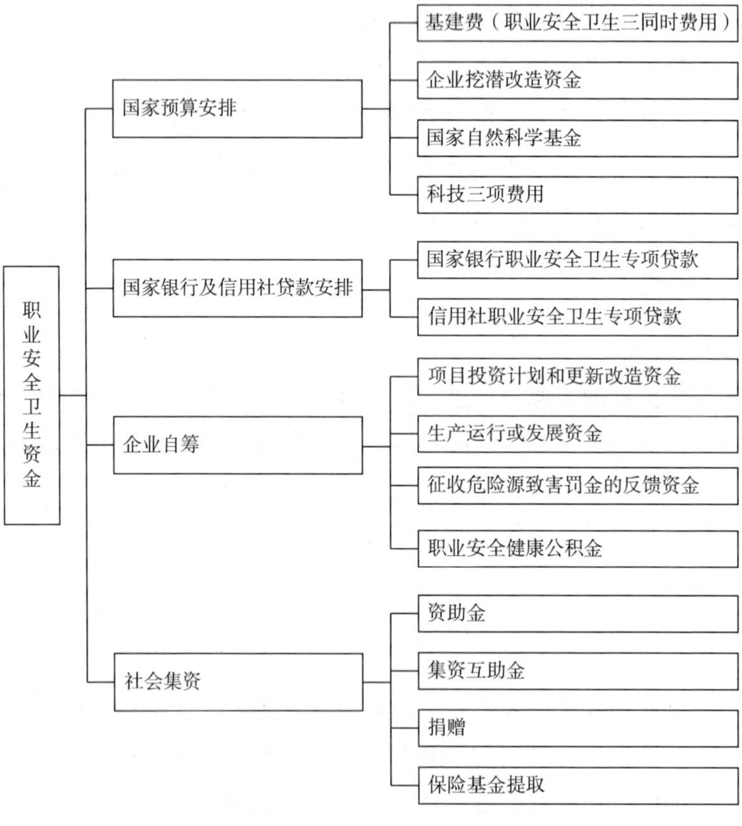

图 10－5　职业安全卫生投资来源

(2) 安全投资分类

研究安全投资的类别，对于科学利用和管理安全资源，提高安全投资的效率和效益有着重要的作用。根据不同的目的，有不同的安全投资分类方法，下面介绍几种安全投资的分类方法。

①按投资的作用划分

根据安全投资对事故和伤害的预防或控制作用，安全投资可分为：

a. 预防性投资 指为了预防事故而进行的安全投资。包括安全措施费、防护用品费、保健费、安全奖金等超前预防性投入。

b. 控制性投资 指事故发生中或发生后的伤亡程度和损失后果的控制性投入。如事故营救、职业病诊治、设备（或设施）修复等。

预防性投资也可称为主动投资，而控制性投资可称为被动投资。

②按投资的时序划分

按投资的时间顺序划分，安全投资可分为：

a. 事前投资 指在事故发生前所进行的安全投入，能起到预防事故的作用，如安全措施费、防护用品费、保健费、安全奖金等预防性投入。

b. 事中投资 指事故发生中的安全消费。如事故或灾害抢险、伤亡营救等事故发生中的投入费用。

c. 事后投资 指事故发生后的处理、赔偿、治疗、修复等费用。

③按投资所形成的技术“产品”划分

按投资所形成的安全技术的“产品”或形式划分，安全投资可分为：

a. 硬件投资 指能形成实体装置、实物或固定资产的投资。如安全技术、工业卫生、辅助设施等能产生安全实物产品的投资。硬件投资可以形成固定资产，在安全经济管理中可用折旧方式进行回收。

b. 软件投资 指不能形成实物或固定资产的投资。如安全教育培训、安全宣传、保健与治疗等费用。这种投资的特点是一次性消耗，没有后期管理的责任。

④按安全工作的专业类型划分

按安全工作的专业类型划分，安全投资可分为：

a. 安全技术投资

b. 工业卫生技术投资

c. 辅助设施投资

d. 宣传教育投资（含奖励金费）

e. 防护用品投资 指用于个体防护用品的花费。

f. 职业病诊治费 指用于职业病的诊断及治疗的费用。尽管这一费用没有预防性的作用，是一种被动的投入，但它是一种有目的的消费，并且有投入效率的问题，因此把它也划为一种投资。

g. 保健投资 如高危害、高危险、高劳动强度津贴，防暑降温津贴等。

h. 事故处理费用 指事故抢救、调查、赔偿等事件发生后的资金投入。这也是一种没有预防性作用的投入，是一种被动的投入，但它是有目的的消费，并且也有投入效率的问题。这种投资与事故的纯被动损失（财产损失、资源与环境损害、劳动力的工作日损失等）有区别，即事故损失的消耗是无目的的，并且没有投入效益的问题。

i. 修复投资　指对事故部分或全部损坏的设备及设施的修理和添置的投资。这种投资与更新改造费有一定的区别，更改费是一种预期型的投资，具有主动性，而修复投资是事后型的，具有被动的特点。

⑤按安全投资的用途划分

按投资的用途划分，安全投资还可划分为：

a. 工程技术投资　指用于工程技术项目或技术装备和设施的费用。

b. 人员业务投资　指安全技术人员的工资、职工安全奖金、职业危害津贴、行政业务等费用。

c. 科学研究投资　指用于安全科学技术研究和技术开发的投资。

了解和探讨清楚安全投资的类别，对于科学管理安全投资，提高安全投资的利用效率有着重要的意义。

(3) 确定安全投资合理比例的依据和原则

安全的社会作用是多方面的，影响安全投资的因素也是多方面的。安全既是促进经济增长和经济发展的重要手段，也是促进社会发展目标实现和精神文明建设的重要条件。在一定的经济发展水平条件下，一个国家的安全投资究竟应占社会总产值（或国民生产总值）、国民收入和财政支出的多大比例才算合理？从安全经济学的角度看，衡量一个国家安全投资的比例是否合理，主要是以其有限的安全投资能否取得最大的经济效益和社会效益为依据，视其安全投资率是否有碍促进经济和社会发展目标的实现。因此，经济效益和社会效益的统一，促进经济增长和社会发展目标的实现，应成为确定安全投资量是否合理的基本原则。

安全投资能否使社会取得最大的经济效益，又以什么标准去衡量呢，通常以国民收入（或国民生产总值）增长率目标的实现作为经济效益的标志，把保证实现国民收入增长率所需要的安全保障条件作为衡量的标准。因此，保证社会生产和人民生活所需的安全条件和水平的安全投资消耗量就是安全投资的合理投入量。根据上述原则，安全经济投资占国民收入（或国民生产总值）的合理比例的确定，应以经济增长率既定目标作为首要的依据。在实现既定的经济增长率目标的前提下，以政府财政收入来表示的国力大小是确定这一合理比例的上限，而满足经济增长所要求的最低限度的安全条件所需投资总量（或相对量）则是安全投资的下限。前者是指在保证经济增长目标的前提下，从财政收入中可能拿出的安全投资量，后者是指在保证生产和生活安全要求的条件下，安全需要的最低投入量。一个是可能，一个是需要，合理的投资只能介于二者之间。在这里，安全需要的最低投入量的确定是至关重要的。由于安全的需要不仅取决于人的客观的要求（自然属性），而且还取决于人类的社会因素（社会属性——经济、文化、伦理、道德等）。安全经济学要研究清楚安全的这种客观属性及规律，提出相对合理的、人和社会能够接受的安全投资水平。

安全投资量（或相对量）的确定，同样与社会发展目标有密切的关系。人民的生产和生活安全目标，一方面本身就是社会发展目标的一部分，它与其他社会目标（教育事业、文化事业、科学事业、体育事业、卫生防疫事业等）一样，受社会经济发展总目标的制约，在财政收入既定的条件下，社会发展目标过高，用于社会发展目标的投资量过大，将会影响经济发展目标的实现，导致经济效益的降低。另一方面，安全的绝对目标受其他社会与经济发展目标的控制。从人类安全的发展历史看，生产与生活的安全水平和程度就是随科学技术、社会观念、文化道德、经济水平等社会经济状况的发展而发展的。因此，安全的发展目标（投资量），不仅要与社会经济的发展总体目标相适应，还要与其社会发展目标相协调。依据上述原则，安全投资的合理比例的确定，可采用如下几种方法。

①系统预推法

系统预推法是在预测未来经济增长和社会发展目标实现的前提下，经过系统分析和系统评价，并在进行系统的目标设计和分解的基础上，推测确定安全经费的合理投资量。其技术步骤是：

a. 预测确定国民经济（国民生产总值、国民收入、财政收入）增长目标和社会发展目标；

b. 在考虑社会发展总体目标与经济效益和条件的前提下，推出安全发展总体目标，宏观考察（行业或部门）可用伤亡率、损失率、污染量等来反映，微观考察（对设施、设备、项目等）可用安全性、可靠度、隐患率等来反映；

c. 在实现安全总目标的前提下，分配给各行业、部门（对于企业是各工种或车间）或各子系统安全的分目标；

d. 按各分目标的水平，测算未来所需的安全投入费用（安全成本）；

e. 累计各类（项）安全费用，求出安全所需投资总量。

这种方法显然有很多具体的技术方法需要采用。如安全的定量目标与社会发展目标的关系，安全总目标的分配技术（不同行业或部门的分目标水平），各种安全目标的成本计算等。

这种方法是比较科学和严密的，但目前其可操作性差，应用技术难度大。

②历史比较法

这种方法是根据本地区、本行业或本企业的历史做法，选择比较成功和可取年份的方案作为未来安全投资的基本参考模式，在考虑未来的生产量、技术状况、人员素质状况、管理水平等影响因素的情况下，并考虑货币实际价值变化的条件，对未来的安全投资量做出确切的定量。

这种方法的缺点是精确性较差，但有应用简单的特点，因而是目前实际中经常应用的方法。

③国际比较法

一个国家安全投资总额及其在国民经济各项指标中所占比重是否适宜，可与世界各种类型国家在不同时期和条件下的安全投资水平进行比较研究，从而获得参考，指导其本国或同类型行业的安全投资决策。

进行国际比较来确定本国或同类行业的安全投资比例时，应考虑如下基本因素：

a. 两国的经济发展水平应大体相似；

b. 国民经济各项指标（国民生产总值、国民收入、财政收入）和安全经费来源和总额的统计口径应相同。

总之，必须有可比性，国际比较法才可采用。在具体比较时，下面两种方法可有助于国际比较法的应用。

a. 横断面分组比较　即将不同人均国民收入的国家分成若干组，在同组内进行比较分析。这种方法可以在一定程度上反映出一定的经济发展水平与安全投资比例的关系，也反映一个国家对安全投资的重视程度。当然，同组的各国安全投资量的大小，也受其社会制度和该国的经济结构、产业结构和技术结构的影响。社会制度不同，对安全的评价不同，致使安全投资量不同；经济结构、产业结构和技术结构不同，必然影响总产值和国民收入的构成；经济的畸形发展和单一化，即使人均国民收入达到了很高水平，安全经费在国民收入中所占比例也不一定反映出安全与经济之间的正常关系，不一定表现出安全投资所占比例变动的规律。这些是进行分组比较时应加以考虑的。

b. 历史考查和横断面分析相结合的比较方法　由于各国经济发展水平都是由低到高，经过相当长的历史发展阶段，因此，一国现时的经济发展水平，可能相当于别国某一发展阶段的水平。这样，发展中国家现有的发展水平与发达国家在历史上的某一相似的阶段就具有可比性，就可以说明安全投资在国民收入（或国民生产总值）的关系。这种比较结果，还可同现在经济发展相似的一组国家的安全投资占国民收入的比例情况进行比较，借以说明一国安全投资占国民收入的比例是否适宜。

进行历史考查分析比较时，除了要考虑上述不同社会制度和不同经济结构、产业结构的影响外，从历史的角度看，还应当考虑一个十分重要的因素，即技术进步的因素。随着技术的进步，经济对安全的要求会发生变化。一方面可能会是技术的进步使生产的本质安全化越来越好，使技术运行过程的安全成本下降，所需安全投资减少；另一方面可能会是技术的发展使生产和生活过程中的危险和危害因素增多、程度增大，致使技术功能实现的安全成本提高，所需安全投资增大。因此，应视具体问题进行具体分析，找出各种经济、技术、社会等条件下的最合理安全投资比例。

采用上述两种方法进行比较的目的，在于寻找一定经济发展水平下安全投资的规律，以便更好地、合理地调整安全投资量。但必须认识到，国际比较研究所得结果只能是一种印证，仅具参考价值。一个国家的安全投资到底应占多大比值为最佳，只能从本国经济发展的实际出发，在深入研究本国安全与经济相互制约的各种因素中，才能找出切合实际的、最大限度地促进经济和社会发展的安全投资的规律。

（4）安全投资分析与决策技术

①投资决策博弈过程

下面用一张简单的表格演示投资决策的博弈分析过程。假设市场上仅有两家竞争企业，两个企业的雇主和雇员均乐于建立安全的工作环境。两个企业同样面临两种选择：安全或不安全。这样就有 4 种组合形式，见表 10-1。

如果劳资双方均选择安全，但是竞争更为紧逼时，由于担心经营失败或由于利润的诱惑，则会出现不同的情况。如果两公司独立决策，安全投资将减少。假设公司 2 选择符合或提高安全水准，公司1由于非安全（投入不足），则公司1表面上体现出获利。如果公司2选择非安全，公司1必然紧跟着选择非安全，否则将处于竞争劣势。换句话说，不管公司2作何选择，从公司1的个人利益来讲，应选择非安全。同理，公司2也会选择非安全。结果由于竞争的压力，将出现右下角的情况，即两公司均选择非安全。很显然，相对于左上角的情况，这是次优化选择。换句话说，全行业的良好工作环境，由于市场竞争的压力不得不让位，尽管安全的工作环境对双方都有好处。

表10-1　安全投资决策的博弈分析

分析项目		公司2	
		安全	非安全
公司1	安全	均安全，竞争力相当	公司1安全，但处于竞争劣势； 公司2非安全，但处于竞争优势
	非安全	公司1非安全，但处于竞争优势； 公司2安全，但处于竞争劣势	均非安全，竞争力相当

在现实中，企业对安全投入决策中存在问题会更加严重。通常不仅是两个公司的竞争，而是更多的公司之间的竞争，从而更难达成合作协议。另外，竞争的市场使得新公司相对容易进入，因此即使现有公司达成协议，仍然难以避免上述现象的发生。这时唯一的解决方法就是外力的干涉，建立专门的安全生产监督机构。

安全投资从长远的眼光看是值得投资的（潜在的、长远的效益），事实上由于安全效益的特殊表现形式和短期的利益，认识这种特性是很困难的。有时能从安全的工作环境中获得超过成本的利润（如应急救援体系发挥了作用），但有时却不能（如事故未发生）。然而，安全的效益和价值的体现并非只体现在经济上，安全还有生命、健康、商誉、社会责任等非经济的效益。因此，与纯经济投资不一样的是安全投资不必达到一定的投资回报率来证明其投资是适当的。在安全经济的产出方面，还应该计算失能（技术功能和效率）、无益的代价（事故成本）和社会承担的损失（政府负担、家庭负担等）。如用医疗作比方，疾病的经济代价，除了支付给医院的费用外，还包括缺勤收入、生活和生命质量等。因此，在安全投入上，不能要求其净成本小于零。

②安全投资的综合评分决策法

这是美国格雷厄姆、金尼和弗恩共同合作，在安全评价方法“作业环境危险性LEC评价法”的基础上，开发出的用于安全投资决策的一种方法。

a. 基本理论和思想

这种方法基于加权评分的理论，根据影响评价和决策的因素重要性，以及反映其综合评价指标的模型，设计出对各参数的定分规则，然后依照给定的评价模型和程序，对实际评价问题进行评分，最后得出决策结论。

具体的评价模型是“投资合理度”计算公式：

$$\text{投资合理度}=\frac{R\times E_x\times P}{C\times D} \tag{10-14}$$

式中　R——事故后果严重性；

E_x——危险性作业程度；

P——事故发生可能性；

C——经费指标；

D——事故纠正程度。

上式分子是作业危险性评价的三个评价因素，反映了系统的综合危险性；而分母是投资强度和效果的综合反映。此公式实际是“效果—投资”比的内涵。

b. 安全投资合理度的分析方法步骤

ⓐ确定事故后果的严重性 R

后果的严重程度	分值
特大事故：死亡人数很多；经济损失高于100万美元；有重大破坏	100分
死亡数人；损失在50～100万美元之间	50分
有人死亡；损失在10～50万美元之间	25分
极严重的伤残（截肢、永久性残废）；损失在0.1～10万美元之间	15分
有伤残，损失达到0.1万美元	5分
轻度割伤，碰撞撞破，轻微的损失	1分

ⓑ确定人员暴露于危险场所的危险性作业程度 E_x

危险性作业程度	分值
连续不断（或者是1天之内出现很多次）	10分
经常性（大约是1天1次）	6分
非经常性（以1周1次到1月1次）	3分
有时出现（1月1次到1年1次）	2分
偶然性（偶然出现过1次）	1分
很难确定（不知道哪天发生过，很可能是很久以前的事了）	0分

ⓒ事故发生可能性 P 值的确定

意外事件产生各种可能后果的可能程度	额定值
最有可能出现意外结果的危险作业	10分
有50%可能性的	6分
只有意外或巧合才能发生事故	3分
只有遇上极为巧合才能发生事故，但记得曾经有过这样的事例	1分
很难想象出来的可能事故，这种冒险作业进行了好多年但还未发生过事故	0.5分
实际上不可能出现，所想象的巧合不符合实际，只有“1%”发生事故的可能性；这样的作业多年来从未发生过任何事故	0.1分

ⓓ经费指标 C 的取值

费　　用	额定值
50000 美元以上	10 分
25000 ~ 50000 美元	6 分
10000 ~ 25000 美元	4 分
1000 ~ 10000 美元	3 分
100 ~ 1000 美元	2 分
25 ~ 100 美元	1 分
5 美元以下	0.5 分

ⓔ事故纠正程度 D 的取值

纠正程度	额定值
险情全部消除（100%）	1 分
险情降低了 75%	2 分
险情的降低程度为 50% ~ 75%	3 分
险情的降低程度为 25% ~ 50%	4 分
险情仅有稍微的缓和（少于 25%）	6 分

合理度的临界值选定为 10，如果计算出的合理度分值高于 10，则安全经费开支被认为是合理的，如果是低于 10，则被认为是不合理的。

上述的计算过程可以用诺模图的方法来实现，其技术步骤：

a. 根据图 10-6 中的事故发生可能性、危险作业性和事故可能后果确定出危险性分级；

b. 再把危险性分级结果代入图 10-7，根据危险性分级、措施的可能纠正结果和投资强度确定投资合理性，从而做出投资的“很合理”“合理”和“不太合理”三种决策。

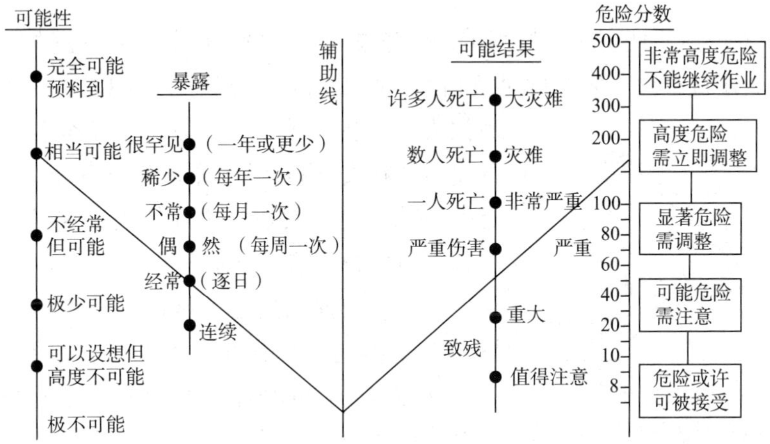

图 10-6　危险性评价诺模图

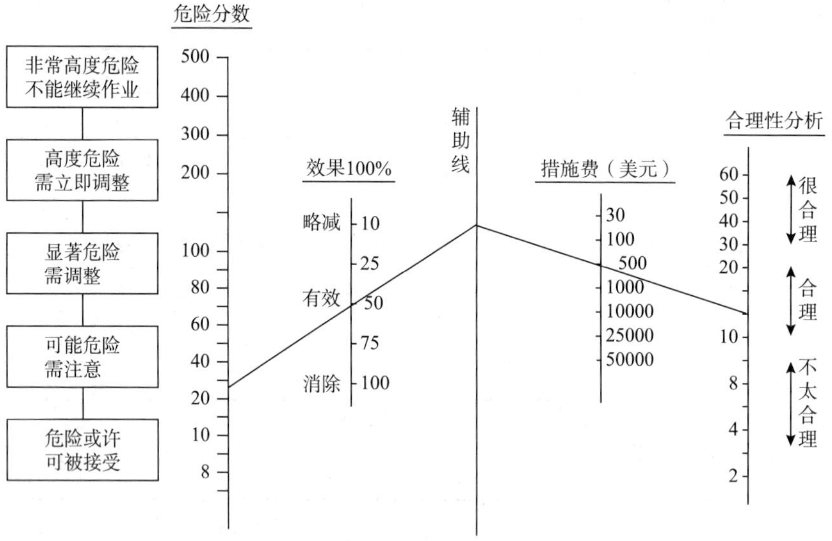

图 10−7　投资效果合理性决策诺模图

③企业边际投资技术

在实践中，安全投资问题是复杂多样的，有国家或上级主管部门针对地区、行业或企业的年度投资问题，有企业自己针对措施项目或工作类别的投资分配问题。总之，安全投资的决策，需要进行纵向的对比分析，指导不同时期的宏观投资政策，也需要横向的比较和优选，以做出微观的投资决策。上几节的分析着重于宏观的、大尺度的投资分析与决策方法，下面探讨有助于企业的小尺度投资决策方法——边际投资分析技术。

a. 基本理论

边际投资（或边际成本）指生产中安全度增加一个单位时，安全投资的增量。进行边际投资分析，离不开边际效益的概念。边际效益指生产中安全度增加一个单位时，安全效果的增量，如果对安全效果无法作出全面的评价时，安全效果的增量可用事故损失的减少量来反映。

目前对于安全度不便用一个量表示，但考虑到安全投资与安全度呈正相关关系，即安全投资 $C\propto ks$，事故损失与安全度呈负相关，由 $L\propto k/s$，则得到 $C\propto k/L$，即安全投资与事故损失呈负相关关系。所以，当安全度增加一个相同的量时，将安全投资的增加额与事故损失的减少额，近似地看作边际效益与边际损失，这样处理不影响进行最佳效益投资点的求解。

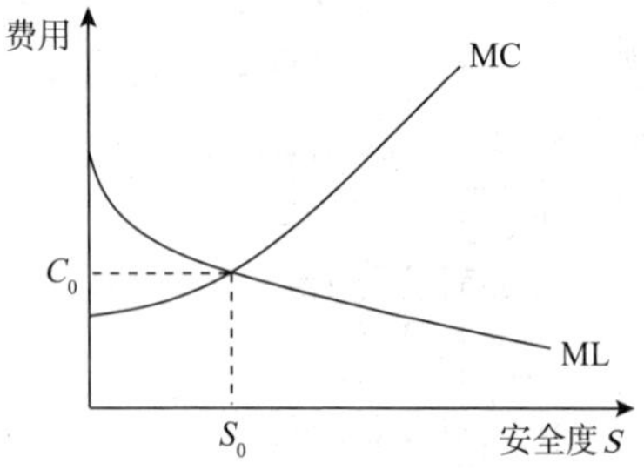

图 10−8　边际投资与边际损失的关系

从投资与损失的增量函数关系中可以作出边际投资 MC 与边际损失 ML 的关系曲线，如图 10−8 所示。

从而得到：安全度的边际投资随安全度的提高而上升；而安全度提高，带来的边际损失呈递减趋势。在低水平的安全度条件下，边际损失很高。当安全度较高时，如达到99%，此时边际损失很低，但边际投资正好相反。

通常有这种规律：当处于最佳安全度 S_0 这个水平上时，边际投资量等于边际损失量，意味着，这时安全投资的增加量等于事故损失的减少量，此时安全效益反映在间接的效益和潜在的效益上（一般都大于直接效益的数倍），如果安全度很低，提高安全度所获得的边际损失大于边际投资，说明减损的增量大于安全成本的增量，因此，改善劳动条件，提高安全度是必须而且值得的；如果安全度超过 S_0，那么提高安全度所花费的边际投资大于边际损失，如果所超过的数量在考虑了安全的间接效益和潜在效益后，还不能补偿时，这意味着，安全的投资没有效益（这种情况是极端和少见的）。通常是当安全度超过 S_0，安全的投资增量要大大超过损失的减少量，即安全的效益随超过的程度在下降，此时也可以理解为对事故的控制过于严格了。

因此，从经济效益的角度，常常以最佳的安全效益点作为安全投资的参考基点，用于指导安全投资的决策。

b. 应用实例

某企业 11 年来安全投资与事故损失如表 10-2 所示（按年安全投资由小到大排列）。

表 10-2 某企业 11 年来安全投资与事故损失数据

安全投资/（万元/年）	事故损失/（万元/年）	边际投资/（万元/年）	边际损失/（万元/年）	边际投资-边际损失/（万元/年）	投资决策/（万元/年）
5.0	113.9	—	—	—	增加
6.0	89.9	1.0	24.0	-23.0	增加
7.4	70.4	1.4	19.5	-18.1	增加
9.4	54.3	2.0	16.1	-14.1	增加
12.1	41.3	2.7	13.0	-10.3	增加
15.6	31.0	3.5	10.3	-6.8	增加
19.9	22.9	4.3	8.1	-3.7	增加
26.0	16.7	6.1	6.2	-0.1	增加
34.0	12.2	8.4	4.5	3.9	减少
44.7	9.2	10.6	3.0	7.6	减少
57.7	7.4	13.0	1.8	11.2	减少

由表 10-2 可知：当边际投资为 6.1 万元/年时，边际损失为 6.2 万元/年，二者近似相等，可以把这时的安全投资看作最佳投资点，即这时的总损失最小。总损失 26.0 + 16.7 = 42.7（万元/年），经济效益最大。以 11 年来最大损失 5.0 + 113.9 = 118.9（万元/年）为基准点，则正的效益为 118.9 - 42.7 = 76.2（万元/年）。

在对投资进行决策时，投资少于 26.0 万元时，增加投资，投资大于 26.0 万元应减少投资。

c. 实践中对最佳投资点的动态分析

在安全生产管理中，各种因素不断变化，因此，对于最佳投资点的确定应全面考虑。

ⓐ考虑到安全投资带来的巨大的社会效益和潜在的经济效益，投资的总体效益就会增加。因此，边际损失（边际效益）曲线客观上应上移至 ML′，新的最佳安全度由 S_0增大至 S'_0，$C'_0>C_0$，相应的最佳安全投资点就应适当地增大，如图 10-9 所示。即可能扩大投资，增加安全度。

ⓑ安全生产中，不断利用新的科学技术，先进的管理方法，以及提高职工的安全意识和安全素质，使得安全投资利用率提高。边际投资曲线下移，安全度增大，投资曲线下移至 MC′。新的最佳安全度 $S'_0>S_0$，如图 10-10 所示。而此时 $C'_0<C_0$，即在边际投资较少的情况下，可以得到较大的安全度。

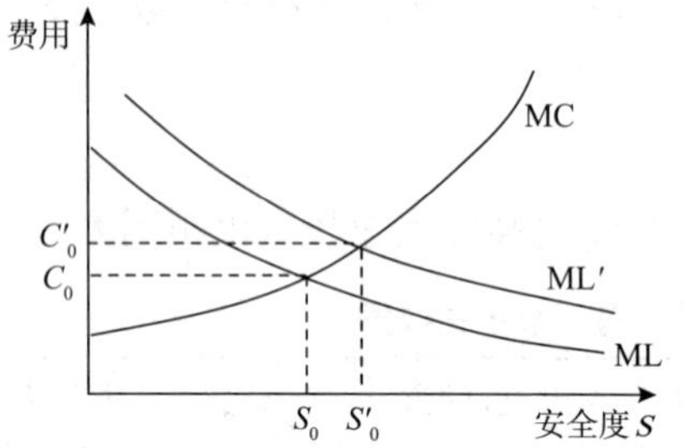

图 10-9　边际损失曲线上移，安全度增大

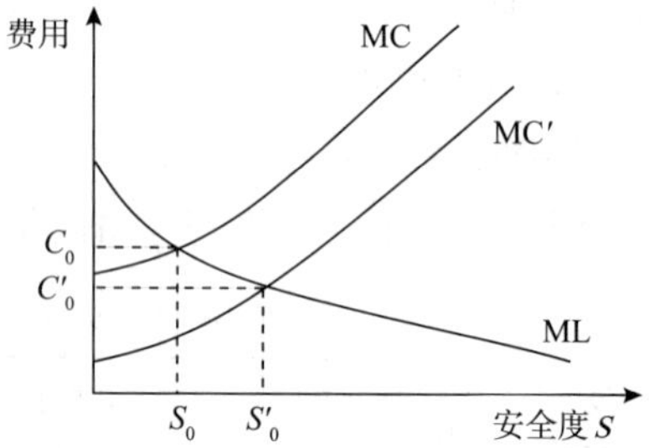

图 10-10　边际投资曲线下移，安全度增大

ⓒ综合上述两种情况，可认识到：通过充分考虑（计算出）安全投资带来的安全的潜在经济效益和社会效益，会使边际损失曲线上移。同时，充分利用新的科学技术和先进管理方法，提高安全活动的效果，会使边际投资曲线下移。这样，可以在不增加或少量增加边际投资的情况下，大大地提高安全的效益。从另一角度，在保证安全度不变的情况下，则可降低安全投资或成本，如图 10-11 所示。

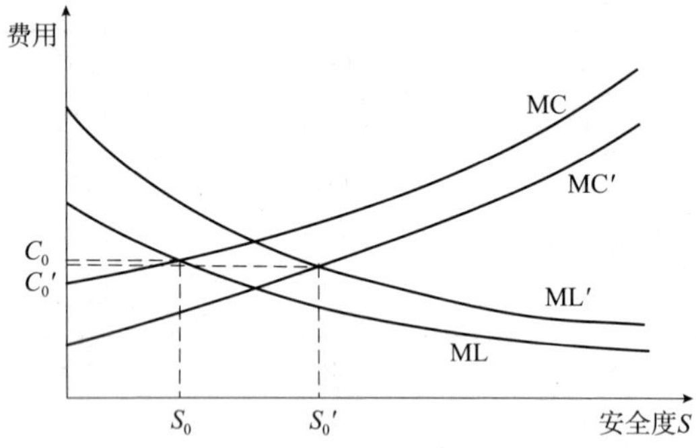

图 10-11　边际损失曲线和边际投资曲线

从以上分析中可看出，安全效益客观上有一个最大值，这一点上的安全投资就是最佳的安全投资；通常最优安全度的安全投资点是在边际投资等于边际损失（减损）处，在这点投资可以得到最大的经济效益；考虑到人们对安全度的要求是尽可能高以及安全投资有巨大的社会效益和潜在的经济效益，应在经济能力允许的条件下适当地考虑提高安全投资量；要大幅度地提高系统安全度和安全的总体效益，其根本出路是依靠科技进步，采用新技术和先进的管理方法，提高人的安全意识和技术素质，而不是一味地追求最大的投资额。

10.2.5　企业安全经济管理

(1) 安全经济管理的意义和作用

企业为了获得更大的经济效益，不仅要生产社会需要的产品，而且要按计划完成任务，这是企业发展的重要前提。为了满足这个前提，其基本条件之一就是不发生事故。所以防止事故是企业生产活动的基础，而安全管理是防止事故必不可少的手段。在所发生的事故中，有些是不可抗拒的，但绝大多数有避免的可能性。把现代科学技术中的重要成果，如系统工程、人机工程、行为科学等运用到安全管理中，是预防和减少这些可避免性事故的有效办法。而安全的经济分析和管理运用于安全管理之中已成为安全工程的重要内容和提高安全活动效果的重要手段。因此，企业安全经济的管理在安全管理工作中有着重要的实际意义。

运用经济手段管理安全，主要是利用价值规律、商品经济的手段，采用经济杠杆来管理安全，由此来阐述它的特点和分类。

①安全经济管理的特点

安全经济学以及管理科学的性质和任务，决定了安全经济管理具有综合性、整体性、群众性的特点。

a. 综合性　安全经济管理涉及经济、管理、技术乃至社会生活、社会道德、伦理等诸多因素；安全经济分析、论证的对象往往是多目标、多因素的集合体。这里面既有经济分析的问题，又有技术论证的要求；既要注意安全管理对象的特点，又要考虑社会经济、科学技术水平、人员素质现状等背景对这些方法是否提供了可行性的条件。显然，它需要作综合的分析与思考，采用系统的、综合的方法进行处理和解决。否则，以狭义的、片面的思维方式不但得不到正确的结果，还会产生不良的负效应，给企业和社会带来不利的影响。

b. 整体性　尽管安全经济管理是上述众多因素的集合体，但它又同样具有一般管理的五个步骤，即计划（预测）、组织、指挥、协调、控制，并且总是围绕着安全与经济而进行。它反映的是经济规律、价值规律在安全管理中的作用和过程，制定的是有关安全管理的经济性规范、条例和法规，分析、研究的是安全经济活动的原理、原则、优化计算。总之，它突出了“安全与经济”这样一个整体。支离的思维、破碎的方法是安全经济管理所不可取的。

c. 群众性　在我国，广大职工群众既是国家的主人，又是社会物质财富和精神文明的直接创造者。我国的安全工作是在群众的督促下进行的，群众有权监督各级领导机构职能部门贯彻、执行安全方针、政策和法规，协助安全经费的筹集，监督以及管理安全经费的使用。工人是事故的直接受害者，也是事故的直接控制者，因而他们既是预防事故、减少损失的执行者，也是安全的直接受益者。显然他们会自觉地为促进安全活动、降低和杜绝事故而努力。并且，人人都有自身防卫的本能，管理过程中也需要这种“本能”得以极大地发挥和发展。因此，安全活动、安全经济的管理必须发动群众参与，体现出群众性的特点。

②分类

由安全经济管理的任务和特点不难分析出，安全经济管理大致分为以下四类：法律管理、财务管理、行政管理、全员管理。

a. 安全经济的法律管理　劳动安全法律是各级劳动部门实行安全生产监督管理的依据。其任务是督促各级部门和企业，用法律规范约束人们在生产中的行为，有效地预防事故，保障人民生命财产安全和生产的顺利进行。安全经济也需要法律规范来进行指导。

事故发生后，与事故有关的人员最关心的问题是责任谁来承担（包括刑事责任和经济责任）。在实际工作中，往往事故的责任处理由于经济方面的问题，迟迟难以迅速完成。安全的有关法律明确地规定事故经济责任的处理办法和意见，使事故经济责任对象以及责任大小的处理有明确的依据，并最终使事故经济责任的处理公平合理，这是安全经济管理的重要内容。因此，加强安全经济立法和法律管理，明确事故发生后经济责任人和责任大小的处理准绳，是改善安全管理的重要方面。

除了安全经济责任处理的法律之外，事故保险、人身伤害保险的法律也是安全经济管理的内容。

b. 安全经济的财务管理　安全经济的财务管理是指对安全措施费、劳动保险费、防尘防毒、防暑、防寒、个体防护费、劳保医疗和保健费、承包抵押金、安全奖罚金等经费的筹措、管理和使用。对安全活动所涉及的经费，按有关财务政策和制度进行管理，是安全经济管理必不可少的方面。特别是把安全的经济消耗如何纳入生产的成本之中，是安全经济财务管理应该探讨的问题。

c. 安全经济的行政管理　是指根据安全的专业特征，采用必要的行政手段进行安全的经济管理。安全经济管理除了立法保证、财务管理的方面外，还必须与从国家到地方、从行业到企业各阶层的安全经济的行政业务进行协调、合作，从而得以补充和完善。在满足安全专业的业务要求的前提下，通过行政手段的补充，使安全经济的法律管理、财务管理的作用得以充分发挥，促成最终安全经济管理目的圆满实现。行政管理机构是各级安全管理的职能部门。完成安全经济的专业投向和强度的规划是安全经济行政管理的目的。

d. 安全经济的全员管理　由于安全经济管理有群众性这一特点，而且安全活动是全员参与的活动，只有企业全体职工共同努力和参与，安全生产的保障才能得以实现。因此，安全经济作为一种物质条件，需要充分地提供给安全活动参与的每一个人，使安全经济的物质条件作用得以充分发挥，因而安全经济的管理需要全员的参与。安全经济全员管理的目的是：使职工能利用经济的手段，充分发挥主观能动性、积极性和创造性；使职工建立安全经济的观念，有效地进行安全生产活动；使全员都能参与安全经济的管理和监督，保障安全经济资源的合理利用。

（2）安全经济强化手段——奖与罚

从心理学的角度来看，人们普遍有意无意地用“行为的代价和利益”的思想作为工作的指导。这种情况使得人们在处理问题时，代价和利益成为行动的重要决策依据。因此，在管理工作中，利用这种因素进行正确的信息反馈和作用，成了有效的方法之一。安全的行为，安全工作做得好的部门、单位或个人，及时进行表扬，施以重奖（包括精神奖和物质奖），进行正强化；对不安全的行为，安全工作做得不好，经常出事故或险象重重、隐患累累的集体或个人，要及时指出，批评教育，施以重罚（包括罚款、行政或刑事处罚），施以负强化。不能以动机“好”与“差”作为信息反馈的根据。通过重奖重罚，强化安全信息的作用，利用不同方向的强化手段，破坏旧的不良的平衡方式，建立新的良性平衡，这是强化手段的目的。

安全承包是实施安全经济强化手段的具体方式之一。它是把安全生产的各项指标进行层层分解，列为经济承包合同中必不可少的考核项目，有奖有罚，即强化安全，使安全与经济挂钩，防止只顾抓生产，不顾职工生命安全，国家财产蒙受损失现象的产生和恶性循环，使企业经营在安全生产的低风险水平下。这样须由企业全部承担改为由企业和承包集体和个人共同承担，避免集中风险，具体做法如下。

①完善经济承包合同

把安全生产指标逐条落实到经济承包合同中，规定具体，奖惩明确，杜绝以往经济承包合同中仅以“保证安全生产”之类的口号式辞令敷衍塞责、一带而过的现象，使经济承包合同完善、全面、具体，有可操作的条件。

②缴纳安全抵押金

根据承包项目的大小，风险程度的不同，承包单位或个人向企业（或项目一方）缴纳一定数额的安全抵押金（相当于风险金）。承包项目全面完成后，抵押金退还缴纳者；若出了责任事故，则根据责任大小在抵押金中扣除罚款部分（抵押金不够罚款则另作处理）。这种做法一方面促使承包集体或个人把本单位或个人的利益与企业安全状况连在一起，同企业共盛衰，充分发挥自主性和创造性；另一方面使企业减少一些不必要的中间环节，利于宏观控制，同时还为避免风险集中提供了保障。

③制定考核办法

为保证承包合同的全面、正确实施，需相应制定必要的配套措施。如《百分考核计奖方法》《系数计奖考核办法》等，分解项目，计分考核。用数理统计分析和趋势控制图计算出各单位事故经济损失中心线，给出各单位一年（或一段时间）的事故经济损失控制目标，一年（或一段时间）内事故经济损失低于控制目标的集体或个人，给予奖励，超过控制线的集体或个人则予以罚款。具体的奖罚强度，不同的部门和企业可依照有关政策和经验自行制定。

④安全措施的“三同时”管理

“三同时”即是在新建、改建、扩建技术改造和引进项目中（以下简称“项目”），其职业安全健康设施必须与主体工程同时设计、同时施工、同时投产使用。显而易见，所谓“三同时”管理即是在上述定义的范畴之中，加强管理，严格程序，算时间账、经济账，把好“三同时”的关。安全措施的“三同时”是从总体安全效益的角度，对安全活动提出的一种合理的要求。在实行安全“三同时”管理的过程中，有以下具体技巧。

a. 把好设计关

在“项目”的设计阶段，必须综合考虑安全、卫生设施及其与主体工程相配合的合理性和施工与使用的可行性。同时要加强设计方案的审核，“项目”有关安全措施的设计方案须与主体工程的设计方案同时提出，并经“项目”的主管部门、安全部门和其他技术鉴定部门共同会审后方可交付施工。“同时设计”是“同时施工”和“同时投产使用”的基础，在安全经济方面进行可行性论证，是避免浪费、提高效率的重要基础。

b. 把好施工关

“项目”在施工过程中，要严格质量管理，严防安全设施的“临时性”，全面执行设计方案。

c. 把好投产使用关

“三同时”管理的主要意义在于：项目配套，避免重复劳动。安全设施投产后应充分发挥其作用，使用好，管理好，维修好，使其发挥应有的功能和作用。

思考题

1. 安全具有哪两大效益功能?
2. 安全投资来源有哪些？简述企业的安全投资方式。
3. 简述安全经济管理的意义和作用。

参考文献

[1] 张景林，林柏泉．安全学原理［M］．北京：中国劳动社会保障出版社，2009.

[2] 何学秋，林柏泉．安全科学与工程［M］．徐州：中国矿业大学出版社，2008.

[3] 陈宝智．安全原理［M］．北京：冶金工业出版社，2002.

[4] 李树刚．安全科学原理［M］．西安：西北工业大学出版社，2008.

[5] 隋鹏程，陈宝智．安全原理与事故预测［M］．北京：冶金工业出版社，1988.

[6] 隋鹏程．安全原理［M］．北京：化学工业出版社，2005.

[7] 林柏泉．安全学原理［M］．北京：煤炭工业出版社，2002.

[8] 刘荣海．安全原理与危险化学品测评技术［M］．北京：化学工业出版社，2004.

[9] 罗云．风险分析与安全评价［M］．北京：化学工业出版社，2010.

[10] 陈宝智．系统安全评价与预测［M］．北京：冶金工业出版社，2011.

[11] 刘毅，杨曼．企业安全生产事故隐患治理体系［J］．武汉工程大学学报，2011，33（4）：106－110.

[12] 张景林．安全学［M］．北京：化学工业出版社，2009.

[13] 刘超明．石油化工装置本质安全设计［J］．石油化工自动化，2010，46（6）：1－5.

[14] 沈惠章．事故预防理论与实践的研究［J］．华北科技学院学报，2005，2（1）：6－9.

[15] 孙强．事故致因理论及事故预防与控制方法在安全管理中的应用［J］．中国矿业，2005，14（12）：14－16.

[16] 樊晓华．化工过程的本质安全化设计策略初探［J］．应用基础与工程科学学报，2008，16（2）：191－199.

[17] Fred A M. Reviewing heinrich dislodging two myths from the practice of safety［J］. Professional Safety, 2011, 10: 52－61.

[18] Heinrich H W. Industrial accident prevention: A scientific approach［M］. 4th ed. New York: McGraw-Hill, 1959: 21.

[19] Terry E M. Value-based safety process: Improving your safety culture with behavior-based safety［M］. 2th ed. Hoboken, New Jersey: John Wiley & Sons, Inc., 2003: 6.

[20] 王凯全．事故理论与分析技术［M］．北京：化学工业出版社，2004.

[21] 田震．企业安全管理模式的发展及其比较［J］．工业安全与环保，2006，32（9）：63－64.

[22] 罗云．现代安全管理［M］．北京：化学工业出版社，2010.

[23] 蒋军成．事故调查与分析技术［M］．北京：化学工业出版社，2009.

[24] 蒋军成，王志荣，朱常龙．工业特种设备安全［M］．北京：机械工业出版社，2009.

[25] Santamaria J M. Risk analysis and reduction in process industry［M］. Thomson Science, 1998.

[26] Jouko S, Veikko R. Quality management of safety & risk analysis［M］. Elsevier science publishers, 1993.

[27] 李志宪．现代企业安全管理全书［M］．北京：中国石化出版社，2000.
[28] Daniel A C, Joseph F L. Chemical process safety fundamentals with application［M］. New Jersey：Prentice－Hall, 1990.
[29] 王志荣，蒋军成．液化石油气罐区火灾危险性定量评价［J］．化工进展，2002，21（8）：607－610.
[30] 王三明，蒋军成．人的可靠性影响因素分析及其控制对策研究［J］．兵工安全技术，2000（4）：10－13.
[31] Pan Y, Jiang J C, Wang Z R. Quantitative structure－property relationship studies for predicting flash points of alkanes using group bond contribution method with back－propagation neural network［J］. Journal of Hazardous Materials, 2007, 147（1－2）：424－430.
[32] 蒋军成，王志荣．工业过程危险危害分析与风险评价［A］//2003 中国（南京）首届城市与工业安全国际会议论文集．南京：东南大学出版社，2003：161－167.
[33] 王志荣，蒋军成，潘旭海．模拟评价方法在劳动安全卫生预评价中的应用研究［J］．石油与天然气化工，2003，32（4）：181－184.
[34] 潘勇，蒋军成，王志荣．人工神经网络基团键贡献法预测烷烃闪点［J］．化学工程，2007，35（4）：38－41.
[35] 蒋军成，王志荣．安全工程专业继续教育知识讲座［J］．劳动保护，2011（6）：112－113.
[36] 宇德明．易燃、易爆、有毒危险品储运过程定量风险评价［M］．北京：中国铁道出版社，2000.
[37] 戴树和．工程风险分析技术［M］．北京：化学工业出版社，2007.
[38] 罗云．安全科学导论［M］．北京：中国标准出版社，2013.
[39] 罗云．安全经济学［M］．北京：化学工业出版社，2004.
[40] 吴超．安全科学原理［M］．北京：机械工业出版社，2018.
[41] 吴超．安全科学方法论［M］．北京：科学出版社，2016.
[42] 傅贵．安全管理学——事故预防的行为控制方法［M］．北京：科学出版社，2013.
[43] 王秉，吴超．安全信息学［M］．北京：机械工业出版社，2021.
[44] GB/T 45001—2020［S］．职业健康安全管理体系要求及使用指南．